安全工程系列教材

火灾与爆炸灾害安全工程学

主编　魏伴云

编者　魏伴云　李红杰

中国地质大学出版社

内容简介

火灾与爆炸灾害安全工程学是一门以工程科学与灾害科学相结合，以安全防治为目标的工程技术课程。本教材的特点是以建筑火灾为代表，全面论述火灾防治的基础原理和技术方法；根据国民经济基础建设的需要，将爆炸灾害分为人控爆炸与非人控爆炸两个部分，分别论述其爆炸基础、爆炸灾害防治技术与方法。教材分三部分共九章，综合部分包括绪论与危险评价；火灾防治部分包括火灾燃烧基础、火灾预防、烟气控制与火灾扑救；爆炸灾害防治部分分为非人控爆炸基础与灾害控制技术和人控爆炸基础与灾害控制技术等内容。

本书可作为与国民经济基础建设相关的矿业、水利、交通、建筑、地质等高等院校安全工程专业的教材，也可以作为相关行业和企业的安全人员培训教材，还可供其他行业安全工程专业和安全、设计、管理、监理、研究等技术人员参考。

图书在版编目(CIP)数据

火灾与爆炸灾害安全工程学/魏伴云主编．—武汉：中国地质大学出版社，2004.8
(2019.1 重印)

ISBN 978-7-5625-1898-3

Ⅰ．火…

Ⅱ．魏…

Ⅲ．①防火－安全工程－教材②防爆－安全工程－教材

Ⅳ．X 932

中国版本图书馆 CIP 数据核字(2008)第 034193 号

火灾与爆炸灾害安全工程学 魏伴云　主　编

责任编辑：贾晓青　技术编辑：阮一飞　责任校对：胡义珍

出版发行：中国地质大学出版社(武汉市洪山区鲁磨路 388 号)　邮编：430074
电话：(027)67883511　传真：67883580　**E-mail**：cbb @ cug. edu. cn
经　销：全国新华书店　**http**：//www. cugp. cn

开本：787 毫米×1092 毫米 1/16　字数：384 千字　印张：15.25
版次：2004 年 8 月第 1 版　印次：2019 年 1 月第 5 次印刷
印刷：荆州鸿盛印务有限公司　印数：6501—7500

ISBN 978-7-5625-1898-3　定价：29.80 元

《安全工程系列教材》编委会

序言

中国地质大学安全工程专业本科创办于1986年，1993年12月获“安全技术及工程”硕士学位授予权，1999年经湖北省学位办批准为湖北省重点学科，2002年经批准与武汉安全环保研究院联合共建“安全技术及工程”博士点，2003年，经教育部批准在我校地质资源与地质工程一级学科下设安全工程博士点。

中国地质大学安全工程专业学科点有一支锐意进取的学术队伍，为培养高素质人才并承担重要科研课题提供了基本前提，本学科学术带头人在国家安全生产专家组等重要组织任职，多位教师在全国及地区性安全科学技术类学术团体任重要职务。近年来，实验设备与条件、图书资料及电子媒体逐步完善，保障了人才培养与科研的需要；教学质量提高，招生规模扩大，十余年来，分配渠道畅通；科研的层次与经费有了明显提高，取得了一批较高水平的成果；本学科与美国、俄罗斯、挪威、港、澳、台开展了广泛的学术交流与合作。此外，我校主办了教育部主管、国内外公开发生的刊物《安全与环境工程》，成为环境与安全两个学科的重要学术交流平台。

中国地质大学安全工程系在安全学历教育中积累了较为丰富的经验，本次出版的《安全工程系列教材》既是为了满足我校安全工程本科教学的需要，也是为了与兄弟院校进行有益的交流，以进一步提高教学质量。

安全工程系列教材预计出版9本：《火灾与爆炸灾害安全工程学》、《安全系统理论与实践》、《安全人机工程》、《安全管理》、《安全法规》、《工业通风与防尘》、《电气安全》、《交通安全技术》、《工业防毒技术》。

本系列教材除了用于安全工程本科教学外，还可作为注册安全工程师的参考书，可供政府、企业等部门中安全生产领域的同仁参考。

中国地质大学安全工程系

2004. 5. 28

前　言

在现代生产与社会生活中，火灾与爆炸灾害是最主要的灾害之一。火灾具有发生频率高、损失大，而爆炸灾害则具有损害最为惨重的特点。为了有效预防和控制火灾与爆炸灾害，安全工程师必须认真掌握火灾与爆炸灾害的发生、发展和蔓延规律，以及灾害的控制技术与方法。

对火灾而言，就其发生频率与对人类生命财产造成的损失，建筑类火灾约占整个火灾损失的2/3；同时，由于建筑物质的多样性，而使建筑火灾的燃烧规律具有普遍性；因此，本教材有关火灾规律性及控制技术的研究，则以建筑火灾为代表加以论述。

对于爆炸灾害，按其产生原因可以分为人控爆炸中的失控爆炸和爆炸失控所造成的灾害，以及非人控爆炸中的各种爆炸事故造成的灾害。在一般的防爆教材中，只讨论非人控爆炸灾害，然而对于与国民经济基础建设密切相关的许多工业生产部门，第一类人为爆炸失控所造成的灾害，损失也十分惨重，如20世纪90年代初，四川某铅锌矿在揭盖大爆破中发生的早爆，导致53人死亡。随着我国经济建设的飞速发展，这类爆炸灾害同样需要加以重视，因此，本教材中加入"人控爆炸及其事故控制"一章。

教材中加入"火灾与爆炸灾害危险评价"有关内容(第九章)，是为了从系统安全的高度来认识和防止火灾与爆炸灾害，但又不是取代"安全系统工程"和"安全评价"课程，因此，把有关内容定位在对火灾与爆炸重大危险源的"物质固有危险性"的评价范围，基本不涉及现实危险性评价中"危险性抵消因子"的评价。

以中国科技大学火灾国家重点实验室为代表，在火灾规律性方面的研究成果对揭示火灾本质与火灾治理技术，建立了一整套新的思路，具有重大的创新性，很值得借鉴和推广。龚延风教授等主编的《建筑消防技术》一书，思路清晰，系统性很强，理论与实践密切结合；吴宗之教授等在《工业危险辨识与重大危险源评价技术与方法》的著作中，理论、技术方法与实践有机结合，对于事故的预防与分析具有重要指导作用。我们在教材编写中认真吸取了上述著作中一些创新思想和优秀内涵，在此一并表示谢意。

本教材是在中国地质大学安全工程专业本科教学和科研成果的基础上经过系统整理，并集思广益各种有益素材，编写成册。其中1～6章由魏伴云编写，7～9章由李红杰编写，最后由魏伴云统稿。

在教材编审过程中，赵云胜教授是主要的组织者，并在多方面给予大力支持。罗云教授、张国屏教授、陈紫英教授、许云胜教授、刘如民正高级工程师、程五一副教授、朱汝骥工程师、梁素琴工程师等都给予了热情帮助和支持，中国地质大学出版社贾晓青副编审在编辑工作中付出了大量心血，在此一并表示感谢。

由于时间仓促，编者水平有限，教材中难免有疏漏错误和不足，恳请广大读者批评指正。

作者

2004.5.10

目 录

第一章　绪　论

第一节　火灾与爆炸灾害及其危害

一、火灾及其危害

火灾是一种违反人的意愿，在时间和空间上失去控制，并给人类带来灾害的燃烧现象。

自从人类发现火以后，在长期生活和生产活动中，已经同火结下不解之缘。当今，火在人类的生活、工农业生产以及科学技术等许多领域应用极为广泛，已经发挥出巨大作用，促进了整个人类社会的发展。所以，火的利用具有划时代的意义。

自然，对于火来说，“善用之则为福，不善用之则为祸”。也就是说：只要掌握好各种用火场所的规律，在用火时采取可靠的预防手段，提高用火时的警惕性，火就会造福于人类。如果不是这样，当火一旦失去控制，就会给人类社会与自然造成巨大的破坏与损失。

火灾是各类灾害中发生最频繁，并极具毁灭性的灾害之一。火灾发生频繁为各种灾害之首，我国每年约发生3万次至7万次。

与自然灾害相比，火灾损失仅次于水灾和旱灾，为地震灾害损失的5倍。所以联合国在20世纪90年代中叶提出把今后十年列为火灾灾害十年，以唤起人们对火灾的警觉和集中精力战而胜之。

（一）国外火灾损失

火灾给人类社会造成重大损失。表1-1列举了世界上一些主要工业化国家在20世纪90年代左右有关火灾直接经济损失的资料。

表1-1　世界若干国家火灾直接经济损失

国　家	货　币	直接损失			占国民经济生产总值百分比(1989—1991年)
		1991年	1992年	1993年	
日　本	日元(10亿)	310	440	390	0.08
美　国	美元(百万)	10 000	8 700	9 000	0.25
英　国	英磅(百万)	1 300	1 200	900	0.19
德　国	马克(百万)	6 100	5 850	5 900	0.21(1978—1980年)
法　国	法郎(百万)	16 150	16 350	14 750	0.25
加拿大	加元(百万)	1 700	1 700	1 500	0.24

从表1-1和其他统计资料可以看出：

(1) 大多数工业化国家火灾直接经济损失约占国民经济生产总值的0.2%以上。

(2) 由联合国世界火灾统计中心分析，如果直接经济损失占0.2%左右，其间接经济损失约占国民经济的2.0%左右。

(3) 根据日本资料分析，在各种生产灾害中，火灾损失最为惨重。

(二) 国内火灾状况

近20年来，随着我国经济的飞速发展，火灾损失亦呈上升趋势，但火灾发生次数尚较平稳。图1-1是我国1978年至1995年火灾发生次数与火灾直接经济损失的关系，值得指出的是在1992年至1995年期间，火灾发生次数比较平稳，但火灾直接经济损失却增加很快，其原因是由于这一期间发生几次特大火灾所造成，如1993年的深圳清水河危险品仓库火灾，一次火灾损失就达2.5亿元，新疆克拉玛依友谊宾馆火灾、辽宁阜新艺苑歌舞厅火灾，均造成几百人死亡；图1-2具体解释了1992年至1993年期间，次数仅占总火灾0.45%～0.55%的特大火灾，而损失则高达全国火灾损失的45%～55%。这些特大恶性火灾，在国内外都引起强烈反响。因此，必须采取切实有效措施抑制其发生。

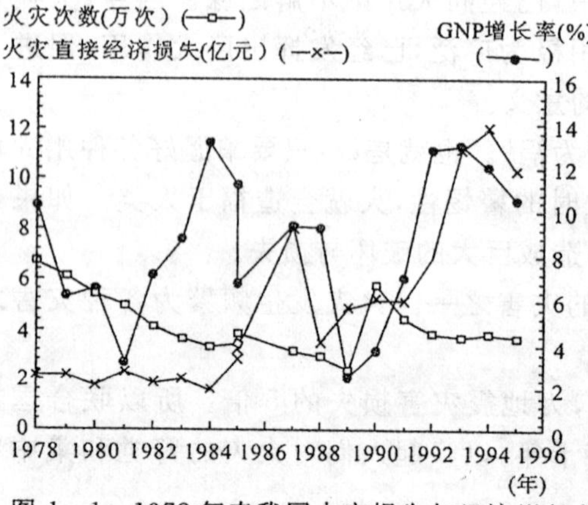

图1-1 1978年来我国火灾损失与经济增长状况

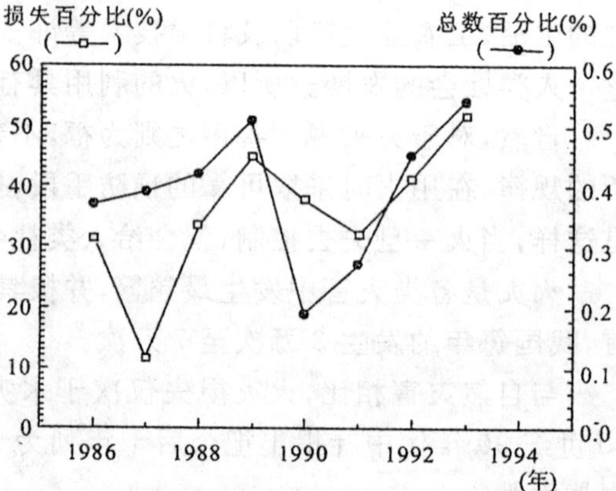

图1-2 若干年来我国特大火灾的变化概况

此外，国内在20世纪90年代的火灾，尚有以下特点：

(1) 火灾发生地点：从我国十个省市火灾损失比较，以广东、浙江两省最为突出。以1993年为例，广东省火灾损失3.5亿元，占全国损失11亿元的32%。在全国发生的146起特大火灾中，广东26起，占18%，这是由于广东经济高速发展，而火灾的防范意识与防范能力低下所致。

(2) 火灾发生原因与损失的关系：资料分析表明，主要是电器火灾、违反安全规定和生活用火不慎所造成，这三种原因造成的火灾损失占火灾总损失的70%。

(3) 火灾发生场所：统计资料表明，特大火灾中的54%发生在公共活动场所，如商场、歌舞厅、宾馆、饭店、集贸市场等。这是由于这些场所可燃物集中，现代化电器设备急增，建筑物防灾抗灾能力较弱，消防设施不足、消防水源严重缺乏，加上人们在主观上火灾安全知识缺乏、意识淡薄、消防管理制度不健全所致。

(三) 火灾案例——新疆克拉玛依市友谊馆火灾

基本情况：友谊馆位于克拉玛依市人民公园南侧，始建于1958年，1991年重新装修投入使用。1994年12月8日下午由市教委组织在友谊馆举办专场文艺汇报表演。该市7所中学、8所小学共15个规范班及部分教师、有关领导共计796人到会。友谊馆正门和南北两侧共有7个安全疏散门，火灾发生时仅有1个正门开启。南北两侧的安全疏散门加装了防盗推拉门并上了锁，观众厅通向过厅的6个过渡门也有2个上锁。

起火经过和扑救情况：1994年12月8日18时20分，文艺演出进行到第二个节目时，台上演员和台下许多人看到舞台正中偏后上方掉火星，由于舞台空间大、舞台用品都是高分子化纤织物，因此，火灾一开始便迅速形成立体燃烧，火场温度迅速升高，并伴随大量有毒气体产生，现场灯光因火烧短路而全部熄灭，在场的7～15岁中、小学生及其他人员因安全疏散门封闭而来不及疏散，短时间内中毒窒息，造成大量人员伤亡。新疆石油管理局消防支队18时25分接警，立即出动3辆消防车3分钟后赶到火场，此时建筑门窗等处冒出大量浓黑、刺鼻烟雾，疏散门除一道正门外，其他6道门全部关闭，消防人员奋力破拆门、窗，想方设法抢救人员，同时消防支队又调集3个中队6辆消防车赶到现场增援。消防支队本着救人重于灭火的原则，120余名官兵、11辆消防车、6辆指挥车、供水车分别从西、北、南3个方向展开战斗，积极救人，先后破拆了4个推拉式防盗门、木门和一个钢筋封闭窗，抢救了伤亡人员260余人。19时10分，大火基本扑灭，战斗中消防官兵有27人中毒，6人昏倒在灭火现场。

火灾损失：烧毁观众厅内装修及灯火、音响设备，烧伤130人，烧死323人，直接经济损失210.9万元。

火灾原因：舞台正中偏后方北侧上方倒数第二道光柱灯(1 000W)与纱幕距离过近，高温灯具烤燃纱幕。

主要经验教训：① 安全疏散门上锁关闭，致使在火灾发生时人员疏散中发生拥挤堵塞，来不及逃生，造成大量伤亡；② 室内装饰、装修、舞台用品大量采用易燃、可燃高分子材料，火灾时产生大量有毒、可燃气体，使现场人员短时间内中毒窒息，丧失逃生能力；③ 火灾初起时处置不当，舞台上方纱幕着火时，馆内工作人员无人在场，现场人员惊慌失措，组织活动的单位也不能及时有效地组织人员疏散；④ 严重违反安全规定，在过厅内堆放杂物，安装、使用电器设备不符合防火规定，对当地消防部门下发的《防火检查登记表》置之不理；⑤ 管理松懈，未建立防火安全责任制度；⑥ 友谊馆改建未经消防部门审核和竣工验收后就投付使用；⑦ 主管单位、友谊馆领导官僚主义严重，明知友谊馆多次发生火险和消防安全存在重大不安全因素，不思整改，无人问津。

二、爆炸灾害及其危害

在自然界及工农业生产中，经常遇到各种爆炸现象，如雷电、锅炉爆炸、鞭炮爆炸、炸药爆炸、瓦斯煤尘爆炸等。尽管爆炸的表现形式多样，而其共同的特征是：在一定的具体条件下，物质发生急剧的变化，并放出能量，对周围介质做功，使之受到强烈的压缩、震动乃至破坏，并伴随有热、光、声等效应。而爆炸灾害则是指在人们的生产、生活过程中，在自然界中，发生的违背人们意愿的爆炸所造成的灾害。

从广义来说，爆炸灾害可以细分为下面三种情况：

(1) 自然界中爆炸现象：如雷电、火山爆发等，也可能对人类生命财产造成损失。

(2) 人为受控爆炸中的失控爆炸或爆炸失控所造成的灾害：① 失控爆炸，工程爆破施工中的早爆、迟爆和处理拒爆中的事故爆炸。② 爆炸失控，大中型岩土爆破工程和拆除爆破中的有害社会效应，如飞石、地震、冲击波和有毒气体所造成的灾害。

(3) 非人为受控爆炸所造成的灾害：如煤矿瓦斯爆炸、粮食粉尘爆炸、锅炉压力容器爆炸、化工生产工艺中的爆炸等。

本书讨论的是非人为受控爆炸灾害及其控制技术和人为受控爆炸中的失控爆炸与爆炸失控所造成的灾害及其控制技术，不讨论自然界爆炸所造成的灾害。

爆炸灾害是一类非常惨重、经济损失巨大的灾害。从工业爆炸事故所造成的损失来看具有如下特点：一是群死群伤事故，一次伤亡事故造成数十人乃至数百人死伤；二是所造成的经济损失大，经济损失可达数百万元、数千万元、甚至数亿元；三是社会影响大，造成局部地区的社会混乱。随着社会经济的高速发展，工业爆炸事故所造成的损失呈上升趋势。如 1989 年 10 月 23 日，美国德克萨斯石油化工厂聚氯乙烯设备中异丁烷泄漏爆炸，经济损失达 7.3 亿美元；1989 年 6 月 3 日，俄罗斯乌法液化天然气输送管道泄漏，引发可燃气云爆炸，爆炸能量相当于 10 000t TNT 当量，死亡 645 人；1997 年 6 月 27 日北京东方红化工厂发生火灾与爆炸灾害，死 8 人伤 38 人，财产损失相当于北京 47 年火灾总损失额的 125%，直接经济损失 1.17 亿元；1987 年哈尔滨亚麻厂亚麻尘爆炸，使 1.3 万 m^2 厂房受到破坏，189 台套设备被摧毁，造成 58 人死亡，65 人重伤，112 人轻伤，经济损失 881 万元；1991 年东北某化工厂相当于 30t 三硝基甲苯的炸药爆炸事故，硝化车间全部炸毁，附近厂房、电厂等均遭不同程度破坏，造成 17 人死亡，107 人受伤，直接经济损失 2 000 多万元；1993 年深圳清水河化学危险品仓库化工品爆炸火灾事故是我国财产损失最大的一次，造成 15 人死亡，200 多人受伤，直接经济损失达2.5 亿元，这在香港地区及一些国家中引起强烈反响，影响极坏。表 1－2 是日本 1972—1991 年 20 年间重大工业灾害事故的统计，可以看出爆炸事故在重大工业灾害中占有相当大的比例。

表 1－2　日本工业重大灾害统计

年份	重大灾害数（次）	爆炸数（次）	火灾数（次）	年份	重大灾害数（次）	爆炸数（次）	火灾数（次）
1972	357	78	27	1982	174	20	20
1973	331	64	19	1983	210	30	16
1974	272	32	16	1984	184	18	8
1975	276	37	19	1985	141	12	12
1976	275	35	21	1986	146	13	8
1977	246	36	20	1987	165	23	8
1978	261	33	13	1988	188	16	21
1979	210	28	19	1989	182	23	6
1980	186	24	19	1990	185	20	8
1981	204	17	14	1991	196	15	13

第二节　火灾与爆炸灾害特点与对策

一、火灾、爆炸灾害的特点

火灾、爆炸灾害都是与热有关的灾害，可归结为热灾害。火灾是热灾害中发生频率最高的灾害；爆炸灾害是热灾害中损失最大的灾害（如在化工厂中三分之二损失是由爆炸事故造成）。

火灾、爆炸灾害具有突发性强、发生频繁、损失严重、过程复杂、事故处理困难等特点。

（一）突发性强

火灾爆炸灾害往往是突然发生，始料未及，来势凶猛，有着很大偶然性，发展快，影响区域广;爆炸灾害具有瞬时性,短时间内可造成大量人员伤亡。

(二)发生频率高

两种灾害中尤其是火灾,由于可燃物质品种多、数量巨大,点火源极其复杂,所以火灾发生频率很高,国内年均发生2~7万次。

(三)损失严重

火灾、爆炸灾害所造成的损失主要表现在人员伤亡、财产损失、基础设施破坏、生产系统紊乱和社会经济正常秩序破坏等方面。火灾、爆炸灾害的高发地常是人口密集、建筑集中、经济繁荣的地区,一旦形成灾害就会损失巨大。同时,灾害发生地的生产生活基础设施,包括供电、供水、供气、供热、交通和通讯等管网网路,是城市正常运转的生命线系统工程,常呈立体交叉结构,一旦一处破坏,常呈现立体受损,难以修复,并影响全局。

(四)灾害复杂性

火灾、爆炸灾害所在地,由于建筑、物质、火源的多样性,人员复杂性,消防条件不同,以及发生灾害时的自然条件区别,使得灾害的发生发展蔓延过程极为复杂。建筑的多样性使其结构复杂程度各异,火灾发生、发展、蔓延的规律有很大差别:如高层、超高层建筑,由于烟囱效应使火灾蔓延速度极快,一座30层高楼的底层火灾烟气,只要1~2min就可到达顶层引发火灾;物质的多样性包括各种可燃、易燃、易爆和不同毒性的物质,对于灾害发展速度、建筑耐火和疏散逃生与灭火效果影响很大;各种不同火源,如明火、电气过热、静电、雷电、化学反应和爆炸引发等对火灾的发生规律有所区别;此外,人员的安全意识、安全知识、自救能力、安全管理水平,消防条件中的探测、报警、排烟、疏散和扑救条件,形成灾害时的自然条件,如温度、风、雨等对于火灾和爆炸灾害的发生、发展、蔓延和扑灭过程都有不同程度的影响。

(五)灾害连锁性,形成灾害链

一个城市或一个工业企业,社会生产或生活的整体功能很强,一种灾害现象的发生,常引发其他系统的灾害,造成其他系统功能的失效,如火灾引发爆炸,爆炸又引发火灾,形成灾害链。如深圳清水河仓库火灾中起火18处、发生大爆炸2次、小爆炸7次,形成明显的灾害链;又如2000年发生在美国纽约的9·11事件,双子世贸大厦受飞机撞击发生火灾焚烧坍塌,造成周围建筑严重受损、交通阻塞,并使供电、供气、供水、通讯等多种系统的局部发生灾害,形成明显的灾害连锁反应。

(六)灾害事故处理艰巨性

火灾、爆炸灾害发生和扑灭以后,对于灾害的原因调查分析、法律责任、伤亡人员处理、财产损失保险赔偿、生活与生产恢复、社会秩序恢复等许多方面,处理起来都有很大难度。

二、火灾与爆炸灾害控制对策

(一)火灾控制对策

对于火灾的控制,必须积极贯彻"预防为主,防消结合"的基本策略。明确"隐患险于明火,防范胜于救灾"。对于火灾的控制对策,可以分为以下四点,即预防对策、消防对策、限制对策和避灾对策,其相互关系如图1-3所示。

1. 预防对策

对于火灾控制的四种对策,必须把预防对策放在首位。在预防对策中,首先应抓住本质安全化,抓防火设计与施工,包括建筑防火设计、生产工艺防火设计、仓库(物质)防火设计和电气防火设计等。平时应加强安全管理,注意安全检查设备器材维护,定期进行火灾危险性评估,找出隐患予以整改，发生火灾时扑灭于初起阶段。

2. 灭火对策

火灾发生时必须及时报警，调集消防队伍和设施扑灭火灾，抢救生命财产，减少总体损失。

3. 限制对策

当灭火对策一时难以见效，必须考虑采用限制对策，设置隔离带。如森林火灾时使用爆破法快速形成隔离带，将燃烧区与非燃烧区分开。

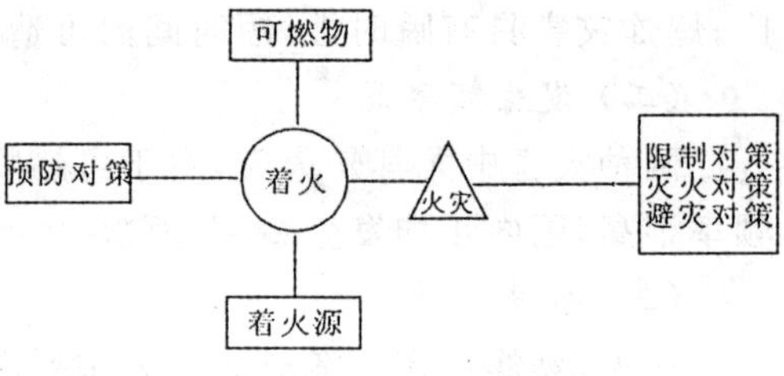

图 1－3　火灾的预防对策与应急对策

4. 避灾对策

当采用积极的消防对策和限制隔离对策还不能阻止火灾的扩大蔓延时，只能采用避灾对策，尽一切可能抢救出人员和部分财产后，撤离火灾现场。如山东黄岛油库火灾后期，尽力抢救出人员和部分财物后撤离油库库区，直至物质烧尽自然熄灭。

（二）爆炸灾害控制对策

爆炸灾害的特点是瞬时与高温高压，在几毫秒至几十秒内灾害已经结束。因此，对爆炸灾害的控制对策基本上只有预防对策，而受灾后的应急对策，主要是爆炸灾害链锁引起的继发火灾扑灭、受伤人员抢救，以及财物的撤离。爆炸灾害的控制对策框图如图 1－4 所示。

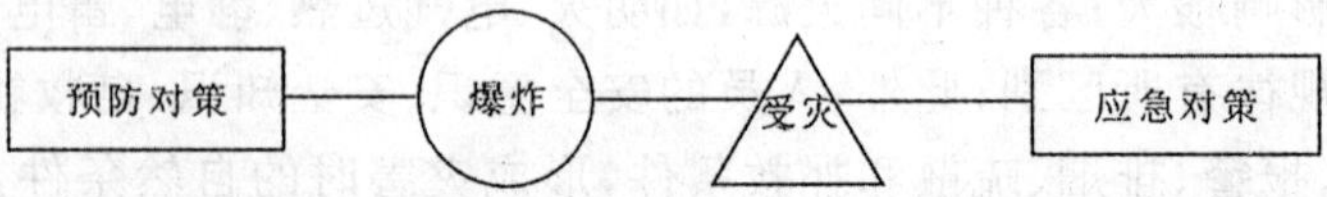

图 1－4　爆炸的预防对策与应急对策

1. 预防对策

预防是爆炸灾害控制的基本对策。如生产本质安全化，包括防爆设计审核与系统检测等。

2. 应急对策

爆炸灾害发生后，必须对爆炸后的继发火灾进行积极扑救和人员与财物抢救。

第三节　火灾与爆炸灾害分类

一、火灾分类

火灾分类方法较多，主要有以下几类：

（一）按火灾发生场地与燃烧物质分类

按照发生场地与燃烧物质火灾可分为建筑火灾、物资火灾、生产工艺火灾、原野火灾、运动器火灾和特种火灾等六大类，如图 1－5 所示。在所有火灾中，按损失划分，建筑火灾约占2/3，是损失最大的；在物资火灾中，石油库火灾损失最为惨重；在原野火灾中，森林火灾损失最大，在全世界 28 亿公顷森林中，每年火灾烧毁约 1 000 万公顷。

所以，在所有火灾中，建筑火灾、石油库火灾和森林火灾最具代表性。

（二）按火灾损失分类

按照一次火灾事故造成的人员伤亡、受灾户数和财产直接损失金额，火灾划分为三级，如表 1－3 所示。

（三）按可燃物特性分类

见第五章阐述。

二、爆炸灾害分类

为了便于分清各种爆炸灾害的性质和发生规律，可以从不同角度对爆炸灾害进行分类：

（一）按照爆炸灾害产生的原因和性质分类

（1）物理爆炸灾害。它是由物理因素（温度、体积、压力等）的变化引起。在物理爆炸前后，物质的性质与化学成分均不改变，如锅炉爆炸灾害、压力容器超压爆炸灾害、蒸气爆炸灾害等。

（2）化学爆炸灾害。灾害发生时，物质由一种化学结构迅速转变为另一种化学结构，瞬间放出大量的能量，并对外做功形成灾害。如可燃气体或粉尘与空气形成的爆炸性混合物爆炸灾害，炸药失控爆炸灾害等。

（二）按照爆炸灾害反应相分类

（1）气相爆炸灾害。包括可燃气体和助燃气体混合物爆炸灾害；气体热分解爆炸灾害；液体被喷成雾状物点燃后引起的爆炸灾害；飞扬悬浮于空气中的可燃物尘引起的爆炸灾害等。

（2）液相爆炸灾害。包括聚合爆炸灾害，由不同液体混合引起的爆炸灾害，如硝酸加油脂混合时引起的爆炸灾害。

（3）固相爆炸灾害。包括失控爆炸性化合物爆炸引起的灾害。

火灾类别
- （1）建筑火灾
  - 普通建筑火灾
  - 高层建筑火灾
  - 大空间建筑火灾
  - 商场火灾
  - 地下建筑火灾
  - 古建筑火灾
- （2）物资火灾（仓库）
  - 普通物资库火灾
  - 化学危险品库火灾
  - 石油库火灾
  - 可燃气体库火灾
- （3）生产工艺火灾（厂矿）
  - 普通工厂矿山火灾
  - 化工厂火灾
  - 石油化工厂火灾
  - 可燃爆矿火灾
- （4）原野火灾（自然火灾）
  - 森林火灾
  - 草原火灾
- （5）运动器火灾
  - 汽车火灾
  - 火车火灾
  - 船舶火灾
  - 飞机火灾
  - 航天器火灾
- （6）特种火灾
  - 战争时火灾
  - 地震时火灾
  - 放射性区域火灾

图 1-5　火灾按发生场地与燃烧物质分类

表 1-3　火灾等级划分标准

火灾等级	死亡人数（人）	重伤人数（人）	死亡重伤总人数（人）	受灾人数（人）	直接财产损失（万元）
特大火灾	≥10	≥20	≥20	≥50	≥100
重大火灾	≥3	≥10	≥10	≥30	≥30
一般火灾	<3	<10	<10	<10	<30

液相爆炸灾害和固相爆炸灾害又统称为凝聚相爆炸灾害。

（三）按照爆炸灾害发生原因与发生过程分类

（1）着火破坏型爆炸灾害。

（2）泄漏着火型爆炸灾害。

（3）自燃着火型爆炸灾害。

（4）反应失控型爆炸灾害。

（5）传热性蒸气爆炸灾害。

（6）平衡破坏型蒸气爆炸灾害。

第四节　课程性质、研究方法与课程内容

一、课程性质

要学好一门课程，首先必须明确该课程的性质，牢牢把握研究方向、研究思路和课程定位，以集中精力取得事半功倍的效果。

火灾与爆炸灾害安全工程学是一门以防治为主的工程技术课，它是一门以自然科学为基础，工程科学和灾害科学相结合的新兴交叉科学。进一步来说，该课程是以火灾、爆炸灾害的规律性认识，火灾爆炸灾害的防治技术理论及安全性评价理论为基础，侧重从系统安全的高度研究如何实现建筑群、厂矿生产工艺系统、物资仓库的总体防火防爆安全，避免人为受控爆炸中的失控爆炸和爆炸失控事故，以及非人为爆炸事故，让人们具备抗御应付"突发"灾害事件的能力，以尽可能保障人员在灾害中的安全，减少灾害的发生、蔓延和损失，最大限度地防止对环境的破坏，以及在合理设计灾害防治工程基础上达到有效性、合理性和经济性的统一。该课程与相近学科（以火灾安全工程学为例，与火灾科学、消防工程学）的区别是：

(1) 与火灾科学的区别：火灾科学主要研究火灾的发生、发展及防治的基本规律，研究各类火灾的共性问题，如着火、火灾蔓延、烟火传播、灭火等的机理和共同规律；而火灾安全工程学则主要是应用上述机理和共同规律的研究结论成果，不过细地去探讨火灾机理，而是把主要精力放在防治技术的研究和评价上。

(2) 与消防工程学的异同点：火灾安全工程学与消防工程学两者在应用火灾科学的基本原理与防护技术上具有共同点，而消防工程学则侧重在火灾的治理上，如消防装备、灭火指挥技术和应用战术、火灾原因调查和鉴定等方面；而火灾安全工程学则侧重在预防技术和对建筑群或厂矿企业总体火灾安全性评价上。

二、研究方法

随着现代社会和生产的发展与科学进步，火灾与爆炸灾害的规模、形式与物质类型都发生重大变化，使火灾、爆炸灾害的防治变得更加复杂，更需要用科学认识指导防治火灾与爆炸灾害。

下面以火灾为例阐述其研究方法。火灾是一类失控的燃烧现象，其发生、发展有其随机性与确定性的双重特点。

（一）随机性

对于火灾来说，单次发生的时间和地点，由于受多种因素影响，是不确定的，但对于多次大量的火灾，却遵循一定的统计规律，如城市的起火时间、起火主要省市、起火主要原因都具有统计规律，如图 1-6、图 1-7、图 1-8 所示。对于火灾随机性一面，使用统计分析方法进行研究，通过整理分析大量火灾原始资料，总结归纳出火灾发生的统计性规律。仔细分析上述三张图件

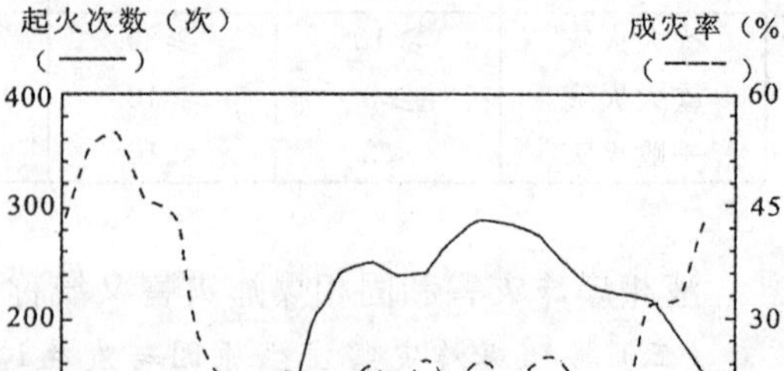

图 1-6　某市每天的起火与成灾率曲线

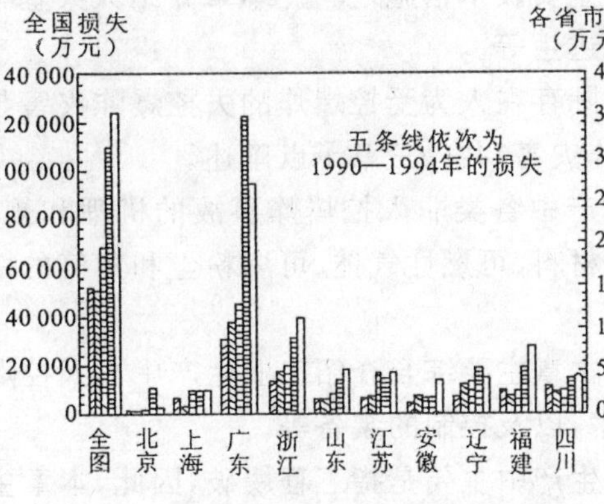

图 1-7　我国十城市的火灾损失比较

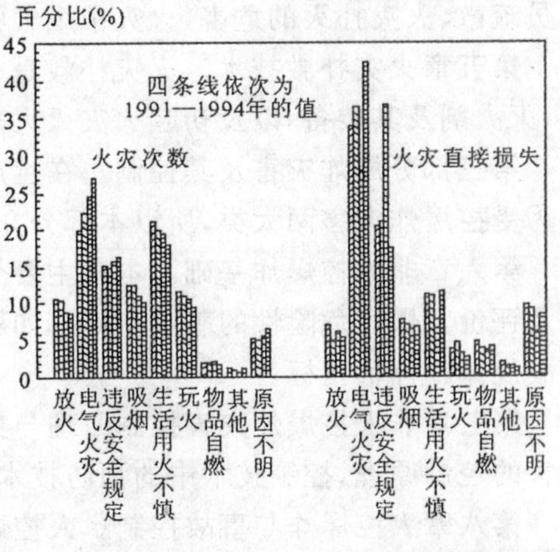

图 1-8　近年来我国按火灾原因的变化情况

可以看出，大量火灾的成灾统计学规律，符合人们生活或生产活动的特点。

（二）确定性

对于火灾来说，其确定性是指火灾在某一场合发生后，会按燃烧学确定的过程发展，符合燃烧学规律，如火灾燃烧、烟气流动，都按确定的液体流动、传热传质和物质守恒规律运行。

对于火灾的确定性规律一面，可以采用工程科学方法进行研究，有以下两种方法：

（1）按比例模拟实验：如观察火灾发生发展过程中出现的现象、出现的条件、各种参数及其数量级等，采用物理模拟和数学模拟（计算机模拟）方法。

（2）实体试验（按实物比例试验）：上述第一种按比例模拟方法研究，是近似的简化了条件，与实体有差异。实体试验的特点是符合实际规律，其缺点是投入多，费用大，制作复杂，周期长，难于多次试验研究。

三、课程内容

本教材《火灾与爆炸灾害安全工程学》共九章分为三部分。第一章绪论与第九章危险评价综合为第一部分；第二至五章为第二部分，论述火灾及其控制；第六至八章为第三部分，论述爆炸灾害及其控制。其具体内容如下：

第一章绪论。介绍学科的总体思路，包括学科研究意义、研究范围、灾害分类、灾害特点与对策、课程性质与定位、研究方法、课程内容等。

第一部分“火灾及其控制”共分四章，介绍火灾燃烧基础、控制技术和控制方法。其中，第二章是火灾燃烧基础；第三、四、五章是火灾防治技术。

第二章火灾燃烧基础。由于火灾是失控条件下的特殊燃烧，其发展与蔓延符合燃烧规律，因此本章主要介绍燃烧原理与燃烧特性、物质燃烧危险性评价指标，以及主要火灾类型的发展蔓延规律。

第三章火灾预防技术。“防范胜于救灾”，预防是火灾治理的基础。本章主要介绍建筑总体防火规划，建筑耐火、防火分区，安全疏散等设计，火灾自动探测报警与消防联动控制的基本知识。

第四章烟气性质与控制技术。烟气是火灾中人员至死的主要罪魁祸首，是火灾蔓延的主要传质，对烟气的控制是火灾防治主要技术之一。本章介绍烟气基本性质及对人体的伤害，对人员疏散、火灾扑灭的危害，火灾中烟气驱动力与流动规律，以及对烟气的防、阻、排技术。

第五章火灾扑救技术。火灾扑救是火灾治理的主要技术措施之一。本章介绍灭火基本原理、灭火剂及其装备，以及初起火灾灭火战术与火场逃生等。

第三部分爆炸灾害及其控制。在生产实践中实际存在人为受控爆炸的失控爆炸灾害与非人为受控爆炸灾害两大类，所以本部分介绍两类爆炸灾害，共分三章予以阐述。

第六章非人控爆炸基础。本章主要介绍工业生产中各类非人控爆炸事故的机理和规律，以及评价其爆炸危险性的基本指标。如凝聚相含能材料、可燃性气体、可燃粉尘和蒸气的爆炸事故规律和评价指标。

第七章非人控爆炸灾害控制原理与控制技术。本章主要综合介绍工业生产中非人控爆炸灾害的控制原理，控制技术中的预防技术和减灾技术，以及控制的装备等。

第八章人控爆炸与事故控制。人控爆炸在工业生产中主要是指工程爆破，因此，本章主要介绍工程爆破在国民经济中的应用、爆破原理、爆破器材与起爆方法、爆破方法，以及各种爆破事故与事故的控制技术等。

第九章火灾与爆炸灾害危险评价。生产企业的危险评价是企业系统安全方案优选和安全决策的基础。本章主要就火灾与爆炸灾害的一般性危险评价和重大危险源的评价问题进行阐述，包括危险评价的内容、程序、评价原则与标准和评价方法，以及对重大危险源的辨识和评价方法等。

第二章　火灾燃烧基础

火灾是失控燃烧所造成的灾害，是一类在特殊情况下发生的燃烧。火灾燃烧具有随机性和确定性双重特性，火灾燃烧的确定性说明其符合工业燃烧的基本规律，在对火灾的研究中可以被借鉴。有关火灾中特殊火行为、火灾中燃烧物质特殊性质，以及典型火灾的发展和蔓延规律，都需要加以辨识和探讨。

第一节　燃烧基础

一、燃烧原理与燃烧条件

（一）链式反应理论

物质燃烧原理是指物质燃烧的发生、发展和终止的本质和机理。历史上曾出现各种燃烧学说，包括燃烧素学说、燃烧氧学说、分子碰撞学说、活化论理论、过氧化物理论和链式反应理论等。20 世纪以来，人们经过大量的实验研究和各种探索，普遍认为：由俄国科学家谢苗诺夫提出的链式反应理论，能够比较圆满的解释燃烧的本质。因此，本节就以此理论为基础对燃烧原理予以阐述。

在可燃物质中存在一些活性极强的游离基，它在少量外能作用下被激活，开始引发可燃物质的链式反应，通过这种形式的不断反应传递，直至全部物质燃完或由于中途受到抑制而终止燃烧。

链式反应的进行，可分为以下四个阶段。

1. 游离基存在

游离基是一类活性很强、瞬变的不稳定物质，如图 2－1 所示，是某些原子、分子碎片或其他中间物质。它在少量外能作用下被激活，并引起其他物质反应。

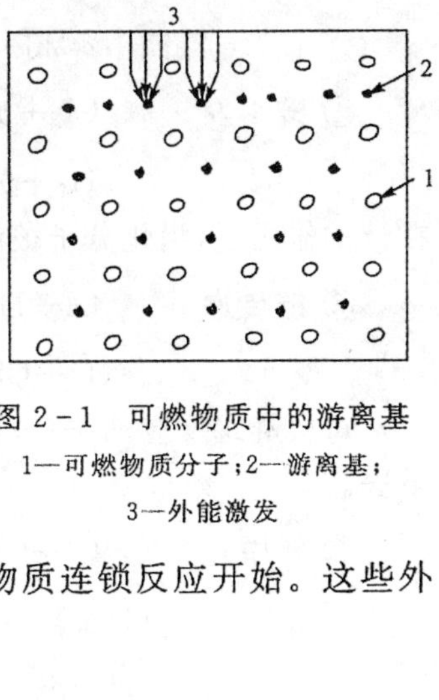

图 2－1　可燃物质中的游离基

1—可燃物质分子；2—游离基；3—外能激发

2. 链引发

当游离基在少量外能作用下被激活后导致游离基活化反应，物质连锁反应开始。这些外能如加热、光照射、放射性照射、催化作用等。

3. 链传递

链式反应中链的传递模式如下：

$$\text{游离基}+\text{化合物分子}\xrightarrow{\triangle}\text{新游离基}+\text{生成物}$$

链传递有以下两种形式：

（1）直链链式反应。如 $\dot{H}+Cl_2 \longrightarrow HCl+\dot{Cl}$。直链链式反应方式（图 2－2 所示）反应速度慢，每一次连锁反应消失一个游离基，产生一个新游离基，通过链传递的系统反应，把反应一直进行下去。

图 2－2　直链链式反应

(2) 分支链链式反应。分支链链式反应是指一个游离基在链传递过程中,生成最终产物的同时,产生两个或两个以上的游离基。游离基的数目在反应过程中随时间增加,因此,反应速率是加速的,如图 2-3 所示。

(3) 链式反应速度。链式反应速度可按下式进行分析:

$$v=\frac{F(c)}{f_s+f_g+A_c(1-\delta)} \tag{2-1}$$

式中:$F(c)$为链式反应物浓度函数;f_s 为游离基在器壁上销毁因素;f_g 为游离基在气相中销毁因素;A_c 为反应物温度有关系数(倒数);δ 为链分支数,直链 $\delta=1$,分支链 $\delta>1$。

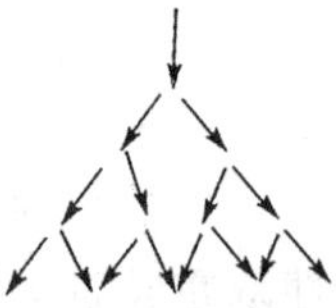

图 2-3 分支链链式反应

影响链式反应速度因素分析:当反应物的浓度和温度增加时,链式反应速度增加,链式反应速度与链的形式有关。分支链式反应速度快,直链链式反应速度慢。当 $f_s+f_g+A_c(1-\delta)\longrightarrow 0$ 时,v 变为无穷大,体系将发生爆炸。

4. 链终止

当游离基在反应中碰到杂质或抑制剂时,使游离基失去活性,结合成非活性物质。如下反应式所示:

游离基+抑制剂⟶游离基↓+非活性物质

5. 举例

(1) 直链总反应式:

$$\overset{435\text{kJ}\cdot\text{mol}^{-1}}{\downarrow}$$

$$Cl_2+H_2\longrightarrow 2HCl$$

$$\uparrow$$

链能 $243\text{kJ}\cdot\text{mol}^{-1}$

① 链引发 $Cl_2+光(h_v)\longrightarrow \dot{C}l+\dot{C}l$

$H_2+光(h_v)\longrightarrow \dot{H}+\dot{H}$

在光的作用下,活化分子被激活成游离基。

② 链传递 $\dot{C}l+H_2=HCl+\dot{H}$

$\dot{H}+Cl_2=HCl+\dot{C}l$

每次链式反应消失一个游离基,产生一个新游离基,通过链传递系统把反应一直进行下去。

③ 链中止 $\dot{C}l+\dot{C}l=Cl_2$

$\dot{H}+\dot{H}=H_2$

$\dot{H}+壁\longrightarrow H$

$\dot{C}l+壁\longrightarrow Cl$

上述游离基间相撞或游离基与壁相撞,能量被释放,活化中心消失,发生链中止。

(2) 分支链反应

总反应链式:$2H_2+O_2\longrightarrow 2H_2O$

① 链引发 $H_2+O_2\xrightarrow{\triangle}2\dot{O}H$

$H_2\xrightarrow{\triangle}2\dot{H}$

② 链传递(分支方式)

$$\dot{H}+O_2 \xrightarrow{\triangle} \dot{O}H+\dot{O}$$

$$\dot{O}+H_2 \longrightarrow \dot{O}H+\dot{H}$$

③ 链中止

$$\dot{H}+\dot{H}=H_2$$

$$\dot{H}+O_2+M=H_2O+M(\text{惰性物质})$$

最简单的氢分子可作为基本例子进行燃烧反应的机理分析,而多分子的反应过程十分复杂。

综上所述,物质燃烧的链式反应理论从微观解释了不同物质燃烧有不同的原因,每一种物质的燃烧过程,都有一定的规律。此外,从消防的角度来说,链式反应理论解释了当发生火灾时可用添加惰性物或抑制剂去扑灭火灾的机理。

(二) 物质燃烧条件

1. 物质燃烧的必要条件

就客观而言,物质燃烧的基本条件是:必须具有可燃剂、氧化剂及热源(温度、点火源),如图 2-4 所示的燃烧三角形。从现代燃烧理论的角度分析,燃烧的必要条件除了上述的三点外,还必须保持参与燃烧物质的链式反应未受到抑制,如图 2-5 所示的燃烧四面体同时存在。因此,物质燃烧的必要条件是:① 存在可燃物,如甲烷、汽油、木材等;② 存在氧化剂(助燃剂),火灾中主要是指空气中的氧气;③ 热源,如明火、摩擦、高温表面、电火花等;④ 未受到抑制的链式反应条件。上述四个条件中,可燃剂、氧化剂和热源构成燃烧三要素,只有它们同时存在并相互发生作用时,燃烧才能产生,缺少其中任一要素燃烧便不能发生。燃烧发生以后要使燃烧继续发展下去,必须存在上述第四个条件,即物质的链式反应不受到抑制。

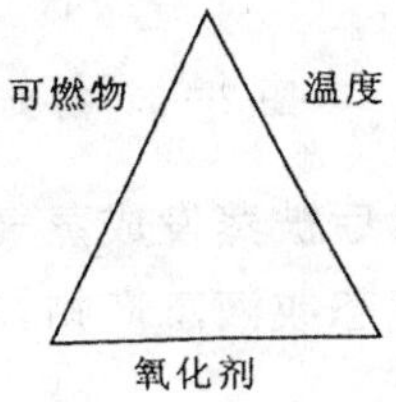

图 2-4　燃烧三角形

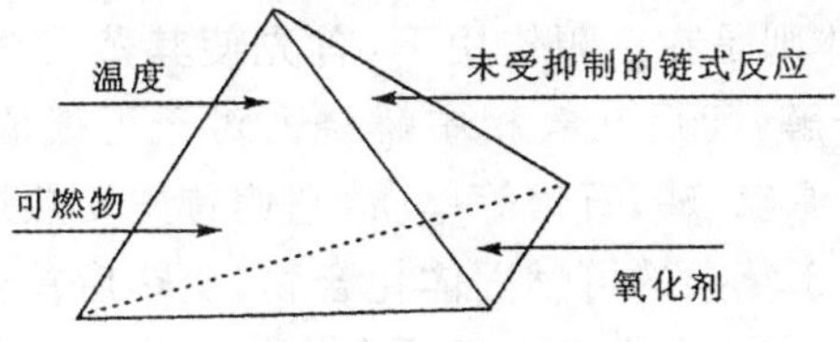

图 2-5　燃烧四面体

2. 燃烧充分条件

许多事实表明,要使物质燃烧能够发生和得到发展,除了具有上述四个必要条件以外,还必须具有以下三个充分条件:

(1) 一定量的可燃剂浓度。如甲烷在空气中的浓度必须控制在 5～15%的可燃极限范围以内,方能燃烧。

(2) 一定的氧含量。正常空气中的含氧量为 21%,当含氧量大于 14%,可燃物才能燃烧,如汽油燃烧最低含氧量为 14.4%,煤油为 15%。

(3) 一定的点火能量。外界点火能量必须达到可燃物最小点火能以上,燃烧才能发生,如汽油的最小点火能为 0.2mJ。

总之,可燃物只有具备上述四个必要条件和三个充分条件时,燃烧才能发生和得以继续下去。

当火灾发生时，只要消除四个必要条件中的一个，火灾将被扑灭。

二、燃烧基本概念

（一）燃烧定义

燃烧是一种放热、发光和较快的化学反应，在燃烧中原有物质性质发生改变生成新的物质。燃烧实例如下：

例 1：　　$C+O_2 \xrightarrow{\triangle} CO_2+393.5kJ$

例 2：　　$CH_4+O_2 \xrightarrow{\triangle} CO_2+2H_2O+825kJ$

物质燃烧时的发光，是物质原子中电子快速跳跃外迁，放出各种波长的光来，发光的气相燃烧区就是火焰。

燃烧的三大基本特征是放热、发光和产生新物质，不具备这三大特征的不是燃烧。如电灯泡钨丝通电只是放热发光，但不产生新物质，这不符合燃烧基本特征，不是燃烧。又如金属生锈、食物腐烂，它们都是化学反应生成新的物质，也放出热量，但它们不发光，因此，也不是燃烧。

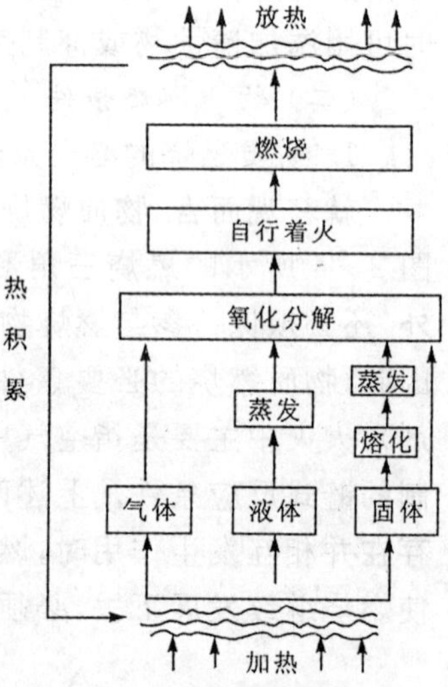

图 2－6　物质燃烧的过程

（二）物质燃烧过程

在自然界中，在一定的温度和压力下，所有物质都以某种聚集状态存在。气体、液体和固体是物质存在的三种基本状态。

自然界中，绝大多数物质的燃烧，是其受热分解出的气体或液体蒸气在气相中的燃烧，但不同状态的物质，其燃烧过程有所不同，如图 2－6 所示。其中，可燃气体最容易燃烧，其燃烧所需的热量只用于本身氧化分解，并使其达到燃点或自燃点就可燃烧。可燃液体则是在热源作用下，首先使其蒸发为蒸气，然后蒸气被氧化、分解，而后在气相中燃烧。对于可燃固体来说，有两种类型，对于像硫、磷、石蜡等单质，它们首先受热熔化或升华，然后被蒸发成蒸气，氧化分解后进入燃烧；对于复杂的可燃固体化合物，受热后首先分解，析出气态或液态产物，然后气态产物和液态产物的蒸气发生氧化后着火燃烧。

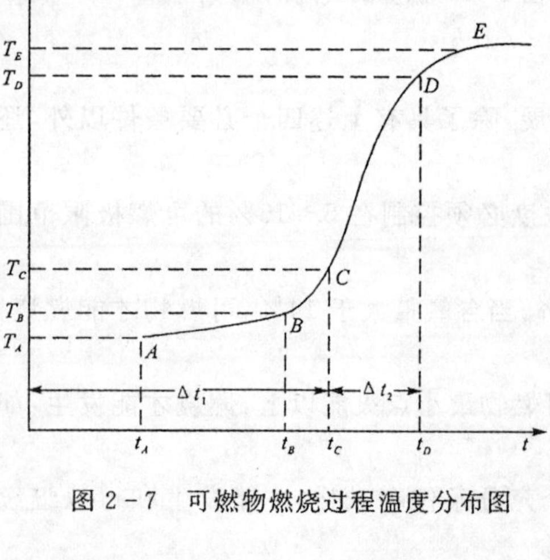

图 2－7　可燃物燃烧过程温度分布图

可燃物质的燃烧过程包括许多吸热和放热的化学过程以及传热的物理过程。物质受热燃烧，它的温度变化是很复杂的，燃烧过程中的温度变化情况见图 2－7。

A 点的温度为 T_A，是可燃物开始加热时的温度，在这最初阶段，外界提供加热的热量主要用于可燃物的熔化、蒸发和分解，可燃物温度上升缓慢。

B 点的温度为 T_B，当可燃物温度达到 T_B 时，在凝聚相开始氧化并放热，但由于温度尚低，故氧化速度较慢，氧化所产生的热量还不足以抵消体系向周围环境的散热。此时若停止供热，可燃物将降低温度，因而不能发生燃烧；若继续在热的环境中加热，则因氧化反应逐步加剧，而使温度上升较快。

C 点的温度为 T_C，当可燃物温度上升到 T_C 时，可燃物氧化产生的热量和体系向环境散失的热量相等，也就是说，在 T_C 温度时体系产生的热量和向环境散失的热量达到平衡。若再供一点热，使温度升高一点，即可打破这种平衡状态。此时可燃物氧化产生的热量多于体系向环境散失的热量，这时即使环境停止加热，温度亦能上升，因此，T_C 即为自燃点。

D 点温度为 T_D，当可燃物温度上升到 T_D 时，可燃物就燃烧起来，同时出现火焰，并且温度继续上升。

E 点的温度为 T_E，此时是可燃物经过燃烧后，其产物达到的最高温度。

若是气体可燃物燃烧，将会缩短从 T_A 升到 T_B 所需的时间。

由上述可知，可燃物理论上的自燃温度应该是 C 点的 T_C，但由于实验技术上的限制，通常能测出的是产生火焰的 D 点时的温度 T_D，因此，习惯上也把 T_D 叫作自燃点。

可燃物在 T_A 和 T_B 温度之间，是它的受热区域；在 T_B 和 T_C 之间是可燃物在凝聚相中的反应区域；在 T_C 和 T_D 温度之间是可燃物在气相中的反应区域；T_D 温度以后，可燃物产生火焰，反应物变成了生成物，温度达到燃烧最高温度 T_E。我们把可燃物从温度 T_A 升到 T_C 所需的时间（$t_c—t_A$）称作预备期（Δt_1）；把从温度 T_C 升到 T_D 所需要的时间（$t_D—t_c$）称作诱导期（Δt_2）。可燃物处于预备期时，只要移去升温热源即可中止燃烧过程。但预备期的温度往往较低，燃烧现象不明显，因而不易被察觉。当可燃物处于诱导期时，温度急剧升高，产生大量烟气，容易被察觉，一些固体可燃物的诱导期较长，可利用诱导期温度急剧升高、产生烟气的信息，带动防火灭火装置，制止火灾发生。

（三）燃烧形式

火灾绝大部分是在大气条件下发生的，各种燃烧物由于物质性质的聚集状态的差异，其燃烧形式亦有区别，归纳起来物质燃烧可分为以下五种形式。

1. 预混燃烧

预混燃烧又称混合燃烧、动力燃烧、爆炸式燃烧。当可燃气体与助燃气体预先在容器、管道或空间均匀混合，且可燃气体浓度在爆炸极限范围以内，遇火源即发生燃烧或爆炸（如图 2-8 所示）。由于混合物性质、聚集状态（雷诺数、混合比、混合均匀程度、空间结构）、点火源功率的不同，其化学反应的速度有很大差别，可分为以下几种：① 燃烧：几厘米至几米/秒；② 爆燃：十几米至上百米/秒，变速不稳定传爆；③ 爆炸：上百米至上千米/秒，增速不稳定传爆；④ 爆轰：上千米至 9 千米/秒，稳定传爆。有关气体预混化学反应机理将在第六章中阐述。

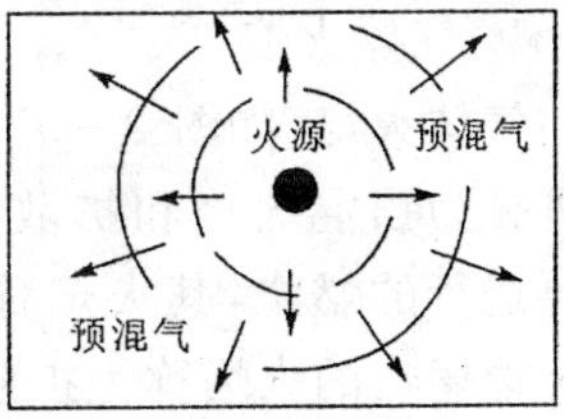

图 2-8　预混气燃烧爆炸示意图

在供氧不足室内充满可燃气体的建筑火灾中，当外界空气突破门窗大量进入室内，发生的轰燃现象，就是一种准预混燃烧（预混爆燃），往往会造成重大的人员伤亡和财产损失。

2. 扩散燃烧

气相可燃物从管口或容器裂缝处流向空间，由于可燃气体与空气的互相扩散、混合，当达到可燃浓度并接触火源时，即被点燃形成火焰，并使燃烧继续下去。如工业或生活中使用的天然气、液化石油气通过燃烧器的燃烧。

3. 蒸发燃烧

可燃性液体如酒精、苯等，它们的燃烧就是由于液体蒸发产生的蒸气被点燃起火而形成的，蒸气点燃形成火焰，它放出来的热量进一步加热液体表面，从而促使液体继续蒸发，使燃烧继续下去。萘、硫磺等在常温下虽为固体，但在受热后会升华产生蒸气或熔融后产生蒸气，因而同样能够引起蒸发燃烧。

4. 分解燃烧

分解燃烧是指在燃烧过程中可燃物首先遇热分解，再由热分解产物和氧反应产生火焰的燃烧。如木材、煤、纸等固体可燃物的燃烧属于此类；油、脂等高沸点液体和低熔点的固体烃类（如沥青、蜡等）的燃烧也属于此类。

在扩散燃烧、蒸发燃烧和分解燃烧的过程中，可燃物分别是气体、液体或固体，但它们分别经过流出、熔融、蒸发、升华、分解等步骤产生可燃气体，然后和空气相互扩散混合，经火源点燃后产生火焰，这些火焰都是扩散焰。

5. 表面燃烧

例如木材燃烧，开始是木材分解产生可燃气体，继续进行热分解，最后分解不出可燃气体，只剩下不能气化的固体炭，此时燃烧在空气和固体炭表面接触的部位进行，所以叫表面燃烧，它能产生红热的表面，不产生火焰，燃烧的速度和固体表面的大小有关。铝、镁、铁等金属的燃烧也发生在固体金属的表面上，它们的燃烧也是表面燃烧。

综上所述，其中预混燃烧与扩散燃烧是发生在气相物质的燃烧；蒸发燃烧则发生在液相和部分固相物质中；分解燃烧主要发生在一般固体可燃物和低熔点固体烃类和油脂类高沸点液体中；而表面燃烧则发生在不能气化的固相物质燃烧中。

（四）火焰

发光的气相燃烧区域称为火焰。火焰的存在是燃烧过程进行中最明显的标志。气体燃烧一般存在火焰。液体燃烧是指液体受热蒸发出的蒸气燃烧，也存在火焰。有挥发性热解产物产生的固体燃烧存在火焰；而无热解产生的固体燃烧，无火焰存在，如木炭、焦碳等，它只有发光的灼热燃烧，这种现象被称为无焰燃烧。

1. 气体火焰

气体火焰（如图 2-9）根据可燃气体与空气混合的时间可分为预混火焰和扩散火焰。可燃气与空气预先混合后再进行的燃烧，其火焰称为预混火焰；可燃气与空气边混合边燃烧的火焰称为扩散火焰。

扩散火焰与预混火焰其结构是不相同的，在扩散火焰中由于燃烧不充分会产生碳粒，碳粒在高温下辐射出黄色光而使整个火焰呈黄色，如图 2-9(a)所示。预混火焰则由两部分组成，内区呈绿色，外区呈紫红色，内区是可燃气与氧气进行化学反应时的气体辐射；外区是已燃气体的微弱可见光辐射，如图 2-9(c)所示。如果预混气中空气不足，在内区氧气燃烧完以后尚有部分多余可燃气体穿过内区与大气中扩散进入的氧气在绿色内区与紫红色外区之间进行扩散燃烧，于是，火焰就由三部分构成：即绿色内区、黄色中区和紫红色外区，如图 2-9(b)所示，这是过渡火焰的结构。

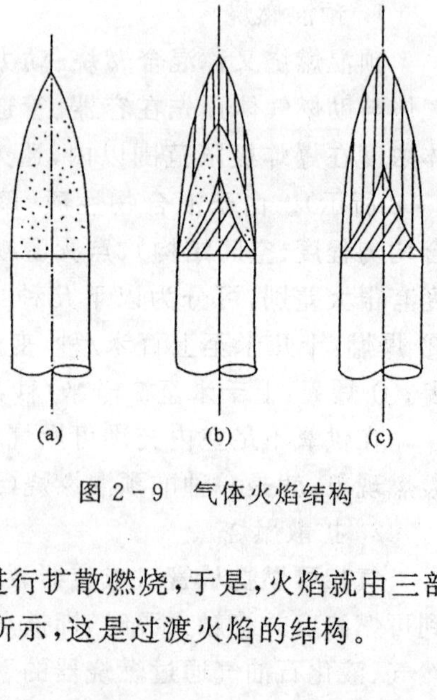

图 2-9　气体火焰结构

2. 液体火焰

液体受热后，液体表面上的蒸气达到一定浓度后，其蒸气与空气的混合气遇火源发生燃烧，初起时的燃烧属于预混燃烧，是预混火焰。当预混气燃完以后，其后的燃烧则是蒸气不断地蒸发进入火焰面，空气从周围不断扩散到火焰面，两者在火焰面处边混合边燃烧。因此，液体燃烧主要方式是扩散燃烧，其火焰是扩散火焰。

3. 固体火焰

一般固体可燃物(如木材)受热后不断释放出热解产物进入火焰，与环境中不断进入火焰的空气边混合边燃烧，因此，固体燃烧火焰都属于扩散火焰。

另一类低熔点单质可燃固体(如蜡等)，其火焰结构如图 2-10 所示。当蜡受火焰加热后先熔融为液体蜡，液体蜡在火焰浮力作用下沿灯芯上升，经过蒸发、分解进入火焰燃烧。蜡烛火焰结构由焰心、内焰和外焰三部分构成。① 焰心：是最内层亮度较暗的圆锥体部分，由液态蜡受热蒸发后分解出的气态可燃物构成，由于内层氧气浓度低，燃烧不充分，温度亦低。② 内焰：为包围在焰心外部较明亮的圆锥体部分。在内焰中气态可燃物进一步分解，因氧气供应仍然不充分，燃烧亦不够完全，但温度较焰心为高，在焰心中的微小碳粒受热后辐射出较明亮光线。因此，内焰亮度最强。③ 外焰：为包围在内焰外部亮度较暗的圆锥体，在这层火焰中氧气供应充分，燃烧完全，燃烧温度较高，在外焰燃烧的主要是 CO 与 H_2，碳粒很少，几乎没有光亮。

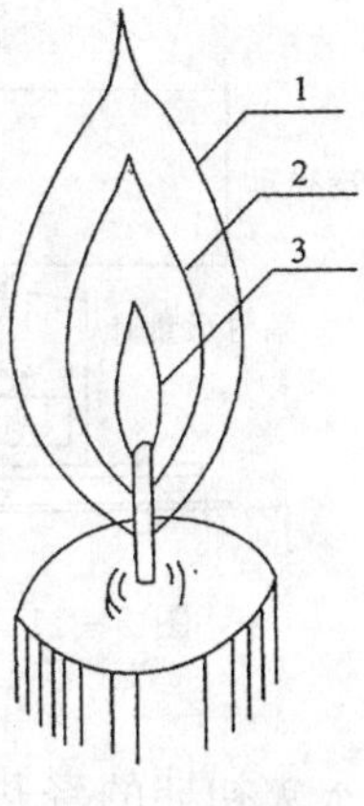

图 2-10　蜡烛火焰结构

1—外焰；2—内焰；3—焰心

（五）火灾释热速率

火灾释热速率是火灾中物质燃烧时热量释放的速率，它是火灾燃烧特性之一，是表示火灾发展的一个主要参数。在设计新建筑或分析现有建筑的火灾安全状况时，建筑物内可能发生火灾物质的释热速率是决定火灾发展以及火灾危害的主要参数，也是采取防消对策的基本依据，因此，对其研究具有重要意义。

就原理而言，火灾释热速率可按下式进行估算：

$$\dot{Q}=\varphi \cdot \dot{m}\Delta H \tag{2-2}$$

式中：$\dot{m}$ 可燃物为燃烧速率；φ 为燃烧效率因子，反应燃烧不完全程度；ΔH 为可燃物热值。

实际上由于各项参数难以合理确定，按上式计算火源的释热速率是困难的，如火灾中的可燃物组分变化很大，总的热值难以确定；其次是火灾中物质燃烧通常是不完全的，燃烧效率因子难以正确确定，φ 值一般在 0.3～0.9 之间。因此，普遍认为应通过实验来估算特定火灾中典型物品的释热速率，现在已发表多种测量释热速率的方法，对于各种家具应使用家具量热仪测量物质燃烧时的释热速率，如图 2-11 所示。它是利用氧耗法作为测量的基本原理，利用这种量热计可对木垛、木板架、沙发、枕头、床垫、衣柜、窗帘、电缆等物品的释热速率进行测量。图 2-12 是测出的沙发释热速率曲线，表 2-1 是一些垫枕的释热速率数据。

表 2-1　一些垫枕的释热速率数据

填充材料	纤维布料	垫枕质量(kg)	总质量(kg)	最大释热速率(kW)	总放热量(MJ)	平均燃烧热(MJ/kg)
乳胶泡沫(整块)	50%棉花+50%聚酯	1.003	1.238	117	27.5	27.6
聚氨酯填料 1 号	无　纺	0.650	0.885	43	18.4	22.0
聚氨酯填料 2 号	无　纺	0.628	0.863	35	18.9	23.7
聚酯纤维	80%聚酯+20%棉花	0.602	0.837	33	10.2	20.0
羽　毛	棉　花	0.996	1.201	16	8.9	18.3
聚酯纤维	玻璃纤维	0.687	0.922	22	3.1	17.4

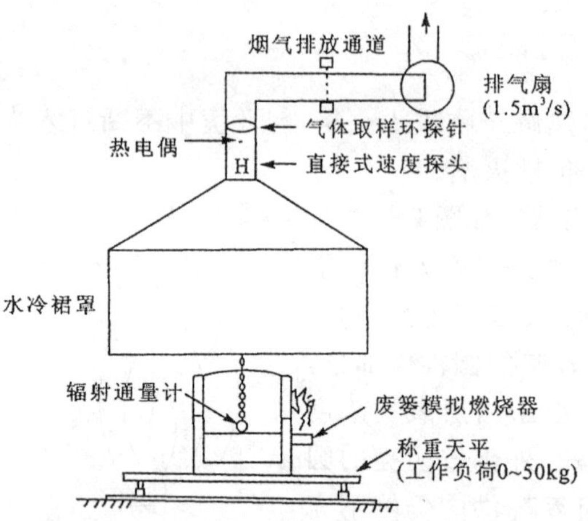

图 2-11　家具量热仪简图

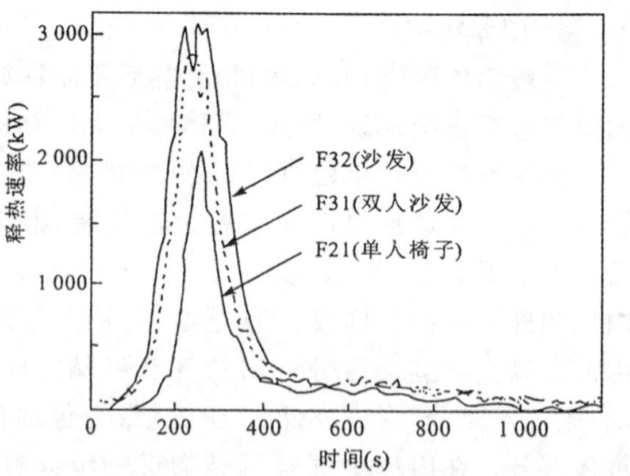

图 2-12　几种沙发的释热速率曲线

火灾初期的释热速率是控制火灾的关键问题之一,其增长速率大体按指数规律增长。火灾初期时物质燃烧的释热速率的增长可分为超快速型、快速型、中速型和慢速型四种类型,如图 2-13 所示。沙发等一般为超快速型;纸壳箱、板条架为快速型;棉花和厚脂纤维弹簧床为中速型。该参数图可用以估算实际物品初期火灾释热速率的增长。

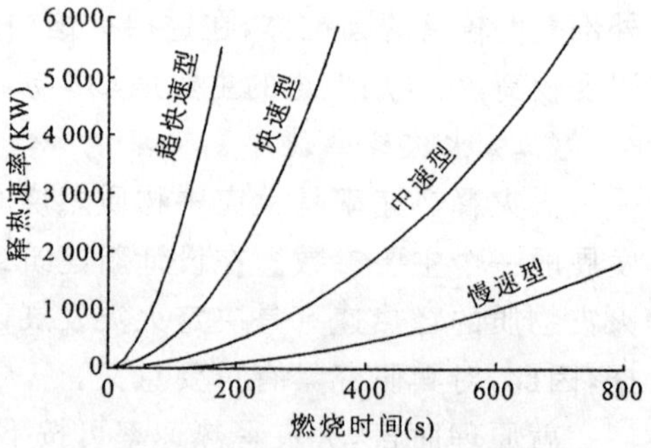

图 2-13　火灾增长的四种类型

第二节　火灾特殊燃烧形式

各类火灾在其发生、发展和蔓延过程中,出现一些关键性的特殊燃烧形式,它对火灾进程具有重要作用。如建筑火灾中的阴燃、轰燃和回燃;油池火灾的沸溢和喷溅;森林火灾中的树冠火、火旋风、对流柱等。本节仅介绍建筑火灾中的几种典型特殊燃烧形式,其他火灾的典型燃烧形式在第四节中介绍。

一、阴燃

阴燃是多种固体物质中发生的持续、有烟、无气相火焰的缓慢燃烧现象,并伴随有局部温度升高。阴燃在一定条件下,可以转变为有焰燃烧。阴燃在建筑火灾和森林火灾初起阶段的前期常有发生。

阴燃是固体材料特有的燃烧形式,各种材料能否形成阴燃,取决于自身的物理化学性质和所处外部环境。固体材料能够发生阴燃的自身条件是材料受热分解后能够产生刚性结构的多孔炭,这种炭形具备多孔蓄热并使燃烧持续下去。很多固体材料如纸张、锯末、纤维织物、纤维板、乳胶、橡胶和多孔热固性塑料等都能发生阴燃;而有些物质的粉末分散于能阴燃的固体上时,可抑制阴燃发生,如 S、CaCl、$ZnCl_2$ 等。

当固体物质处于空气不流通情况下,且具有供热强度适宜的热源,就具备了发生阴燃的环境，如固体堆垛内部的阴燃、处于密封性较好的室内固体阴燃，若供热强度过小，固体无法着火；供热强度过大，固体则发生有焰燃烧。

常见引起阴燃的热源有：① 自燃热源，如固体堆垛内的阴燃大多是自燃结果，待阴燃缓慢向外传播至堆垛表面时，就转为有焰燃烧；② 一种阴燃引起另一种阴燃，如香烟阴燃引起地毯、被褥、木屑、植被等阴燃，并进一步引发火灾；③ 有焰燃烧熄灭后的阴燃，如固体堆垛有焰燃烧的外部火焰被水扑灭后，内部仍处于炽热状态，而可能发生阴燃，经过一段时间，外部水分蒸发，阴燃向外发展至堆垛表面时，就会发生死灰复燃现象。

阴燃传播：以柱状纤维素棒沿水平方向的阴燃为例(如图 2-14 所示)说明阴燃的传播。

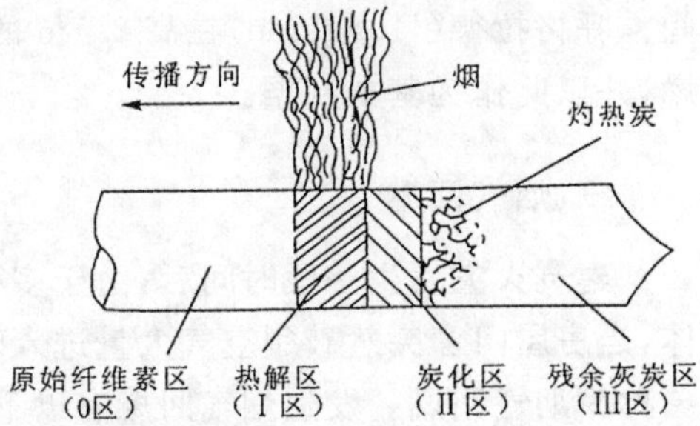

图 2-14　纤维素棒沿水平方向阴燃示意图

当给纤维素棒的右端适当加热，就开始发生阴燃，并向左端传播。阴燃结构共分为四个区。① 原始纤维素区(0 区)，通过传导少量加热，但未发生受热分解。② 热解区(Ⅰ区)，区内温度急剧升高，并从原始材料中挥发出烟，纤维素变色，并开始炭化，此时温度约为 250～300°C。应该说明的是，当使用的固体材料相同，在阴燃中产生的烟与在有焰燃烧中产生的烟大不相同；由于阴燃一般不发生明显氧化，其烟中含有可燃气体，以及冷凝成悬浮粒子的高沸点液体和焦油等，是可以燃烧的；在密闭空间内，阴燃聚集能够形成可燃或可爆性混合气体；曾发生过乳胶垫阴燃而导致烟雾爆炸的事故。③ 炭化区(Ⅱ区)，该区中由热解产物(烟)挥发后剩下的炭，在其表面发生氧化并放热，纤维素材料的温度升高至最大值(可达 600～750℃)。④ 残余灰炭区(Ⅲ区)，在该区中，灼热燃烧不再进行，温度开始降低。实际上，阴燃传播各区间并无明显界限，而应该是连续的。

阴燃向有焰燃烧转变，有以下几种条件：① 阴燃从堆垛内部传播到外部时，由于不再缺氧，可转变为有焰燃烧。② 密闭空间内，因供氧不足，固体材料发生阴燃，并产生大量不完全燃烧产物充满空间，当突然打开空间某些部位，新鲜空气进入，在空间内形成可燃混合气体，进而发生有焰燃烧或导致爆炸。这种由阴燃向爆燃的突发性转变十分危险。

二、轰燃

轰燃是室内火灾由局部燃烧瞬间向全面燃烧的转变，转变完成后，室内所有可燃物表面都开始燃烧。轰燃是火灾由初期阶段向旺盛阶段转变的最显著特征之一。在火灾初起阶段后期，当通风条件良好，可燃物数量适当，火灾范围会迅速扩大，并引起室内相当数量的可燃物的热解和气化，一旦可燃气体达到燃烧极限下限，室内温度达到可燃气体燃点时，经过较短时间(几分钟)就会出现一种全室性气相火焰现象，并迅速点燃室内绝大多数可燃物表面，燃烧十分猛烈，温度升高很快，它标志着火灾由初起阶段后期进入全盛阶段。

轰燃发生后，由于燃烧极为猛烈，温度很快升高，人员在这种条件下很难生存，因此，就火灾中安全疏散而言，如果在爆轰发生前尚未从室内火灾场中逃生，那么将难以幸存。因此，认真研究室内火灾中的轰燃规律对于火灾防治具有十分重要的意义。

轰燃现象的出现是火灾燃烧释放出大量热量积累的结果。实验研究表明，引起室内轰燃的热源主要是热辐射。建筑物室内地板接收到的热通量的辐射热源主要有以下三个方面：① 顶棚下方的热烟气层。② 室内上部的顶与侧壁所有热表面的辐射。③ 火焰，包括垂直上升的火羽流与沿顶棚扩散的火焰。这些热辐射对轰燃出现的控制作用和影响取决于火灾发展过程中可燃物质的性质以及通风状况。在实际火灾中，一般都会产生大量烟气。因此，轰燃的出现主要由热烟气层的厚度和温度达到某一临界点时所决定，因此，烟气层的热辐射对确定火灾的发展十分重要。

为了从定量的角度说明出现轰燃的临界条件，沃特曼(Waterman)在一长宽高为 3.64m×3.64m×2.43m 的房间内进行了实验，并测试出要使室内发生轰燃的基本定量条件是：地板平面处至少要接收到 20kW/m² 以上的热通量，可燃物燃烧速度必须大于 40g/s，并维持一段时间。呼格拉德(Hugglund)在高 2.7m 的室内实验基础上提出顶棚温度达到 600℃ 才能出现轰燃，并以此作为基本判据。

三、烟气回燃

建筑火灾发生一段时间后，由于多种原因可能造成室内缺氧，烟气中逐渐积累大量可燃气体，当房屋门窗突然破裂空气大量进入时，在烟气层下表面附近发生的非均匀预混气体燃烧现象称为烟气回燃。发生烟气回燃有以下两种情况：

第一，当建筑物的门窗关闭条件下发生火灾，或者是门窗虽未关闭严密，但室内存有大量可燃气体，燃烧过程中出现氧气供应严重不足，从而形成烟气层中含有大量可燃气体组分，此时，一旦突然形成通风缺口，如门窗破裂、救灾人员闯入，使大量新鲜空气突然进入，这将使可燃烟气获得充分氧气，燃烧强度显著增大，突发猛烈燃烧，室内温度迅速提高，这种燃烧还有可能使火灾转变为轰燃或爆炸。

第二，室内发生火灾后，人们总会尽力扑救，大多数情况下火灾尚未发展到轰燃就被人为扑灭，这种情况下室内可燃材料中的挥发组分并未完全析出，可燃物周围的温度在短时间内仍比环境温度高，它容易造成可燃挥发气再度析出，一旦充分供氧条件形成，被扑灭的火场又会重新发生可燃烟气的明火燃烧，即烟气回燃。

帕格内(Pagni)等人使用一个模型[2.4m(长)×1.2m(宽)×1.2m(高)]进行回燃传播实验，该实验以甲烷燃烧器为火源，先将模型开口全部关闭，可使燃烧器的火焰逐渐缩小，最终因缺氧而窒息，然后打开模型一端的开口，经过一段时间的延时，启动电火花点火器，形成的火焰由点火源开始，大体沿室内上半部的热烟气和冷空气交界区所形成的非均匀可燃混合气处迅速蔓延开来，甚至从开口窜出。实验表明，烟气中甲烷可燃气组分浓度达到 10%才开始发生回燃，当浓度大于 15%时，形成猛烈火团，这是由于烟气回燃时，由甲烷与空气组成的混合可燃气体属非均匀相混合燃烧，其化学当量浓度有增高趋势所造成。

霍然等人的多室实验表明，当建筑物的起火房间有开口，并与其他房间或走廊相连接时，还会发生逐次出现烟气回燃，如图 2-15 所示。该图表示一个房间至走廊相连的模型内发生的回燃温度曲线。其中，第一次回燃发生在房间内，过了约 15min 后，在走廊内发生第二次回燃。两次回燃和第二次回燃滞后的出现反应出房间分隔对回燃性质的影响，这种延迟性回燃对于进入室内灭火的人员有严重的威胁。

为了防止回燃的发生，控制新鲜空气的后期流入和在火灾中禁止启动无防爆措施的电器设备具有重要作用。当发现起火建筑物内生成大量黑红色浓烟时，不要轻易打开门窗以避免生成可燃性混合气。必须做好灭火准备，在房间顶棚或墙壁上部打开排烟口将可燃烟气直接排到室外；或在打开通风口时，沿开口向房间内喷入水雾，可以有效降低烟气浓度，减少烟气被点燃的可能和有利于扑灭室内明火。

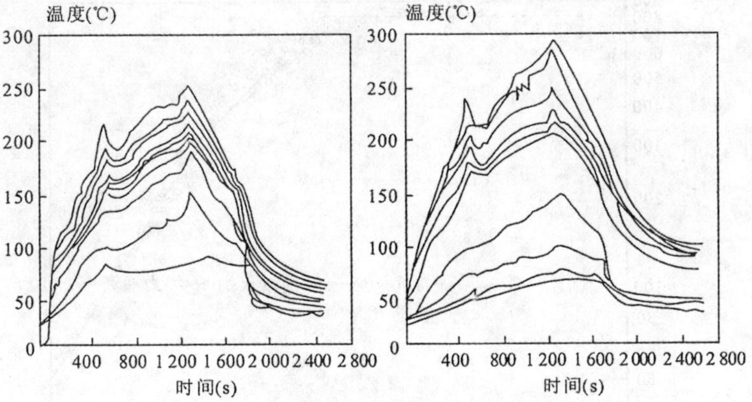

图 2-15 房间至走廊模型内两次回燃的温度变化

四、火羽流与顶棚射流

在火灾物质燃烧中，火源上方的火焰及燃烧生成烟气的流动通常称为火羽流，火焰区上方为燃烧产物(烟气)的流动区，其流动完全由浮力效应控制，可称为浮力羽流或烟气羽流。当烟气羽流碰到房顶后便形成沿顶棚下表面蔓延的顶棚射流。本节将分别讨论火羽流与顶棚射流的燃烧和流动特点及与火灾的关系。

(一) 火羽流

火羽流的结构如图 2-16 所示。由于固体火灾燃烧时，其可燃气体的逸出是随加热逐渐分解后形成的，因此，其火羽流的火焰基本上是自然扩散火焰，火焰气体的流动是由浮力控制的。由图 2-16 观察可知，自然扩散火焰可以分为两个小区，即在燃烧表面上方不远的区域内存在连续火焰面；再往上的一定区域内火焰则是间断出现的。前一小区称为持续火焰区，后一小区称为间歇火焰区。

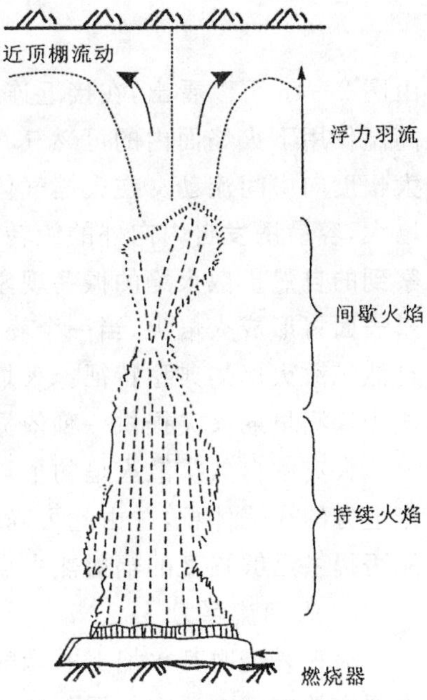

图 2-16 火羽流的结构示意图

1. 火羽流的温度与流速

实验以甲烷为可燃气，在边长为 0.3m 的多孔燃烧器上首先测量了火焰沿中心线随高度变化的平均温度，如图 2-17 所示；在燃烧器上方不远的连续火焰区域内，火焰温度由 500°C 左右迅速增大到约 800°C，然后保持稳定，火羽流再往上，火焰温度逐渐降低，在间歇火焰的边缘，温度约降低至 320°C，在浮力羽流区继续下降直至接近常温。一般认为，自然扩散火焰的平均温度在 500～600°C 之间。火羽流各区的温度高低亦反应了该区的燃烧强度。火羽流流速随高度的变化亦存在确定的关系：在刚离开燃烧器表面较短距离内，流速开始增加较快，一定距离后开始变缓，到达某一最大值，随后缓慢降低，这反映出由持续火焰向间歇火焰的转变。

2. 火羽流振荡

在自然扩散火焰中，大部分是间隙火焰区，在稳定燃烧阶段，间隙火焰的出现和消失呈现相当有规律的振荡。当燃烧表面积小于 $1m^2$ 时，大多数火焰的振荡频率一般在 3～8Hz，随着燃烧表面积减小，振荡频率降低。这种振荡是火羽流与周围空气之间的边界层不稳定所引起。

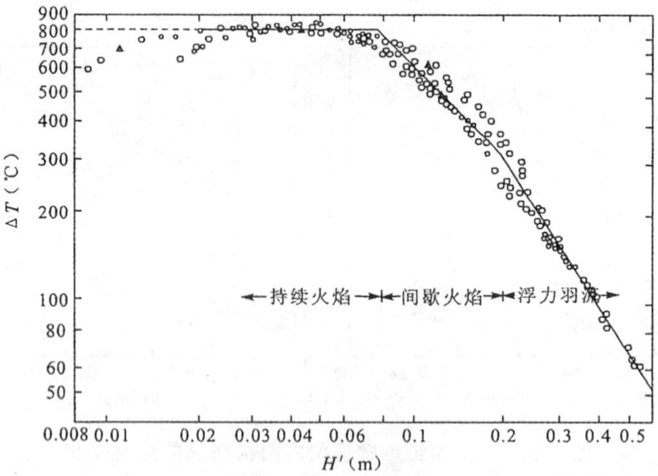

图 2-17　火羽流中心线温度随高度的变化

由图 2-16 可以看出，在接近连续火焰区的上端时，火焰面会由燃烧床的边缘向中间靠拢。在高温作用下火焰面内的可燃气将会急剧膨胀，产生向外扩展的趋势，同时周围受卷吸的空气也大幅度向中间流动。在火焰气体上升过程中，上述影响造成的边界层不稳定使火焰面的扰动增大，容易诱发自内向外的旋转，其中最大的扰动可呈现大体轴对称的涡旋结构。实验中可观察到的自然扩散火焰的振荡现象便是这种旋涡随羽流上升并发生燃烧的结果。漩涡上部的外露表面将形成火焰尖，当一个旋涡通过后，后面的旋涡又以同样的形式形成新的火焰尖，这是自然扩散火焰的典型特征。火焰的闪烁特性可用以区别红外辐射是来自火焰或是其他背景，这为探测早期火灾提供一种依据。

火灾中自然扩散火焰的平均高度是一个重要的应用参数，根据火焰高度可以计算出燃烧床上方的火焰体积，并由此可确定火焰与其周围物体的相互作用，如火焰能否到达室内顶棚，能否提供足够强度的辐射热去点燃周围物体等。

3. 火羽流浮力

火灾燃烧时其火焰上的烟气与周围空气之间，由于存在温度梯度而形成密度梯度，从而产生浮力效应。在浮力作用下密度较小的气体（烟气）向上运动。单位体积气体受到的浮力，可由下式求出：

$$F=g(\rho_0-\rho) \tag{2-3}$$

式中：ρ_0 为空气密度（密度大）；ρ 为烟气密度（密度小）；g 为重力加速度，常数。

在火灾燃烧中，烟气羽流的结构是由烟气与空气的相互作用所决定，而羽流内的温度取决于火源强度（释热速率）和离开热源的高度。

在一般火灾条件下，由于烟气上浮流动的卷吸，其周围较冷空气进入羽流中，使烟气受到冷却；同时，羽流的质量增大，而使羽流的向上流速降低。

当火源位于室内中央时，羽流的垂直向上运动是轴对称的；如果火源靠近墙壁或两墙交界的墙角时，则坚固外壁边界对空气卷吸的限制将对火灾产生重要影响，此时，火焰将向限制壁面偏斜，这是由于空气只能从火羽流的另一侧进入的结果。这种影响将加强火焰在垂直壁面上的扩展和蔓延。在这种条件下，由于火羽流与环境空气的混合速率比不受限情况下要弱，温度下降亦将变慢。如果所处墙壁壁面材料可燃，则可加强竖壁燃烧火势，促进火灾蔓延。

（二）顶棚射流

当垂直向上扩展的火羽流受到顶棚阻挡时，热烟气将沿顶棚水平流动，并沿厚度方向积累；图2-18为火羽流演变成顶棚射流的发展过程。烟气羽流在顶棚上的接触区大体为圆形，并向四周扩散，烟气羽流与顶棚底面接触处存在粘性阻力，因此，与顶棚接触的烟气薄层流速较低，烟气层随着垂直向下离开顶棚距离的增加，其速度逐渐增大，当超过一定距离后，烟气速度逐渐降低为零。这种速度分布使得烟气射流前峰逐渐转向下流，另一方面，由于热烟气层有一定浮力还会上浮，因此，烟气的顶棚射流中便形成一连串旋涡，并将烟气层下方的空气卷吸进来，使烟气顶棚射流层不断加厚，速度逐渐降低。在顶棚射流热烟气作用下，顶棚由初始温度缓慢升高，顶棚射流内的烟气温度随着垂直向下离开顶棚距离的增加，射流层中温度逐渐升高，达到某一值后又逐渐降低到下层空气的温度。

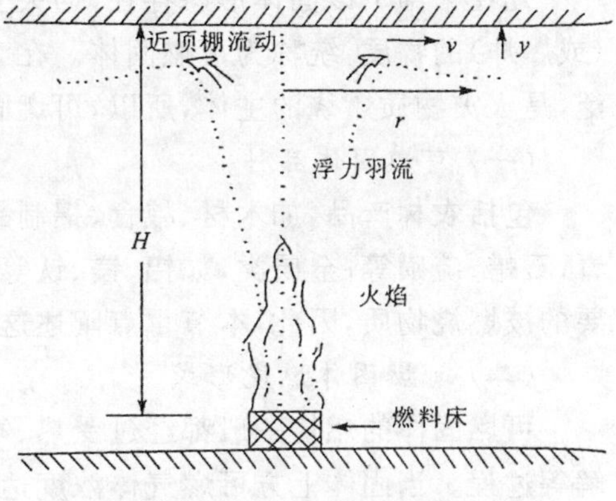

图 2-18　浮力羽流与顶棚的相互作用

燃烧火焰水平传播：当室内火源强度足够大或房间顶棚高度较低时，自然扩散火焰可以直接撞击到顶棚，并发生火焰的水平扩展至一个相当长距离。这是由于顶棚射流中温度较高的火焰及烟气，在较冷空气层之上流动，两者的结构形式稳定，密度差将会反抗混合的进行，造成顶棚射流对其下方空气的卷吸速率降低，使可燃气体需经过较长时间才能烧完。实践表明，夹带火焰的顶棚射流在建筑火灾由室内向走廊蔓延是一种重要形式。有人用槽状容器倒置后模拟走廊，如图 2-19 所示，在槽内靠一端处放置一个多孔气体燃烧器，火灾烟气可沿槽道流动较长的距离。试验发现，火焰的特征与燃烧器表面到顶棚之间的距离(H)和气体流率(Q)有密切关系。若火羽流部分卷吸空气较多，燃烧比较完全，则水平火焰长度较小；若可燃气流量很大，至顶棚前火羽流中燃烧不完全，进入顶棚射流后仍可形成燃烧的烟气层，火焰面出现在富燃料烟气层的下边界处。此外，由图 2-19(b)看出，射流中燃烧的存在诱发了由中部上升然后向两侧翻卷的漩涡，这显示走廊的竖直壁面对火焰结构有重要影响。

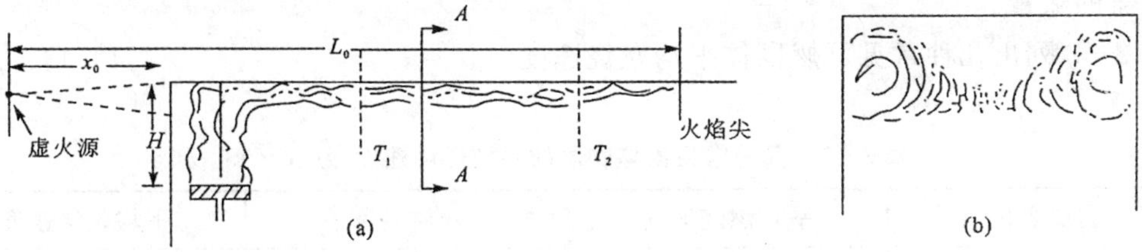

图 2-19　模拟走廊顶棚下方的火焰传播

第三节　可燃物质及其燃爆危险特性

根据国标 GB6944-86 所述的危险货物分类中，与火灾紧密关联的可燃物质主要有：易燃可燃固体、可燃气体与液化气体、易燃液体等三大类。可燃气体与爆炸灾害更为密切，已将其放入第六章内阐述，本节只介绍可燃固体与可燃液体两类。

一、可燃固体

凡在常温下以固体形态存在，遇火受热、冲击、摩擦、接触氧化剂或强酸后，能够发生燃烧（或爆炸）的物质，统称为可燃固体。在工农业生产与社会生活中，可燃固体种类繁多，分布广泛，是火灾物质燃烧的主体，所以，可燃固体的燃爆特性是火灾研究的重点之一。

（一）可燃固体品种

包括农林产品，如木材、粮食、棉制品等；人工聚合物，如塑料、染料等；非金属类，如煤、沥青、石蜡、硫磺等；金属类，如铝、镁、钛等。其中，木材、人工聚合物等在建筑中用量很大，是主要的被燃烧物质，因此，本节重点阐述这两类固体物质的燃烧特性。

（二）可燃固体燃烧形式

可燃固体的燃烧一般都经过受热、气化、热分解等过程，或是经过受热、熔解、蒸发和热分解等过程。当固体上方可燃气体浓度达到燃烧极限以内时，才能持续燃烧。可燃固体由于品种繁多、分子结构复杂、物理性质不同，加上所处环境差异，其燃烧形式也不相同，通常可分为蒸发燃烧、分解燃烧、表面燃烧和阴燃四种。

（三）可燃固体燃烧速度

可燃固体被引燃后，火焰就会在其表面或浅层传播。在火场上，火焰传播速度和可燃物面积大小决定了火势发展的快慢。因此，可燃固体的火焰传播特性是火灾发展蔓延的基本要素之一；而可燃固体的燃烧速度则是最关键的因素。

固体燃烧速度可以用表面直线燃烧速度 v_s 表示，也可以用重量燃烧速度 G_S 表示，实际上以后者为多。固体的重量燃烧速度 G_S 可以由下列计算：

$$G_S=\frac{\dot{Q}_E+\dot{Q}_F+\dot{Q}_L}{L_v} \tag{2-4}$$

式中：$\dot{Q}_E$ 为外部提供给固体表面的热通量；$\dot{Q}_F$ 为燃烧火焰提供给固体表面的热通量，它由辐射热通量和对流热通量组成，两者的份额随着燃烧面积大小而变化，在大面积燃烧中，火焰向固体表面传热以辐射为主；$\dot{Q}_L$ 为火焰传播过程中损失的热通量；L_v 为单位可燃固体释放可燃气所需的热量。

表 2-2 列出几种常见可燃固体平均燃烧速度。

表 2-2 几种常见固体物质的平均燃烧速度（g/m²·s）

物质名称	平均燃烧速度	物质名称	平均燃烧速度
木材（水分 14%）	13.9	棉花（水分 6%～8%）	2.5
天然橡胶	7	纸张	6.7
布质电胶木	8.9	有机玻璃	11.5
酚醛塑料	2.8	人造纤维（水分 6%）	6

影响可燃固体燃烧速度的因素较多，包括外加热源、固体材料物化性质，以及外界环境因素等。当固体物质被点燃后，如有外加热源预热了火焰烽前材料的未燃部分与加快了火焰烽后的燃烧速度，将使固体稳定燃烧速度和其表面火焰传播速度加快。可燃固体材料的熔点、热分解温度、气化热越低，而燃烧热越高，则固体材料释放可燃气的速率越快，越容易被引燃，引

燃后稳定燃烧速度越快。对固体材料的物理条件而言，相同的材料，其比表面积大，材料与空气中氧接触的机会越多，越易氧化，因此，材料直径越小、厚度越薄，越易燃烧。此外，燃烧速度与材料表面位置有关，这是由于固体表面位置不同，火焰和热产物对未燃固体部分的预加热作用程度不同，如在材料和外界条件相同时，倒着向上比顺着向下更容易被火源引燃；竖直表面的稳定燃烧速度比水平表面的快；竖直向上(+90°)的固体表面火焰传播速度最快，垂直向下(−90°)的最慢。在外界环境因素中，风速、压力、氧浓度对固体燃烧速度有很大影响，当环境的氧浓度增大时，火焰温度增高，向可燃物表面传递热量增多，因此，固体物质点燃燃烧能力显著提高；外来的空气流动能助长火焰烽处可燃挥发分与空气的混合，并导致火焰倾斜增加了向前传热的速率；在森林火灾中，高速空气流动会形成飞火，使火灾燃烧速度呈跳跃式快速蔓延。此外，随着环境压力和温度的增加，火焰燃速亦会增加。

(四) 评价可燃固体火灾危险性主要指标

可燃固体按照其燃烧历程可分为一般固体和低熔点固体两类。

1. 一般固体火灾危险性主要指标

一般固体成分复杂，受热后分解出可燃气体，占火灾中可燃固体的极大多数，如木材、塑料、橡胶、煤等。一般性可燃固体的火灾危险性指标主要有燃点、热分解温度、自燃点等。此外，对于评价某类可燃固体火灾危险性具有重要影响的指标还有氧指数、比表面等。

(1) 点燃与燃点(火源直接点燃)。可燃物质与空气共存，当物质温度达到某值时，与火源接触即发生燃烧；在火源移去后仍能继续持续燃烧的现象，称为点燃(或着火)。

可燃物质发生点燃时的最低温度，称为燃点。几种常见可燃物质的燃点如表 2-3 所示。燃点是作为固体物质评价危险程度的主要指标。

表 2-3　几种可燃物质的燃点

物质名称	着火点(℃)	物质名称	着火点(℃)
黄　磷	30	麦　草	200
松节油	53	布　匹	200
樟　脑	70	硫	207
灯　油	86	棉　花	210
赛璐珞	100	豆　油	220
橡　胶	120	烟　叶	222
纸　张	130	松　木	250
麻　绒	150	醋酸纤维	320
漆　布	165	胶　布	325
蜡　烛	190	涤纶纤维	390

对于火灾来说，可燃物质的燃点越低危险性就越大，在火灾区内，当有两种不同燃点物质存在时，火势蔓延的主要方向是燃点低的物质。在灭火原理中，冷却灭火法就是设法将物质的温度降低到燃点以下，使物质不能燃烧。

(2) 自燃、自燃点(非火源直接点燃)。可燃物质在空气中受热升温，不需要明火直接点燃就能自行燃烧的现象，称为自燃；引起自燃时的最低温度称为自燃点。

按照物质升温热能的来源不同，自燃可分为两种：① 受热自燃，可燃物质受外热温升至自燃点而发生自行燃烧，如锅内油受热自燃；② 自热自燃，可燃物由于本身化学反应、物理作用或生物作用产生的热量，当散热受到阻碍造成热量积蓄时，使温度升高至自燃点而发生自行燃烧现象，如煤山自燃。由于自燃是物质在没有明火作用下的自行燃烧，引起火灾的危险性很大，森林中的阴燃引起的大量火灾是最有力的证明。

(3) 热分解温度。固体的热分解温度是指可燃固体受热发生分解的初始温度，它是评价受热能分解固体的火灾危险性主要指标之一。固体的热分解温度越低，燃点也低，火灾危险性越大。

若干可燃固体热分解温度、燃点与自燃点的关系列于表 2－4。从表 2－4 可以看出：材料加热后首先产生热分解，分解出可燃气体；继续温升至一定高度时，才能被点燃。对于某些可燃固体，如木材、人工聚合物，其自燃点比燃点高很多，从减少火灾角度出发，应尽力避免外火源直接点燃。

表 2－4　若干固体加热分解温度、燃点、自燃点关系

材料名称	火灾主要危险指标			
	热分解温度(°C)	熔点(°C)	燃点(°C)	自燃点(°C)
红　松	150		263	430
西　桦	150		263	438
桦	150		264	424
有机玻璃		80	195	450～462
棉　花	120		210	255
松　香		55	216	240
硫　磺		113	255	260

(4) 氧指数(OI)的试验法。费尼莫(Fenimore)和马丁(Martin)于 1966 年提出采用氧指数法判断聚合物材料的可燃性，这种方法重现性好，又能给出数字结果，所以氧指数技术发展很快，很多国家相继用它作为评价聚合物材料可燃性试验的方法。我国于 1980 年也制定了相应的氧指数试验标准(GB2406－80)。氧指数指的是在规定试验条件下，刚刚能支持材料继续燃烧所需要的最低氧浓度，即氧在它和氮混合气中的最低体积百分数：

$$OI=\frac{[O_2]}{[N_2]+[O_2]}\times 100\% \qquad (2-5)$$

式中：$[O_2]$为氧气流量；$[N_2]$为氮气流量。

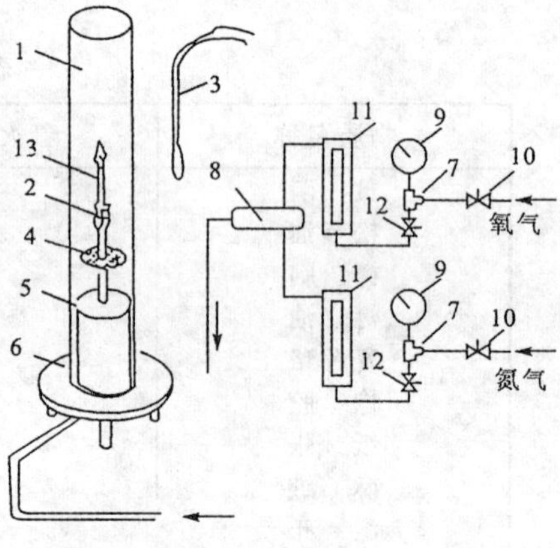

图 2－20　氧指数测试装置

1—燃烧筒；2—试样夹；3—点火器；4—金属网；5—放玻璃珠的筒；6—底座；7—三通；8—气体混合器；9—压力表；10—稳压阀；11—转子流量计；12—调节阀；13—燃烧着的试样

氧指数试验法的试验装置见图 2－20。它主要是由燃烧筒和供气部分组成。燃烧筒是一个内径不小于 75mm、长度不小于 450mm 的耐热玻璃管，其底部用直径为 3～5mm 的玻璃珠充填，充填高度为 100mm。玻璃珠上方放一金属网，以遮挡燃烧试样燃烧时的滴落物。试样夹安装在燃烧筒的轴心位置上。供气系统由压力表、稳压阀、调节阀、管路和转子流量计等组成。计量后的氧气和氮气经气体混合器由底部进入燃烧筒，燃烧筒内混合气体流速控制在 4±1cm/s，试样尺寸见表 2－5。

氧指数是评价可燃固体(尤其是高聚物)火灾危险性的重要指标，也是评价各种物质相对燃烧性能的一种表示方法。氧指数越小的可燃物质，燃烧时对氧气的需求量越小，火灾危险性越大。一般认为氧指数小于22的属易燃材料；氧指数在22～27之间的属难燃材料；而氧指数大于27的属高难燃材料。材料经阻燃处理后，其氧指数可有不同程度的提高。表2-6列出某些常见高聚物的氧指数。

表2-5 氧指数实验试样的尺寸

类别	材料形状	宽(mm)	厚(mm)	长(mm)
A	自支撑塑料	6.5±0.5	3.0±0.5	70～150
B	软载塑料	6.5±0.5	2.0±0.5	70～150
C	泡沫塑料	12.5±0.5	12.5±0.5	125～150
D	薄膜或织物	50±0.5	自身厚度	140±5

表2-6 常见高聚物的氧指数

物质名称	氧指数	物质名称	氧指数	物质名称	氧指数
聚苯乙烯	18	聚苯并咪唑	41	氯丁橡胶	26
聚乙烯醇	22	聚酰甲胺	41	硅橡胶	26～39
聚氯乙烯	45	聚糖醇	31	缩醛共聚物	15
聚苯氧	28	酚醛树脂	35	聚碳酸酯	27
聚砜	32	环氧树脂	20	聚四氟乙烯	>95

高聚合物材料的氧指数除与试样尺寸有关外，还与环境温度、试样重量、结构、温度和纯度有关。

2. 低熔点固体火灾危险性主要指标

此类固体火灾危险性指标主要有熔点和闪点。

熔点：物质由固态转变为液态的最低温度称为熔点。熔点低的可燃固体受热时容易蒸发或直接气化，其燃点相对较低，燃烧速度较快。

（五）可燃固体分类分级

按照危险品管理范围、闪点、燃点等参数可将可燃固体分为易燃固体和可燃固体两大类。易燃固体中又分为一、二两级。除了易燃固体外，其他可燃烧固体都划入可燃固体范围，如表2-7所示。

表2-7 可燃固体分类

分级	分级依据	级别
易燃固体	① 例为危险品管理范围 ② 闪点在100°C以下低熔点固体 ③ 燃点在300°C以下固体	一级：红磷、硝化棉闪光粉 二级：镁、铝、粉；赛璐珞、硫磺
可燃固体	未列入危险品管理范围的其他燃烧性固体：包括： 天然纤维 粮食——小麦、大豆、麦粉 合成纤维、塑料 化工原料——橡胶、石蜡、纸	

（六）两种典型固体燃烧

可燃固体类型不同，其燃烧特性有差异，本节主要讨论实际火灾中两种常见的可燃固体木材和高聚物的燃烧特性。

1. 木材燃烧特性

木材、棉、麻、纸张、煤等固体是火灾中最常见的可燃物质，它们是一类由多种元素组成的复杂天然高聚物的混合物，成分复杂非均质。这里只阐述木材的燃烧特性。

木材是由 C、H、O 等元素组成的纤维素、木质素和半木质素构成的物质，其分子式为 $C_{50}H_{72}O_{33}$。木材的燃烧过程可分为以下三个阶段：① 氧化分解：当木材被加热干燥至 110°C 左右时，开始蒸发出少量树脂；进一步加热至 130°C 左右时，从木材中开始分解出水蒸气和 CO_2；当继续加热至 220～250°C 时，木材开始变色炭化，并从中分解出各种可燃气体，包括 CO、H_2、CH_4 等。各种可燃物质和 CO_2 的比例是：CO_2 40%～50%、CO 30%～40%；CH_4 10%～20%；其他(C_2H_4、H_2)若干。② 有焰燃烧：当木材被加热至 300°C 以上时，有形结构断裂，木炭层出现，小裂纹中挥发物逸出，如图 2-21 所示。③ 无烟燃烧：当木材被加热至 600～700°C 时，可燃气体有焰燃烧结束，木材已经炭化，开始炭的无焰燃烧。

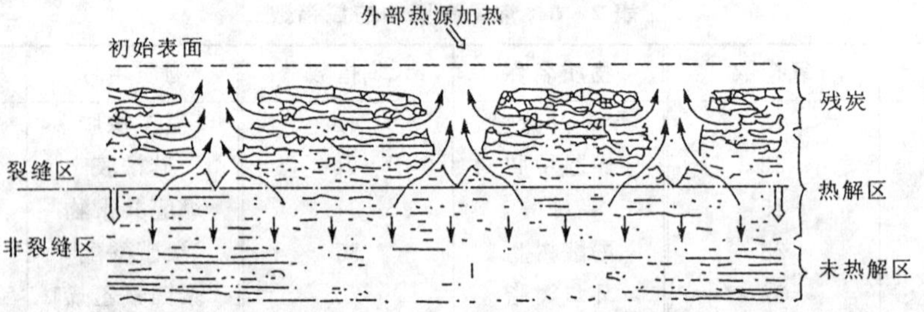

图 2-21　木板燃烧或热解时表面形状

实线箭头表示析出挥发分可能的流动方向

木材在不同温度下分解产生的气体组成如表 2-8 所示，木材在不同温度下木炭的成分如表 2-9 所示。

表 2-8　木材在不同温度下分解产生的气体组成

温度(°C) \ 气体组成(%)	CO_2	CO	CH_4	C_2H_4	H_2
300	56.7	40.17	3.76	—	—
400	49.36	34.00	14.31	0.86	1.47
500	43.20	29.01	21.72	3.68	2.34
600	10.98	27.20	23.42	5.74	2.66
700	38.56	25.19	24.94	8.50	2.81

表 2-9　不同温度下木炭的成分

温度(°C) \ 气体组成(%)	C	H	O
300	71.8	4.3	22.9
400	80.2	3.5	16.3
500	89.0	2.85	8.15
600	94.0	2.2	3.5
700	95.5	1.6	2.9

2. 高聚物燃烧特性

塑料、橡胶和纤维是人们熟知的三大有机高分子化合物(简称高聚物),由于应用广泛又易燃烧,因此研究高聚物的燃烧特性具有重要实际意义。

高聚物燃烧过程十分复杂,有一系列物理化学变化。按照燃烧过程的特点可以分为两类:① 热塑性物质:物质受热后开始软化熔融、热分解、着火燃烧等阶段,表 2-10 列出常见热塑性塑料的软化、熔融温度。② 热固性或交联型高聚物,如环氧树脂、酚醛塑料等,它们在热分解温度以下不软化熔融,但热量被蓄积起来,该热量一部分用以提高聚合物的温度,另一部分用以诱发产生自由基的链反应,以及加速分解的自催化作用,从而加速热分解速度。高聚物的热分解是燃烧的关键阶段,过程相当复杂。不同高聚物因化学组成和结构不同,化学键断裂所需的能量不同,因此,分解温度与分解产物也不同。常见塑料的热分解温度及主要热分解产物如表 2-11 所示。

表 2-10 常见热塑性塑料的软化、熔融温度

塑料名称	软化温度(℃)	熔融温度(℃)	塑料名称	软化温度(℃)	熔融温度(℃)
聚乙烯	123	220	聚己内酰胺	209	228
聚丙烯	157	214	聚氨酯	121	155
硬质聚氯乙烯	219	—	聚碳酸酯	213	305

表 2-11 常见塑料的热分解温度及主要热分解产物

塑料名称	分解温度(℃)	主要分解产物	塑料名称	分解温度(℃)	主要分解产物
聚乙烯	335~450	烯烃、链烷烃、环状烃	聚苯乙烯	300~400	苯乙烯、二聚体、三聚体
聚丙烯	328~410	烯烃、链烷烃、环烷烃	聚丙烯腈	250~280	丙烯腈、氰化氢
聚乙烯醇	250	甲醛、乙酸	尼龙-6	310~380	已内酰胺
聚氯乙烯	200~300	氯化氢、芳香烃、多环烃	尼龙-66	310~380	胺、一氧化碳、二氧化碳

高聚物的燃烧主要是其分解产物中的可燃性气体的燃烧。不同高聚物点燃燃烧的难易程度有很大差别。只含碳和氢的高聚物,如聚乙烯、聚丙烯、聚苯乙烯等,易燃但不猛烈,产生有毒的 CO 气体;含有氧的高聚物,如有机玻璃、赛璐珞,易燃而且猛烈,产生有毒的 CO 气体;而含卤素的高聚物,如聚氯乙烯,难燃并产生有毒的氯化氢气体,离开火源后一般不燃。

高聚物与木材、煤等其他可燃固性相比,有如下特点:

(1) 发热量较高、燃烧速度较快。高聚物的燃烧热普遍较高,燃烧时放出大量的热。由于燃烧速度主要取决于固体材料的热分解速度,而热分解速度主要受燃烧放出的热量所支配,所以高聚物的燃烧速度普遍较快。表 2-12 列出一些高聚物的燃烧热和燃烧速度值。高聚物燃烧时,如果发生软化、熔融、滴落或流动,将促进火势蔓延。

表 2-12 一些高聚物的燃烧热和燃烧速度

物质名称	燃烧热(kJ/g)	燃烧速度(mm/min)	物质名称	燃烧热(kJ/g)	燃烧速度(mm/min)
聚乙烯	46.61	7.6~30.5	ABS	35.25	25.4~50.8
聚丙烯	43.96	17.8~40.6	聚甲基丙烯酸甲酯	25.21	15.2~40.6
聚苯乙烯	40.18	12.7~63.5	缩醛	16.93	12.7~27.9

(2) 发烟量较大。高聚物的分子结构中含碳量普遍较高，在其热分解和燃烧过程中发烟量较大。这些烟尘阻碍光线在空气中的传播，也阻碍人的能见度。有关高聚物燃烧时烟气对能见度的影响将在第四章中介绍。

(3) 分解燃烧产物危害性大。高聚物在分解与燃烧过程中，会产生 CO、氮氧化物、HCl、HF、HCN、SO_2、$COCl_2$(光气)等有毒或剧毒气体，加上缺氧窒息作用，对火场人员的生命安全构成极大的威胁。高聚物的燃烧与热源温度、物质的理化特性和环境氧浓度等因素密切相关，一般来说，火场环境温度越高，高聚物燃烧速度越快。热容大的高聚物，在燃烧过程的加热阶段需要较多的热量，因而燃烧速度较慢。

二、可燃液体

(一) 概述

凡在常温下以液态存在，遇火、受热、接触氧化剂可以起火燃烧的物质统称为可燃液体，如汽油、煤油、柴油、乙醇、苯等。

1. 可燃液体成分

易燃与可燃液体几乎都是有机化合物，都是烃类或烃类含氧化合物，如表 2 - 13 所示，在化学组成上有一定的规律。

表 2 - 13　有机化合物的分类

类　别	类　名	一级易燃液体	二级易燃液体	可燃液体
烃类	烷　烃	辛烷以下(C_5—C_8)	壬烷以上	
	烯　烃	壬烯以下(C_5—C_9)	癸烯以上	
	烘　烃	辛炔以下(C_4—C_8)	壬炔以上	
	环烷烃	环已烷	环庚烷	
	芳　香	苯、甲苯、乙苯、二甲等	丙基笨	
烃的含氧化合物	醇	乙醇以下	庚醇以下	已醇以上
	醚	丙醚以下	丁　醚	戊醚以上
	醛	戊醛以下	庚醛以下	庚醛以上
	酮	已酮以下		庚酮以上
	羧　酸	乙酸以下		丙酸以上
	酯	甲酸、戊酯以下	甲酸、已脂	甲酸庚脂以上
		乙酸、丙酯以下	乙酸、丁脂	乙酸、庚脂以上
		丙酸、丙酯以下	丙酸、戊脂以下	丙酸、已脂以上
		丁酸、乙酯以下	丁酸、丙脂	丁酸、丁脂以上

2. 可燃液体燃烧速度

可燃液体在火灾中的燃烧，主要是液面燃烧，一般称为池火。也就是液体在常温下由于其挥发性，蒸发出来的蒸气被分解、氧化达到燃点时，被明火或其他热源点燃导致燃烧。对于某种可燃液体其燃烧速度取决于液体的蒸发速度。液体在其自由表面上进行燃烧时燃烧速度有两种表示方法:① 液体燃烧直线速度:即单位时间被燃烧消耗的液层厚度,单位为 mm/min 或 cm/h;② 液面燃烧质量速度,即单位时间内每单位面积上被燃烧消耗的液体质量,单位为g/cm² · min或 kg/m² · h。几种可燃液体的燃烧速度列于表 2-14。

表 2-14　几种液体的燃烧速度

液体名称	直线速度(mm/min^{-1})	质量速度($kg/m^2 \cdot h^{-1}$)
甲　醇	1.2	57.6
丙　酮	1.4	66.36
乙　醚	2.93	125.84
苯	3.15	165.37
甲苯	16.08	138.29
航空汽油	12.6	91.98
车用汽油	10.5	80.85
二硫化碳	10.47	132.97
煤　油	6.6	55.11

(二) 评价可燃液体燃爆危险性主要技术指标

1. 闪燃与闪点

参见图 2-22 所示,当可燃液体加温时,液面上逐渐蒸发形成蒸气,并与空气混合,遇火源后,首次出现一闪即灭的现象,称闪燃;出现闪燃时的最低温度,即为该物质的闪点。闪燃是物质点燃(着火)的前奏,两者温度相差几度至几十度。

闪点是评价可燃液体燃爆危险性等级的最主要指标,是可燃液体燃爆危险性等级划分的依据。

可燃液体的闪点越低,火灾危险性越大,常见可燃液体的闪点如表 2-15 所示。

根据国家防火标准规定,可燃液体按闪点分为两类四级列于表 2-16。

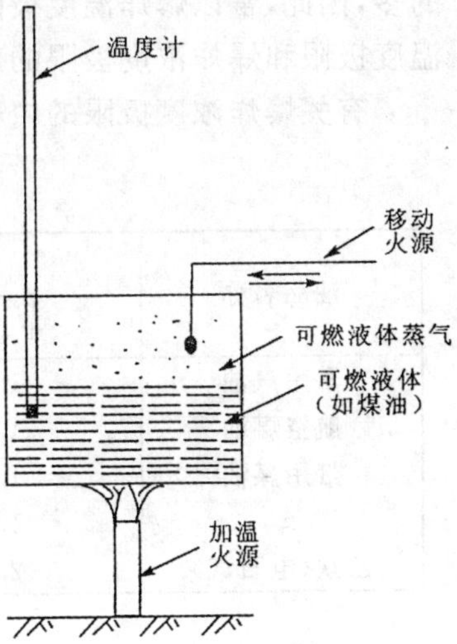

图 2-22　闪点测试原理图

表 2-15　几种常见可燃液体的闪点

物质名称	闪点(°C)	物质名称	闪点(°C)	物质名称	闪点(°C)
甲　醇	7	苯	−14	醋酸丁酯	13
乙　醇	11	甲　苯	4	醋酸戊酯	25
乙二醇	112	氯　苯	25	二硫化碳	−45
丁　醇	35	石　油	−21	二氧乙烷	8
戊　醇	46	松节油	32	二乙胺	26
乙　醚	−45	醋　酸	40	飞机汽油	−44
丙　酮	−20	醋酸乙酯	1	煤　油	18
		甘　油	160	车用汽油	−39

表 2-16 燃烧液体的分类

类 别	级 别	闪 点	举 例
易燃液体	一 级	低于 28°C	汽油、苯、活箱
	二 级	28～45°C	煤油、松节油
可燃液体	三 级	46～120°C	柴油、酚、硝基苯
	四 级	高于 120°C	润滑油、甘油、桐油

在防火标准中对易燃液体和可燃液体在贮存、运输和安全使用上有不同的规定，实际应用中应加以区别。

2. 爆炸(或燃烧)温度极限

可燃液体在一定温度时，由于蒸发而形成等于爆炸(或燃烧)浓度极限的蒸气浓度；这时的温度即为爆炸(或燃烧)温度极限。液体蒸发出等于爆炸(或燃烧)下限的蒸气浓度时的温度，即爆炸温度下限；液体蒸发出等于爆炸上限的蒸气浓度时的温度，即爆炸温度上限；同理，亦存在液体蒸气的爆炸(或燃烧)温度范围和化学当量浓度时的温度。

实际工作中，由于测量达到爆炸(或燃烧)极限时的温度比测量可燃液体蒸气的浓度简单的多，因此，常以爆炸温度极限去表示可燃液体的爆炸温度极限。表 2-17 所示为液体的爆炸温度极限和爆炸浓度极限的对应值。

有关爆炸浓度极限的内容可参照第六章。

表 2-17 油料蒸气爆炸极限表

油品名称	爆炸浓度极限(%)		爆炸温度极限(°C)	
	下 限	上 限	下 限	上 限
车用汽油	1.7	7.2	−38	−8
航空煤油	1.0	6.0	−34	−4
灯用煤油	1.4	7.5	40	86
苯	1.5	9.5	−14	19
乙炔(电石气)	2.6	82		

第四节 典型火灾发展蔓延过程

前已阐明，在人类生产、生活及自然界的多种火灾中，就其普遍性、危险性、复杂性和造成损失的严重性而言，建筑火灾、油池火灾和森林火灾等三大类火灾最具代表性，下面就以这三种典型火灾为代表，阐述其发展和蔓延的基本特点。

一、建筑火灾发展蔓延规律

在各类火灾中，建筑火灾不管从发生次数和损失严重程度，约占所有火灾的 70%。在建筑火灾中，高层建筑从建筑结构、物质类型、环境状况和通风性质来说，都相当复杂，且涉及建筑系统的各个方面，具有代表性，所以，本节以高层建筑火灾为代表，阐述建筑火灾的发展和蔓延规律。

建筑火灾的发展蔓延规律，本质上是热量传递规律，起决定性的因素是热能的传递。在建筑火灾的发展蔓延过程中，热能传递是由燃烧火焰和烟气的运动引起，以传导、对流和辐射方式向外传播，使火灾得以发展和蔓延。下面从建筑火灾的发展和蔓延两个方面予以阐述。

（一）建筑室内火灾的发展

现以建筑物中的套房为单位，定名为“室”，室不仅代表寝室、客房，亦可代表车厢、船舱、机舱、仓库等，如图 2－23 所示。建筑火灾一般初起于建筑中某个防火分区中的单一房间或局部地点，随后蔓延到相邻房间、全楼层，以至整个建筑。描述室内火灾发展过程有两种表示方法：一是以室内平均温度随时间变化的曲线表示，如图 2－24 所示，这种方法可以用模拟办法，使用实测温度加以研究，具有宏观、简易等特点；另一种方法是使用可燃物的质量燃烧速率随时间变化的曲线分析火灾的发展，这种曲线反映问题比第一种方法全面，如能反应出室内的不完全燃烧状况和不同散热的状况，数据精确，但测试比较困难。目前，通常采用第一种方法。

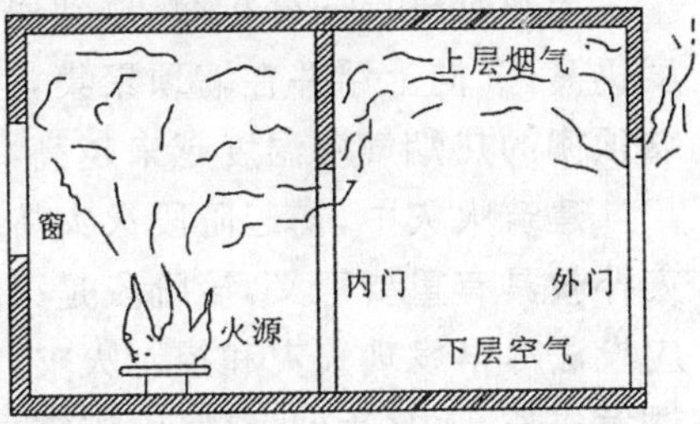

图 2－23　双室火灾发展过程示意图

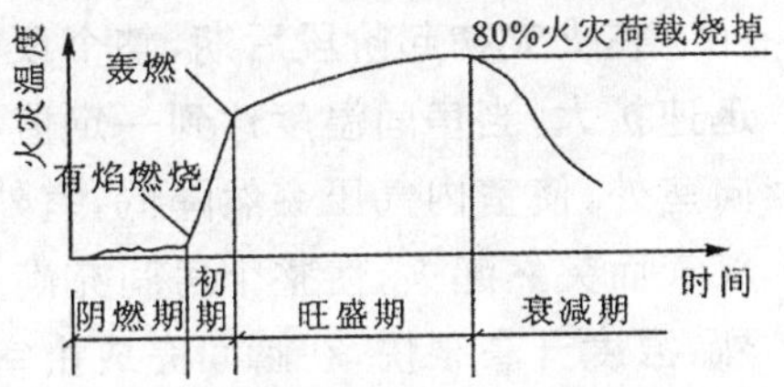

图 2－24　火灾的发展过程

图 2－24 是用以说明火灾发展的阶段性及其特点。室内火灾的发展过程可分为以下四个阶段：①阴燃期；② 初期；③ 旺盛期；④ 衰减期。

1．火灾阴燃期

就建筑火灾而言，初始火源大多数是固体可燃物起火，亦有气体或液体可燃物起火。当室内固体可燃物受某种热源加温时，如掉在沙发或床单上的烟头、临近或紧靠的发热电器、炉灶的余火等，但由于受条件所限，供氧很不充分，可燃物只能发生少量缓慢的化学分解反应，产生一些可燃气体、焦油、高沸点液滴和氧化产物组成的混合烟气，形成所谓的有烟无火焰的阴燃。阴燃点的温度可以达到 400～600℃，但由于范围很小，散发热量少，对整个室内温度几乎没有影响，室内温度仍为常温。阴燃经过一定时间的发展，范围扩大，当阴燃点与大范围空间自由接触时，供氧条件大为改善，可燃固体即由阴燃转化为明火燃烧，火灾由阴燃向初期阶段发展。当固体可燃物经历的阴燃时间很长，积累相当数量的可燃烟气，突然有大量新鲜空气涌入时（如密闭室内经长时间阴燃后，突然遇到破窗或破门，大量空气进入），亦有可能导致爆燃现象出现。

2．火灾初期

固体可燃物被点燃后，最初只是起火部位及其周围着火燃烧，燃烧条件似同敞开空间。在火灾局部燃烧形成以后，可能出现以下三种情况：① 最初着火的可燃物质烧完，未蔓延至其他可燃物质，如初始着火的可燃物在隔离条件下，或由于通风不足自行熄灭；② 由于通风供氧条件限制，但还能缓慢继续燃烧；③ 如果存在足够的可燃物质，通风又良好，则火灾可以迅速发展。下面以第三种情况为例，进一步阐述初期阶段火灾的发展。

明火出现后，由于室内空气充足，燃烧速率开始增加，放出的热量迅速增多，在可燃物上方形成温度较高不断上升的火羽流，周围空气被卷吸进入火羽流并参与混合，当火羽流一直向上碰到顶棚受其阻挡后，便在顶棚下方向四面扩散，形成沿顶棚表面平行流动的较薄热烟气层。这种热烟气层向外扩散过程中，也卷吸下方空气，但其卷吸能力远比向上羽流为小。热烟气层由于温度较高，浮在房间上部。室内火灾初起时的基本特点是：火灾燃烧范围不大，仅限于初起火灾附近；室内温度差别大，在燃烧区及其附近存在高温，室内平均温度低；火灾发展速度较慢，火势不稳定，火灾发展时间因受点火源、可燃物性质与分布、通风条件等因素影响，差别较大。

在火灾初起阶段中后期，火源燃烧加大，热能量增高，如果房间高度较矮，火焰烟气冲击顶棚，顶棚下面既有烟气流动，又有火焰传播，四周墙壁很快被加热。

当热烟气层向外扩散，碰到房间墙壁阻挡时，便开始沿墙壁向下流动，过内门后因烟气温度仍高，又向上浮并在墙顶聚集，达到一定厚度后开始向室中部扩展，使整个顶棚热烟层增厚，靠顶棚的热烟气层温度越来越高，火灾范围迅速扩大。

建筑火灾中，初起阶段火灾持续时间对建筑物内人员的安全疏散、重要物资抢救，以及火灾扑救具有重要意义，该阶段是灭火最为有利的时机，也是人员安全疏散的最有利时段，因此，应设法尽早发现火灾和控制火灾，把火灾消灭于初起阶段，消灭在起火点。如果室内火灾经过诱发成长，一旦达到轰燃，则该室内未逃离人员的生命将受到严重威胁。

3. 火灾旺盛期

在火灾初起阶段后期，整个顶棚热烟层增厚，靠顶棚的热烟气层温度越来越高，火灾范围迅速扩大，当房间温度达到一定值，如这时房间有通向外部的开口（门、窗），热烟气越过门顶流向室外，使室内气压突然降低，室外新鲜空气大量吸入，聚集在室内的大量可燃气体获得足够氧气而突然起火，使整个房间充满火焰，室内所有可燃物表面全部卷入火灾之中，燃烧十分猛烈，温度升高很快，在瞬间完成由室内局部燃烧向全室性燃烧过程，这种现象称为轰燃（突发的爆燃现象）。轰燃是火灾进入到旺盛期最显著的特征之一。对于安全疏散来说，若在轰燃之前人员还未从室内逃出，则很难幸存。

轰燃发生后室内所有可燃物都猛烈燃烧，放热速度很快，室内温度增高极快，出现持续高温，可达到1 000～1 100°C。高温火焰从室内开口部位大量喷出，火灾向外蔓延。室内高温时，建筑构件产生热破坏，可能造成局部或整体倒塌。火灾旺盛阶段的持续时间取决于室内可燃物的性质、数量和通风供氧条件。

为了减少火灾旺盛阶段的损失，可以在建筑防火设计中采取以下措施：

（1）在建筑物内设置具有一定耐火性能的防火分隔物，把火灾控制在一定的范围内，防止火灾大面积蔓延。

（2）选用耐火程度较高的建筑结构作为建筑物的承重体系，确保建筑物发生火灾时不倒塌破坏，为火灾中人员疏散、消防队员扑救火灾、防止火灾向相邻建筑蔓延以及火灾后建筑物修复及继续使用创造条件。

4. 衰减期

在火灾旺盛阶段后期，室内可燃挥发物及可燃物的数量逐渐减少，火灾燃速及室内温度开始降低，当室内平均温度下降到最高温度的80%时，一般认为已开始进入衰减阶段；随着可燃物进一步减少，室内温度大大降低，直至物质烧尽而终结。

在这一阶段中，应特别注意建筑构件因高温、水冷却而发生破裂、下沉、倾斜和倒塌，以确保消防队员的安全。

（二）建筑火灾蔓延

建筑火灾的蔓延，其实质是火灾中燃烧火焰和烟气携带热量的向外传递，导致火灾的扩大。热量的传递按其方式可分为热传导、热对流和热辐射等三种。对于建筑火灾而言，尤其是高层建筑，烟气对于火灾蔓延起着主要作用，因此，下面就以建筑火灾中烟气的扩散路线阐述火灾蔓延过程。

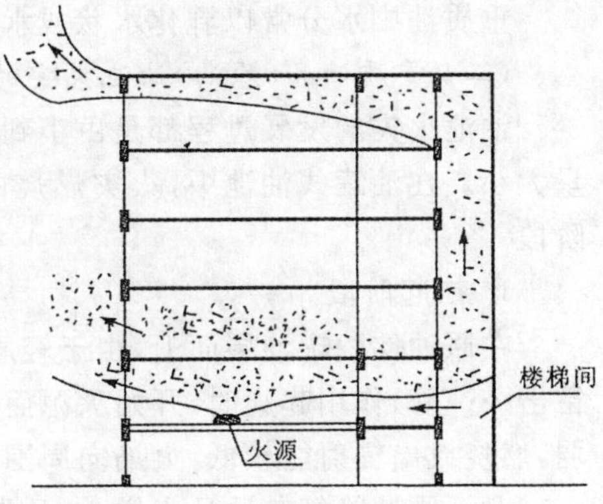

图 2-25　高层建筑中烟气扩散路线

在高层建筑中，火灾烟气存在水平和垂直两个扩散方向，下面以图 2-25 所示的典型高层建筑火灾扩散路线进行阐述。

1. 水平扩散

室内发生火灾后，由于火灾产生烟气的温度高，其密度比周围空气密度小，故产生使烟气上升的浮力；烟气上浮过程中，遇到水平楼板或顶棚，改为沿水平方向继续流动，就形成烟气的水平扩散。水平扩散时的动力主要由烟气的浮力转化而来，所以，水平方向扩散的流动速度较小，在火灾初期为 0.1～0.3m/s，火灾中期为 0.5～0.8m/s。室内火灾发生后，由于温度急剧上升，空气迅速膨胀，导致门窗破裂，烟气通过门窗孔洞夺路而去，向室外和走廊中蔓延扩散。一般情况下，烟气只在走廊的上部流动，走廊下部仍为低温空气层，同时室内火灾的烟气还可通过缝隙穿越楼板，向相邻上层房间扩散，通过窗口到室外。

2. 垂直扩散

当室内火灾烟气通过走廊、楼梯前室流入楼梯间、电梯井、管井等垂直通道时，烟气在烟囱效应产生的浮力作用下，以 2～4m/s 或更高的流动速度迅速上升，很快到达建筑物的顶层，使顶层上部充满烟气，再通过外窗流到室外。由火灾层向相邻上层扩散的烟气亦将逐渐充满建筑物各层。建筑物内各种垂直通道是烟气蔓延的主要途径，发生在建筑物底层或下部的火灾，烟气通过竖井在数十秒钟内便可窜至几十层高度，这使人员几乎没有足够时间可供疏散，因此，掌握烟气流动规律，对建设可靠有效的防排烟工程十分重要。

二、油池火灾的发展与蔓延

在可燃液体火灾中，石油中重质油品的油池火灾具有代表性。人们都十分清楚，石油是国民经济发展的主要能源，发生火灾的危险性和危害性极大。石油中的重质油品火灾既有一般油品的火灾规律，又有其特殊性，因此，本节以重质油品油池火灾的发展与蔓延为代表予以阐述。

（一）重质油品特点

1. 重质油品

石油产品主要分为两大类：第一类是轻质油品，一般为单质油品，如汽油、煤油和柴油等；第二类是重质油品，它是由不同烃类及水分等物质组成的复杂混合物，如原油、重油和沥青油等。

2. 沸点复杂

由于重质油品是一类复杂混合物，因此，它的沸点是一个温度段，可分为初沸点、终沸点和沸程。

初沸点：是指原油中最轻的烃类沸腾时的温度，也是原油中的最低沸点。

终沸点：是指原油中最重的烃类沸腾时的温度，也是原油的最高沸点。

沸程：是指原油中不同密度不同沸点的成分（馏份）变为蒸气时的最低和最高沸点的温度范围。沸程只有在由多种液体组成的混合物时才可能存在。对于轻质油，如汽油、煤油和柴油，基本上是单质液体，只有沸点，无明显沸程存在。

3. 含有一定水分，粘度较大

重质油中水分常以乳化水状或水垫层分布于原油中或储油罐底部。

(二) 重质油品(原油)油池火灾的发展

油池火灾的发展过程都是由小到大,发展的快慢与范围取决于物质燃烧时所散发出的热量大小。在油罐式油池中,火灾燃烧的发展过程可分为初起、发展、猛烈、下降和熄灭等四个阶段。

1. 初起阶段

在原油储油罐油层面上,由于轻质油的蒸发形成一定的蒸气,当被点火源(摩擦、电火花、雷击……等)作用起火时,开始火源面积较小,烟和蒸气流动(对流)缓慢,火焰不高,燃烧强度弱,燃烧放出辐射能较低,火焰向周围蔓延速度较慢,此时,若能及时发现,扑灭比较容易。

对于原油等复杂油品来说,油品燃烧发出的辐射热,在向四周扩散的同时,也加热油面。

2. 发展阶段

油料火灾发展速度快,初起阶段时间短,如果没有及时扑救,火灾很快发展,燃烧强度增大,温度升高,处于油表面的轻馏分先被烧掉,剩余的重馏分则一边受火焰辐射加热,一面下沉,把热量带到下面,使整个油品逐层往深部加热,这种现象称为热波[如图 2-26(a)所示],热油与冷油分界面称为热波面,热波面处的温度可达 150～300℃。由于辐射热和热波同时作用,原油很快达到它的沸点,开始沸腾。在这同时,原油中以乳化水状存在的水分,由于热波高温作用而被气化。原油火灾约经过半个小时燃烧,由于原油与乳化水被气化,油罐出现沸腾状的沸溢现象[如图 2-26(b)所示],热原油开始被抛出油罐,火灾扩大。

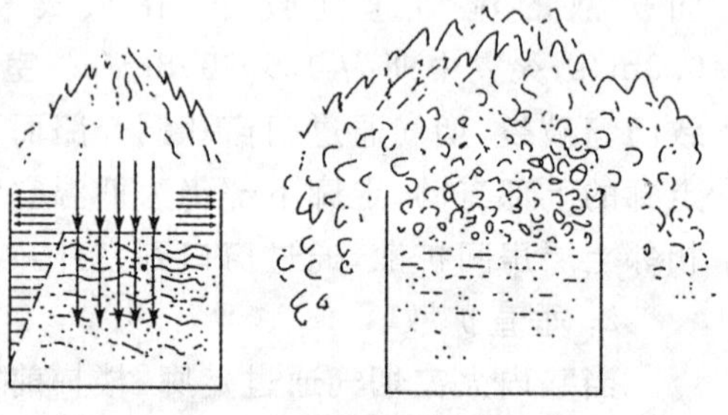
(a) (b)

图 2-26 油罐沸溢火灾示意图

(a) 热波;(b) 沸溢

3. 猛烈阶段

随着时间延长,燃烧温度急剧上升,燃烧面积迅猛扩展,使火焰包围整个燃烧面[如图 2-27 所示]。燃烧速度最快,燃烧辐射热最强,火灾燃烧分解出大量燃烧产物,设备机械强度降低,原油中的热波以较快速度下降,当热波高温面到达原油底部水热层时,使水垫迅速气化,水蒸气体积比水增大 1 700 倍,从而造成油管内喷溅式火灾[如图 2-28(b)所示],油品大量外溢,从罐中猛烈喷出,把着火油品带入空中,形成巨大火柱,高度可达 70～80m。所以,原油油罐一旦形成沸溢和喷溅,不仅造成人员伤亡,而且由于火场辐射大量增加,会引起临近油罐燃烧扩大灾情。

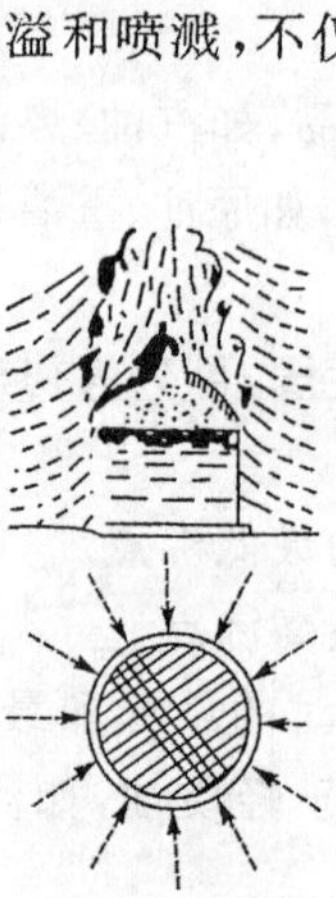

图 2-27 无风时油罐燃烧火焰形状

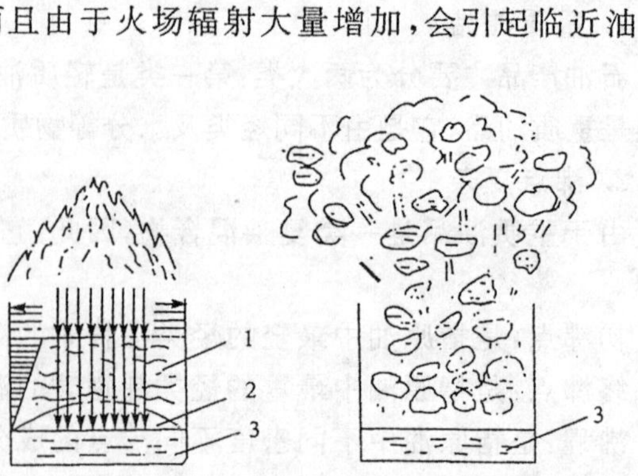

(a) (b)

图 2-28 油罐喷溅火灾示意图

1—高温层;2—水蒸气;3—水垫

4. 下降和熄灭阶段

随着沸溢与喷溅出现以后，罐内可燃物大量减少，燃烧速度减慢，直至逐渐熄灭。但是，这时燃烧空间内温度仍然很高，如果此时在罐内引入许多新鲜空气，就可能发生爆燃。

（三）油池火灾蔓延

当油罐火灾处于发展阶段到猛烈阶段，如果有强烈风作用时，将形成旋风状火带（如图 2-29 所示），在其下风方向扩大火灾。

图 2-29 有风时油罐燃烧火焰形状

当油品处于猛烈燃烧阶段，热辐射极强，有可能导致临近油罐火灾，如图 2-30 所示。在有些火灾情况下，油池的高温燃烧，导致油罐破裂，油品从容器中流出并着了火，形成边流动边燃烧，燃烧表面积不断扩大，形成流淌火灾。由于这种火的燃烧表面很大，释热速率极高，而且发展方向不易确定，可以对建筑物和设备造成极大的破坏。

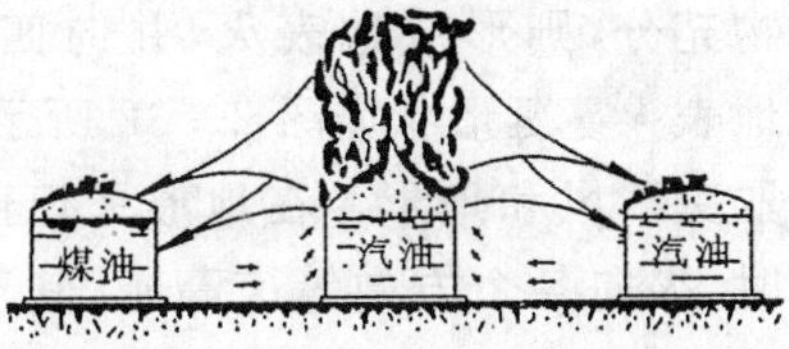

图 2-30 热能向临近油罐的辐射

三、森林火灾发展蔓延

森林火灾基本上是一类自然火灾现象，其燃烧剧烈、释放能量大，它的发生发展、蔓延和熄灭，既有一般火灾的共性特征，也有天灾所受到的多种自然因素（植被条件、气象和地形条件等）的强烈制约，使之在很大程度上具有不可预测和难以控制的特征。森林火灾的发生是随机的，它的发展蔓延是在开放环境中进行。森林火灾具有多种林火形态（如地表火、树冠火、地下火等）和若干种特殊的极其危险和具有高能量的森林火行为（如对流柱、飞火、火旋风、火爆、高温热流等现象），其危害极大。森林火灾的着火、扩散、蔓延综合示于图 2-31 中。

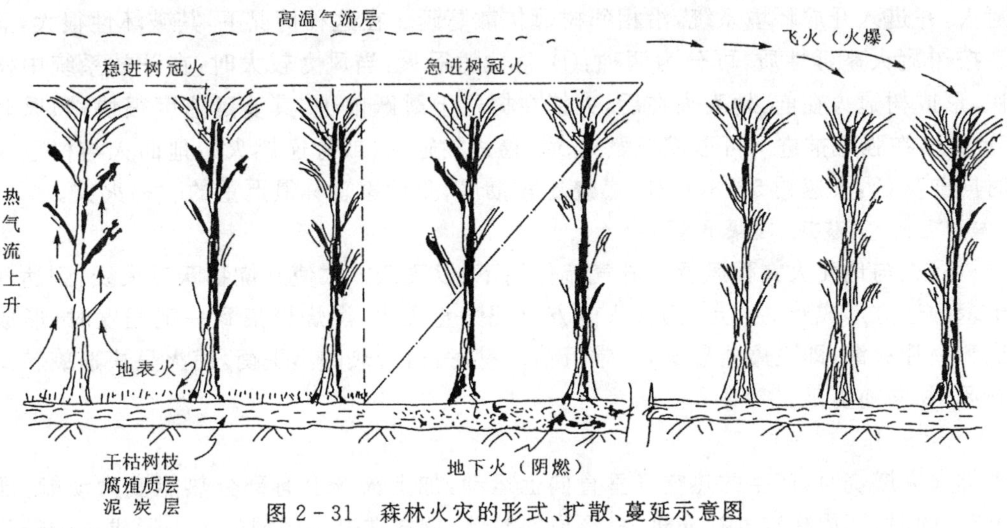

图 2-31 森林火灾的形式、扩散、蔓延示意图

森林火灾的原始起火点，一般是在封闭环境中发生（人为放火除外），森林火灾的发展和蔓延是在开放系统中进行。森林火灾的发生、发展和蔓延过程分为以下几种形式：

（一）着火

森林火灾原始起火点大都在浓密林区，地面干枯枝丫大量积累和积压，形成由腐殖质层、泥炭层组成的一个封闭缺氧区，在物质热分解过程中逐渐蓄热，达到自燃点时开始阴燃，形成地下火。由于森林可燃物是热的不良导体，故传热很慢，因此，地下火的燃烧速度也慢。

森林中地下物质阴燃的特点是：依靠热传导为主的传播燃烧，地表仅有烟气而无火焰。当自燃条件发生变化，如风力作用或阴燃处露出地表，阴燃获充分氧供应时，阴燃转为明着火，形成明火。

（二）地表火蔓延

地表火蔓延是最常见林火。当地表杂草、干枯树枝等被明火点燃，如果可燃物充分，则形成地表火，并向四周蔓延。地表火蔓延形状如图 2-32 所示，它主要取决于风和地形。在地形平坦而又无风时，火向各个方向等速蔓延，其形状近似圆形[如图 2-32(a)]；风向较稳定时，火蔓延形状为长椭圆形[图 2-32(b)]；当风向不稳定，呈小角度摆动时，火蔓延多呈扇形[图 2-32(c)]；当遇到地形起伏时，火在谷地间蔓延缓慢，而在山的侧脊蔓延快，形成“V”形状[图 2-32(d)]；当风向改变时，原有的火翼或火尾有可能变为火头，火蔓延呈图 2-32(e)形状；当火场较大且地形复杂时，火场的最终形状多呈鸡爪形[图 2-32(f)]。

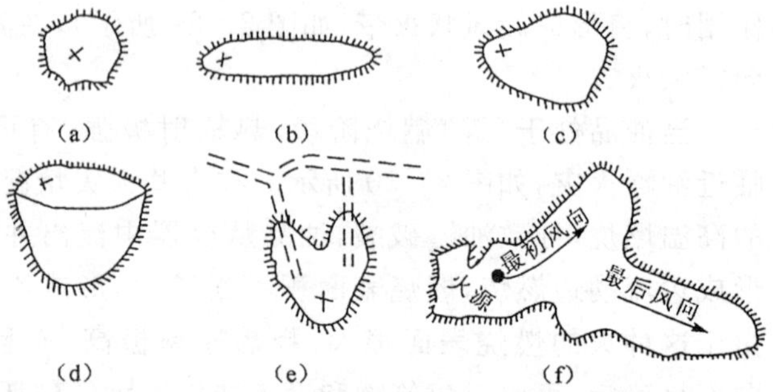

图 2-32　地表火蔓延形状示意图

地表火蔓延过程中，如遇大风或大的坡度时，火的蔓延速度≥5km/h，但损害较轻；遇小风时蔓延速度一般在 5km/h 以内，但损害较重。

（三）树冠火形成与蔓延

当地表火遇到强火以及遇到山谷或向下地形时，地表火会向上、向一侧传播，烧至树冠，形成树冠火，并进入开放环境系统，沿相邻树冠扩散蔓延。在这种情况下，其破坏性很大，又难以扑救。按树冠火蔓延性质，可分为两种：① 急性树冠火：当风力较大时，在开放系统中树冠火传播快，形成树冠火在前，地表火在后，火焰在树冠上跳跃前进，其蔓延速度很快，顺风时可达 8～25km/h，在强风推进下可形成狂燃火；② 稳进树冠火(或称遍燃火)：地面火与树冠火基本上同时向前蔓延，火速约 5～8km/h，燃烧比较彻底，是危害森林最严重的一种火灾。

（四）飞火、火旋风、飞爆式蔓延

当树冠火与地面火在强风及上升气流作用下，以飞跃方式使燃烧物跃过火线，到达几十米至数千米的远方形成新的火点；当火头前方出现大量飞火，燃烧聚集到一定程度时，形成爆炸式燃烧和一片火海，即飞爆式蔓延，非常可怕。有时，由于热的不平衡，使火呈快速旋转式燃烧形成旋风，并向前蔓延。

（五）对流柱

森林火灾燃烧时，产生的热空气垂直向上运动，加上火场上有部分热能变为动能，推动热空气上升，同时，四周冷空气补充进去，形成热对流；这样在燃烧区域的上方形成一个升起的烟柱——称热对流柱。当火强度很大而高空风速较低时，常出现蘑菇热对流柱，如图 2-33 所示。

（六）非接触性火灾蔓延

在沟谷两侧山体条件下（如图 2－34 所示），当一侧森林剧烈燃烧，燃烧热辐射沿水平方向到达对面山坡，当对面接受到足够热量时，会突然产生爆炸式燃烧——即轰燃现象。

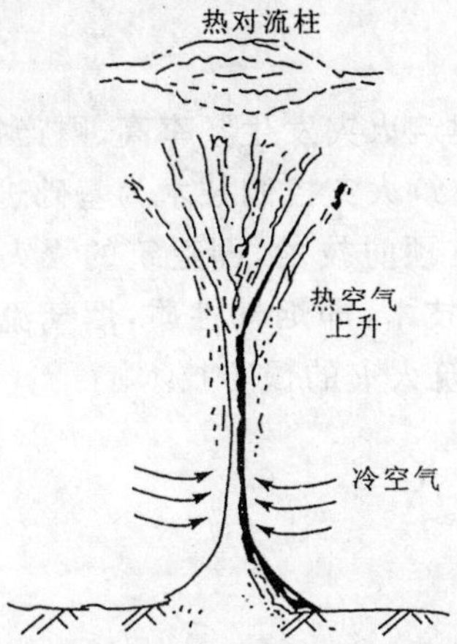

图 2－33　热对流的火势向上发展

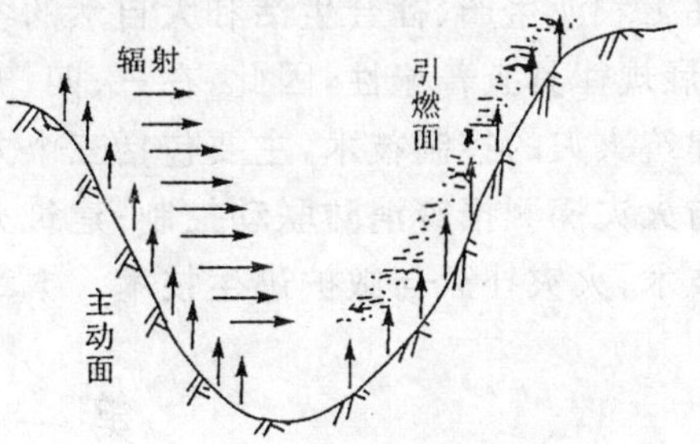

图 2－34　主动面燃烧热辐射引起对坡森林爆燃（轰燃）

（七）高温热流

森林火灾时，燃烧剧烈，温度很高，在火场周围一定的空间范围内，形成一种能够感觉到但又不可见的高温热气流层。

（八）森林火灾熄灭

森林火灾导致熄灭的原因有以下几种：燃烧物烧尽而熄灭；天气突降大雨而熄灭；由于人类灭火而导致熄灭；或者由上述 2～3 种原因的组合。

第三章　火灾预防工程

在工农业生产、社会生活和大自然的各类火灾中，建筑火灾发生频率高、财产损失大，其发生、发展规律具有普遍性，因此，在三、四、五章中，将以建筑火灾控制技术为基础进行阐述。

建筑火灾的控制技术，主要包括三个方面：建筑火灾预防技术，即建筑的火灾本质安全化技术与火灾探测报警消防联动控制；建筑火灾烟气控制技术，即烟气性质，烟气流动规律和防排烟技术；火灾扑灭与救护逃生技术。本章主要论述建筑火灾的预防技术。

第一节　概　述

建筑火灾预防技术包括以下两个方面。

一、建筑物本质安全化

在建筑防火设计中，使建筑达到本质安全化是保证建筑物火灾安全的基本环节。因建筑设计失效所造成的火灾隐患，属"先天性"缺陷，待建筑施工完成后再采取补救措施，已难以取得良好效果。从预防火灾的角度使建筑达到本质安全化的主要技术是：满足城市防火规划总体布局对建筑的要求，选择建筑群间合理防火间距和消防通道以及室外消防设施；进行建筑耐火设计，提高和增强建筑材料承受火灾破坏的能力，提高建筑构件的耐火性和建筑物耐火等级；合理划分建筑防火分区，提高建筑消防效果；进行安全疏散设计；合理布置安全疏散路线、设置安全可靠的疏散通道和设置必要的避难场所。

二、建筑火灾控制在初级阶段

如何将建筑火灾消灭在初起阶段，实现自防自救，这是现代大中型建筑火灾防治的基本手段。实际上，现代建筑发生火灾时，指望外来人员扑救，必将延误灭火时机，造成重大损失。因此，火灾探测报警技术与室内自动灭火技术是当前发展最快、应用最广的两个方面。而在火灾的早期阶段，准确地探测到火情并迅速报警，及时灭火，对控制火灾的扩大蔓延和减少火灾损失具有特别重要的意义。图 3-1 给出火灾探测报警与灭火过程的特征时间。在该图中：t_1 为从起火到火被探测到的时间，取决于探测器性能；t_2 为探测到火焰到采取灭火行动的响应时间，这与灭火人员的动作快慢，或与联动消防系统动作时间有关，其中，自动灭火设备约需几秒至几十秒钟，水龙或灭火器约需几分至几十分钟；t_3 为灭火所需时间；T_f 为室内火灾达到轰燃所需要的时间。

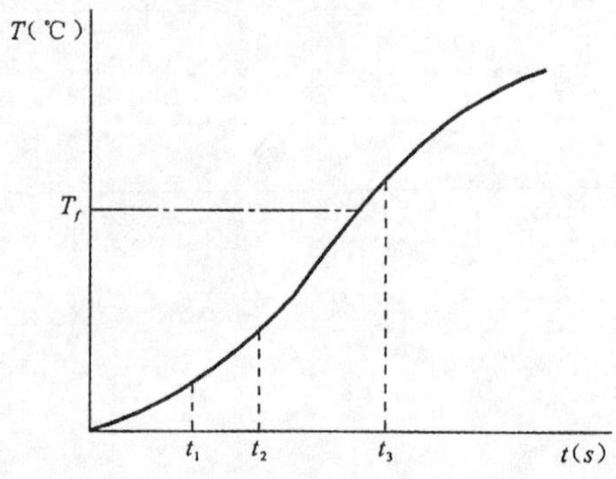

图 3-1　探测与灭火的特征时间

缩短 t_1，t_2，t_3 这三个典型时间，有助于将火灾扑灭在早期阶段。

(1) 当 $t_1+t_2+t_3<T_f$ 时，火灾初起被扑灭。企事业单位负责人和安全人员的职责就在于此。

(2) 当 $t_1+t_2+t_3>T_f$ 时，室内火灾出现轰燃(爆轰)现象，火灾进入危险期，将给企事业单位造成重大损失。

对上述不等式进行分析可知，要建立 $t_1+t_2+t_3<T_f$ 不等式，可以采取以下技术：① 利用现代火灾自动检测报警系统，可以减少 t_1，在系统可靠条件下，效果比较明显；② 室内人员能否安全疏散，在很大程度上取决于火灾发展速度的快慢，也就是 T_f 的长短，在建筑防火设计时，设法延长 T_f，如在室内采取不燃材料或难燃材料装修，就可使人们有更长时间发现和扑灭火灾，并保证安全疏散。

第二节　建筑总体防火规划

城市总体规划与布局的合理性，对保障城市建筑物防火安全有直接关系。城市防火规划是城市总体规划的一部分，它主要从火灾安全角度处理好具体建筑物与城市总体布局及与周围地形和其他建筑物的协调关系。

一、城市规划对消防安全要求

在城市规划对建筑总体防火要求中，为保证更大范围建筑群体消防安全，应考虑以下方面：

(1) 对城市进行合理防火分区：根据一个地区的使用性质划分防火分区，如将居民区、商业区、工业区等适当分离；易燃易爆物品的仓库与工厂布置在城市近郊的独立安全地区；汽车加油站应远离大型公共场所、人流集中处和明火散发火花区。

(2) 建立城市防火带：如宽阔城市干道可以起到防火带作用，在干道两旁建造耐火等级较高的高层建筑可以有效阻止火区大面积蔓延；种植难燃树种组成绿色防火林带。

(3) 城区内开辟一定的安全避难场所：在城市适当位置开辟广场、公园、公共绿地等，既可作为游乐、休闲的场所，又可作为火灾和其他多种灾害的避难场地。

(4) 适当提高建筑耐火等级：城区内各类建筑的耐火等级，应以一、二级为主、控制三级、严防四级。

(5) 靠近水源满足消防用水：工业区应注意靠近水源，合理布置自来水管道，以满足消防用水。

二、防火间距

防火间距是指当一幢建筑发生火灾时，相邻建筑在一定时间内，在没有任何保护措施情况下，不会引起火灾的最小安全距离。防火间距大小与建筑的使用性质、功能、布置形式、耐火等级有关。建筑防火间距主要有以下几种：

(1) 单、多层民用建筑防火间距，如表 3－1 所示。

(2) 高层建筑防火间距，如表 3－2 所示。

(3) 厂房防火间距(略)。

三、消防通道

在建筑群的建筑总平面布置图中，街区内道路应考虑消防车通行，必须确保发生火灾时消

表 3-1　民用建筑的防火间距

耐火等级 \ 防火间距(m) \ 耐火等级	一、二级	三　级	四　级
一、二级	6	7	9
三级	7	8	10
四级	9	10	12

表 3-2　高层建筑之间及高层建筑与其他民用建筑之间的防火间距

建筑类别 \ 防火间距(m) \ 建筑类别	高层建筑	裙　房	其他民用建筑		
			耐火等级		
			一、二级	三　级	四　级
高层建筑	13	9	9	11	14
裙　房	9	6	6	7	9

防车畅通无阻。根据我国消防车型，通道宽度不小于 3.5m；道路净高不小于 4m；消防通道应尽量短捷；道路中心间距不大于 160m；高层建筑周围应设环形车道或沿高层建筑两长边设车道；在通往天然水源及消防水池处，均应设消防水道；消防车道与高层建筑之间，不应设置妨碍登高消防车操作的树木、架空管线。

四、室外消防设施

现有资料表明，在扑救失利的火灾中，约 80% 是由于火场供水不足，或者是设计不周、管理不善导致消防设施不能发挥作用所造成。因此，按照《建筑设计防火规范》规定，除 2 层以下居住小区可不设消防设施外，其他建筑在规划或设计时，必须同时设计消防给水系统。

下面以多层建筑室外消防设施为例，说明室外消防设施。

1. 室外消火栓布置

室外消火栓布置如图 3-2 所示。消火栓宜沿道路纵线布置，间距不大于 120m；当路宽大于 60m 时，消火栓应在马路两边均布，离路边不大于 2m；为避免楼房倒塌伤人，消火栓距楼房不小于 5m。

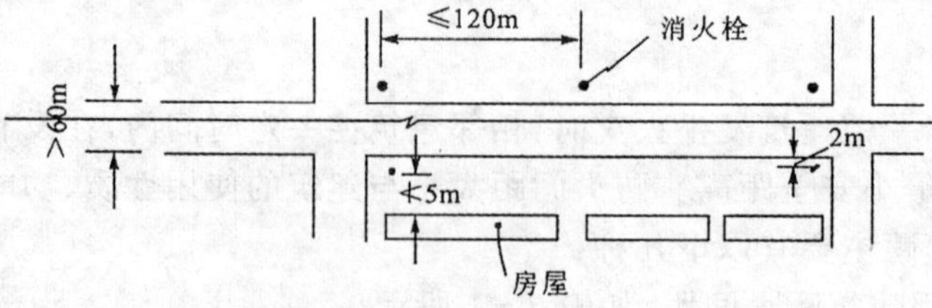

图 3-2　室外消火栓布置

2. 消火栓用水量

每个室外消火栓用水量等于每辆消防车的用水量，在每辆消防车上有 2 支口径 19mm 水枪，总用水量为 10～15L/s，因此每个室外消火栓用水量要按 10～15L/s 计算。

消火栓数量：可根据某类建筑一次火灾可能的消防用水量估算：

$$N=Q/q \quad (个) \tag{3-1}$$

式中：N 为消火栓数量(个)；Q 为某项建筑一次火灾消防用水量(m^3/s)；q 为一个消火栓用水量(m^3/s)。

油罐区的消火栓位置：在甲、乙、丙类液体或油罐区，为避免火灾时液体流散，消火栓应设在防火堤外的安全地点。

3. 消防水池设置

设置消防水池是市政给水管网与天然水源的一种重要水源补充手段。根据建筑物类型一次灭火所需的流量 Q 乘以灭火所需估计时间，其中灭火所需估计时间一般居住区为 2h，甲、乙两类仓库为 6h。

第三节　建筑物耐火设计

为防止建筑物在火灾时其主体结构受高温燃烧破坏，建筑物都应具有足够的耐火能力；否则，在火灾中一旦建筑物发生破坏而倒塌，就会造成人员伤亡和财产的重大损失。例如 2003 年11 月 3 日湖南省衡阳市一栋 8 层的衡州大厦在发生特大火灾时突然整体倒塌，20 名救火消防官兵被埋牺牲。建筑物的耐火性能取决于建筑构件的燃烧性能和耐火极限，而构件的燃烧性能主要由建筑材料决定。

建筑物的耐火设计是指建筑物耐火等级选择，它主要根据建筑物使用功能、规模、层数和火灾危险性确定。

下面就建筑材料、建筑构件的耐火性能与建筑物耐火等级选择等问题阐述如下。

一、建筑材料火灾性能

建筑材料根据其使用功能一般可以分为结构材料和装饰材料。结构材料是用以支持建筑物框架结构的强度与刚度，因此，必须具有足够的耐火能力，以保持火灾后建筑物整体性不被破坏；装饰材料是使建筑物更加美观、舒适和实用，从控制火灾角度，应避免加剧燃烧和产生过多的烟气和毒气。因此，建筑材料的火灾性能一方面影响着建筑物承受火灾高温作用下的能力，同时对火灾扑救逃生具有重要影响。所以，必须研究建筑材料在高温下的各种相关性能，使得在建筑耐火设计中科学合理地选用建筑材料，预防和减少火灾发生与损失。

(一) 建筑材料分类

按材料化学构成，建筑材料可分为以下三类：

(1) 有机材料。如木材、塑料、胶合板、纤维板等，一般为可燃性材料，在空气中受到火烧或高温作用后，立即起火微燃，当火移走后，仍能继续燃烧。

(2) 无机材料。如钢铁、混凝土、砖、石材、建筑陶瓷、建筑玻璃、石膏制品和其他建筑金属等，一般是不燃性材料，但在高温时存在导热、变形、爆裂、强度降低、组织松懈等缺点。

(3) 复合材料。一般由芯材和面材组成，其特点是质轻、隔热、高强度和经济等。面材常应用耐火、难燃、导热性差的板材；芯材选用难燃和耐高温材料。一般来说，复合材料中含有一定的可燃成分。

(二) 建筑材料高温性能

判定建筑材料高温性能的主要参数有以下五个方面。

1. 材料高温下的物理力学性能

材料在高温下的物理力学性能主要指力学性能随温度的变化，其中尤其是强度性能。随着建筑向大型、高层、地下发展，建筑中的结构材料主要是钢材和混凝土，或由两者结合的钢筋混凝土。

(1) 钢材。建筑钢材分结构钢材和预应力钢筋两种，结构钢材在常温下的抗拉强度很好，但受火作用后，迅速变坏。有一组结构钢梁的测试数据如下：温度在 20°C 时抗拉强度为 440MPa；温度升至 485°C 时，抗拉强度为 270MPa；温度升至 614°C 时，其抗拉强度仅为 70MPa，已失去承载能力；当温升至 700°C 时，其挠度已超过 13.3%。在高温条件下，钢梁遇火 15～20min 后急剧软化，而使整个建筑失去稳定而破坏，美国 9・11 事件中，双子世贸大厦被盛满航空汽油飞机撞击后，汽油燃烧的高温迅速使钢架软化，并丧失承载能力而倒塌。预应力钢筋在钢筋混凝土中广泛应用，但其抗拉强度随温度升高而降低的变化亦十分明显，如图3-3所示，当温度升到 500°C 时，钢筋抗拉强度仅为常温时的 30%；到 750°C 时，其抗拉强度全部丧失。在此同时，由于钢与混凝土导热系数差距大，高温时，钢筋很快伸长，导致与混凝土脱位而丧失组合功能。

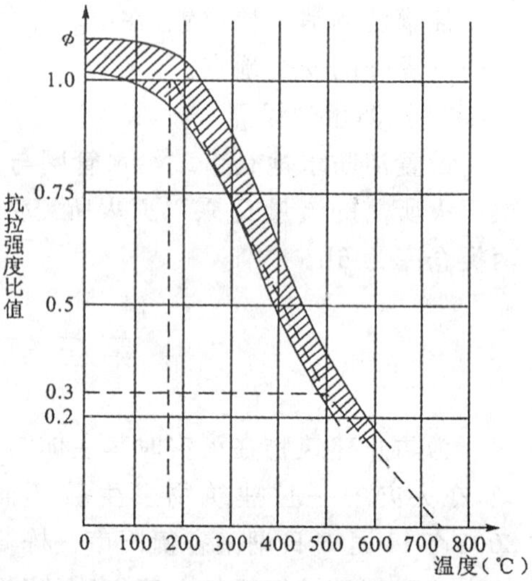

图 3-3　某种预应力钢筋的抗拉强度随温度的变化

(2) 混凝土。混凝土是由起粘结作用的水泥、起骨架作用的沙、石和水混合而成，在建筑中主要起承压作用，在火灾条件下，其抗压强度随温度升高呈明显下降趋势。如图 3-4 所示，当火灾温度达 600°C 时，混凝土抗压强度仅为常温时的 45%；到 1 000°C 时，完全丧失强度。

2. 材料导热性能

材料的导热性能是指材料一面受火作用后，背火一面温度变化的性质(如室内火灾楼板受热状况)。当材料导热性能强时，其防火性能差。例如，结构钢材在常温时强度大，弹性、韧性都好，品质均匀，质量轻，属不燃材料，但其导热系数大，火灾条件下极易在短时间内被破坏。

3. 材料燃烧性能

材料燃烧性能是指其可燃程度，即易燃、难燃等性能和燃烧速度。燃速越快，火灾发生后，火焰就会迅速蔓延，对扑救十分不利。材料的燃烧性能是评价其防火性能的重要指标。

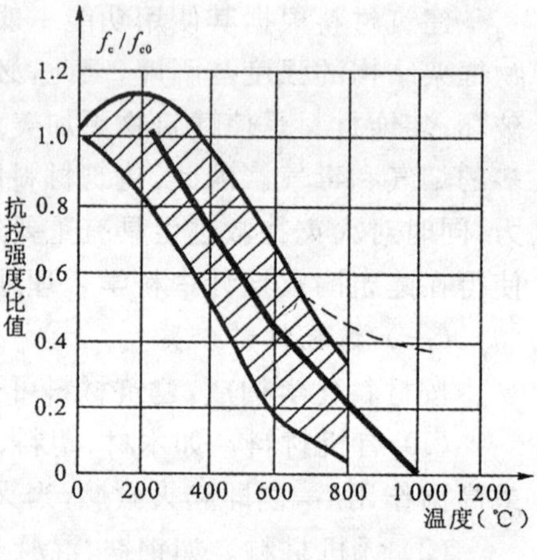

图 3-4　混凝土抗压强度随温度的变化

4. 材料的发烟性能

材料燃烧时的发烟量和发烟速度，在火灾发生后，对人体危害、疏散工作、火灾扑灭和营救工作、火灾的发展与扩大都影响很大，应尽量选用发烟量较小、发烟速度较慢的建筑材料。

5. 材料潜在毒性

现代建筑中，使用着大量化工材料，火灾时产生大量有毒气体。火灾中造成人员死亡的主要原因是由烟气中毒所致，真正由热辐射致死的比例较小。

对上述五个判断材料火灾性能的综合指标进一步分析说明，当材料使用目的和功用不同时，考虑性能参数的侧重点不同，对于承重结构构件材料，如混凝土、砖石、钢材等无机材料，其火灾性能应侧重在高温下物理力学性质和导热性质；对于主要起装修、装饰作用的材料，如木材、塑料等，其火灾性能主要侧重在燃烧性能、发烟性能和潜在毒性等方面。

二、建筑构件耐火性能

建筑物是由许多构件所组成，按照各种构件功能，可分为承重构件(梁、柱、屋架)、分隔构件(隔墙、门窗、吊顶)和具有承重与分隔双重作用构件(承重墙、楼板、屋顶)等。

各种构件在火灾时受火条件不同，如前墙壁、门窗、隔板为一面受火；屋顶、楼板、吊顶为下方受火，但构件按国际标准试验时则采用相同条件。

构件耐火性质的优劣直接影响建筑物的结构强度，因此，必须从防火角度研究构件在火灾高温条件下的燃烧性能与耐火极限。

(一) 按建筑构件燃烧性能分类

按照建筑构件在明火作用下的耐火特性，可分为以下三类：

(1) 不燃烧体。由不燃烧性材料制成的建筑构件，在空气中火烧或高温作用时不起火、不微燃、不碳化(火烧时间不少于 1.5h)，如砖墙、砖柱、钢筋混凝土梁(板、柱)、钢梁。

(2) 难燃烧体。由难燃材料制成，或用可燃性材料作基层，用不燃性材料作保护层的构件，在空气中受到火烧或高温作用时(不少于 0.75h)，难起火、难微燃、难炭化；当火源移走时，燃烧或微燃立即停止，如沥青混凝土等。

(3) 燃烧体。用普通可燃或易燃材料制成的建筑构件，在明火或高温作用下能立即着火燃烧，火源移走后，仍能继续燃烧或微燃，如木构件等。

(二) 建筑构件耐火极限

建筑构件耐火极限是表示构件在火灾过程中能够继续起到隔离层或结构组件作用的能力。建筑构件耐火极限是依构件开始失去稳定性、完整性和隔热性三方面加以评定。

正式测试建筑构件的耐火极限，是将构件置于标准火灾环境条件下，按照国际标准火灾加温曲线(如图 3-5所示)的规律，使用全尺寸构件试样(如果可能应加上载荷)进行试验。

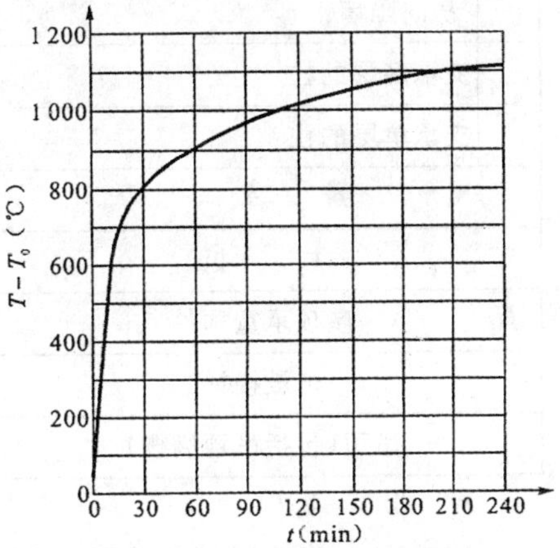

图 3-5 国际标准火灾加温曲线

国际标准化组织(CIB)规定的标准火灾曲线温升速率表达式为

$$T-T_0=345\lg(8t+1) \qquad (3-2)$$

式中：T_0 和 T 分别是在试验开始时刻和燃烧 t 时刻的温度，t 为试验时间(min)。

建筑构件耐火极限评定：

(1) 失去稳定性。指构件在试验中失去支持能力或抗变形能力，该性质用于评价承重构件，如墙、梁、柱在试验中发生坍塌，表明失去承载能力。梁和楼板最大挠度超过 $L/20$，表明失去抗变形能力。

(2) 失去完整性。指构件出现穿透性裂缝或空隙，不再具有阻止火焰和高温烟气穿透的能力，构件背火面的可燃物能够被引燃，该性质用于评定分隔构件。

(3) 失去隔热性。指构件失去隔离过量热传导能力，它取决于构件的导热性和厚度，如防火墙的背面温度超过初始温度 180°C 时即失去隔热作用，该性质用以评定分隔构件。

影响建筑构件耐火性能的因素很多，如材料性质、构件尺寸、保护层厚度、构件结构形式与所处力学条件等。在建筑设计已选择标准构件条件下，为进一步改善耐火性能，尚可采取以下措施：① 钢筋混凝土外加保护层，钢构件表面外加耐火保护层；② 设置耐火吊顶；③ 适当加大构件截面；④ 加强有关缝隙堵塞等。

三、建筑物耐火等级选择

建筑物耐火等级选择是建筑防火设计的关键环节，是防火技术措施中最基本措施之一，必须根据使用功能、重要程度和火灾危险性等级和高低层数不同，按我国建筑设计防火规范进行合理选择，以防止建筑物在火灾发生时和发生后倒塌，从而保障人员安全和减少财产损失。

按照我国建筑设计防火规范，建筑物耐火等级分为四级，这是衡量建筑物耐火程度的分级标度。表 3－3 是建筑物耐火等级与构件的燃烧性能、耐火极限间关系。

表 3－3　建筑物构件的燃烧性能和耐火极限

构件名称 \ 燃烧性能和耐火极限(h) \ 耐火等级		一　级	二　级	三　级	四　级
墙	防火墙	不燃烧体，4.00	不燃烧体，4.00	为燃烧体，4.00	不燃烧体，4.00
	承重墙，楼梯间，电梯井的墙	不燃烧体，3.00	不燃烧体，2.50	为燃烧体，2.50	难燃烧体，0.50
	非承重外墙，疏散走道两侧的隔墙	不燃烧体，1.00	不燃烧体，1.00	为燃烧体，0.50	难燃烧体，0.25
	房间隔墙	不燃烧体，0.75	不燃烧体，0.50	难燃烧体，0.50	难燃烧体，0.25
柱	支承多层的柱	不燃烧体，3.00	不燃烧体，2.50	不燃烧体，2.50	难燃烧体，0.50
	支承单层的柱	不燃烧体，2.50	不燃烧体，2.00	不燃烧体，2.00	燃烧体
梁		不燃烧体，2.00	不燃烧体，1.50	不燃烧体，1.00	难燃烧体，0.50
楼　板		不燃烧体，1.50	不燃烧体，1.00	不燃烧体，0.50	难燃烧体，0.25
屋顶承重构件		不燃烧体，1.50	不燃烧体，0.50	燃烧体	燃烧体
疏散楼梯		不燃烧体，1.50	不燃烧体，1.00	不燃烧体，1.00	燃烧体
吊顶(包括吊顶搁栅)		不燃烧体，0.25	难燃烧体，0.25	难燃烧体，0.15	燃烧体

建筑耐火等级以楼板为基准划分，例如，钢筋混凝土楼板的耐火极限规定，一级耐火要求定为 1.5h，二级为 1.0h，三级为 0.5h，四级为 0.25h，对于其他构件则视其在建筑中的重要性规定适当的耐火极限。

我国建筑防火设计采用耐火等级设计方法，按照建筑防火设计，我国建筑可分为四类，即：① 多层建筑耐火设计；② 高层建筑耐火设计；③ 高层工业建筑耐火设计；④ 钢结构建筑耐火设计。下面以高层民用建筑耐火设计为例，简要介绍耐火等级选择程序。

例，高层民用建筑耐火等级选择：

(1) 根据《高层民用建筑设计防火规范》规定，高层民用建筑指 10 层以上居住建筑及建筑高度超过 24m 的公共建筑。

(2) 高层建筑火灾特点：① 火势蔓延途径多、危害大；② 疏散困难；③ 消防设施欠完善，扑救困难；④ 功能复杂，起火因素多。

(3) 耐火等级选定。高层民用建筑耐火等级根据使用性质、火灾危险程度和疏散扑救难度划分，可据如表 3-4 所示的高层民用建筑分类进行选择。

表 3-4　建筑分类

名　称	一　　类	二　　类
居住建筑	高级住宅 19 层及 19 层以上的普通住宅	10～18 层的普通住宅
公共建筑	① 医院 ② 高级旅馆 ③ 建筑高度超过 50m 或每层建筑面积超过 1 000m² 的商业楼、展览楼、综合楼、电信楼、财贸金融楼 ④ 建筑高度超过 50m 或每层建筑面积超过 1 500m² 的商住楼 ⑤ 中央级和省级（含计划单列市）广播电视楼 ⑥ 网局级和省级（含计划单列市）电力调度楼 ⑦ 省级（含计划单列市）邮政楼、防火指挥调度楼 ⑧ 藏书超过 100 万册的图书馆、书库 ⑨ 重要的办公楼、科研楼、档案楼 10 建筑高度超过 50m 的教学楼和普通的旅馆、办公楼、科研楼、档案楼等	① 除一类建筑以外的商业楼、展览楼、综合楼、电信楼、财贸金融楼、商住楼、图书馆、书库 ② 省级以下的邮政楼、防灾指挥调度楼、广播电视楼、电力调度楼 ③ 建筑高度不超过 50m 的教学楼和普通的旅馆、办公楼、科研楼

说明：① 一类高层建筑其耐火等级为一级；② 二类高层建筑其耐火等级不低于二级，裙房耐火等级不低于二级；③ 地下室耐火等级为一级；④ 建筑物所有构件均应满足耐火等级对构件耐火极限和燃烧性能的要求，如表 3-5 所示为高层建筑构件的燃烧性能与耐火极限。

表 3-5　建筑构件的燃烧性能和耐火极限

构件名称 \ 燃烧性能和耐火极限(h) \ 耐火等级		一　级	二　级
墙	防火墙	不燃烧体，3.00	不燃烧体，3.00
墙	承重墙、楼梯间、电梯井和住宅单元之间的墙	不燃烧体，2.00	不燃烧体，2.00
墙	非承重外墙、疏散走道两侧的隔墙	不燃烧体，1.00	不燃烧体，1.00
墙	房间隔墙	不燃烧体，0.75	不燃烧体，0.50
柱		不燃烧体，3.00	不燃烧体，2.50
梁		不燃烧体，2.00	不燃烧体，1.50
楼板、疏散楼梯、屋顶承重构件		不燃烧体，1.50	不燃烧体，1.00
吊顶（包括吊顶搁栅）		不燃烧体，0.25	难燃烧体，0.25

关于耐火等级选择，除上述各种建筑外，还有厂房耐火等级与仓库耐火等级选择，这些内容可参考相关书籍。

第四节　建筑防火分区

建筑防火分区是指采用具有一定耐火能力的分隔设施(如楼板、墙体),在一定时间内将火灾控制在一定范围内的单元空间。合理地将建筑划分为若干防火分区的目的,是为了有效控制火灾发生的范围,利于人员安全疏散和减少经济损失,以及为扑救火灾提供条件。

防火分区按功能可以分为水平防火分区和竖向防火分区两类。水平防火分区是利用防火墙、防火门、防火卷帘、防火垂壁、防火水幕等设施,将楼层划分为几个防火分区,以防止火灾向水平方向扩大蔓延。竖向防火分区是采用具有一定耐火极限的楼板、窗间墙(上下楼层间距离不小于 1.2m)将上下层分开,以防止层间发生竖向火灾蔓延。

建筑中防火分区大小的划分,首先应根据建筑物的使用性质,充分考虑消防效果,并顾及有利于建筑使用功能的发挥、建筑美观和对经济的影响等。从控制火灾、提高消防效果着眼,防火分区面积宜适当小些,《防火设计规范》对不同使用性质的建筑物的独立分区大小做了规定,防火分区还应考虑以下情况:① 火灾危险性大、燃烧时间长的,应与其他部分分隔开,如厨房与餐厅分开;② 统一建筑使用功能不同部分应进行防火分隔,如楼梯间、走廊、避难通道,应保持不受火灾侵害与通畅;③ 特殊用房,可在正常防火分区内设置更小防火单元,如重点护理病房、贵重设备储存间、使用不同灭火方式房间等;④ 高层建筑一般以每个楼层为单元划分防火分区。

一、防火分隔设施

分隔设施是指防火分区间能保证一定时间内阻燃的边缘构件,包括防火墙、防火门、防火窗、防火卷帘、耐火楼板、防火水幕带等。

(一) 防火墙

防火墙是用以阻止火灾蔓延,在建筑物中应用最多,在水平防火分区时为分隔首选。

防火墙分类:① 按建筑平面上的关系分为横向防火墙(与建筑物长轴垂直)和纵向防火墙(与建筑物长轴平行一致);② 按在建筑中位置分为内墙防火墙(划分防火分区内部隔墙)与外墙防火墙(两幢建筑间防火墙距离不够时,设置窗外墙)。

对防火墙要求:首先是耐火性,应由不燃材料构成,耐火极限 4h 以上;其次是结构上要求防火墙应直接建在建筑的基础上或耐火可靠的梁上,其高度应超出非燃烧屋面 40cm 以上(燃烧屋面 50cm 以上),且不允许可燃构件穿过,墙体不开门窗,建筑物设有天窗时,保证防火墙中心距无窗端面水平距离不小于 4m(如图 3-6 所示),防火墙两侧门、窗口间距离不小于 2m,设在建筑物转角处的防火墙间门窗距离不小于 4m。

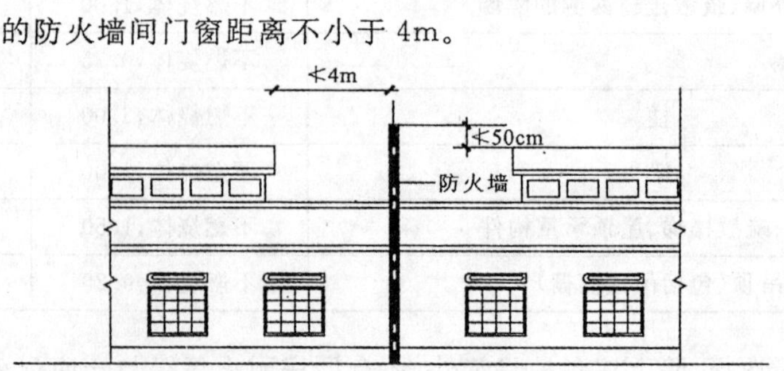

图 3-6　靠近天窗时防火墙的设置

(二) 防火门

防火门一般都为活动式,用以防止火灾蔓延,确保人员安全疏散,常设在防火分区的重要防火部位,防火门具有一定的耐火、防烟和隔火功能。

防火门可分为三级:甲级的耐火极限不小于1.2h(防火分区及水平分区分隔);乙级的耐火极限不小于0.9h(用以疏散楼梯间);丙级耐火极限不小于0.6h(用以管道、检修间等)。

防火门材料有:钢质、外刷防火涂料的木质材料,复合材料等。

防火门应具有较高的耐火性,良好的启闭性和密闭性。

(三) 防火卷帘

防火卷帘是一种不占空间、关闭严密、开启方便,可以实现自动控制与报警系统联动的现代化防火分隔装置。

防火卷帘应具有耐火、防烟,以及由非燃烧体构成,可以分为普通型钢质防火卷帘(耐火极限为1.5h、2.0h两种)、复合型钢质防火卷帘(双片钢板,加隔热材料,耐火极限为2.5h、3.0h两种)。

防火卷帘的启闭速度,当门高在2~5m时,为2~9m/min。

防火卷帘常用以公共建筑不便设防火墙处,使用其形成临时性防火墙,并应用水幕系统保护或用耐火3h的复合防火卷帘。当在疏散通道时,应具有手动、自动、机控综合功能。

(四) 防火窗

防火窗具有隔火、阻烟、耐烧功能,可以阻隔和阻止火势蔓延。防火窗由钢窗框、扇和防火玻璃(防火夹丝玻璃或防火复合玻璃)组成,按耐火能力分为单层(0.7h)、双层(1.2h)两种或分为甲、乙、丙(1.2h,0.9h、0.6h)三种;按安装方式分为固定、活动两种。

二、防火分区划分

关于防火分区面积大小,国家制定的防火设计规范中有明确规定,首先是根据建筑类型,划分成多层民用建筑(9层以下)、高层民用建筑和工业建筑,再进一步考虑建筑物使用性质、建筑物高度、火灾危险性和建筑物的消防扑救能力等综合确定。下面以多层民用建筑为例,简要介绍其防火分区面积的确定方法。

根据建筑防火规范,其防火分区划分可按表3-6所示确定。

表3-6 多层民用建筑的耐火等级、层数、长度和面积

耐火等级	最多允许层数	防火分区间		备注
		最大允许长度(m)	每层最大允许建筑面积(m^2)	
一、二级	9层及9层以下的住宅和建筑高度不超过24m的民用建筑	150	2 500	① 体育馆、剧院等的长度和面积可以放宽 ② 托儿所、幼儿园的儿童用房不应设在4层及4层以上
三　级	5层	100	1200	① 托儿所、幼儿园的儿童用房不应设在3层及3层以上 ② 电影院、剧院、礼堂、食堂不应超过2层 ③ 医院、疗养院不应超过3层
四　级	2层	60	600	学校、食堂、菜市场、托儿所、幼儿园、医院等不应超过1层

几点说明：① 当建筑内有自动探测灭火设施时，允许面积可增大一倍；② 防火分区采用防火墙分隔或防火卷帘加水幕分隔；③ 有自动扶梯贯通几层时，应做单一防火分区处理；④ 建筑物地下室，半地下室发生火灾不易撤离，防火分区面积应控制在 $500m^2$ 以内。

第五节 建筑安全疏散设计

建筑物发生火灾时，为了避免建筑物内人员因烟气中毒、火烧和房屋倒塌而受到伤害，必须尽快离开失火建筑，消防人员也需尽快抵达起火部位扑救火灾。安全疏散设计是建筑设计中最重要的组成部分之一，其任务是根据建筑物火灾危险性质、环境条件和人在火灾时的心理状态，合理布置疏散通道与疏散设施，为人员和财产安全疏散创造有利条件。

一、人的心理与行为

火灾时人的心理和行为与正常条件区别较大，常处于一种紧张与恐惧的异常心理状态，不知所措、行动盲从和错误判断往往造成惨痛后果，如表 3-7 所示。因此，疏散设计必须为建立可靠的安全疏散通道或避难空间，使人员在接近正常心态和时间允许条件下，有序安全疏散。

表 3-7 疏散人员的心理与行为

(1) 向经常使用的出入口、楼梯口疏散	在旅馆、剧场等发生火灾时，一般旅客和观众习惯于从原出入口或走过的楼梯疏散，而很少使用不熟悉的出入口或楼梯。就连自己的住处也要从常用的楼梯去疏散。只有当这一退路被火焰、烟气等封闭了，才不得已另求其他退路
(2) 习惯于向明亮的方向疏散	人具有朝向光明的习性，故以明亮的方向为行动的目标。例如，在旅馆、饭店等建筑物内，假设从房间内走出来后走廊里充满烟雾，这时如果一个方向黑暗，相反方向明亮的话，就会向明亮方向疏散
(3) 奔向开阔空间	这一点，与上述趋向光明处的心理是相同的，在大量火灾实例中，确有这方面的现象
(4) 对烟火怀有恐惧心理	对于红色火焰怀有恐惧心理是动物的一般习性。一旦被烟火包围，则不知所措，因此，即使身处安全之地，亦要逃向相反的方向
(5) 危险迫近，陷入极度慌乱之中，就会逃向狭小角落	在出现死亡事故的火灾中，往往发现缩在房间、厕所或把头插进厨柜的尸体
(6) 越是慌乱，越容易跟随他人	人在极度的慌乱之中，就会变得失去正常行动的能力，于是无形中产生跟随他人的行为
(7) 紧急情况下能发挥出意想不到的力量	遇到紧急情况时，失去了正常的理智行动，把全部精力集中在应付紧急情况上，会发挥出平时意想不到的力量。如遇火灾时，甚至敢从高楼跳下去

二、安全疏散条件

为确保建筑内人员在火灾造成的各种危险时的安全，安全疏散系统应满足以下条件。

（一）合理布置安全疏散路线

火灾发生后，为了保障人员的疏散安全，应该使疏散路线上各个空间的防烟、防火安全性逐步提高，即人们从着火房间或部位到公共通道，再由公共通道到达疏散楼梯间，然后转向室外或安全场所，这种疏散路线即为安全疏散路线。安全疏散路线应力求简捷，便于寻找辨认，如主要安全出口的疏散楼梯，位置必须明确，且宜布置在正常条件下习惯出口的电梯旁。

（二）安全可靠疏散通道

在建筑物内任意一点发生火灾时，必须有一条以上能够使所有人员安全可靠接近万无一失的疏散通道。该通道必须具有足以使建筑内人员在允许的时间内疏散出去所需要的形状、尺寸、容量、明显的照明和路标，并在疏散中确保不受火灾烟气、火烧和其他危险的危害，其中包括在通道中严禁使用快速燃烧和排放剧毒的各种建筑结构材料和装修材料。

（三）设置必要的安全避难场所

在建筑物中，尤其是高层建筑中，火灾扩展蔓延速度比人员疏散速度快的多，楼内全部人员难以在较短时间内疏散到安全的建筑物外部，因此，在建筑物中合理设置内部临时避难场所就显得非常重要。常见避难场所包括：封闭或防烟的楼梯间、消防电梯、高层建筑中特设的安全避难层或安全避难间，以及屋顶的辅助安全避难所（直升飞机停机坪）。

三、合理设置安全疏散设施

为了给人员的安全疏散创造有利条件，应根据建筑规模、使用性质、容纳人数和火灾时人的心理状态，合理设置安全疏散设施。安全疏散设施包括：安全出口、防烟排烟设施、避难层与避难间以及事故照明及安全路标等。本章主要介绍安全出口及避难设施，防烟排烟设施在第四章内介绍。

安全出口设置的基本准则：

(1) 安全出口数量。在多层或高层建筑中，每个防火分区的安全出口不应少于两个，并形成双向疏散；如果在建筑面积小、容纳人数少的特殊情况下可以设置一个安全出口。

(2) 安全出口疏散人数。人员密集场所（指大型公共场所）的安全疏散出口，如剧院、礼堂、观众厅等，每个安全出口平均疏散人数按250人计算，对容纳人数大于2 000人的场所每个安全出口疏散人数可按400人计算，体育馆人数较多，受座位排列与走道布置的制约，可按400～700人计算。

(3) 安全出口位置。安全出口宜布置在防火分区的两端或电梯旁，为便于寻找应设置明显标志，门向疏散方向开启，安全出口应有足够宽度。

（一）疏散楼梯

疏散楼梯是供人员在火灾紧急情况下安全疏散所用的楼梯，这类楼梯必须是安全空间。疏散楼梯按照防烟火作用可分为防烟楼梯、封闭楼梯、室外疏散楼梯和敞开楼梯等四种，其中，防烟楼梯是高层建筑中常用的疏散楼梯形式。

1. 防烟楼梯

楼梯入口处设置前室，前室内有防排烟设施或设有可供排烟的阳台（如图3－7所示），在前室及楼梯间的门均为乙级防火门。设置阳台的防烟楼梯，结构简单，管理方便，且不需其他排烟装置自然通风。

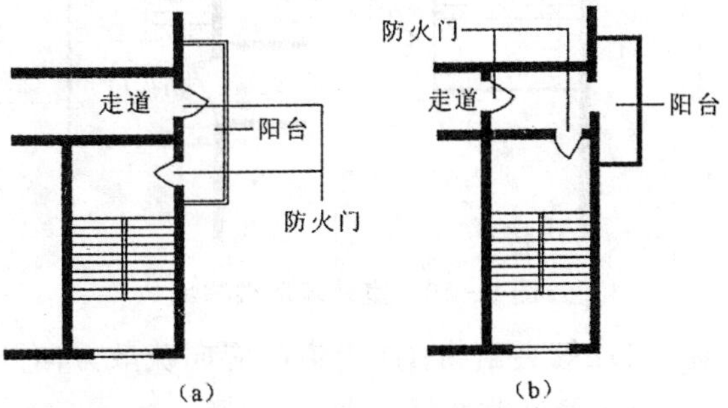

图3－7　用阳台作敞开前室

图3－8是一种用阳台作前室自然排烟，将疏散楼梯与消防电梯结合布置，形成一个良好的安全区。

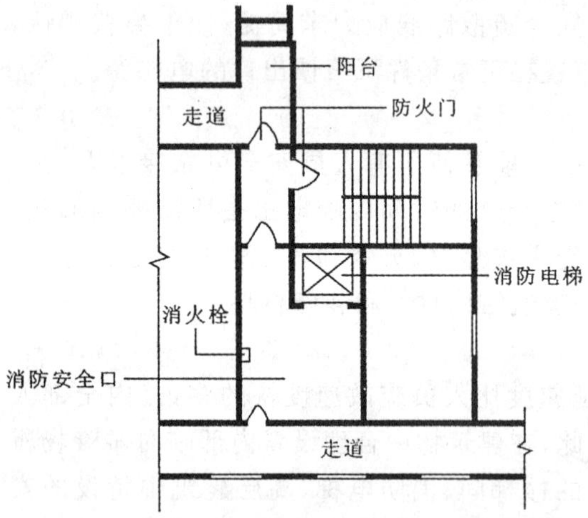

图 3-8　楼梯与消防电梯结合布置示意图

在高层建筑发生火灾时，日常使用的电梯因无防火防烟设施，不能用于疏散人员，起火层人员只有通过楼梯才能到达安全地，因此，楼梯必须是安全空间，防烟楼梯采用正压供气防烟（设置阳台时，不用正压供气），效果可靠，它已成为高层建筑中常用的安全疏散楼梯形式。

根据《高层民用建筑设计防火规范》要求，凡符合下列条件的，必须采用防烟楼梯，这些条件是：① 凡是高度超过 24m 的一类建筑；② 凡是高度超过 32m 的二类建筑；③ 通廊式住宅，火灾范围大，当层数大于 11 层时；④ 塔式高层住宅，高度超过 24m。

2. 封闭楼梯

不带前室，只设能阻挡烟气进入的双弹簧门或防火门的楼梯，称封闭楼梯，如图 3-9 所示。封闭楼梯结构比较简单，但要求楼梯的一面为外墙，用于开启通风与采光的玻璃窗。它也是普通高层建筑常用的疏散楼梯形式。

根据《高层民用建筑防火设计规范》要求，在二类高层建筑中，高度在 24～32m 之间，或楼层在 12～18 层的单元式住宅，允许使用封闭式楼梯。

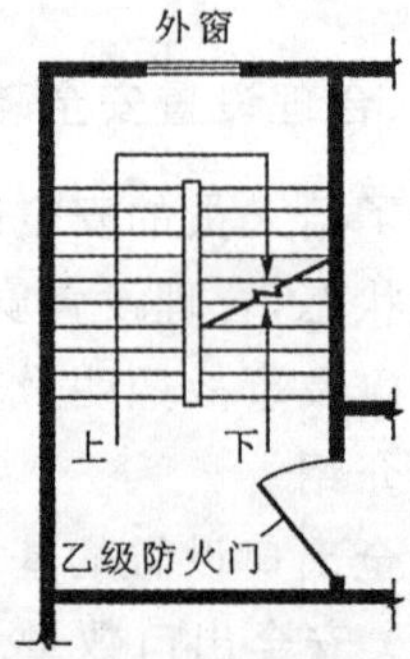

图 3-9　封闭楼梯间

3. 室外疏散楼梯

对于平面面积较小，楼内设置困难，可采用室外疏散楼梯，如图 3-10 所示。其特点是不易受烟火威胁，疏散人员与消防人员两用，不占楼内面积，防烟效果好，又经济。存在问题是楼梯较窄，在室外心里易恐慌，欠安全。低楼层建筑可用。

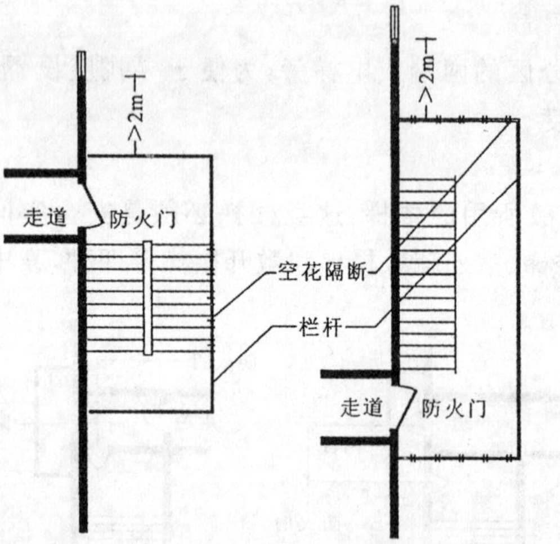

图 3-10　室外疏散楼梯间

4. 敞开楼梯

敞开楼梯建在建筑内，在平面上三面有墙，一面无墙无门的楼梯间，其隔烟阻火作用差，适用于 5 层以下公共建筑和 6 层以下的组合式单元住宅。

（二）疏散走道

指火灾发生时，楼内人员从火灾现场逃往安全避难所的通道。疏散走道应保证逃离火场人员进入走道后能顺利地奔向楼梯间，最后到达安全地点。

疏散走道应满足以下要求：① 简捷与避免宽度上急变；② 设置疏散指示灯，每隔 5m 一个荧光诱导灯；③ 在 1.8m 高度走道内不宜设管道、门垛等突出物；④ 走道门应向疏散方向开启，走道的宽度参照表 3-8 所示。

（三）消防电梯

消防电梯是具有一定防火防烟功能的电梯设施。高层建筑由于垂直高度大，发生火灾时，扑救难点多、困难大，因此，必须设置一定数量的消防电梯。

由于消防电梯同时具备普通电梯的功能，平时可以作为客梯或工作电梯兼用。

表 3-8　首层疏散外门和走道的净宽

高层建筑	每个外门的净宽(m)	走道净宽(m)	
		单面布房	双面布房
医　　院	1.30	1.40	1.50
居住建筑	1.10	1.20	1.30
其　　他	1.20	1.30	1.40

对消防电梯的防火要求：① 消防电梯竖井井壁应具有足够耐火能力，其耐火极限不小于 2.5h，使用不燃材料装修；② 载重不小于 1t；③ 电梯速度从顶到底应在 60s 以内到达；④ 设专用电话；⑤ 前室能挡水。

消防电梯设置：一个防火分区只设 1 台消防电梯，消防电梯应设具有防火功能的前室。

根据《高层民用建筑设计防火规范》要求，设置消防电梯的范围是：① 塔式一类住宅 10 层以上；② 12 层以上单元式住房，高度超过 32m 的二类民用住宅。楼层面积＜1 500m^2，设一台，1 500～4 500m^2 设 2 台，大于 4 500m^2 设 3 台。

（四）避难层、避难间

建筑高度超过 100m 的超高层旅馆、办公楼和综合楼，如果发生火灾，在安全疏散时间内，人员全部疏散出来是困难的，因此，《高层民用建筑设计防火规范》规定，必须设置避难层（临时使用的避难楼层）或避难间（临时使用的避难房间）。

避难层（或避难间）形式有两种：① 专用避难层或避难间，具有耐火围护结构（墙、楼板），耐火极限不低于 2h，甲级防火门窗，独立防排烟装置，以及火灾事故照明、疏散指示标志、专用电话（或天线对讲电话）等；② 避难层与设备层结合布置（较多使用形式）。

四、安全疏散时间与距离

（一）安全疏散时间

安全疏散时间是指疏散人员自开始疏散至疏散结束的时间，亦即疏散开始时间＋疏散行动时间之和。

影响安全疏散时间的因素有：

(1) 疏散设施条件。如楼梯形式，螺旋和扇形楼梯上下踏步式楼梯行走较慢，疏散走道的宽窄、弯直、门的宽窄、地面的光滑与粗糙度对疏散时间都有明显影响。

(2) 人员密集程度。人员越密集，疏散越慢，疏散时间增长，如 1.5 人/m^2 以上为 1m/s，3.0 人/m^2 为 0.5m/s，5.38 人/m^2 以上为 0m/s。

(3) 室内装修材料。使用产烟多、毒性大的材料，将严重影响疏散。

（二）安全疏散距离

安全疏散距离由两个部分组成，即：① 房间内最远点到房门的距离；② 从房门到疏散楼梯，再到外部出口的距离。

民用建筑的安全疏散距离应控制在表 3-9 所示的范围内。

表 3-9　安全疏散距离

名　称	房门至外部出口或封闭楼梯间的最大距离(m)					
	位于两个外部出口或楼梯间之间的房间			位于袋形走道两侧或尽端的房间		
	耐火等级			耐火等级		
	一、二级	三级	四级	一、二级	三级	四级
托儿所、幼儿园	25	20	—	20	15	—
医院、疗养院	35	30	—	20	15	—
学　校	35	30	—	22	20	—
其他民用建筑	40	35	25	22	20	15

第六节　火灾自动报警与消防联动控制

火灾具有突发性和随机性，它常在人们不注意的情况下发生。长期以来，人们主要依靠直觉(视觉、触角和嗅觉)发现火灾，利用人力、机械扑灭火灾。近几十年来，随着科学技术的进步和生产的迅速发展，尤其是材料工业、机械工业、电子自动化工业、化学工业的突飞猛进，为火灾的探测、报警、消防的自动化联合控制提供了坚实基础。经过几代技术和产品的发展与更新，已日趋成熟，已能为建筑向大型化、高层、超高层、地下空间发展中出现的火灾提供高效、优质和经济合理的控制技术和装备。

本节主要介绍火灾探测、报警和消防联动装置的功能、简明结构、工作原理和选择方法。

一、火灾探测报警系统

火灾探测报警系统是用于监视、探测和识别早期火灾，判别确认后发出报警，并启动灭火与减灾设备。

(一) 系统组成

火灾探测报警系统由触发器件、火灾报警装置、火灾警报装置，以及其他辅助装置所构成，如图 3-11 所示。系统中主要部件为触发器件中的火灾探测器与火灾报警装置中的火灾报警控制器。

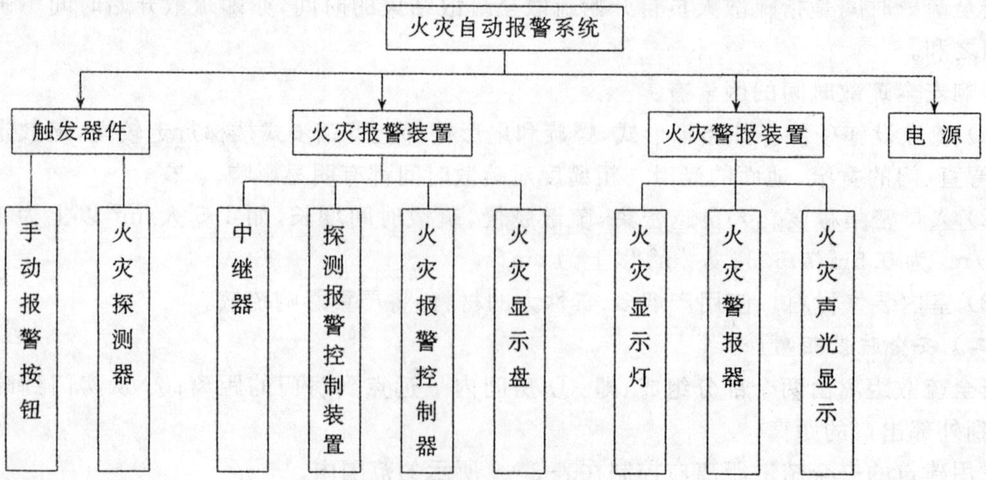

图 3-11　火灾自动报警系统基本组成

（二）系统类型

火灾探测报警系统根据所保护建筑物的系统大小和重要性，可分为区域监控系统、集中监控系统和控制中心监控系统。这三种类型是依据传统的多线制报警设备来划分，现已逐渐被新型的通用型报警控制器加重复显示屏（楼层显示器）的方式所替代。上述三种多线制探测报警系统，在小型、简单工程中，仍是一种经济合理方案。

（三）系统工作过程

下面以火灾探测报警系统中，用于中等规模的集中监控系统（图 3 - 12 所示）为例，阐述系统的工作过程。

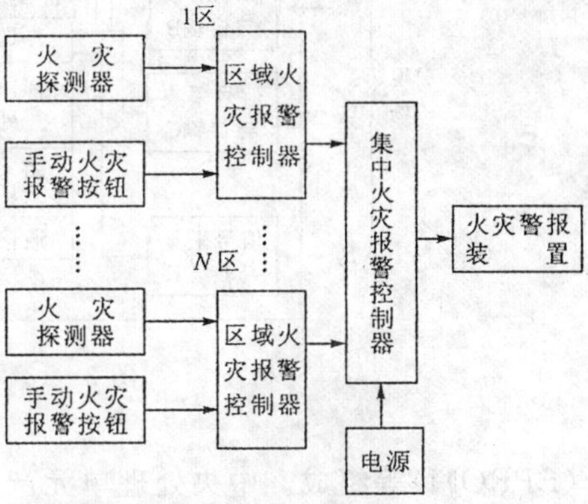

图 3 - 12　集中监视系统

当建筑物内某一被监视现场（如房间、走廊、楼梯）着火，火灾探测器便把从现场探测到的信息（烟气、温度、火光、燃气），以电信号形式传到报警控制器，控制器将此信号与现场正常状态整定的信号比较，若确认着火，则即输出两种回路信号：一路指令声光显示装置动作，发出音响报警，并显示火灾现场地址，记录第一次报警时间；另一路则指令灭火系统现场执行器（继电器或电磁阀）工作，对着火点进行灭火。为防止系统失控或执行器中组件失灵贻误，现场附近还设有手动报警装置和人控灭火器，以便及时报警和灭火。上述程序就是火灾报警控制系统的基本工作过程。

二、火灾报警控制器

火灾报警控制器是探测报警系统的重要组成部分，它的先进性是现代建筑消防系统的重要标志。火灾报警控制器接收火灾探测器传送的火警信号，经过逻辑运算、处理后认定为火灾时，发出火警信号，启动火灾报警装置，发出声、光报警；同时，启动灭火联动装置，用以驱动各种灭火设备；启动联锁减灾装置，启动各种减灾设备。现代火灾报警控制器采用先进的计算机技术、电子技术和自动控制技术，使整个装备向着体积小、功能强、控制灵活、安全可靠方向发展。

（一）分类

按作用性质火灾报警控制器可分为区域报警控制器、集中报警控制器和通用报警控制器三种。区域报警控制器是直接接受火灾探测器发来报警信号的多路火灾报警控制器。集中报警控制器是接收区域报警控制器发来报警信号的多路火灾报警控制器。通用报警控制器是既可作区域报警控制器又可作集中报警控制器的多路火灾报警控制器。

随着科学技术的发展，各种先进的报警控制器相继出台，如智能型（具有神经元网络功能）火灾探测报警器、模糊控制的火灾探测报警控制器等已开始应用。

（二）火灾报警控制器工作原理

火灾报警器工作原理主要可分为控制器和信号处理系统两部分。

1. 控制器

图 3 - 13 是一种普通火灾报警控制器的控制原理图。它主要由中央处理单元、信号处理单元以及输入输出电路等组成。

中央处理单元是控制器的核心，由中央处理器（CPU）、读写存储器（RAM）和只读存储器

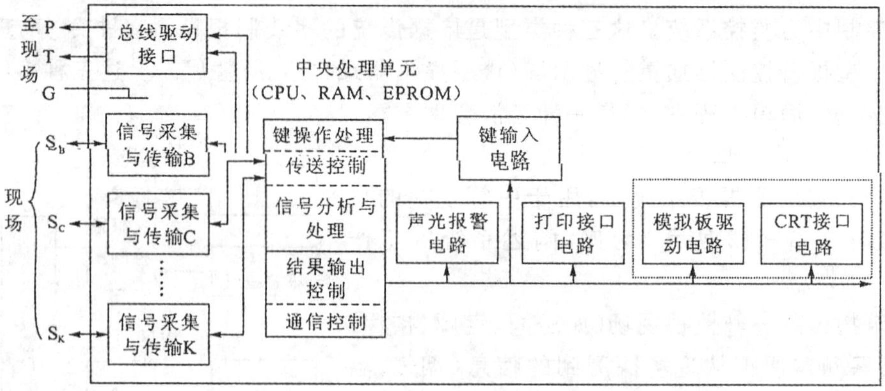

图 3-13 某种火灾报警控制器的原理框图

(EPROM)等组成。中央处理单元产生的编码信号(P)和巡检信号(T)经总线驱动接口发送至现场,被与总线相连的各种设备接收。其中的探测报警设备根据巡检和编号指令,发出反映自身状态信号(S),如正常、故障、火警等。这种信号经总线返回中央处理单元,经分析处理,再发出指控令,包括:① 通过声光报警装置发出火灾、故障和联动指令;② 启动通讯系统报告火情;③ 发出控制令,驱动消防设备;④ 控制时钟记忆,记录火灾报警时间;⑤ 控制器工作自检等。

2. 信号处理系统

报警控制器对火灾信号的辨别有两种:第一种阀值式,以现场正常状态参数为固定值,对现场发出的火灾信号辨别时,以正常时的固定值为基础进行判别;第二种智能式(变阀值),它记录某段时间内现场正常状态的变化值,并以此为基础进行对比,只有当着火时环境状态参数与平时有明显差别时,才认定发生火灾。智能式对信号的辨别比阀值式可靠,随着电子技术的飞速发展,不用多久,智能式将取代阀值式的信号处理系统。

此外,火灾报警控制器使用的线路在 20 世纪 80 年代以前为复杂的多线制;20 世纪 90 年代以来已改用二总线系统,用线量大为减少,经济成本和施工工作量都大为减少。在电源方面,常规使用交流 220V、24h 供电,并备用直流 24V、20min 供电设备。

三、火灾探测器

探测器是火灾报警系统中的触发元件,是自动报警系统和自动灭火系统中最基本、最关键的部件之一,整个系统的准确性、可靠性都是建立在它的基础上。它是感受火灾信号的装置,通过对被保护区域的监视和探测,为自动报警系统提供火灾的初期信号。探测器被合理地分布安装在监控现场,监视现场火情,将火灾信号(如烟、光等)转变为电信号,传输到火灾报警控制器,启动自动消防系统实施灭火。

可燃物质在燃烧过程中,产生烟气,使环境温度升高,并放出红外线光与紫外线光和可燃气体。根据火灾时燃烧发出的这些参数,火灾探测器可分为感烟、感温、感光、气体和复合式等多种形式。图 3-14 列出各类探测器的型谱。在这些类型中,目前以感烟、感温和感光探测器应用较广,复合式探测器发展较快。本节主要讨论火灾探测器基本类型的工作原理和探测器的选择方法。

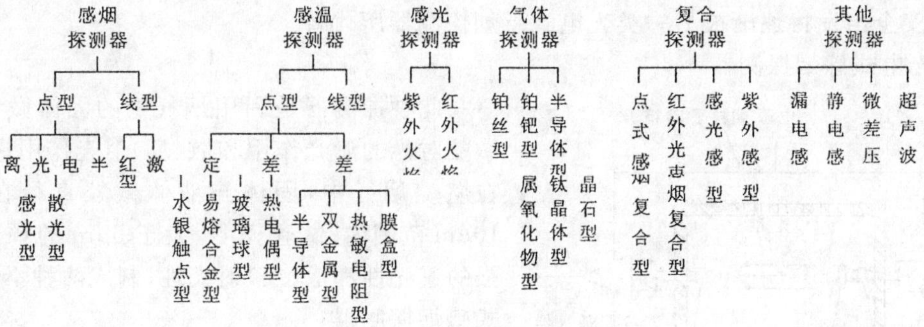

图 3-14　火灾探测器的类型

(一) 感烟火灾探测器

绝大多数物质在开始燃烧阶段(尤其在燃烧的早期阴燃阶段),首先产生烟雾,要实现早期发现火灾减少损失,采用感烟探测器效果良好,约可探测出70%的火灾。因此,感烟探测器在世界上应用最广。

按照探测烟气颗粒的原理,感烟探测器可分为离子式感烟探测器和光电式感烟探测器两类。

1. 离子式感烟探测器

探测器的工作原理如图 3-15、图 3-16 所示。探测器的主要工作部件是两个可供对比的电离室。其中,左电离室与外界不相通,称内电离室;右电离室与外界相通,称外电离室。在左右电离室内,各放一块放射原镅(Am^{241})片(放射剂量都在安全范围内),都能不断放出具有强电离作用和高速运动的 α 粒子流,这些粒子流使电离室内空气中的氧气和氮气分子发生电离。当在电离室的两极间加上电压 V 时,板极间就形成电场;在电场作用下,两电离室都有一定电流通过。当两电离室中两极电压相同时,两室电流亦恒等,如图 3-16A 线。当含有颗粒烟气通过外电离室时,如图 3-15 之右室,离子粒被吸附在小颗粒上(烟气),离子极性运动减少,电离室的电流亦相应减弱,因此,右室的伏-安特性曲线下移至 B 线(如图 3-16 所示),此时,左电离室电流仍为 A 点的伏安特性曲线。当两室的电流值相差达到某一设定值时,探测器便促发报警器发生警报。研究表明,当烟颗粒直径在 0.01～1μm 时,探测器效果最好,所以,离子式感烟探测器适于探测颗粒微小的烟气。

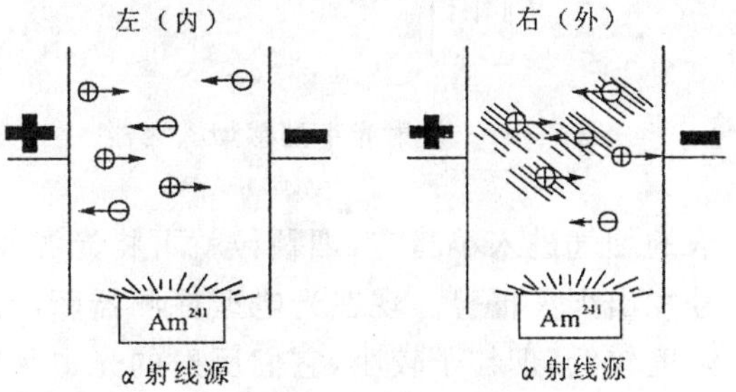

图 3-15　双极离子式探测原理

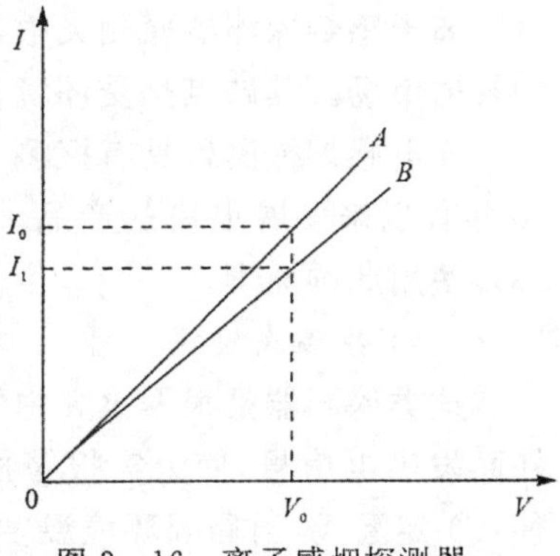

图 3-16　离子感烟探测器

离子感烟探测器中含 Am^{241} 放射物质,放射 α 射线,辐射强度为 2～3 居里。α 射线射程短,远小于 1m,穿透力弱,在探测器中被固定在密封良好的迷宫式结构内,正常条件下不会对人造成危害。但 Am^{241} 的半衰期 458a，离子室损坏或拆卸将对人体造成危害。为了降低放射性对人体危害，已研制和生产了单源双室离子感烟探测器。虽然这类探测器在建筑中大量使用，但从安全出发将逐渐被另一类光电式感烟探测器所代替。

2. 光电式感烟探测器

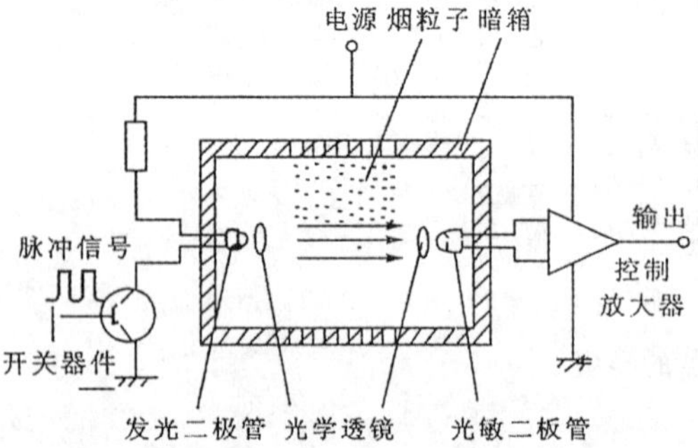

图 3-17 遮光型光电感烟探测器原理图

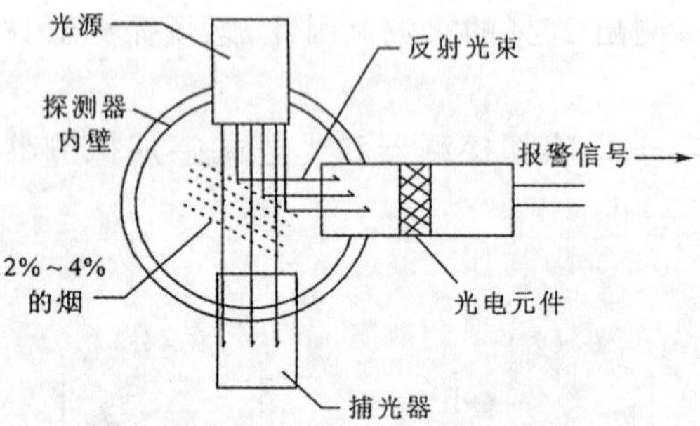

图 3-18 反射光束型感烟探测器

此种探测器是利用烟气中的固体微粒与液体微粒对光的遮光作用和散(反)射光作用探测火灾。在燃烧烟气中，固体与液体微粒直径在 0.01～10μm 范围内；试验证明，大于 5μm 的颗粒具有较强的遮光性和散(反)射光性，制成两种不同的光电式感烟探测器：

(1) 遮光型感烟探测器。它的结构原理见图 3-17。探测器的主要部件为一个光源(灯泡或发光二级管)和一个相对应的光敏元件。光源发出的光通过透镜聚成光束，照射到光敏元件上，光敏元件将接收到的光的能量转换成电信号。当光源和光敏元件之间存在烟雾时，到达光敏元件上的光显著减弱，光敏元件便将光强度的变化转变为电的突变信号，使警报器发生报警信号。

(2) 反射光束型感烟探测器。常用反射光型探测器大都是点式的，图 3-18 是一种典型结构形式，它主要由光源、与光束垂直的接收元件、与光束相对的捕光器及小暗室组成。捕光器的作用是防止光源射出的光线散漏到光电元件上去。当足够浓的烟气进入小暗室，烟颗粒就可将光源发出的光反射或散射到光电元件上，从而产生触发信号发出火灾报警。现在光电型探测器新产品大都采用亮度很高的频闪灯作光源，这样，即使烟浓度较低，烟粒子较小，它们反射的光也足以使光电元件工作。光电元件多为光敏二极管或光敏三级管。

3. 离子感烟与散(反)射光束感烟对比

离子感烟探测器探测灵敏，易早期发现火灾，发明最早已广泛应用于各种建筑，国内约占 50%的市场。其缺点是受环境灰尘影响易误报，α 射线有可能使环境轻度污染。

光电感烟探测器具有探测灵敏，无污染，适宜于在阴燃和火灾初起阶段探测，是 20 世纪 90 年代以来发展很快的产品。目前，日本、德国、瑞士等许多工业先进国家，感烟探测器已 98%使用此种原理。

(二) 感温火灾探测器

这类探测器是根据火灾中物质燃烧释放出大量热使环境温度升高，加热探测器的热敏元件而发出电信号，使火灾报警控制器报警。根据探测温度的原理不同，感温探测器可分为三种：① 定温式，当局部环境温度升高到规定值以上时开始动作的探测器；② 差温式，当局部环境温度的温升速率超过某一界线时开始动作的探测器；③ 差定温式，是将差温式和定温式联合使用，只有当环境温度达到某一设定值后，差温探测器才开始工作。

1. 定温式火灾探测器

定温式火灾探测器根据其结构形式，可分为点型和线型两类。点型定温火灾探测器的原理如图 3-19 所示。它是利用两种膨胀系数不同的金属片（铁合金-镍）制成的探测器。当金属片受热至一定温度（68°C，83°C）时，膨胀系数大的金属片就会向膨胀系数小的方向弯曲，如图 3-19 中虚线所示，造成电器接触密合，产生一个短路信号，经地址译码开关后送到自动报警控制器，控制器发出警告信号。

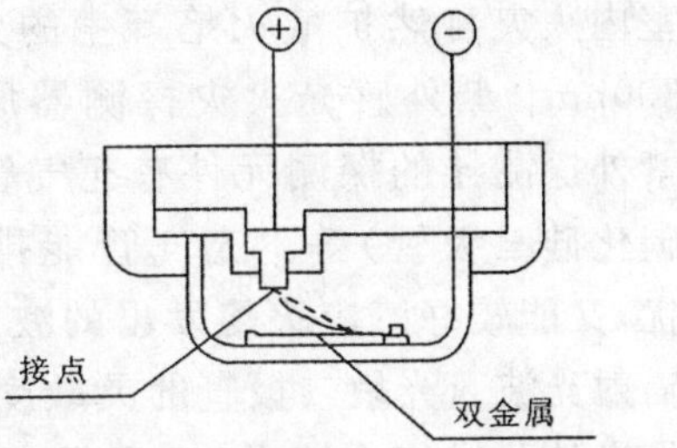

图 3-19　点型定温式火灾探测器图

2. 差温式火灾探测器

膜盒点型差温探测器如图 3-20 所示。当温升速率不高时，感热室内的受热膨胀气体可以通过泄漏孔排出，使膜片两侧压力基本相等。当温升速率超过某一值时，感热室内迅速膨胀的气体来不及从泄漏孔全部排出，使得簧片在感热室一侧压力高于另一侧压力，使簧片移动，电器触电结合，发出报警号。

3. 差定温火灾探测器

当同一个感温探测器同时具有定温探测器特性和差温探测器特性时，称为差定温感温火灾探测器，图 3-21 为点型差定温火灾探测器。

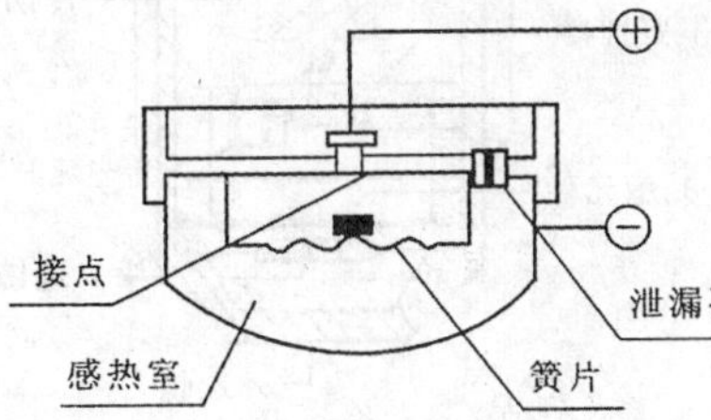

图 3-20　膜盒点型差温探测器

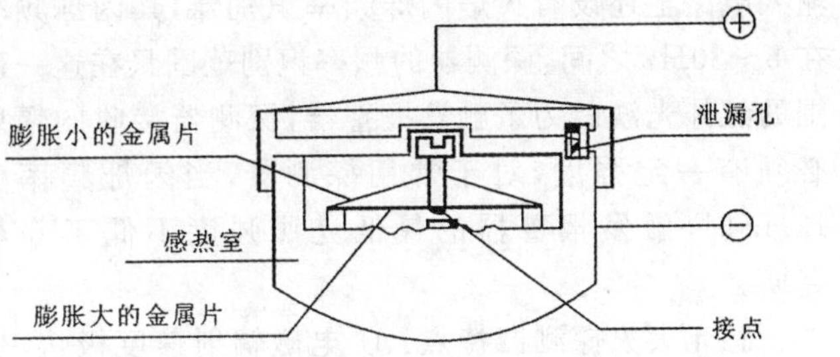

图 3-21　点型差定温火灾探测器

感温探测器具有良好的可靠性和稳定性，结构简单维修方便。常使用在以下场合：① 可能发生无烟火灾的场合；② 汽车库、小会议室、锅炉房、厨房等正常情况下有烟和蒸气的场所；③ 有粉尘污染场所；④ 相对温度经常大于 95%的场所。但在火灾初起时环境温度较低场合不宜使用，如产生阴燃，以及不早报警会造成重大损失的场合。

在感温探测器中，差温式比定温式灵敏度要高，但因易受环境变化发生误报，而差定温式则综合两者优点，可靠性与灵敏度相对较好。

（三）感光火灾探测器

感光探测器是一类响应火灾燃烧发出的电磁波辐射的火灾探测器。它是在感烟感温火灾探测器使用多年后于 20 世纪 70 年代才出现正式产品。

由火灾燃烧发出的电磁辐射波长包括：① 红外段，波长＞700nm；② 可见光段，波长 400～700nm；③ 紫外段，波长＜400nm。其中，可见光段由于火焰辐射与环境辐射难以区别，现有的感光火灾探测器只使用以下三种，即：① 红外光谱，波长＞700nm；② 紫外光谱，波长＜400nm；③ 紫外、红外光谱复合。

1. 紫外感光火灾探测器

这是一种对火灾火焰所产生的紫外辐射响应的探测器。对它敏感的辐射波长＜400nm。

室内火灾自然扩散火焰产生的紫外光波长在 180～300nm。紫外感光火灾探测器原理如图3-22所示。紫外探测器的探测元件有充气管、紫外光敏管（光敏碳化硅二级管）等。充气管能排除太阳辐射光的干扰，又能较好感应火焰发出的波长在 185～285nm 的辐射光波。光敏二极管的灵敏度较高，但对非火焰紫外光的分辨能力略差，为了提高探测灵敏度，排除外来干扰，紫外火灾探测器常装在离火源较近的地方。

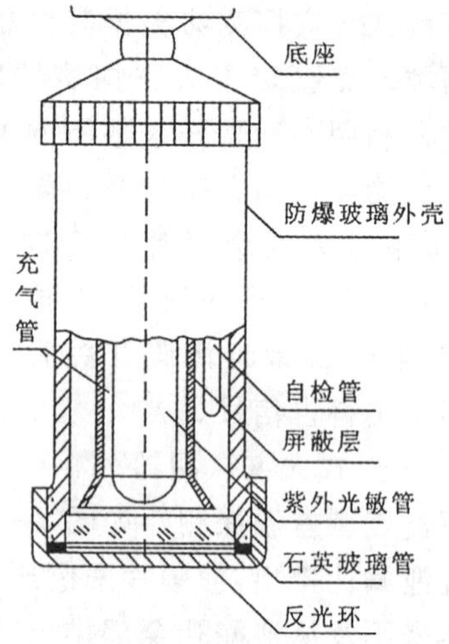

图 3-22　某种紫外火焰探测器原理图

2. 红外火焰探测器

红外火焰探测器对波长＞700nm 以上的光辐射敏感，它可装在离火焰较远的位置，常用在大面积、大空间的火灾探测。图 3-23 是一种常见的红外火焰探测器示意图。

它的头部安装一对透镜，用以滤除非红外光，然后，光线才投射到敏感元件（硫化铅、硫化镉光电池）上。为了防止火焰外的红外光波误启动探测系统，在输入电路上还设有火焰闪烁频率识别器，其闪烁频率在 5～30Hz 之间，探测器的频率识别范围只在这一范围的红外光波。为了触发报警器，探测器接收的辐射必须有一定强度，对于常用探测器，当闪烁频率为 12Hz 时，触发报警器的最低光照强度不低于 6 勒克斯。

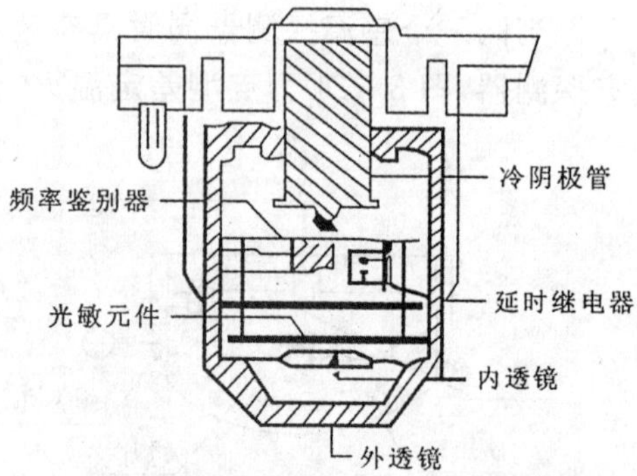

图 3-23　红外火焰探测器示意图

感光火灾探测器特点：① 电磁辐射速度极快，也就是响应速度快，几微秒就发出电信号；② 性能稳定、可靠、探测方位准确；③ 不受环境气流影响，可以在户外使用；④ 价格较贵，每个大于1 000元。

适用条件：感光火焰探测器特别适用于突然起火而又无烟的易燃易爆场合，如常快速发生的易燃、可燃液体火灾，这是一类早期通报火警的理想探测器。

紫外探测器与红外探测器比较：紫外探测器灵敏度高，维修方便，可靠性和稳定性属中等，但探测范围较小；红外探测器其灵敏度、可靠性和维护方便，程度属中等，稳定性稍低，适用于探测大空间范围。

（四）气敏探测器

发生火灾后，环境中某些气体的含量可发生显著变化。有些物质对这些特殊气体的反应比较敏感，于是便可用其来探测火灾。现在用于火灾探测的传感器主要有半导体气敏元件和催化元件。前者能对气相中的氧化性或还原性的气体发生反映，使半导体的电导率发生变化，从而启动报警装置。气敏探测器将在第七章中介绍。

（五）火灾探测器应用分析与选择

1. 火灾探测器应用分析

火灾探测器是火灾自动报警和自动灭火系统最基本和最关键的部件之一，整个系统的准确性、可靠性都是建立在它的基础上。因此，对于火灾自动报警系统而言它是极其重要的，是决定火灾自动报警系统的效率、性能和经济性的重要因素之一。

(1) 感烟火灾探测器响应的是燃烧生成的固体或液体微粒。火灾初始阶段的特点是:温度低,产生大量烟雾,很少或没有火焰辐射,基本上未造成物质损失,因而感烟探测器主要探测火灾初期的烟雾。它具有响应速度快,能及早发现火情,有利于火灾早期扑救的特点,但是探测器易受外界影响,例如风速、灰尘以及电路的噪声干扰等,容易引起误报警等现象。因此,各生产厂家的探测器为减少误报,正不断采用先进的技术以提高其准确率。

从探测的灵敏度、可靠性和安全性综合对比,光电式反射感烟探测器比光电式遮光感烟探测器和离子式探测器都优越,将逐步取而代之。

关于感烟探测器的灵敏度(探测器响应火灾烟气参数的灵敏程度)常分为三级,Ⅰ级灵敏度最高,Ⅱ级灵敏度中等,Ⅲ级灵敏度最低。灵敏度的高低表示对烟浓度大小敏感的程度,而不代表探测器质量的好坏。应用时应根据使用场合在正常情况下有、无烟或者烟量多少来选择不同灵敏度的探测器。在有烟场合不宜选用灵敏度高的探测器,否则会引起误报。一般来说,对于禁烟、清洁、环境条件较稳定场所,如书库、计算机房等,选用Ⅰ级灵敏度探测器;对于一般场所,如卧室、起居室,选用Ⅱ级;对于经常有少量烟,环境常变化的场所,如会议室、商场等,以选用Ⅲ级灵敏度探测器。

(2) 感温火灾探测器响应的是异常高温或异常温升速率的火灾探测器。其结构最简单,价格低廉,而且某些类型的感温探测器不配置电子电路也能工作,可靠性较感烟探测器高,且对环境要求低,但对初期火灾响应迟钝。智能化方面是探测器的发展趋势,感温探测器同样也在该方面不断发展。就感温探测器现有的定温、差温、差定温三种基本类型而言,定温式可靠,但响应较迟钝;差温式响应较快,但易受环境影响可靠性较差;差定温式较好。感温探测器的灵敏度是指火灾发生时,探测器达到动作温度(或温升速率)时发出报警信号所需时间的长短,并用动作时间表示。我国将定温、差定温探测器的灵敏度分为三级:Ⅰ级、Ⅱ级、Ⅲ级,并分别在探测器上用绿色、黄色和红色三种色标表示。

(3) 感光火灾探测器是对物质燃烧火焰的光谱特性、光照强度和火焰的闪烁频率敏感响应的探测器。它主要的特点是响应速度快,几个微秒内就发出信号,特别适用于突然起火而无烟的易燃易爆场所,同时感光探测器不受环境气流影响,能在户外使用。此外,感光探测器还有性能稳定、可靠、探测方位准确等优点。感光探测器与光电感烟探测器不同。光电感烟探测器是集烟器,它必须有烟雾吸入才起作用,器件的光源为内置式,是设备本身自带的;而感光探测器是由火灾发出的红外光或紫外光作用于探测器的光导电池或紫外光电子管,从而发出电信号实现火灾报警的。

(4) 可燃气体火灾探测器能对空气中可燃气体浓度进行检测,它具有防火防爆特点且具有监测环境污染作用,特别适合厂矿火灾自动报警系统中使用。随着经济的发展,我国城市的能源结构有了很大的变化,天然气、液化气、人工煤气普遍应用于日常生活,由可燃气体泄漏造成的火灾、爆炸事故也越来越多,所以新的火灾自动报警系统设计规范对于可燃气体探测器的使用做了明确规定。

(5) 火灾探测器进一步发展。① 复合式探测器:将几种不同类型的敏感元件组合在一起而得到的复合式探测器已成为今后探测发展的一个方面。复合式主要有感烟感温、感光感温、感光感烟和感温加气敏火灾探测器等。近期来由我国久安公司生产的 JF-GZBM-9121 三复合探测器,由光电感烟、感温及 CO 传感器三部分组成,是目前国内生产的新品种,具有先进性和独创性,烟雾灵敏度高,适于各种场合,应用广泛。② 图像监控式火灾探测器:将闭路电视监控系统与红外摄像结合,很快发现火灾,并有可视功能,以减少误报,正确指挥扑救工作。

③ 家用火灾探测器：建筑火灾中约70%发生在住宅建筑中，因此，加强住宅的火灾探测报警极为重要。至20世纪80年代末，美国已有80%家庭安装单点的火灾探测报警系统。④ 自检测智能化处理探测器：瑞士西伯乐斯公司的ALGOREX型探测器、我国久安公司生产的小灵通系列智能型产品，均采用自诊断功能，使探测器可靠性大为提高。

2. 火灾探测器选择。

在火灾自动报警系统的选择中，火灾探测器的选择和设置是一个关键问题，是决定火灾探测报警系统的效率、性能和经济性的重要因素之一。因此，必须根据建筑、环境和火灾预防要求，正确加以选择。

(1) 火灾探测器类型选择。探测器可以依据火灾性质、环境条件和建筑结构等因素经综合分析后加以确定。表3-10是根据使用环境与预计需探测火灾的阶段选择探测器；表3-11是根据建筑场所的高度选择探测器；表3-12是根据建筑的设置场所选择探测器。

表3-10　根据火灾情况或使用环境选用探测器

火灾探测器种类	各使用环境条件下产品适用情况											各火灾状态下产品适用情况				
	湿度大	粉尘大	水蒸气	有机物气体	有生烟源	气流速度大	油雾	高颗磁场	光辐射	温度变化大	腐蚀气体	明火火灾	阴燃火灾	黑烟火灾	易燃	早期报警
离子感烟探测器	×	×	×	×	×	×	×	✓	✓	✓	×	×	✓	×	✓	✓
光电感烟探测器	✓	×	×	×	×	✓	×	×	✓	✓	✓	×	✓	✓	×	✓
定温火灾探测器	✓	✓	✓	✓	✓	✓	✓	✓	✓	✓	✓	✓	×	✓	✓	×
差温火灾探测器	✓	✓	✓	✓	✓	✓	✓	✓	✓	×	✓	✓	×	✓	✓	×
差定火灾探测器	✓	✓	✓	✓	✓	✓	✓	✓	✓	×	✓	✓	×	✓	✓	×
红外光束火灾探测器	✓	×	×	×	×	✓	✓	×	0	✓	✓	✓	×	×	✓	✓
紫外火焰探测器	✓	×	×	✓	×	✓	✓	✓	×	✓	✓	✓	×	×	✓	✓

表3-11　根据房间高度选用探测器

房间高度(m)	感烟探测器	感温探测器			火焰探测器
		Ⅰ级	Ⅱ级	Ⅲ级	
$12<h\leqslant 20$	×	×	×	×	✓(红外)
$8<h\leqslant 12$	✓	✓	×	×	✓(红外)
$6<h\leqslant 8$	✓	✓	×	×	✓(红外)
$4<h\leqslant 6$	✓	✓	✓	×	✓(红紫)
$h\leqslant 4$	✓	✓	✓	✓	✓(紫)

有关探测器数量计算和在建筑物内的布置方法，可参照表3-13和有关资料。

(2) 火灾探测器产品型号编制(国标ZBC 8100-84)，见图3-24所示。

表 3-12　民用建筑中探测器类型选择

设置场所	火灾探测器的类型及灵敏度											
	差温式			差定温式			定温式			感烟式		
	Ⅰ	Ⅱ	Ⅲ	Ⅰ	Ⅱ	Ⅲ	Ⅰ	Ⅱ	Ⅲ	Ⅰ	Ⅱ	Ⅲ
剧场、电影院、礼堂、会场、百货公司、商场、旅馆、饭店、集体宿舍、公寓、住宅、医院、图书馆、博物馆、展览馆	0	✓	✓	0	✓	✓	✓	0	0	×	✓	✓
电视演播室、电影放映室	×	×	0	×	×	0	✓	✓	✓	×	✓	✓
差温式及差定温式有可能不预报火灾发生的场所	×	×	×	×	×	×	✓	✓	✓	×	✓	✓
发电机室、立体停车场、飞机库	×	✓	✓	×	✓	✓	✓	×	×	×	0	✓
厨房、锅炉房、开水间、消毒室等	×	×	×	×	×	×	0	✓	✓	×	×	×
进行干燥、烘干的场所	×	×	×	×	×	×	0	✓	✓	×	×	×
有可能产生大量蒸气的场所	×	×	×	×	×	×	0	✓	✓	×	×	×
发生火灾时温度变化缓慢的小间	×	×	×	✓	✓	✓	✓	✓	✓	0	✓	✓
楼梯及倾斜道	×	×	×	×	×	×	×	×	×	0	✓	✓
走廊及通道										0	✓	✓
电梯竖井、管道井										0	✓	✓
电子计算机房、通信机房	0	×	×	0	×	×	0	×	×	0	✓	✓
书库、地下仓库	0	✓	✓	0	✓	✓	✓	×	×	0	✓	✓
吸烟室、小会议室	×	×	✓	✓	✓	✓	✓	×	×	×	×	✓

注：✓表示适用；0 表示与安装场所的情况有关，限于能够有效地探测火灾发生的场所用；×表示不适用

表 3-13　感烟、感温探测器的保护面积和保护半径

火灾探测器的种类	地面面积 S (m²)	房间高度 h (m)	探测器的保护面积 A 和保护半径 R					
			屋顶坡度 θ					
			$\theta \leqslant 15°$		$15° < \theta \leqslant 30°$		$\theta > 30°$	
			A (m²)	R (m)	A (m²)	R (m)	A (m²)	R (m)
感烟探测器	$S \leqslant 80$	$h \leqslant 12$	80	6.7	80	7.2	80	8.0
	$S > 80$	$6 < h \leqslant 12$	80	6.7	100	8.0	120	9.9
		$h \leqslant 6$	60	5.8	80	7.2	100	9.0
感温探测器	$S \leqslant 30$	$h \leqslant 8$	30	4.4	30	4.9	30	5.5
	$S > 30$	$h \leqslant 8$	20	3.6	30	4.9	40	6.3

四、消防联动控制系统简介

随着城市的发展，现代化大型建筑和高层建筑林立，由于受建筑外消防条件和时间的限

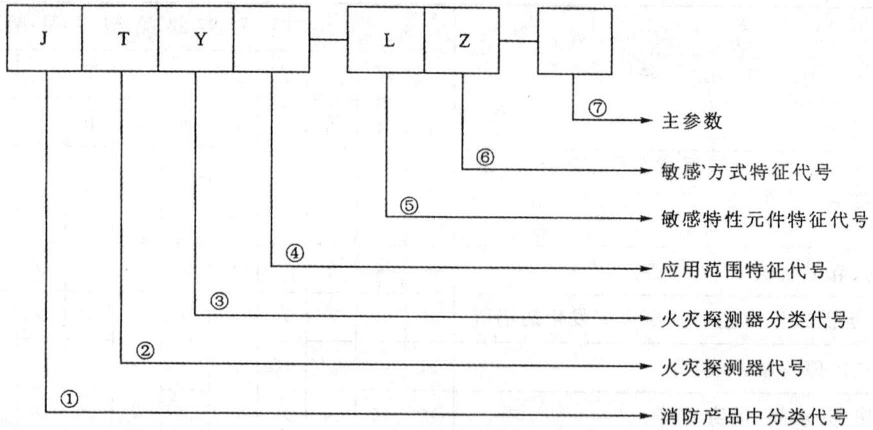

图 3－24　火灾探测器产品型号排列顺序

制，一旦起火，消防队伍来不及赶到，首先应该自救，在火灾初起时就将其扑灭，以减少人员伤亡和财产损失。有时由于某种原因，消防队伍不能到达，则只能依靠自救。最主要的自救方法是依靠自动探测报警系统与消防联动系统的结合，做到及时灭火，有效进行防排烟和有效组织人员和物资疏散。

自动探测报警系统与消防联动控制系统的控制中心监控系统如图 3－25 所示。其消防联动控制的范围如下：

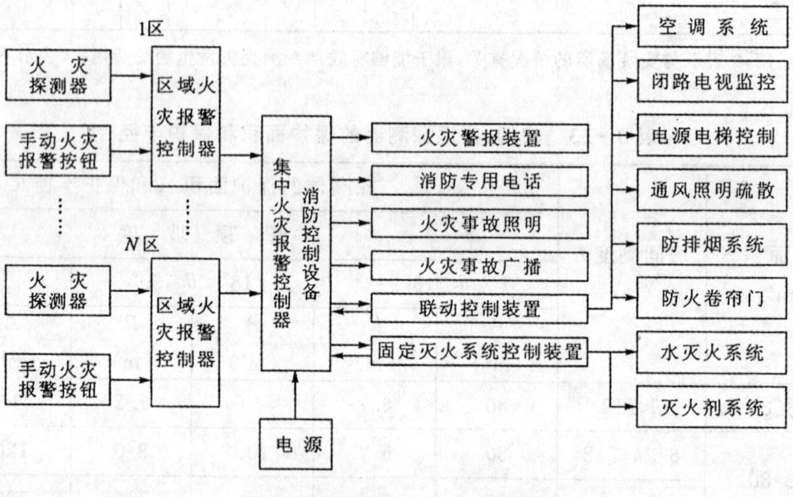

图 3－25　控制中心监控系统

(1) 灭火系统。包括水基灭火系统(消火栓、自动喷淋灭火系统)与灭火剂系统(整体灭火剂系统，当前以卤代烷为主，2005 年以后将以环保型气体灭火剂取代)。

(2) 通风照明疏散系统。包括正压通风、事故照明和疏散标志系统。

(3) 防排烟系统。包括电动防阀控制系统、防火卷帘、防火门控制系统、排烟系统(抽风机、排烟阀)、空调控制系统等。

(4) 电源电梯系统。包括消防电源控制、非消防电源强切控制、电梯应急控制等。

(5) 广播报警通讯监控系统。包括火灾事故广播、通讯电话、警报系统、闭路电视监控系统等。

20 世纪 90 年代以来，在一些现代化大型建筑和高层建筑物中，已设立综合防灾中心，统一监控和管理火灾、防盗、防震等事故与灾害，将闭路电视系统与火灾安全系统结合起来，发生火灾后，启动火灾探测报警和消防联动控制系统，可直观地视声结合组织火灾扑救和疏散工作。随着高科技和信息化的快速发展和实用，已出现智能化大楼，将楼宇自动化、通讯自动化、防火自动化和保安自动化等 5A 功能，开始在不同层次上的组合。

第四章 烟气性质与控制技术

发生火灾时，都会产生含有大量高温与有毒气体的烟气，如果不对烟气进行有效控制，任其肆意产生四处传播，必将给建筑物内的人员带来巨大的生命威胁。统计结果表明，在火灾中2/3以上的死亡者是烟气所致，大部分是由于吸入烟尘及有毒气体（主要是CO）昏迷后致死。例如，2000年12月25日，河南省洛阳市东都商厦发生特大火灾，死亡人数达309人。着火点在地下二层的家具厅，家具燃烧产生的大量烟气沿楼梯间涌上了顶楼（四楼）的歌舞厅，在很短时间内，即造成众多正在狂欢的人们吸入有毒烟气之后而死亡。事后统计表明，这309人全部是因为吸入有毒烟气重度中毒窒息而亡，可见火灾中烟气危害的严重性。

烟气控制的方法是从防范和消除两个方面同时进行，即防止烟气大量产生和迅速蔓延，同时对已产生的烟气迅速排除。

防止烟气的产生和蔓延可从三个方面着手：第一是杜绝烟源，即实现建筑物和家具的非燃化。在建筑材料、装修材料、家具的选择上尽量采用非燃烧材料或难以燃烧的材料，以及发烟量少、发烟速度慢的材料，尽管实际上不可能完全杜绝烟源，但是可以把火灾烟气的生成量降低到最小程度；第二是扼杀烟源，在建筑物一旦起火时，能迅速地采取有效措施，断绝起火房间内新鲜空气的供给，使火熄灭；第三是切断烟源，当建筑物内某房间起火时，迅速切断着火区域与非着火区域的一切联系，以防火势和烟气扩散。为确保疏散通道的安全，保证人员安全撤离，对疏散通道还要采取特殊的防护措施，以防烟气侵入。

尽管采取了一系列防止烟气产生和蔓延的措施，一旦起火，由于火灾发生区域的随机性、燃烧材料的复杂性、防烟设施对烟气的控制能力不足，以及消防设施管理不善等诸多原因，烟气仍有可能大量产生并蔓延开来，因此，起火后应迅速排除火灾产生的烟气，减少烟气的毒性，降低烟气的浓度，维持一定的视距，便于人员疏散。这也是防止烟气蔓延的积极措施，排烟和防烟一样起着同等重要的作用。

研究烟气控制技术，将从工程上解决以下一系列问题：如何使火灾烟气少产生甚至不产生；如何使火灾烟气控制在火灾发源地而不蔓延出去；如何使火灾烟气迅速地、最大限度地排除到安全的地方；如何在疏散通道及重要房间内实现防烟安全性，防止烟气侵入，确保火灾时有一个安全的撤离通道和临时栖身所，这些就是本章要讨论的主要问题。

第一节 烟气性质与危害

一、火灾烟气组成

（一）烟气形成

前以阐述，火灾是指在时间和空间上失控燃烧所造成的灾害。火灾时烟气主要是由两种化学反应方式的产物所形成：第一种是可燃物在空气中的燃烧，释放热量产生火焰，以及发光和发烟，此种燃烧其烟中可燃物已存无几；第二种是热分解反应，它是可燃物由于温度升高而发生无氧化作用的不可逆化学分解，这种化学分解仅有发烟而无火焰和发光现象。这两种化学反应形成的产物构成了火灾烟气的主体。

（二）烟气组成

火灾发生时，由于参与燃烧的物质品种繁多，火灾化学反应过程复杂，所处环境条件各不相同，因而，导致火灾中烟气物质组成相当复杂。

火灾烟气是一类复杂混合物，按照混合物的相态，烟气可以由下列产物组成：

(1) 可燃物经热分解与燃烧生成的气相产物。包括未燃燃气，如 CH_4、CO、C_nH_m；惰性气体，如 CO_2、水蒸气；多种有毒腐蚀性气体，如 SO_2、NO、NO_2、HC_n、HCl 等。

(2) 多种悬浮微小（直径在 0.01～10.0μm）固体颗粒（C）和液滴，如游离碳焦油类粒子、高沸点物质的凝缩液滴等。

(3) 由火焰卷吸进入烟气的新鲜空气。火灾中影响烟气组成成分的因素主要有母体可燃物化学性质与火灾燃烧方式，其中，母体可燃物化学性质是决定烟气产生量、产生速度与烟气毒性的主要因素；建筑中装饰应用的聚氯乙烯高分子有机材料，其产烟数量为木材的 3～5 倍；而少量纯材料如 CO、甲醛、甲醚、甲醇等，其燃烧火焰基本上不产生烟气。火灾中燃烧方式不同时，烟气产物亦不同，如碳素材料在阴燃时生成的烟气是含有碳粒和高沸点的液体薄雾，是一种可以燃烧和爆炸的雾状烟气。

二、建筑材料的发烟量与发烟速度

（一）建筑材料发烟量

由表 4-1 所示，各种建筑材料单位重量所产生的烟量不同，对于木材及木制品而言，当温度达到 300℃ 以上时，随着温度升高，燃烧区分解出的碳质微粒减少，发烟量减少，而在相对高温时，高分子有机材料却能产生大量烟气。

表 4-1　各种材料产生的烟量(m^3/g)

材料名称	300℃	400℃	500℃
松	4.0	1.8	0.4
杉木	3.6	2.1	0.4
普通胶合板	4.0	1.0	0.4
难燃胶合板	3.4	2.0	0.6
硬质纤维板	1.4	2.1	0.6
锯木屑板	2.8	2.0	0.4
玻璃纤维增强塑料	—	6.2	4.1
聚氯乙烯	—	4.0	10.4
聚苯乙烯	—	12.6	10.0
聚氨酯（人造橡胶之一）	—	14.0	4.0

（二）发烟速度

除了材料发烟量外，火灾中影响生命安全的另一重要因素是发烟速度——即单位时间内单位重量可燃物的发烟量。表 4-2 是由实验得到的各种材料的发烟速度。该表说明，木材类在加热温度超过 350℃ 时，发烟速度一般随温度升高而降低。高分子有机材料在相似范围内，则有所提高，而且高分子的发烟速度比木材要大得多，这是由于高分子材料的发烟量大、燃烧速度快所致。

表 4-2　各种材料的发烟速度(单位:$m^3/s\cdot g$)

材料名称 \ 发烟速度 \ 加热温度(℃)	加热温度(℃)											
	225	230	235	260	280	290	300	350	400	450	500	550
针　枞	—	—	—	—	—	—	0.72	0.80	0.71	0.38	0.17	0.17
杉	—	0.17	—	0.25	—	0.28	0.61	0.72	0.71	0.53	0.13	0.13
普通胶合板	0.03	—	—	0.19	0.25	0.26	0.93	1.08	1.10	1.07	0.31	0.24
难燃胶合板	0.01	—	0.09	0.11	0.13	0.20	0.56	0.61	0.58	0.59	0.22	0.20
硬质板	—	—	—	—	—	—	0.76	1.22	1.19	0.19	0.26	0.27
微片板	—	—	—	—	—	—	0.63	0.76	0.85	0.19	0.15	0.12
苯乙燃泡沫板 A	—	—	—	—	—	—	—	1.58	2.68	5.92	6.90	8.96
苯乙燃泡沫板 B	—	—	—	—	—	—	—	1.24	2.36	3.56	5.34	4.46
聚氨酯	—	—	—	—	—	—	—	—	5.00	11.5	15.0	16.5
玻璃纤维增强塑料	—	—	—	—	—	—	—	—	0.50	1.00	3.00	0.50
聚氨乙烯	—	—	—	—	—	—	—	—	0.10	4.50	7.50	9.70
聚苯乙烯	—	—	—	—	—	—	—	—	1.00	4.95	—	2.97

在现代建筑中,高分子材料大量用于家具用品、建筑装修、管道及其保温、电缆绝缘等方面,一旦发生火灾,高分子燃烧不仅迅速,加快火势扩展蔓延,而且还会产生大量有毒浓烟,其危害远远超过一般可燃材料。

三、减光系数与能见距离

(一) 减光系数

由于烟气中存在悬浮的固体和液体烟粒,影响火场的能见距离,从而影响人员的安全疏散,阻碍消防队伍接近着火点和救人。这种火灾烟气的减光作用在光学中可以用减光系数来表示。当可见光通过烟层时,烟粒使光线的强度减弱,光线减弱的程度与烟粒的浓度有函数关系,如图 4-1 所示。设光源与发光物体之间距离为 L(m);无烟时受光物体处的光线强度为 I_0(cd);有烟时光线强度为 I(cd)

根据朗伯—比尔定律得

$$I=I_0 e^{-C_s L}\quad (cd)\qquad (4-1)$$

$$C_s=1/L\times\ln(I_0/I)\quad (m^{-1})\qquad (4-2)$$

式中:C_s 为烟的减光系数(m^{-1});L 为光源与受光体之间距离(m);I_0 为光源处的光强度(cd)。

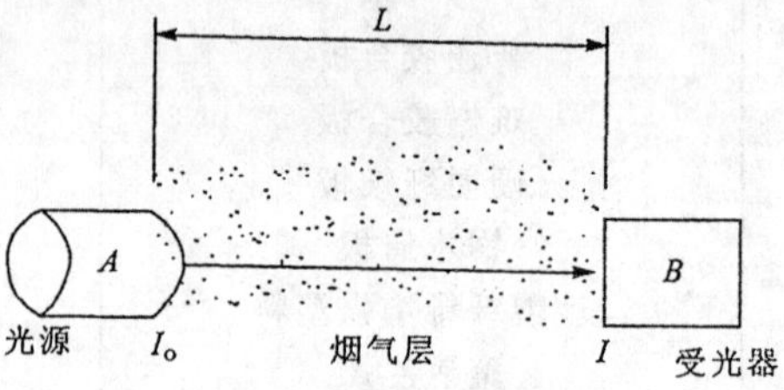

图 4-1　光线强度的测定

在相同距离 L 和一定的光源强度 I_0 下,当受光处的光强 I 下降,说明减光系数 C_s 增加,亦即烟中烟粒浓度增加,人的能见度减弱。

(二) 能见距离

火灾的烟气使人们辨认目标的能力大大降低,即便设置事故照明和疏散标志,也会使其减弱,从而使人们在疏散时往往看不清周围环境,甚至辨不清疏散方向,找不到安全出口,严重影响人员安全。

各国普遍认为,当能见距离降到 3m 以下时,逃离火场就十分困难。

能见距离,可近似用以下两式计算:

反光型标志能见距离　$D\approx(2\sim4)/C_s$　　(4-3)

发光型标志能见距离 $D \approx (5 \sim 10)/C_s$ (4-4)

有关室内装饰材料反光型材料的能见距离和不同功率的电光源能见距离分别列于表4-3、表4-4中。

表4-3 反光型饰面材料的能见距离 D(m)

反光系数	室内饰面材料名称	烟的浓度 C_s(m^{-1})					
		0.2	0.3	0.4	0.5	0.6	0.7
0.1	红色木地板、黑色大理石	10.40	6.93	5.20	4.16	3.47	2.97
0.2	灰砖、铸铁、钢板地面	13.87	9.24	6.93	5.55	4.62	3.96
0.3	红砖、塑料贴面板、混凝土地面、红色大理石	15.98	10.59	7.95	6.36	5.30	4.54
0.4	水泥砂浆抹面	17.33	11.55	8.67	6.93	5.78	4.95
0.5	有窗未挂帘的白墙、木板、胶合板、灰白色大理石	18.45	12.30	9.22	7.23	6.15	5.27
0.6	白色大理石	19.36	12.90	9.68	7.74	6.45	5.53
0.7	白墙、白色水磨石、白色调合漆、白水泥	20.13	13.42	10.06	8.05	6.93	5.75
0.8	浅色瓷砖、白色乳胶漆	20.80	13.86	10.40	8.32	6.93	5.94

表4-4 发光型标志的能见距离 D(m)

I_0(cd)	电光源类型	功率(W)	烟的浓度 C_s(m^{-1})				
			0.5	0.7	1.0	1.3	1.5
2 400	荧光灯	40	16.95	12.11	8.48	6.52	5.65
2 000	白炽灯	150	16.59	11.85	8.29	6.38	5.53
1 500	荧光灯	30	16.01	11.44	8.01	6.16	5.34
1 250	白炽灯	100	15.65	11.18	7.82	6.02	5.22
1 000	白炽灯	80	15.21	10.86	7.60	5.85	5.07
600	白炽灯	60	14.18	10.13	7.09	5.45	4.73
350	白炽灯、荧光灯	40.8	13.13	9.36	6.55	5.04	4.37
222	白炽灯	25	12.17	8.70	6.09	4.68	4.06

四、烟气危害

国内外统计资料表明，火灾中烟气是夺取人类生命最凶恶的杀手，它的危害性可以归纳为对人体危害、对疏散危害和对扑救危害三个方面。

(一) 对人体危害

人员在火灾中死亡的原因，主要有四种，即吸入烟气死亡、直接烧死、房屋倒塌压死以及逃生失误致死。其中最主要的原因是吸入烟气死亡，具体来说，可以归纳为以下四个方面：

1. CO中毒

在人体的血液中，血红蛋白的功能之一是输送氧气。在火灾中，当人们从呼吸道吸入CO时，即与血红蛋白结合形成一氧化碳血红蛋白，使血红蛋白失去携带氧气的能力。研究表明，当有50%以上的血红蛋白结合成一氧化碳血红蛋白时，人体的脑、中枢神经因严重缺氧失去知觉，甚至死亡。火灾中约有一半人员的死因是CO中毒，因此，CO中毒对人体最具威胁。CO对人体的影响程度可参阅表4－5。

表4－5　一氧化碳对人体的影响程度

空气中一氧化碳含量(%)	对人体的影响程度
0.01	数小时对人体影响不大
0.05	1h内对人体影响不大
0.1	1h后头痛，不舒服，呕吐
0.5	引起剧烈头晕，经20～30min有死亡危险
1.0	呼吸数次失去知觉，经1～2min即可能死亡

2. 烟气中毒

火灾中物质燃烧产生各种有毒气体，对人体危害极大。木材制品燃烧时产生甲醛、乙醛、丙烯醛等醛类有毒气体。以丙烯醛为例，当其在烟气中的含量达到10ppm(1ppm＝10^6)时，脑部中毒几分钟后即可死亡；火灾中烟中含量可达50ppm；允许值为0.1ppm。在塑料制品燃烧时，产生的氯化氰、氢氧化物等毒性很大的气体，其中氢化氰为极毒气体。

火灾疏散时有毒气体的允许浓度如表4－6所示。

3. 缺氧

在火灾区域，空气中含有相当数量的CO、NO_2和其他有毒气体，维持燃烧需要消耗大量氧气，这样，使空气中含氧量大大降低。当发生燃烧时，含氧量可以降低到5%，人体仅因严重缺氧就可导致死亡。缺氧对人体的影响，如表4－7所示。在气密性良好的建筑内，少量燃烧就可造成含氧量大大降低。

表4－6　疏散时有毒气体允许浓度

毒气种类	允许浓度(%)
一氧化碳(CO)	0.2
二氧化碳(CO_2)	3.0
氯化氢(HCl)	0.1
光气($COCl_2$)	0.002 5
氮(NH_3)	0.3
氢化氰(HCN)	0.02

表4－7　缺氧对人体的影响程度

空气中氧的浓度(%)	症　　状
21	空气中含氧的正常值
20	无影响
16～12	呼吸、脉搏增加，肌肉有规律的运动受到影响
12～10	感觉错乱，呼吸紊乱，肌肉不舒畅，很快即疲劳
10～6	呕吐，神智不清
6	呼吸停止，数分钟后死亡

4. 高温烟气窒息

火灾时由于吸入高温烟气，使口腔、喉头肿胀、导致呼吸道阻塞窒息，如抢救不及时，很快致死。

综上所述，烟气对人体的危害，CO及毒气影响最大，缺氧影响亦较严重，实际上烟气对人体的损害是多种因素的综合结果。

(二) 对疏散危害

在火灾区域以及疏散通道中，常充有相当数量含CO及各种燃烧成分的热烟或烟雾弥漫，给疏散工作带来极大困难。

烟气中的 SO_2、NO、NO_2 等刺激性气体，常给眼、鼻、喉带来强烈刺激，导致视力下降、呼吸困难，而且，由于浓烟存在，给疏散人员造成极为紧张的恐怖心理状态，其结果使人们失去行动能力或采取异常行为。

当疏散通道上部被烟气占有时，人们必须弯腰摸索行走，其速度缓慢又不易找到安全出口，还可能走回头路。在大部分被烟气充满的疏散通道中，人们少时停留（如 1～2min）就可能昏倒，停留稍长（4～5min 以上）就可致死。所以，疏散通道必须设置防排烟设施。实际检测表明，疏散通道中的烟气浓度，当有防排烟设施时，一般为火灾室内烟气浓度的 1/100～1/300。为保证人员疏散安全，必须保持疏散时人们的能见距离不得小于某一数值，即疏散极限视距 D_{min}。根据建筑的用途不同和在住人员对建筑物熟悉程度不同，疏散极限视距作如下规定：

（1）住宅楼、教学楼、生产车间。因内部人员固定和对疏散路线熟悉，取 $D_{min}=5m$。

（2）各类旅馆、百货大楼、商场。因大多数人员为非固定，对疏散路线安全出口不太熟悉，取 $D_{min}=30m$。

（三）对扑救危害

消防队伍在参与灭火救援工作时，同样受到烟气威胁，包括中毒、窒息，严重妨碍作业，如：弥漫烟雾影响视线、起火点难以找到、辨不清火势发展方向等，导致灭火工作难以有效展开；烟气扩展蔓延，促使形成新的火区。

第二节　烟气扩散原理

在建筑中，高层建筑室内火灾的烟气沿走廊至竖井顶向外扩散，是火灾烟气代表性的流动路线，本节主要讨论这一流动路线上烟气扩散的若干规律，可以概括成以下两个方面：

（1）沿走廊水平扩散规律。火灾烟气由室内扩散至走廊的烟量、烟层宽度、厚度、烟气水平流动速度、烟气温度和流量容积等。

（2）沿竖井垂直扩散规律。建筑内外温差引起自然空气流动的烟囱效应原理及其对烟气扩散的影响等。

一、沿走廊扩散

（一）着火房间扩散到走廊中烟量的计算

着火房间扩散到走廊中的烟量与着火房间门窗开闭状态有很大关系。门窗的开闭状态有下列四种情况：门窗全闭，窗开门闭，窗关门开，门窗全开。显然，窗关门开时扩散到走廊上的烟气最多，是最不利的情况。一种较为简便的烟气质量流量的计算方法为

$$M_s=0.468B_mH_m^{3/2}\quad (kg/s) \tag{4-5}$$

式中：M_s 为扩散到走廊的烟气质量流量（kg/s）；B_m 为着火房间与走廊连通门的宽度（m）；H_m 为着火房间与走廊连通门的高度（m）。

上式未能反映各类可燃物对所生成烟气量的影响，所以只能作为近似计算。

（二）烟气在走廊中的扩散流动计算

火灾实验表明，烟气在走廊中的流动呈层流流动状态，这个流动过程有如下两个特点：

（1）烟气在上层流动，空气在下层流动。如果没有外部气流干扰的话，分层流动状态能保持 40～50m 的流程，上下两个流体层之间的掺混很微弱，但若流动过程中遇到干扰时，如室外

空气送进或排气设备排气时，则层流状态将变成紊流状态流动。

(2) 烟气层的厚度在一定的流程内能维持不变，从着火房间排向走廊的烟气出口算起，通常可达 20～30m 左右，当烟气流过比较长的流程时，由于受到走廊顶棚及两侧墙壁面的冷却，两侧的烟气沿墙壁面开始下降，最后只在走廊断面的中部保留一个接近圆形的空气流截面，如图 4-2 所示。

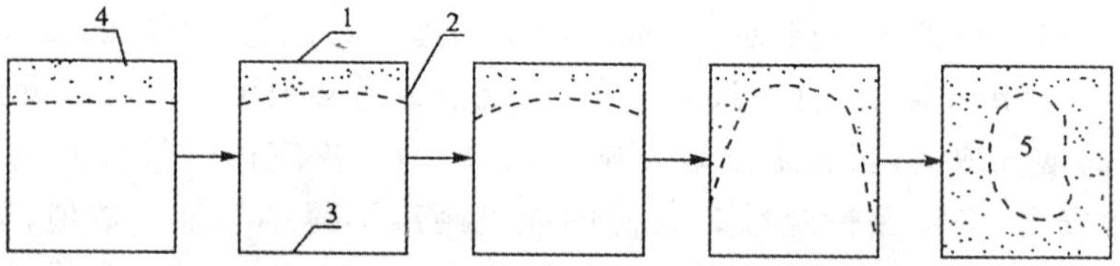

图 4-2　烟气在走廊流动过程中的下降状况

1—顶棚；2—墙壁；3—地板；4—烟气；5—空气

走廊中烟气的扩散流动计算就是要确定烟气流动过程中的有关参数，包括烟气层的厚度、宽度、烟气的温度和水平流动速度等。

1. 烟气的宽度、厚度和烟气的水平流动速度

根据流体的特性，在走廊中流动的烟气层的宽度一般等于走廊的宽度，如图 4-3 所示。

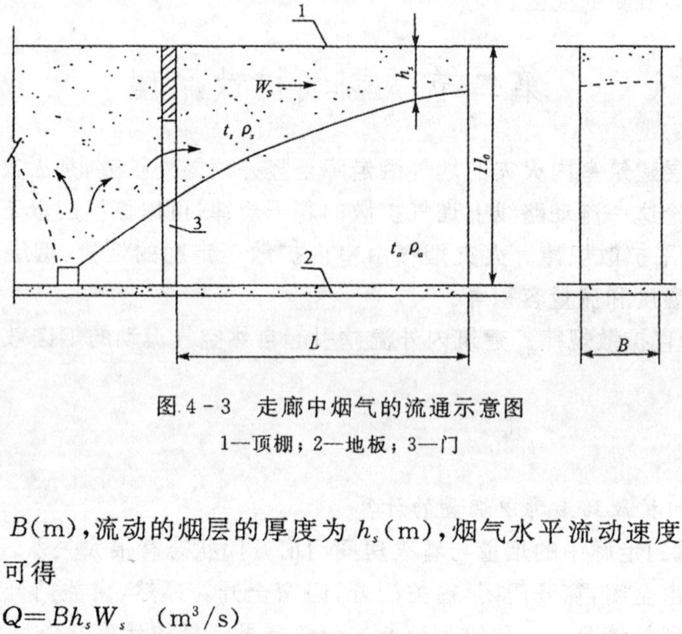

图 4-3　走廊中烟气的流通示意图

1—顶棚；2—地板；3—门

走廊的宽度为 B(m)，流动的烟层的厚度为 h_s(m)，烟气水平流动速度为 W_s(m/s)，根据流动的连续性方程可得

$$Q=Bh_sW_s \quad (\mathrm{m^3/s}) \tag{4-6}$$

式中：Q 为走廊中的烟气在一定流程内的平均容积流量($\mathrm{m^3/s}$)。

能量平衡方程为

$$(\rho_a-\rho_s)gh_s=\xi\rho_sW_s^2/2 \quad (\mathrm{Pa}) \tag{4-7}$$

式中：ρ_a 为走廊中冷空气的密度($\mathrm{kg/m^3}$)；ρ_s 为走廊中烟气层的平均密度($\mathrm{kg/m^3}$)；ξ 为走廊中烟气层水平流动的总阻力系数。

不难看出，式(4-7)中，左边为烟气层的上升浮力，右边为烟气层的流动阻力。烟气层的流动阻力的含义是当烟气受浮力作用上升到顶棚下时必然要排挤走同样容积的烟气，使烟气沿水平方向流动而需要克服一定的阻力。

由连续方程得

$$W_s = Q/(Bh_s) \quad (\mathrm{m/s}) \tag{4-8}$$

代入能量平衡方程得

$$(\rho_a - \rho_s) g h_s = \xi(\rho_s/2)[Q/(Bh_s)]^2$$

$$h_s^3 = \xi/(2g) \times [\rho_s/(\rho_a - \rho_s)] \times (Q/B)^2$$

故有

$$h_s = [\xi/(2g)]^{1/3} \times [\rho_s/(\rho_a - \rho_s)]^{1/3} \times (Q/B)^{2/3} \quad (\mathrm{m}) \tag{4-9}$$

因为

$$\rho_a = 353/(273 + t_a), \quad \rho_s = 353/(273 + t_s)$$

代入式(4-9),经整理得

$$h_s = [\xi/(2g)]^{1/3} \times [(273 + t_a)/(t_s - t_a)]^{1/3} \times (Q/B)^{2/3} \quad (\mathrm{m}) \tag{4-10}$$

式中：t_a 为走廊中的冷空气温度(°C)；t_s 为走廊中流动的烟层的平均温度(°C)。

烟层流动的总阻力系数 ξ 与烟气流程长短、顶棚面与两侧墙壁面的结构特性以及烟气空气之间的相对速度等有关。1973 年日本火灾协会曾对 30m 长的坑道进行实验,得出

$$[\xi/(2g)]^{1/3} = 0.9$$

那么,式(4-10)简化为

$$h_s = 0.9 \times [(273 + t_a)/(t_s - t_a)]^{1/3} \times (Q/B)^{2/3} \quad (\mathrm{m}) \tag{4-11}$$

由上述分析可知,走廊中流动的烟气层的厚度与走廊的维护结构特性、烟气流程长短、烟气量以及烟气温度等有关,其中,烟气温度是决定性因素。当烟温 t_s 降低时,烟层厚度 h_s 增大,但当烟温 t_s 在 200°C 以上时,随着烟温降低,烟层的厚度无明显增大,即烟温变化对烟层厚度的变化影响不明显;而当烟温 t_s 在 100°C 以下时,随着烟温降低,烟层的厚度明显增大,即烟温变化对烟层厚度的变化影响比较显著。

由式(4-10)变换得

$$h_s/(Q/B)^{2/3} = [\xi/(2g)]^{1/3} \times [(273 + t_a)/(t_s - t_a)]^{1/3} \tag{4-12}$$

又把式(4-10)代入式(4-8)变换整理得

$$W_s/(Q/B)^{1/3} = [(2g/\xi)]^{1/3} \times [(t_s - t_a)/(273 + t_a)]^{1/3} \tag{4-13}$$

在 ξ、t_a 一定时,得

$$h_s/(Q/B)^{2/3} = f_1(t_s)$$

$$W_s/(Q/B)^{1/3} = f_2(t_s)$$

图 4-4 是按式(4-12)、式(4-13)计算得到的烟层厚度 h_s 和烟气水平流动速度 W_s 与烟气平均温度 t_s 之间的关系曲线。由图可见,当 $t_s > 200$°C 时,烟层厚度变化不大;当 $t_s < 100$°C 时,随着烟温降低,烟层厚度急剧增大。

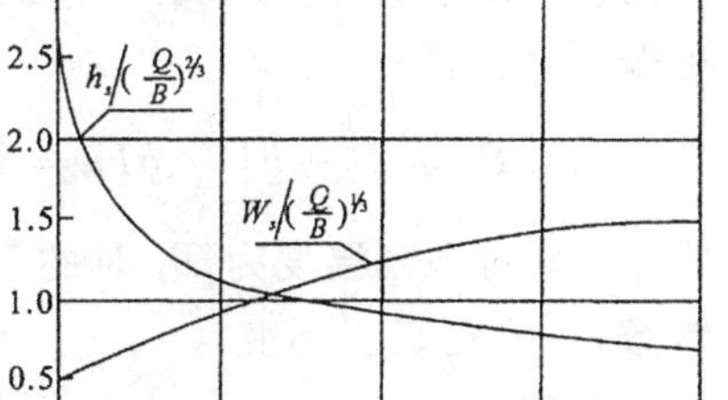

图 4-4　烟层厚度和烟气水平流动速度与烟温的关系曲线

2. 烟层中的烟气温度

在走廊中流动的烟层,一方面受到与其接触的顶棚、墙壁等维护结构的冷却,另一方面与走廊中的冷空气进行掺混,所以,随着流程的增大,烟层中的烟气温度逐渐降低。

如前所述,烟气温度的影响在于:烟气温度越高,烟层越稳定,烟气的水平流动速度越大,即流动越强烈;反之,

烟气温度越低，烟层越不稳定，烟气的水平流动速度越低，流动越缓慢。

火灾实验表明，从着火房间流动到走廊中的烟气在一定流程内的烟层厚度是恒定的，但是，在这段流程中，烟气的温度则是逐渐降低的。如图 4-5 所示，在起始点 a，相应的烟温为 t_{sa}，在终止点 b，相应的烟温为 t_{sb}，从 a 点至 b 点的流程中，烟气冷却，体积收缩，相当于烟气层的厚度减少 Δh，然而实际上的烟层厚度是不变的，这说明空气掺混入烟层的体积恰恰相当于烟气冷却所收缩的体积。

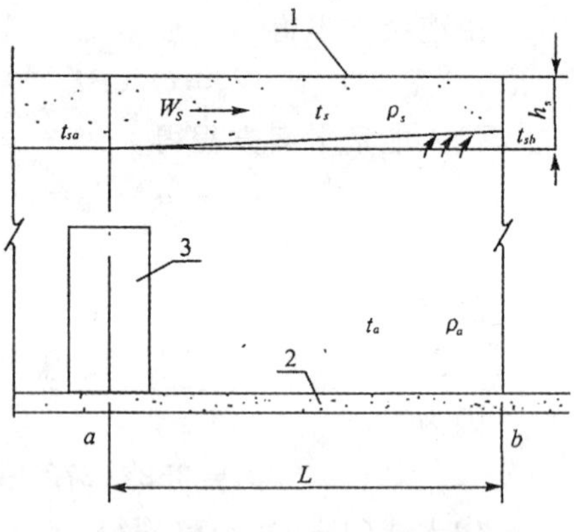

图 4-5　烟气冷却和空气掺混示意图

1—顶棚；2—地板；3—门

为简便起见，可以采用烟气的冷却系数来估算走廊中烟层的平均温度，即

$$t_{sb}=a_1 t_{sa} \quad (℃) \qquad (4-14)$$

式中：a_1 为烟气在走廊中的冷却系数，通常取 $a_1=0.7$；t_{sa} 为着火房间扩散到走廊中的烟气的初始温度(℃)，一般可取 500℃。

在确定了走廊中流动的烟层的平均温度后，便可以计算烟层的平均容积流量，即

$$Q_s=M_s(273+t_{sb})/353 \quad (m^3/s) \qquad (4-15)$$

二、烟囱效应与垂直烟气扩散

建筑中引起烟气垂直流动的驱动力较多，如室内外因温差引起的烟囱效应(或称热气压效应)、燃气的浮力、电梯活塞效应、通风系统扇风机抽压作用以及自然风力影响等，其中烟囱效应是高层建筑火灾垂直烟气扩散最主要的驱动力。

当垂直通道内外的气体温度不同时，由于密度差引起的压差，而引起垂直通道内气体的流动。在冬天或火灾发生后烟气充满建筑物时，外部较冷而建筑物内较热，所以，建筑物内空气密度比外部小，便产生使气体向上运动的浮力。高层建筑中的楼梯井、电梯井、竖直机械管道机通风槽等竖井中，气体上升运动十分显著，流速可达 3～8m/s，这就是通常所谓的烟囱效应，一种自然的气体流动规律。下面就烟囱效应的若干问题进行讨论。

(一) 下部开口竖井

如图 4-6 所示，设竖井高 H，内外温度分别为 T_s 和 T_0，ρ_s 和 ρ_0 分别为空气在温度 T_s 和 T_0 时的密度，g 是重力加速度。当建筑地平面的大气压力为 P 时，设离开地平面高度 H 上方的某点压力为 P_s，可按下式计算：

$$P_s = P - g\int_0^H \rho_s \mathrm{d}H = P - g\rho_s H \qquad (4-16)$$

式中：ρ_s 为烟气温度为 T_s 时的密度，可视为常数；g 为重力加速度，常数，一般建筑 g 不变。

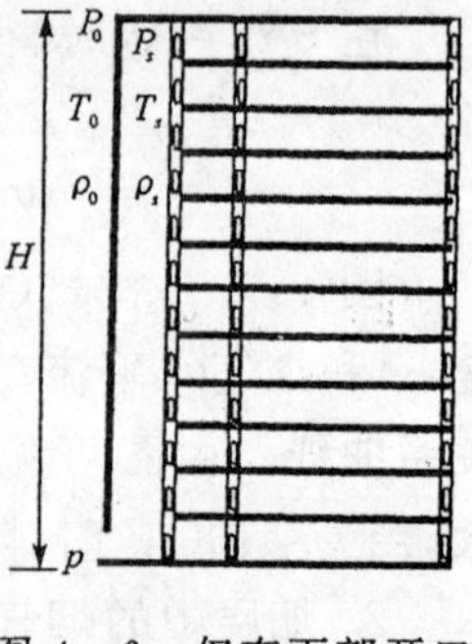

图 4-6　仅有下部开口竖井的物理量

同理：

$$P_0=P-g\rho_0 H \qquad (4-17)$$

竖井顶部内外压力差为

$$\Delta\rho_{s0}=(\rho_s-\rho_0)gH \qquad (4-18)$$

当竖井内部温度比外部高时，即 $t_s>t_0$ 时，$\rho_s<\rho_0$，则 $\Delta\rho_{s0}$ 为正；即内部压力＞外部压力。

由于图 4-6 所示竖井顶部没有开口，所以没有气流。

（二）正烟囱效应（上、下开口）

如图 4-7(a)所示，当冬天或建筑发生火灾后（烟气充满建筑内时），气温存在内热外冷条件。

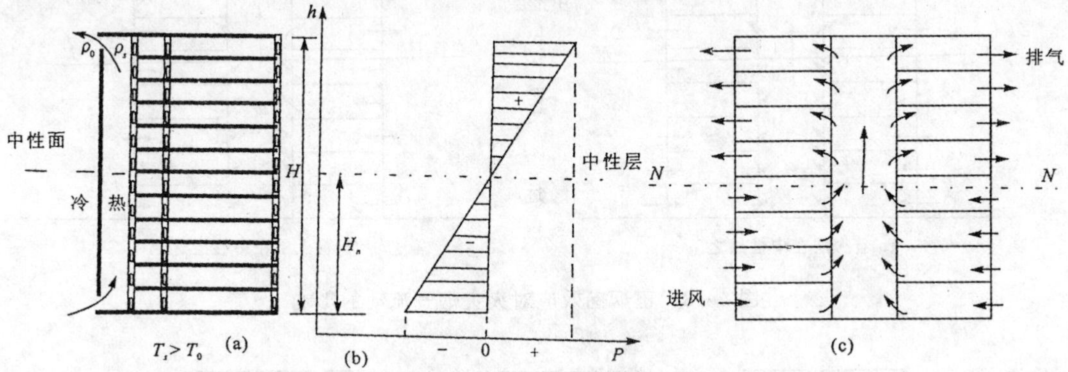

图 4-7　正烟囱效应气压与气流的自然规律

当竖井上部和下部都有开口时，$\rho_s > \rho_0$，竖井上部烟气由内向外流动，竖井下部烟气因负压产生纯向上流动。

在竖井某一位置，当 $\rho_s = \rho_0$ 时，形成压力中性平面（或称中性层、中性面），如图 4-7(b)所示。在中性面以上任意高度 H 处的内外压力差如公式(4-18)所示，即 $\Delta\rho_{s0} = (\rho_s - \rho_0)gH$，当 $\Delta\rho_{s0}$ 为正值，即为正烟囱效应。在中性面以下，$\Delta\rho_{s0}$ 变为负压，当 $H=0$ 时，负值最大。

在建筑物内，由竖井连通的各个楼层中，空气流动规律如图 4-7(c)所示。在中性层以下，气流方向由外向内、由下向上，在中性层以上，气流方向由内向外。

当建筑物内发生火灾时，正烟囱效应对火灾扩展的影响如图 4-8 所示，有两种情况：

(1) 着火层在中性层以下时，如图 4-8(a)所示。受竖井内与建筑物外温差所形成的负压影响，着火楼层烟气由该楼层一侧沿水平方向流向竖井，再沿竖井向上，中性层以下各楼层不受烟气侵犯。当烟气经过中性层到达中性层以上时，由于竖井内气流变为正压，各楼层都将受到烟气侵犯。

(2) 着火层在中性层以上时，如图 4-8(b)所示。烟气受竖井内正气压作用，限制了烟气的流动。着火层烟气只能由该楼层一侧沿水平方向直接流向窗外，整个建筑其他各层都不受烟气侵犯。

在正烟囱效应作用下，火灾烟气流动除上述两种规律外，当楼层间缝隙较大，则有部分烟气可直接流进着火层的上一层，如图 4-9(a)、(b)所示。如果着火层的燃烧强烈，热烟气浮力克服了竖井内烟囱效应引起的中性层以上的正压，则烟气仍可进入竖井并流入上部楼层，如图 4-9(c)所示。

（三）逆烟囱效应（上、下开口）

夏天时室外较热室内较凉，尤其在空调建筑物中，即 $T_s < T_0$，在自然通风条件下，气流方向与冬天相反，建筑物内竖井下部密度大、压力高，气流由内向外，竖井内气流由上向下流动，如图 4-10(a)所示；在中性层以上，竖井内气压为负，中性层以下，气压为正，如图 4-10(b)所示；在该气压作用下，建筑物内气流，在中性层以上由建筑外沿楼层向内，至竖井后由上向下流动；在中性层以下，竖井中气流由上向下，经各楼层向外排出，如图 4-10(c)所示。

当建筑物内发生火灾时，逆烟囱效应对火灾扩展的影响如图 4-11 所示，亦有两种情况：

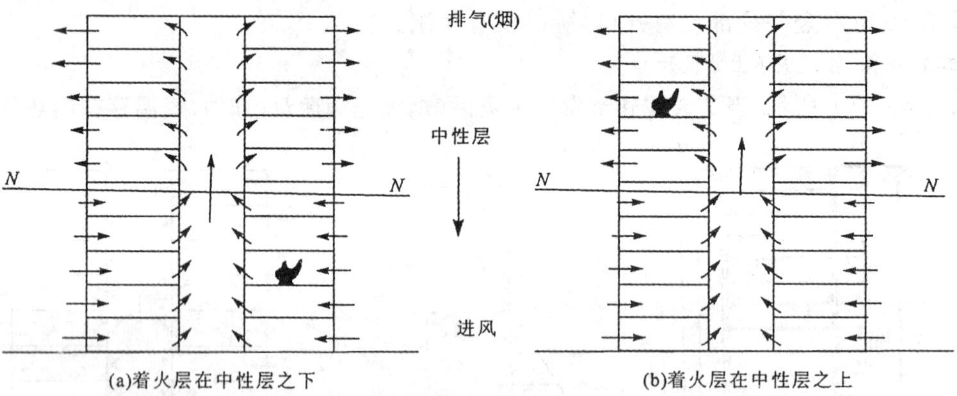

图 4－8　正烟囱效应对火灾烟气流动的影响

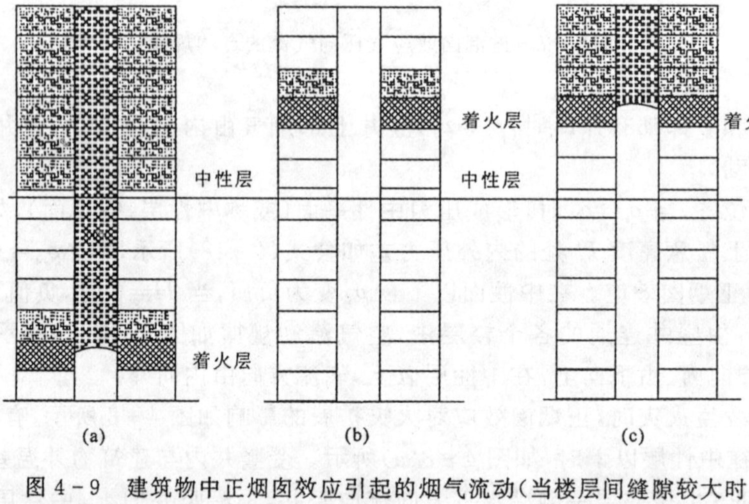

图 4－9　建筑物中正烟囱效应引起的烟气流动(当楼层间缝隙较大时)

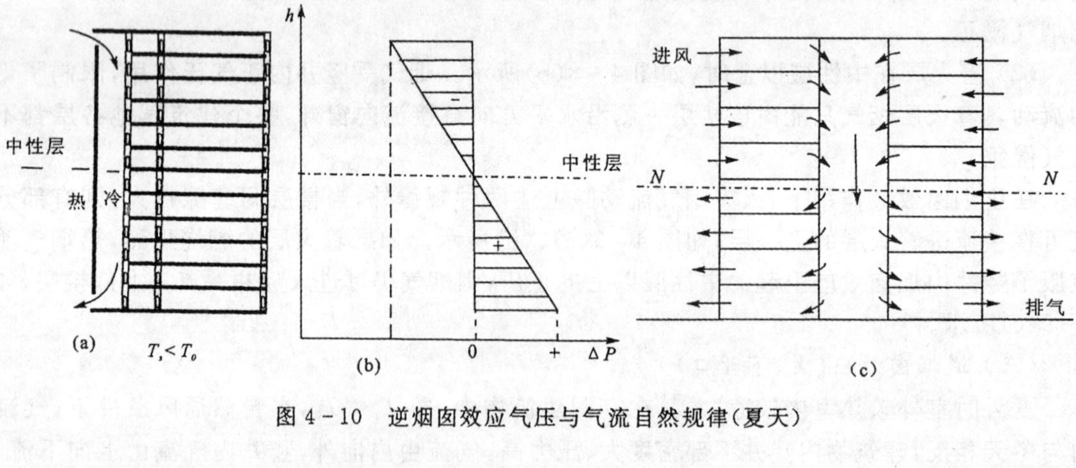

图 4－10　逆烟囱效应气压与气流自然规律(夏天)

(1) 当着火层在中性层以上时,如图 4－11(a)所示。受竖井内与建筑物外温差所形成的负压影响,着火层烟气由该楼层一侧沿水平方向流向竖井,再沿竖井向下;中性层以上各楼层不受烟气侵犯。当烟气经过中性层到达中性层以下时,由于竖井内气流变为正压,各楼层都将受到侵犯。

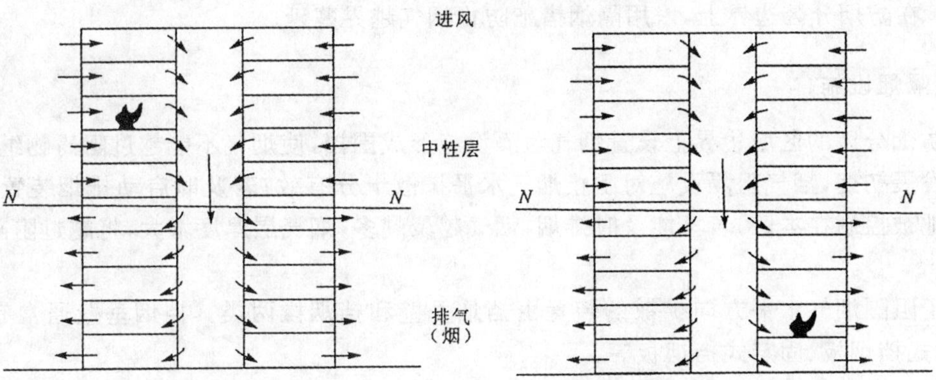

(a)着火层在中性层之上　　(b)着火层在中性层之下

图 4-11　逆烟囱效应对火灾烟气流动的影响

(2) 当着火层在中性层以下时，如图 4-11(b)所示。烟气受竖井内正气压作用，限制了烟气的流动，着火层烟气只能由该楼层一侧沿水平方向直接流向窗外，整个建筑其他各层都不受烟气侵犯。

上述两种情况下，如果楼层之间有较大的空隙，则火灾层的上楼层亦将引起火灾。

（四）中性面位置

当竖井上下开口面积相同，中性面位置可以由下式计算（式中，符号同前）：

$$H_h = \Delta\rho_{s0}/[(\rho_s - \rho_0)g] \quad (\mathrm{m}) \tag{4-19}$$

第三节　烟气控制技术

在建筑防火设计中，为了减少火灾对人员生命的威胁，采取各种技术方法和措施控制烟气的扩散蔓延，并加以清除，这是十分必要的。如何控制呢？首先应将烟气控制在一定区域内，即对建筑空间进行适当划分，建立防烟分区；其次，在防烟分区的边界上采取一定的隔烟措施，阻止烟气越过边界蔓延；随后，在火灾所在的防烟分区内设置排烟装置，以保证人员撤离前所在空间的烟层高度、烟层浓度在安全允许的范围内；最后，在非火灾分区或撤离疏散通道以及临时避难处，采用一定防烟措施，防止烟气进入。下面就烟气控制方式的四个问题予以阐述。

一、防烟分区划分

划分防烟分区的目的是为了有利于控制烟气扩散和火灾的扩大。防烟分区大小应该适宜。一般来说，将防烟分区划分得小些，其防排烟效果好，安全性较高，但若过小，则排烟设施增多，占据有效空间增多，造价提高。如果将防烟分区划分得大些，则某一处发生火灾时其高温烟气波及范围就大，受灾面积增多，且不利于疏散扑救。此外，防烟分区划分还应考虑建筑物不同部位的用途和楼层数等因素。

按照《民用建筑防火规范》，防烟分区应考虑以下问题：① 防烟分区面积，与建筑的高低、部位、防火分区大小有关，对于一般高层建筑、人防工程，其防烟分区面积不宜超过 500m^2，汽车库不超过 2 000m^2，防烟分区不应跨越防火分区；② 为防止火灾垂直蔓延，有利于迅速扑救以及人员疏散与临时避难需要，特殊部位应独立设置防烟分区或在防烟分区中设立独立防烟单元，如疏散楼梯间及其前室、消防电梯间及其前室、高层建筑的避难层与避难间、疏散主要通道等;③ 在防烟分区边界上,采用隔烟措施防止烟气越界蔓延。

二、隔烟设施

在防烟分区的区域边界上设置烟气阻隔设施形成围挡,使烟气不能越过阻碍物继续流动;在火灾发展初期,烟气阻隔设施对阻止烟气水平扩散十分有效;若及时启动排烟装置,烟气可以有效地被控制在本区,若不能及时排烟,烟气越聚越多,烟气层厚度增大,将越过阻隔装置向外扩散。

用于阻隔烟气水平方向扩散的装置由挡烟垂壁和挡烟樑两类。挡烟垂壁通常有防烟卷帘、活动式挡烟板、固定式挡烟板等。

(1) 防烟卷帘与防火卷帘门相同。

(2) 固定式挡烟板与活动式挡烟板如图 4-12、图 4-13 所示。

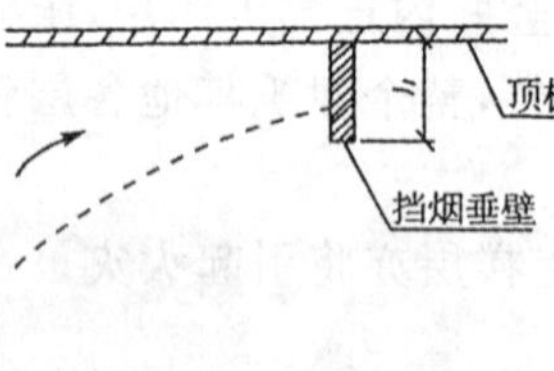

图 4-12 固定式挡烟板

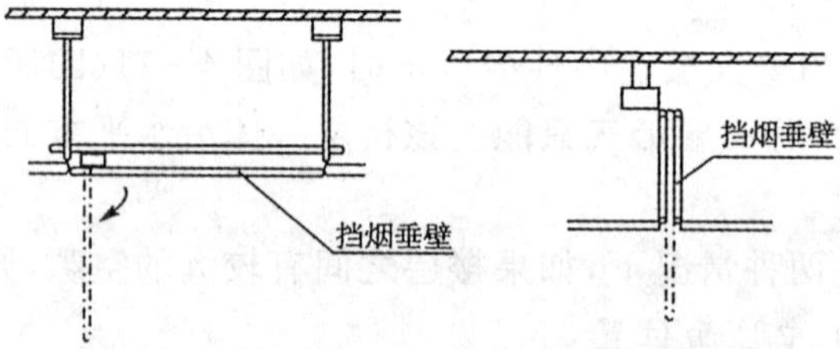

图 4-13 活动式挡烟板

建筑中常利用防烟分区外围的横樑,当樑的横断面高度=0.5m 时作为挡烟樑使用。

三、防烟方式

从防止烟气产生和防止由外进入疏散通道等两个方面,归纳成以下三种类型:

(一) 不燃化防烟方式

这是一种本质安全化防烟方式。在建筑设计中,尽可能采用不燃化的室内装修材料、家具、各类管道及其保温绝热材料。这种本质安全化防烟方式,对于综合型大型建筑、特殊功能建筑、无窗建筑、地下建筑以及使用明火的场所(如厨房等)特别需要应用。在不燃化设计的建筑内,即使发生火灾,因其材料不燃或难燃,产生烟气量大为减少,烟气浓度大大降低。

(二) 密封防烟方式

在较小的房间发生火灾时,如果建筑结构密封性能良好,外部难以供氧,则在短时间内,因缺氧会自动熄灭。

(三) 机械加压防烟方式

在建筑物发生火灾时,对火灾区以外的有关区域进行送风加压,使其保持一定的正压,以防止烟气侵入的防烟方式叫加压防烟。有以下几种形式:

(1) 有烟区与无烟区用防火门窗分隔,用正压限制缝隙进烟,如图 4-14 所示。

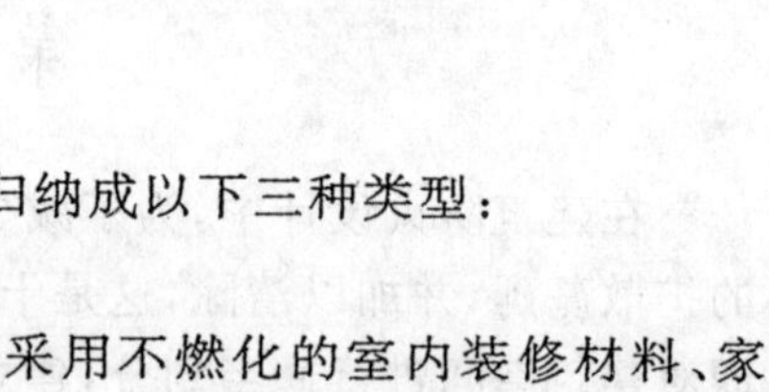

图 4-14 加压防烟方式示意图

(2) 发生火灾时,分隔门打开,垂吊挡板挡烟,有两种情况:第一种正压空气流速较小[如图 4-15(a)所示]时,少量烟气发生回流;第二种正压空气流速较大[如图 4-15(b)所示]时,可以防止烟气回流,并使前方烟气得到稀释。

(3) 走廊内无分隔门和垂吊挡板(如图 4－16 所示)时,当使用空气量较大且均匀分布于全走廊横断面时,亦可阻止烟气扩散。

(4) 电梯间(或楼梯间)前室采用正压防烟,如图 4－17 所示。

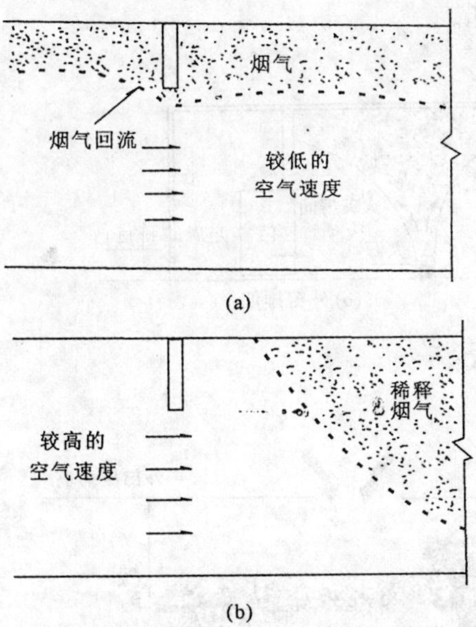

图 4－15　挡烟板两侧的压差及气体流动

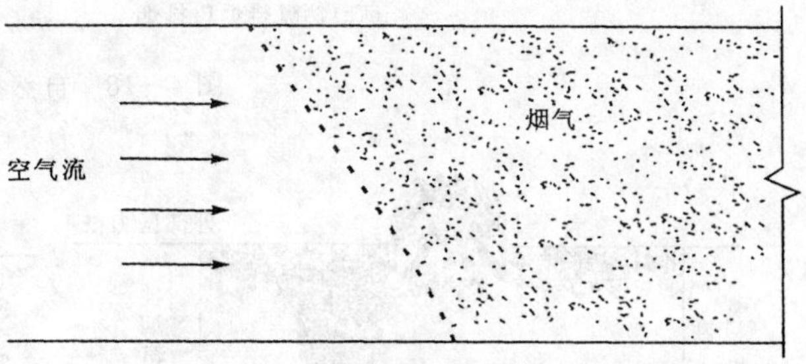

图 4－16　在走廊内用空气流防止烟气逆流

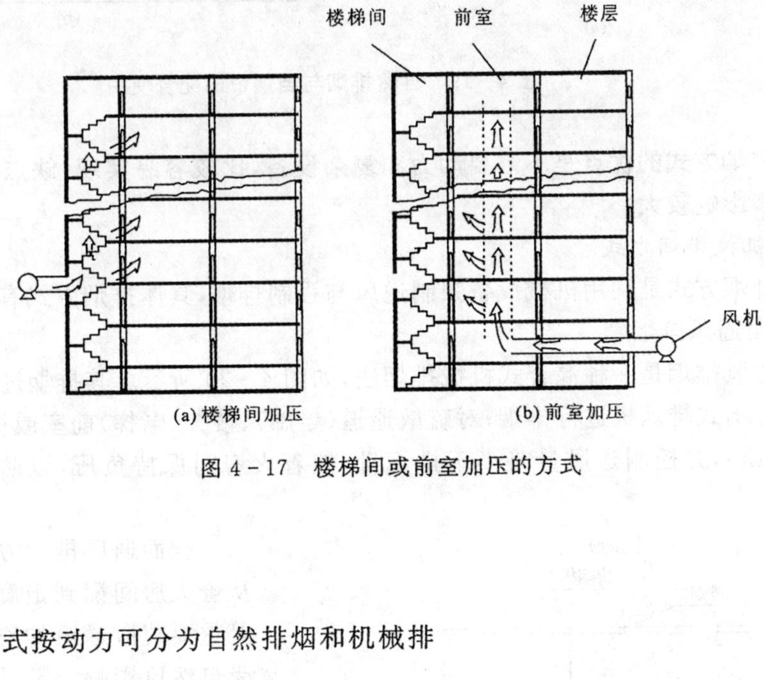

图 4－17　楼梯间或前室加压的方式

四、排烟方式

火灾时排烟方式按动力可分为自然排烟和机械排烟两类。

(一) 自然排烟方式

利用火灾时热烟气的浮力与室外冷空气的对流运动,通过建筑物的对外开口将烟气排至室外,如图 4－18 所示,其中图 4－18(a)侧壁排烟口排烟,4－18(b)外窗排烟。在自然排烟系统中,必须有冷空气进口。

自然排烟另一种布置形式如图 4－19 所示,它是利用自然排烟与挡烟帘配合使用,挡烟帘可以在建筑物顶棚下形成小的蓄烟池,有效排出其中的烟气。这种方式对限制烟气在无分隔的大型建筑内蔓延,是比较有效的。这种布置形式也有缺点,即受室外压力影响较大,当外部有风时,形成外部压力比室内高,导致外部空气压向室内,如图 4－19(b)所示,限制了烟气的排出。当一年中有风时期较长时，就应该改换成机械排烟。

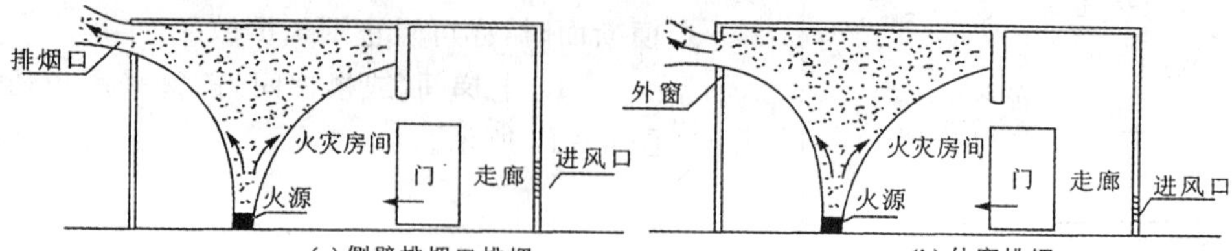

(a)侧壁排烟口排烟　　(b)外窗排烟

图 4－18　自然排烟方式

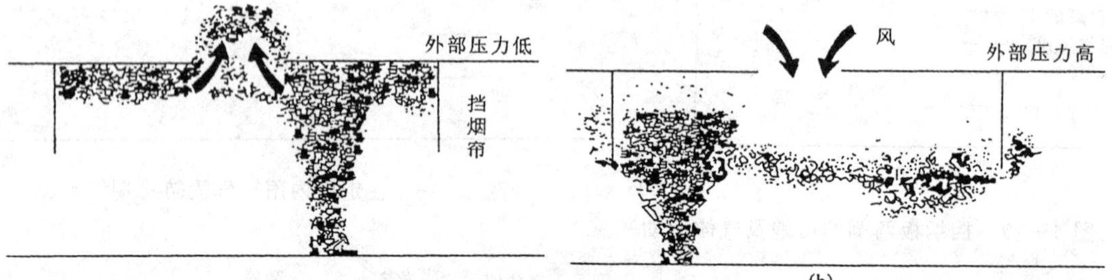

(a)　　(b)

图 4－19　自然排烟与挡烟帘的配合使用

自然排烟方式的优点是不需要动力和复杂设备，比较容易实现；缺点是排烟效果不稳定，受自然因素影响较大。

（二）机械排烟方式

机械排烟方式是利用机械设备强制送风与强制排烟，具体排烟方式有以下三种。

1. 全面通风排烟

全面通风排烟是一种混合式机械排烟法，如图 4－20 所示。其排烟过程如下：在着火房间顶部利用排出式排烟机进行排烟；对疏散通道（走廊）、楼梯（电梯）前室或楼梯间进行机械压入式供风（正压），并控制送风量略小于排烟量，使着火房间保持负压，以防止烟气从着火房间漏出。

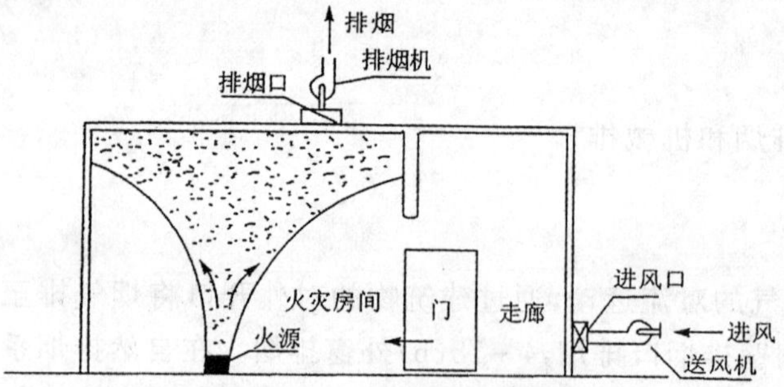

图 4－20　全面通风排烟方式

全面通风排烟方式能有效防止烟气从着火房间漏到走廊，确保走廊、楼梯间等重要疏散通道的安全，防烟效果好，不受自然风影响。不足之处是需要两套通风设备，投资较高，维护保养复杂；需要良好的调节装置控制进风排烟平衡，保持火灾房间微负压和疏散通道微正压，并且要求排烟系统（机械、管道、阀门等）能耐高温。

2. 机械送风正压排烟

该机械排烟系统整体布置如图4－21所示。系统工作过程如下：使用送风机压入新鲜空气，以保持疏散通道楼梯间前室、楼梯间内具有微正压新鲜空气，避免烟气向走廊等处扩散；着火房间的烟气经专门设置的排烟口或外窗，以自然排烟方式排出；由于走廊、楼梯间前室或楼梯间、电梯等处压力较火灾房间高，新鲜空气会漏入火灾区助长火灾发展，因此，应设法调节两者压差，保障排烟效果。

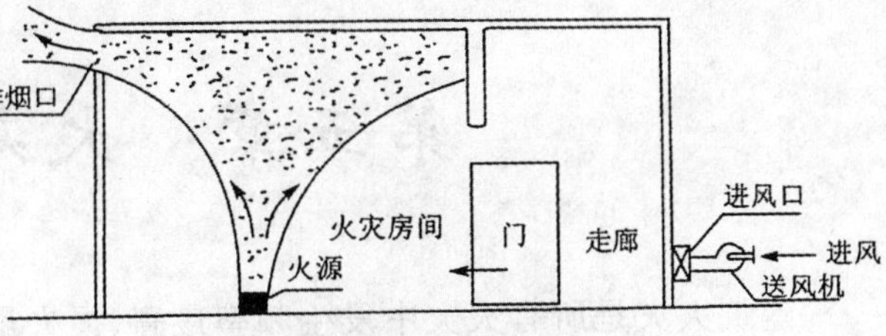

图 4－21　机械送风正压排烟方式

3. 机械负压排烟

该排烟方式系统布置如图 4－22 所示。系统工作过程如下：在着火房间的顶部排烟口，利用排烟机（抽出式扇风机）抽吸，使室内造成负压，烟气集中由排烟口输出。同时，在负压作用下，新鲜空气由走廊外进风口吸入，形成机械负压排烟过程。该系统存在的问题是，火灾旺盛阶段，当排烟温度达到 280°C 后，排烟防火阀门因保护设备而自动关闭，系统停止工作。此外，设备维护费用相对较高。

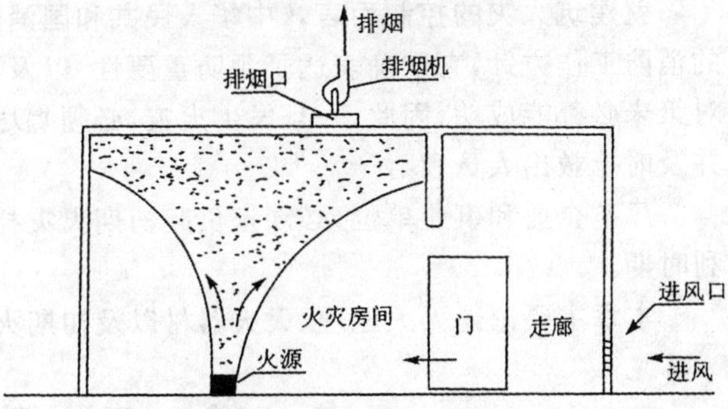

图 4－22　机械负压排烟方式

根据国内技术与经济现状，一般建筑以自然通风比较适宜，而高层建筑，则以机械通风正压排烟为宜。

第五章　火灾扑救工程

建筑火灾是所有火灾中发生频率最高、损失最大的一类火灾。在今后很长一段时期内火灾扑救的主要对象仍然是建筑火灾。

就建筑火灾的控制而言，《中华人民共和国消防法》中已明确提出了“预防为主，防消结合”的消防工作方针，它准确表达了预防重要性，以及预防与灭火的辩证关系。但是，火灾的预防对策未必都能成功，因此，一旦发生火灾，必须竭尽全力，应用灭火设施和技术，尽快将其扑灭，并及时抢救出人员和财产。

厂矿企业和事业单位，必须担负起初期火灾扑灭的组织和技术工作，这是扑灭火灾的最有利时期。

本章主要论述灭火原理、灭火器材以及初期火灾扑救与火场逃生等内容。

第一节　灭火原理与灭火器

一、灭火原理

燃烧是一种放热、发光和快速的化学连锁反应，要使物质连续燃烧，必须具备四个必要条件（如图 5 - 1 所示）：① 可燃物（还原剂）；② 助燃物（氧化剂）；③ 点火源（温度）；④ 化学链反应。因此，一切灭火措施所使用的灭火剂，就是为破坏已形成的燃烧条件（一种或几种），才能使物质燃烧中止。

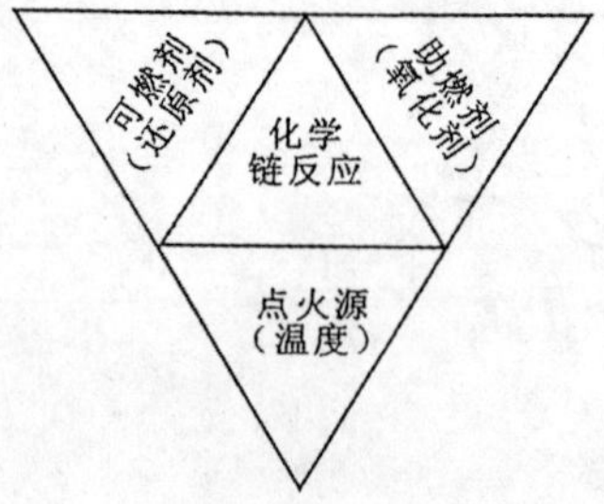

图 5 - 1　物质燃烧的四个必要条件

现有的灭火方法有以下四种：① 冷却；② 隔离；③ 窒息；④ 化学抑制。前三种属物理方法灭火，第四种属化学方法灭火，各种灭火剂都是通过其中的一种或综合作用扑灭火灾。

（一）冷却灭火

将固体燃烧物质的温度降低到燃点以下，火焰将被熄灭，燃烧停止。将可燃液体冷却到闪点以下，可燃液体不能挥发出足以维持燃烧的蒸气，火灾将被扑灭。冷却效果最好的灭火剂是水，在一般火灾中应用最广。

（二）隔离灭火

将正在燃烧的物质与可燃物隔离，使燃烧区无可燃物供应而熄灭。如图 5 - 2 所示，使用泡沫覆盖在未着火的易燃液体表面，把燃烧区与液面隔离开，阻止可燃蒸气进入燃烧区。石油化工装置及其输送管道（特别是气体管路）发生火灾时，关闭易燃、可燃液体的来源，将易燃、可燃液体或气体与火焰隔开，待残余的易燃、可燃液体（或气体）烧尽后，火灾就被扑灭。

（三）窒息灭火

可燃物燃烧必须具有维持燃烧所需的最低氧浓度，低于这个浓度，燃烧就不能继续进行，火灾即被扑灭。一般碳氢化合物的气体或蒸气，在氧浓度小于 12% 时不能维持燃烧。窒息法灭火就是在火场空气中，充入 CO_2、N_2、水蒸气等，使空气中的氧浓度低于12%时，火灾自动熄灭。如在计算机房使用 CO_2 灭火、石油化工设备中以 N_2 保护、在高温设备区以蒸气灭火等。

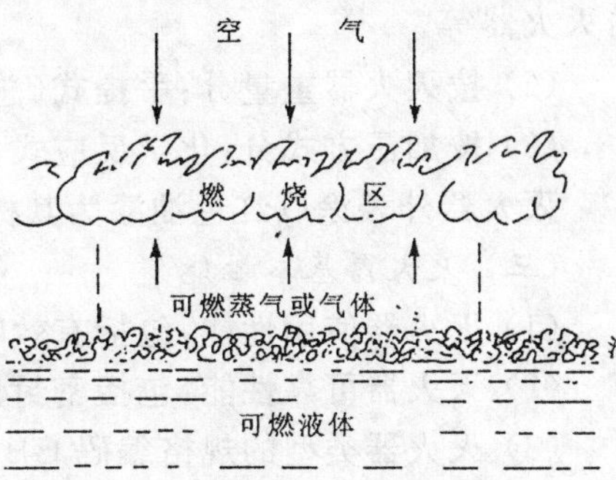

图5-2 泡沫封闭液面阻止可燃蒸气穿过

（四）化学抑制灭火

使用含氟(F)、氯(Cl)、溴(Br)的卤族化学灭火剂喷向火焰，让灭火剂参与燃烧反应，并在燃烧中放出Br、Cl、F分子，与活化分子(O、H、OH)碰撞，使活化分子惰化，燃烧中的连锁反应中断，直至燃烧物完全停止。卤代烷灭火剂常用于贵重设备与计算机房等的灭火。

在上述四种灭火原理中，最重要与应用最多的是冷却法和隔离法，单纯的窒息法或化学抑制法，因受自然条件或受灭火剂本身作用的限制，在火势较大时，不能根本消除火灾，因此，一般仅用以火灾初起时。

常用灭火剂可分为液体灭火剂、气体灭火剂和固体灭火剂等三大类。其中，液体灭火剂包括水基灭火剂和泡沫灭火剂；气体灭火剂包括卤代烷灭火剂、新型环保型气体灭火剂和二氧化碳灭火剂；固体灭火剂仅有干粉灭火剂。

二、火灾分类

根据GB4968—1985按照可燃物的燃烧特性，通常将火灾分为A、B、C、D四类。

此外，随着社会和经济的发展，现代科学技术被广泛利用，带电火灾越来越普遍，这引起人们的普遍重视，目前我国部分消防技术规范对此类火灾的控制和扑灭也做了相应的要求，定为第5类。

(1) A类火灾：是指固体物质火灾。这种物质往往具有有机物性质，一般在燃烧时能产生灼热的余烬，如木材、棉、毛、麻、纸张等引起的火灾。

(2) B类火灾：是指液体火灾和可熔化的固体物质火灾，如汽油、原油、甲醇、、乙醇、沥青、石蜡等引起的火灾。

(3) C类火灾：是指气体火灾，如煤气、天然气、甲烷、氢等引起的火灾。

(4) D类火灾：是指金属火灾，如钾、钠、铝镁合金等引起的火灾。

(5) 带电火灾：指带电物体燃烧的火灾。

三、灭火器

（一）对灭火剂要求

选择的灭火剂应尽量满足以下要求：① 灭火效能高，与火灾燃烧物质的灭火性能匹配；② 原料来源丰富，成本低廉；③ 使用方便；④ 对人体、设备负作用小。

（二）灭火器分类

灭火器是扑灭初起火灾最常用的灭火器材，国内已有几百家厂家，生产七大类25个品种，年产量几百万具。

我国一般按照充填灭火剂种类、灭火器重量和压力方式等三种方法进行分类：

(1) 按充填灭火剂种类分：清水灭火器、泡沫灭火器、卤代烷灭火器、二氧化碳灭火器、干粉灭火器等。

(2) 按灭火器重量分:手提式(总重≤28kg)、背负式(总重≤40kg)、推车式(总重>40kg)。

(3) 按加压方式分:化学反应式、储气瓶式和储压式等。

灭火器外表涂以红色油漆为其标志。

(三) 灭火器基本性能

(1) 灭火器使用性能:包括有效喷射时间、有效喷射距离、充满系数、灭火级别等。

(2) 灭火器可靠性能:包括密封性能、抗腐蚀性能、热稳定性等。

(3) 灭火器类型的规格编码 GBJ-140-90 国家规范认可,国产各种标准型规格灭火器的编码代码如表 5-1 所示。

表 5-1 我国灭火器类型规格编码的字母含义

编码中字母	代表的主体汉字	代表的名词术语	备 注
M	灭	灭火器	
S	酸	酸、碱	左起第二位的 S
Q	清	—	
SQ	—	清 水	
P	泡	泡 沫	化学泡沫
F	粉	干 粉	
N	钠	碳酸氢钠	
A	铵	硝酸铵盐	
L	卤	卤代烷	
Y	1	1211	
S	3	1301	左起第三位的 S
T	碳	二氧化碳	左起第二位的 T
T	推	推车式	左起第三或第四位的 T

(四) 灭火器的报废年限

在正常管理使用条件下,灭火器的报废年限如下:

(1) 手提式化学泡沫灭火器 5 年。

(2) 手提式酸碱灭火器 5 年。

(3) 手提式清水灭火器 6 年。

(4) 手提式干粉灭火器(储气瓶式)8 年。

(5) 手提式储压式干粉灭火器 10 年。

(6) 手提式 1211 灭火器 10 年。

(7) 手提式二氧化碳灭火器 12 年。

第二节 液体灭火剂与灭火设施

液体灭火剂包括水基灭火剂和泡沫灭火剂。

一、水灭火剂与灭火设施

水是最常用的灭火物质,它是取之不尽、用之不竭的天然灭火剂,在灭火中应用最广。它的主要优点是灭火性强，价格低廉，取用方便。它可以单独使用，也可以与不同的化学剂组成混合液使用。许多消防器材都是用水或混合液灭火。

（一）灭火机理

水的主要灭火作用是冷却。水的热容量和气化潜热很大，每千克水由常温变为蒸气约吸收540kcal的热量，因此，当水与炽热燃烧物接触时，在被加热和气化过程中，就会大量吸收燃烧物的热量，使燃烧物冷却。当水与炽热的含碳可燃物接触时，发生化学反应，吸入大量热量。

水的第二个作用是窒息。用水灭火时遇到炽热燃烧物而气化产生大量水蒸气，体积大大增加。1kg水可生成1 700L(100°C)水蒸气；当温度升高超过100°C时，生成水蒸气更多。水变成水蒸气导致的体积急剧增大，大量的水蒸气占据燃烧区空间，阻止周围空气进入燃烧区，显著降低燃烧区内的含氧量，当空气中含35%体积的水蒸气时，燃烧就会停止。

水的第三个作用是稀释。当用水扑救水溶性可燃、易燃液体火灾时，水与可燃、易燃液体混合后，可降低它的浓度和燃烧区内可燃蒸气的浓度，使燃烧物总的浓度降低。当浓度降低到临界可燃浓度以下时，燃烧即自动停止。

水的其他作用，如乳化或机械冲击作用。当水通过喷雾灭火设备扑救火灾时，由于雾状水射流的高速冲击作用，微粒水珠在物体表面形成雾状表层，使可燃物质的可燃气蒸发量减少，燃烧难以继续。水在机械作用下，密集水具有强大的动能和冲击力，可达数十至数百牛顿/厘米^2。高压密集水强烈的冲击着燃烧物和火焰，燃烧物被冲散，燃烧强度减弱进而达到灭火。

以上所述表明，水的灭火作用，常是几种作用综合的结果，但主要作用仍是冷却功能。

（二）消防用水方式

水作为灭火剂，一般有三种用水方式：即直接用水、雾状水和水蒸气；用水方式不同，效果各异。

1. 直接用水

如无压水、密集高压水和喷淋开花水。通过水泵加压，并由直接水枪喷出的密集高压水称为直流水。它具有强大冲击力量，能喷到较远地方，冲击到燃烧物质的内部，阻止分解物扩散和隔离燃烧区，使燃烧迅速停止。由水泵加压并经喷淋装置喷出滴状水流称开花水，水滴直径一般大于100μm。直流水和开花水可用于扑救一般固体火灾和常温下呈凝固状态的重油火灾。不能用于扑救高压电器设备火灾和可燃粉尘火灾。

2. 雾状水

通过水泵加压，有喷雾装置喷出的雾状水流，称为雾状水，其水滴直径小于100μm。与直流水和开花水相比，同样体积的水可以获得大得多的表面积，使水与燃烧物或火焰的接触面积大大增加，因此，雾状水具有降温快、灭火效率高的优点。雾状水因微小的水滴互不接触，可用于扑救带电设备火灾；大量微小水滴有利于吸附烟尘，还可用扑救粉尘和谷物等固体火灾，以及用作水帘保护未燃区。但与直流水相比，雾状水射程较近，射压较小，不能深入物层中灭火，因此，灭火后应防止复燃。

3. 水蒸气

水蒸气能冲淡燃烧区内可燃气体的浓度，降低空气中氧的含量，有良好的稀释窒息灭火作用。在高层建筑和工厂中，有供应蒸气条件的暖气、锅炉时可用以灭火。水蒸气一般用以容积小于500m^{3}的密闭厂房及空气不流通的地方，以及扑救高温设备和煤气管道火灾。

消防用水的灭火设备有消火栓系统和自动水喷淋喷雾系统等。消火栓系统是利用密集高压直流水的强大冲击力和冷却灭火，适于各期火灾和远近距离各种火灾。自动水喷淋喷雾系统主要适用于初期、近距离火灾。

（三）消火栓给水系统

1. 消火栓给水系统的分类

根据消火栓给水系统服务对象的不同分为：城市消火栓给水系统、建筑室外消火栓给水系统和建筑室内消火栓给水系统；根据消火栓给水系统加压方式的不同分为：常高压消火栓给水系统、临时高压消火栓给水系统和低压消火栓给水系统；根据生活、生产和消防是否合用又分为：生活、生产和消火栓合用系统，生活、生产和消火栓分开系统。综上所述，消火栓给水系统的分类如图 5－3 所示。

- 消火栓给水系统
  - 城市消火栓给水系统——生活、生产和消火栓共用系统
    - 常高压消火栓给水系统
    - 低压消火栓给水系统
  - 建筑外消火栓给水系统
    - 生活、生产和消火栓共用系统
    - 生活、生产和消火栓分开系统
      - 常高压消火栓给水系统
      - 临时高压消火栓给水系统
      - 低压消火栓给水系统
  - 建筑内消火栓给水系统
    - 生活、生产和消火栓共用系统
    - 生活、生产和消火栓分开系统
      - 常高压消火栓给水系统
      - 临时高压消火栓给水系统

图 5－3 消火栓给水系统分类

2. 建筑内消火栓给水系统的组成

建筑内消火栓给水系统由水源（水箱、消防泵）、管网、消防水泵结合器、消火栓等所组成，如图 5－4 所示。

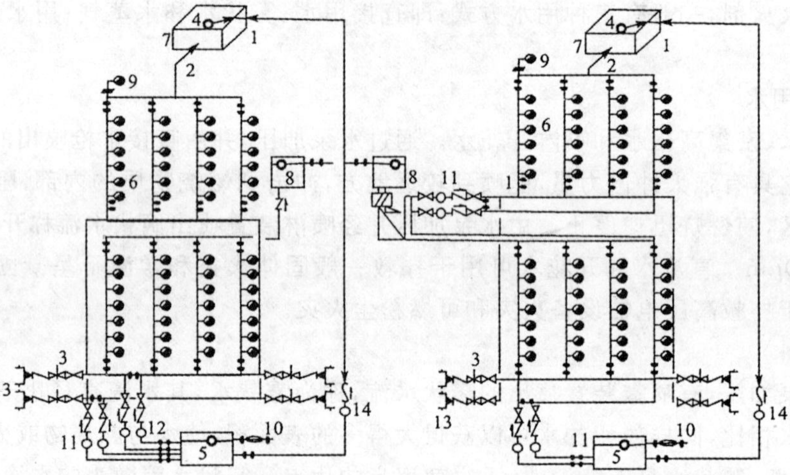

(a)并联消火栓给水系统　　(b)串联消火栓给水系统

图 5－4 建筑内消火栓系统示意图

1—阀门；2—止回阀；3—安全阀；4—浮球阀；5—水池；6—消火栓；7—高位水箱；8—低位水箱；9—屋顶试水消火栓；10—来自城市管网；11—高区消防水泵；12—低区消防水泵；13—消防水泵接合器；14—生活水泵

(1) 建筑内消火栓箱。建筑内消火栓箱内设置水枪、水龙带、消火栓、消防软管卷盘、消防水泵按钮等设备，如图 5－5 所示。

① 水枪：水枪是主要的灭火工具，常用铝制造。建筑内消火栓水枪均为直流式水枪，水枪一端口径为 13mm、16mm、19mm，另一端口径为 50mm、65mm 等。水枪的作用在于产生灭火所需要的充实水柱。

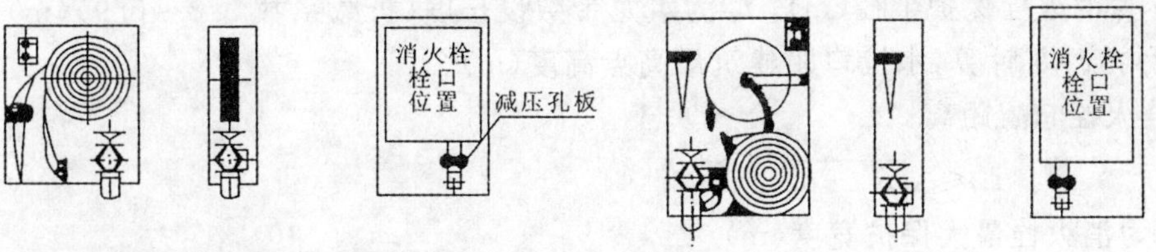

图 5-5　建筑内消火栓

② 水龙带：水龙带为麻织或衬胶的输水软管，室内水龙带采用衬胶的较多。水龙带常用口径为 50mm、65mm，长度一般为 15m、20m、25m 三种。

③ 消火栓：消火栓是具有内扣式接口的球形阀式龙头，一端与消防管相连，另一端与水龙带相连，直径亦为 50mm、65mm 两种。射流量小于 4L/s 的采用 50mm，射流量大于 4L/s 的采用 65mm。消火栓、水龙带、水枪之间均采用内扣式快速接口连接，在同一建筑物内应采用同一规格的消火栓、水龙带、水枪，以便于维护保养和替换使用。

④ 消防软管卷盘：消防软管卷盘由胶管和 $\varphi 6$ 直流开关水枪组成，胶管常用口径为 $\varphi 16$、$\varphi 19$、$\varphi 25$，长度一般为 16m、20m、25m 三种，水枪常用口径为 $\varphi 6$、$\varphi 7$、$\varphi 8$。消防软管卷盘是非职业消防人员扑灭初期火灾的有力武器。由于直流开关的水枪口径小、流量小，所以，水枪的反作用力小，使用起来比较方便，未经过专业训练的人员都可以操作。

⑤ 消防水泵按钮：发生火警后，消防人员敷设好水龙带，接上消火栓和水枪，要求打开消火栓就要有一定压力的水。如果城市水源的压力、流量均满足要求，则可直接利用；若不满足要求，则必须启动水泵。水经过加压后，才能满足扑灭火灾的要求，故必须设置消防水泵按钮。启动水泵按钮必须在每个消火栓箱内或在其附近设置。

(2) 管道。建筑内消防管道的管材多采用镀锌钢管。在多层建筑中，由于消火栓给水系统的工作压力没有超过钢管的工作压力，因而消火栓给水系统不分区，而在高层建筑中，根据规范规定，消火栓栓口的静水压力超过 0.8MPa 时，消火栓给水系统需进行分区供水。

(3) 消防水泵接合器。消防水泵接合器由闸阀、安全阀、接合器组成，其作用一则是在建筑内消防水泵发生故障时，消防车从建筑外消火栓或消防水池取水，通过水泵接合器将水送到建筑内管道，提供灭火用水；二则是高层民用建筑发生大面积火灾时，建筑内消防用水量不能满足灭火需要，消防车从建筑外消火栓或消防水池取水，通过水泵接合器将水送到建筑内管道，补充灭火用水量。

3. 建筑内消火栓布置

建筑内消火栓的布置，必须保证水枪充实水柱能够射到建筑物内任何角落，且使消火栓系统的立管数量最少。消火栓在建筑物各层的位置应明显和易于取用，如楼梯附近、走廊内、大厅出入口处。消火栓栓口中心距地面高度 1.1m；高层建筑物内，消火栓间距不大于 30m。

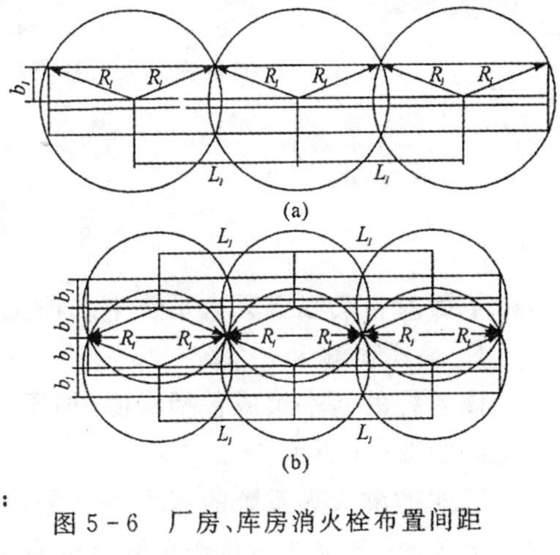

图 5-6　厂房、库房消火栓布置间距

(1) 厂房、库房等建筑内消火栓布置(如图 5-6)：

① 消火栓保护半径

$$R_f = l_a + h \quad (m) \tag{5-1}$$

式中：R_f 为消火栓保护半径(m)；l_a 为水龙带敷设长度(折减系数 0.8～0.9)(m)；h 为水枪射流上倾角按 45°计算，水枪口距建筑最高点高度(m)。

② 消火栓布置距离

$$L_f \leqslant \sqrt{R_f^2 - b_f^2} \quad (\mathrm{m}) \tag{5-2}$$

式中：b_f 为消火栓最大保护宽度(m)。

(2) 民用建筑室内消火栓布置(如图 5-7 所示)。民用建筑分隔较多，水龙带难以直线铺设，为了保证水枪充实水柱能够到达建筑物任何角度，必须以水龙带实际长度转折布置，并保证水枪能进入每个房间内，充实水柱能到达建筑物任意角落。

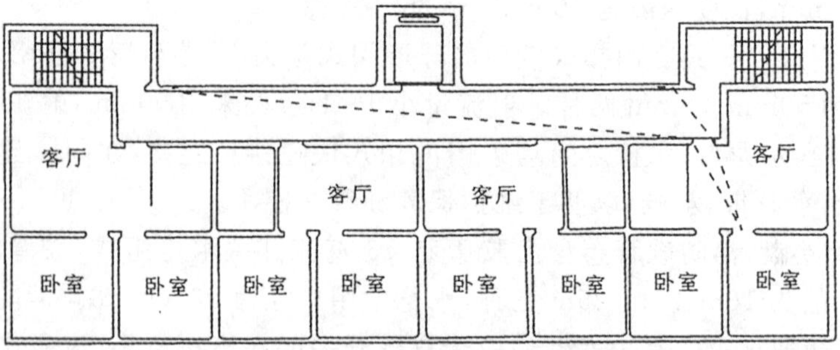

图 5-7 民用建筑消火栓布置图

(四) 自动喷淋灭火系统

自动喷淋灭火系统因具有在火灾发生后自动进行喷水灭火，并同时能发出火灾警报的特点，所以在消防安全领域应用较广泛。在自动喷淋灭火系统中，当喷淋头感受到室内温度达到一定值时，即可自动喷水使火熄灭，这就缩短了系统反应时间，在火灾初起时即将其扑灭，提高了灭火效率。近年来，自动喷淋灭火系统发展很快，已成为许多建筑物主要灭火设施之一。

根据保护对象和自然条件的不同，自动喷淋灭火系统分类如图 5-8 所示。

- 自动喷淋灭火系统
  - 水滴
    - 闭式
      - 湿式自动喷淋灭火系统
      - 干式自动喷淋灭火系统
      - 预作用自动喷淋灭火系统
      - 循环自动喷淋灭火系统
    - 开式
      - 水幕系统
      - 雨淋式喷淋灭火系统
  - 喷雾
    - 水喷雾灭火系统
    - 水喷雾冷却系统

图 5-8 自动喷淋灭火系统分类

下面就自动喷淋灭火系统中几种主要类型予以阐述：

1. 湿式喷淋灭火系统

该系统的基本组成包括水源、加压设施、稳压设施、报警阀组、管网及闭式喷头等，其工作系统如图 5-9 所示。

湿式喷淋灭火系统的基本特点是在系统的水管内所有时间均充有压力水，喷头为常闭式；发生火灾时，产生的热量作用到该区有关喷头的热敏元件上，启动工作元件，使水喷出灭火。

该系统结构比较简单，维修方便，建设运行费用较低，适用于管道内无冰冻危险场合，是当

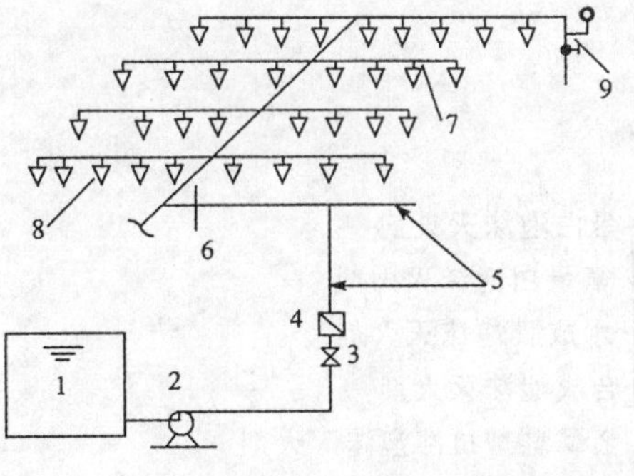

图 5－9　某种湿式自动喷水系统示意图

1—水池；2—水泵；3—总控制阀；
4—湿式报警器；5—配水干管；6—配水管；
7—配水支管；8—闭式喷头；9—末端试水装置

前最常用的系统之一。

2. 雨淋式喷淋灭火系统

雨淋式喷淋灭火系统为开式自动喷淋系统的一种，系统使用的喷头为开式喷头，火灾发生时系统保护区域上的所有喷头一起喷水，形似下雨降水，它适用于需要大面积喷水快速灭火的特殊场所。

雨淋喷淋灭火系统由火灾探测传动控制系统和带有雨淋阀的开式自动喷淋灭火系统两部分组成，其工作系统如图 5－10 所示。

3. 水喷雾灭火系统

水喷雾灭火系统是用水雾喷头取代雨淋式喷淋灭火系统中的开式洒水喷头所构成。水雾喷头的工作压力要求高，喷出的水雾液滴很小，喷出的水雾呈现不连续间断状态，具有良好的电绝缘性，水雾的比表面积大，吸热效果好，窒息作用强，可用于扑救电气火灾。

由于水呈雾状喷出，在喷头内需经碰撞、回转和搅拌过程，喷头必须能耐高压，具有足够强度和耐蚀性，一般由黄铜、青铜或不锈钢制成。

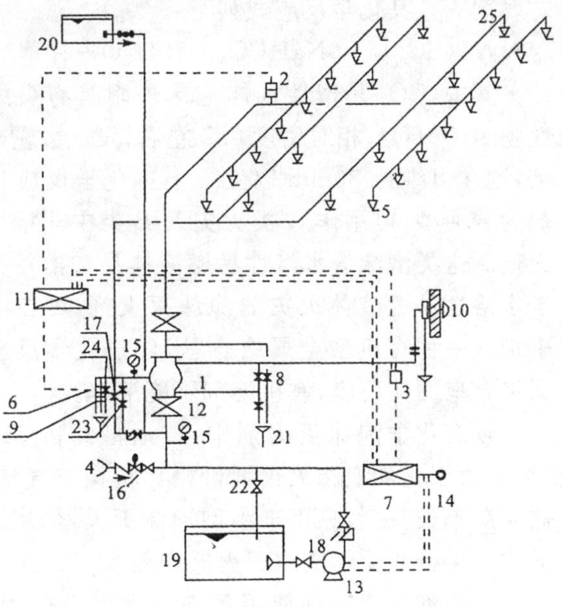

图 5－10　雨淋式喷淋灭火系统示意图

1—雨淋阀；2—水流指示器；3—压力开关；
4—水泵接合器；5—开式喷头；6—电磁阀；7—电气自控箱；
8—系统试水；9—手动快开阀门；10—水力警铃；
11—火灾报警控制屏；12—闸阀；13—消防水泵；14—按钮；
15—压力表；16—安全阀；17—传动管注水阀；18—单向阀；
19—消防水池；20—高位水箱；21—排水漏斗；
22—消防水泵试水阀；23—3mm 小孔闸阀；24—试水阀门；
25—传动管上的开式喷头

二、泡沫灭火剂

凡是能够与水混溶，通过化学反应或机械方法产生灭火泡沫的药剂，统称为泡沫灭火剂。对于扑救大中型易燃、可燃液体火灾来说，泡沫灭火剂是最有效、最经济的灭火剂之一。

（一）灭火原理

泡沫灭火剂是利用泡沫的隔离、窒息和水的冷却作用进行灭火。

（1）隔离。利用相对密度轻（0.001～0.5）、粘着力强的泡沫，在可燃物表面形成气密性覆盖层，阻止可燃液体蒸气向燃烧区蒸发，将可燃剂与燃烧区隔离，并阻断燃烧区向可燃剂区传热。

（2）冷却。泡沫中的水起冷却作用。

（3）窒息。泡沫中的水受热蒸发产生水蒸气，使燃烧区氧气浓度降低，起窒息作用。

在上述三种作用中，泡沫的覆盖隔离是主要灭火作用。

（二）分类

泡沫灭火剂可以按照泡沫形成机理、发泡倍数和泡沫性质进行分类（见图 5－11）。

- 泡沫灭火剂
  - 化学泡沫灭火剂
    - 普通化学泡沫灭火剂
    - 抗溶化学泡沫灭火剂
  - 空气泡沫灭火剂
    - 高倍数泡沫灭火剂
    - 中倍数泡沫灭火剂
    - 低倍数泡沫灭火剂
      - 普通泡沫灭火剂
        - 蛋白泡沫灭火剂
        - 氟蛋白泡沫灭火剂
        - 水成膜泡沫灭火剂
        - 合成泡沫灭火剂
      - 抗溶泡沫灭火剂
        - 金属皂型抗溶泡沫灭火剂
        - 凝胶型抗溶泡沫灭火剂
        - 抗溶氟蛋白泡沫灭火剂

图 5-11　泡沫灭火剂分类

（三）化学泡沫灭火剂

化学泡沫灭火剂是由发泡剂、泡沫稳定剂与水组成，此外还附加降粘剂、抗冻剂、助溶剂和防腐剂等。其化学反应式如下：

$$Al_2(SO_4)_3+6NaHCO_3+18H_2O+\text{甘草精等}\rightarrow 2Al(OH)_3+3Na_2SO_4+6CO_2\uparrow+18H_2O$$

其中，CO_2 是惰性气体泡沫外附具有良好封闭性能的粘性膜 $Al(OH)_3$，相对密度 0.2 左右，发泡数量为原体积的 6～8 倍，泡沫可维持 30min 以上。上述化学反应生成的泡沫灭火剂为普通型，可用作 A 类火灾及 B 类中非溶性液体火灾的灭火剂。这类泡沫遇水溶性易燃液体易被溶解。为了生产适用于水溶性易燃液体火灾的泡沫灭火剂，可在上述化学反应式中加入一种有机酸金属络合盐，经过化学反应生成有机酸金属络合皂固体薄膜，有机溶剂不能溶解。

现有化学泡沫灭火剂中，普通型约占 95%，抗溶型仅占 5%。由于化学泡沫灭火剂价格比机械空气泡沫灭火剂为贵，储存期不长，一般只用于小型泡沫灭火器，用以扑救小型初起火灾。手持式化学泡沫灭火器如图 5-12 所示。

化学泡沫灭火剂使用条件与水灭火剂相同，不能用于带电电器、精密仪器和遇水燃烧物质。

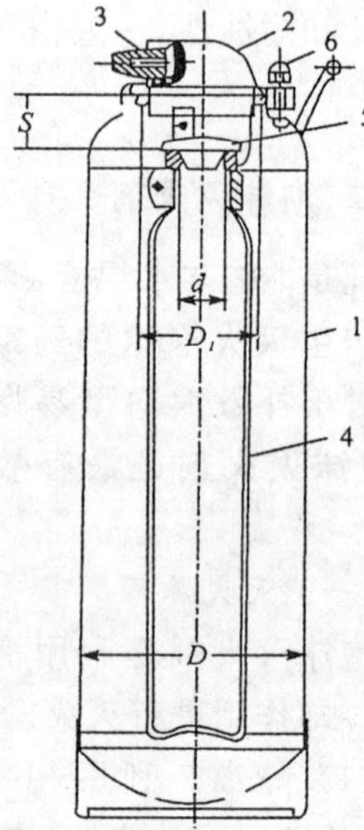

图 5-12　手持式化学泡沫灭火器

1—筒身；2—筒盖；3—喷嘴；4—瓶胆；5—瓶胆盖；6—螺母

（四）空气泡沫灭火剂

空气泡沫灭火剂是由一定比例的空气泡沫液、水和空气，经机械或水力撞击作用，相互混合形成充满空气的微小稠密膜状气泡群。空气泡沫灭火剂比可燃液体（如各种油品）轻，液体燃料蒸气燃烧时，覆盖在可燃液体面上，阻断可燃液体与燃烧蒸气区的接触，起到隔离作用。空气泡沫能耐火焰和高温，具有一定的稳定性和抗烧能力。当泡沫覆盖层由于机械作用受到破坏时，有再覆盖的能力，能有效扑灭石油类液体火灾。空气泡沫灭火剂主要用于大中型可燃液体火灾。

前已阐述，空气泡沫灭火剂按发泡倍数可以分为高倍、中倍和低倍三种，在低倍泡沫灭火剂中，按泡沫性质又可分为普通泡沫与抗溶泡沫两类。空气泡沫灭火剂中几种典型灭火剂的特点、应用条件见表 5-2。

表 5-2　几种典型空气泡沫灭火剂的特点、应用条件对比

品种Ⅰ / 品种Ⅱ / 品种Ⅲ / 项目	低倍数泡沫灭火剂			高倍数泡沫灭火剂
	普通泡沫灭火剂		抗溶泡沫灭火剂	
	蛋白泡沫灭火剂(P)	氟蛋白泡沫灭火剂(FP)	金属皂型抗溶泡沫灭火剂(AR)	
特点	1. 成分：基质——蛋白质水解液加水加空气；附加剂——稳定剂、防腐剂、防冻剂、控粘剂 2. 优点：蛋白泡沫稳定性较好，泡沫量为原体积的 6～8 倍 3. 缺点：流动性较差，灭火速度较慢，抗油污染能力低；泡沫易受热破坏，易被水溶性物质破坏，易被干粉灭火剂破坏	1. 成分：基质——蛋白质水解液、水、空气、氟碳表面活性剂；附加剂——稳定剂等 2. 优点：流动性好，易覆盖物质表面，灭火速度比(p)提高 1 倍，抗油污染能力强，形成泡沫包油滴；氟蛋白泡沫当含油 23%以上时才能燃烧，一般蛋白泡沫灭火剂含油 8.5%以上即能燃烧；能与干粉灭火剂联用，灭火效果好	成分：1. 基质同蛋白泡沫灭火剂 2. 有机酸：金属络合盐加水、有机酸金属络合皂（固体薄膜），有机溶剂不能溶解	1. 气泡直径大，10mm 以上 2. 发泡倍数高，1 000 倍以上 3. 发泡量大，大型高倍数泡沫发生在 1min 内产生 1 000m^3 泡沫 4. 高倍数泡沫可以迅速充满着火空间，使燃烧物与空气隔绝，火焰窒息 5. 灭火强度大，速度快，产品成本低，无毒、无腐蚀性 6. 燃烧扑灭后有可能复燃
应用	1. 扑灭一般固体火灾 2. 扑灭不溶于水的易燃液体火灾	1. 扑灭一般固体火灾，但效果比蛋白泡沫灭火剂好	1. 用于扑灭水溶性溶剂火灾，如醇、酮、酸等 2. 低沸点乙醚等，效果欠佳	1. 适用于非水溶性液体火灾，一般固体火灾 2. 特别适用于大中型库房、硐室油库、飞机库、船舶、地下建筑等火灾
禁忌	1. 不适宜扑灭水溶性醇酮等火灾 2. 不适用于带电电器设备火灾，忌水物质火灾 3. 不适用于精密仪器、文书档案	1. 不适宜扑灭水溶性醇酮等火灾 2. 不适用于带电电器设备火灾，忌水物质火灾 3. 不适用于精密仪器、文书档案	1. 对一般油类火灾因价贵不采用	

第三节　气体灭火剂与灭火设施

前已阐述，水基灭火系统是迄今为止世界上应用最广泛的灭火系统，但是，它的适用范围存在一定局限性，例如，水基灭火系统不能扑灭可燃气体、可燃液体、电气火灾、计算机房、档案库以及通讯广播机房等忌水场合的火灾。气体灭火剂就是在扑救上述火灾中发展起来的。气体灭火剂包括：① 卤代烷灭火剂；② 二氧化碳灭火剂；③ 氮气灭火剂；④ 水蒸气灭火剂；⑤ 烟雾灭火剂；⑥ 新型环保型气体灭火剂等。本节重点介绍广泛应用的①、②两种灭火剂和第⑥种新型环保型灭火剂。

一、卤代烷灭火剂与灭火器

（一）卤代烷灭火剂

卤代烷是以卤族原子（氟、氯、溴）取代烷烃分子中的部分或全部氢原子后得到的一类有机化合物总称，一些具有灭火作用的卤代烷称为卤代烷灭火剂。

1. 卤代烷灭火剂命名

用四个阿拉伯数字分别表示卤代烷分子中碳和卤属元素的原子数（氢原子数不计），其排列顺序为碳、氟、氯、溴，命名如表 5-3 所示。

表 5-3　卤代烷灭火剂命名代号

名　称	分 子 式	代　号
三氟一溴甲烷	CF_3Br	卤代烷 1301
二氟一氯一溴甲烷	CF_2ClBr	卤代烷 1211
二氟二溴甲烷	CF_2Br_2	卤代烷 1202
四氟二溴乙烷	$C_2F_4Br_2$	卤代烷 2402

卤族灭火剂由卤族元素 F、Cl、Br 原子取代甲烷（CH_4）或乙烷（C_2H_6）中的几个氢原子所构成，如：

1301 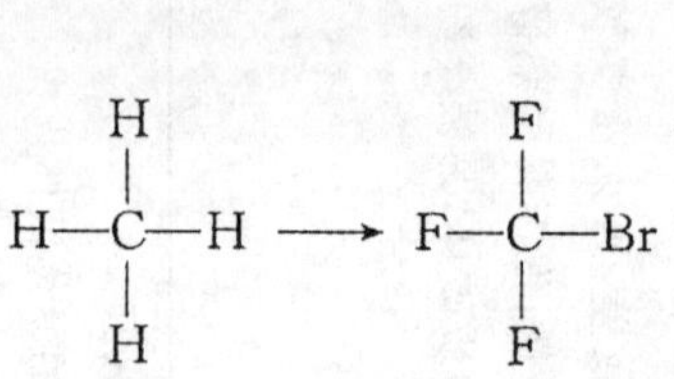

1211 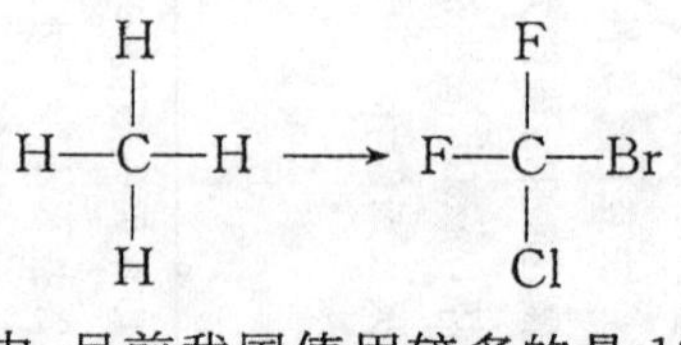

在卤代烷灭火剂系列中，目前我国使用较多的是 1211、1301 灭火剂。

2. 卤代烷灭火剂灭火原理

卤代烷灭火剂是以液态充装在灭火器中，用 N_2、CO_2 或氟里昂-12 加压作为灭火剂喷射动力。当将灭火剂喷入燃烧区时，卤代烷气体在空间与火焰接触若干秒钟即可把初起火灾扑灭。发生火灾时向火焰区喷射卤代烷灭火剂，灭火剂受热分解不断生成$\dot{Br}$、$\dot{Cl}$、$\dot{F}$，这些离子与可燃物燃烧反应生成的$\dot{O}H$、$\dot{H}$、$\dot{O}$等游离基相撞使其惰化，从而使燃烧过程中的连锁反应中断而灭火。

3. 卤代烷灭火效能与毒性

评价卤代烷灭火剂灭火效能的指标通常有两个：惰化浓度和灭火浓度。

惰化浓度是指在1个大气压和规定的温度条件下，不管可燃气体或蒸气（或粉尘）与空气处在何种配比下，均能抑制燃烧或爆炸所需灭火剂在空气中的最小体积百分比。

灭火浓度是指在1个大气压和规定的温度条件下，扑灭某种可燃物质火灾所需灭火剂在空气中的最小体积百分比。

有关可燃气体和可燃液体的卤代烷灭火剂的灭火浓度、最小设计灭火浓度和设计惰化浓度值可按表5-4确定。

表5-4　卤代烷灭火剂的灭火浓度及最小设计浓度值

（在0.1013MPa压力和25℃空气中）

可燃物质名称	卤代烷1211			卤代烷1301		
	灭火浓度（%）	设计浓度（%）	设计惰化浓度（%）	灭火浓度（%）	设计浓度（%）	设计惰化浓度（%）
甲　烷	2.8	5.0	7.3	2.5	5.0	7.7
乙　烷	5.0	6.0	—	4.4	5.3	
丙　烷	4.5	5.4	10.1	3.6	5.0	6.7
丁　烷	4.0	5.0	—	3.4	5.0	—
异丁烷	3.8	5.0	—	2.9	5.0	—
乙　烯	6.8	8.2	13.9	6.3	7.6	13.2
丙　烯	5.2	6.2	—	4.5	5.4	—

卤族原子相对灭火能力比值如表5-5所示。

表5-5　卤族原子相对灭火能力

卤族原子	F	Cl	Br
相对灭火能力	1	2	10

卤代烷灭火剂与二氧化碳灭火剂灭火能力比较，约为2.5～6∶1。

灭火剂的毒性大小是人们关心的问题。卤代烷灭火剂具有一定的毒性。其特征为：卤代烷易溶于脂肪，它将损害人们大脑，初始呈现兴奋状态（不安、抽搐），接着产生眩晕、恶心、头剧痛等现象，最后导致昏迷不醒。若长时间处于超过允许浓度的卤代烷介质环境内，则将引发导致神经系统衰竭，呼吸紊乱，心脏活动与肝功能遭受破坏等严重后果。在安装卤代烷灭火系统的防护区出入口处，均应有警告标志。

1211灭火剂的毒性比1301灭火剂的毒性高得多，如表5-6所示。

4. 应用

卤代烷灭火剂具有灭火快、用量省和适应范围广等优点，适用于A、B、C类火灾及带电电

表5-6 不同1301、1211灭火剂浓度时，人员允许的最大停留时间

1301灭火剂气体浓度(%)	人员允许最大停留时间
≤0.1	8h/d,5d/周
≤7	15min
7～10	1min
10～15	30s
>15	禁止停留
1211气体浓度(%)	人员允许最大停留时间
3	4～5min
3～4	1min
5	30s

气火灾，如：A类的木材、纸张、棉织品等固体物质火灾；B类的烃类(包括汽油、煤油、柴油等)、醇类、酮类、酯类、苯类以及其他有机液体类火灾；C类的甲烷、乙烷、城市煤气等可燃气体火灾；配变电设备、发电机组、电缆等带电设备和电气线路火灾。

卤代烷灭火剂不能在D类活泼金属(如钾、钠、镁、钛、锆、铀、钚等)和能自燃物质(如磷)的火灾中应用。

5. 存在问题

科学研究发现，卤代烷灭火剂是消耗大气中臭氧的主要物质之一，其分解产物全部进入大气，对臭氧层有极强的破坏作用。1991国际蒙特利尔环保协议，我国已正式签字，并决定2005年以后逐年停止生产卤代烷的1211和1301灭火剂。当前，正以新型环保型灭火剂逐步取代1211和1301灭火剂。

(二) 卤代烷灭火器

卤代烷灭火装置常以灭火器或固定式中小型灭火系统为单位组成，用以火灾初起灭火。下面以1211卤代烷灭火器为代表予以阐述：

1211灭火器是卤代烷型储压式灭火器，利用装在筒内的氮气压力将1211灭火剂喷出灭火。1211灭火器有MY型手提式和MYT型推车式两种。

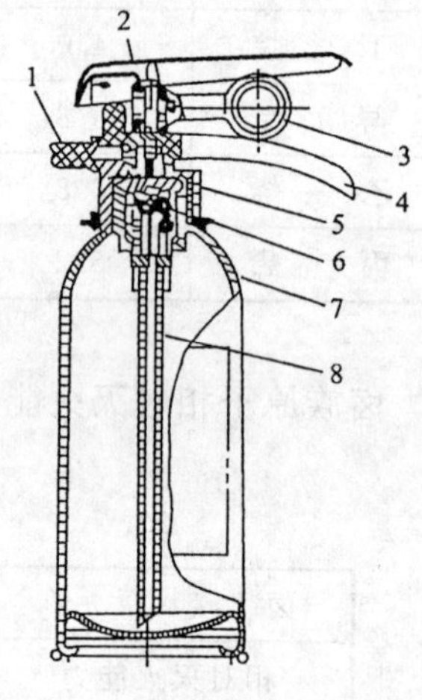

图5-13 手持式1211灭火器

1—喷嘴；2—压把；3—安全销；4—提把；5—筒盖；6—密封阀；7—筒体；8—虹吸管

1. MY型手提式1211灭火器

(1) 构造：主要由筒体和筒盖两部分组成。筒盖用铜、塑料或铝合金制造，还装有压把、压杆、喷嘴、密封阀、虹吸管、安全销等，筒体由钢板滚压焊接而成。由于筒内盛装的1211灭火剂具有一定压力，因而筒身和筒盖均应有一定的耐压强度，筒体与筒盖一般采用螺纹连接。在充装剂量较大的灭火器时，为了便于操作，还装配了喷射胶管，如图5-13所示。

(2) 规格及性能：1211灭火器按充装灭火剂重量分为MY0.5、MY1、MY2、MY4、MY6型

5 种。其主要技术性能见表 5－7。

表 5－7　手提式 1211 灭火器

型号	灭火剂量(kg)	氮气压力(20℃,MPa)	喷射时间(s)	喷射距离(m)	使用温度(℃)	灭火级别		外形尺寸(长×宽×高)(mm)	重量(kg)
						A 类	B 类		
MY0.5	0.5	1.5	≥6	≥1.5	－20～55	—	18		
MY1	1		≥6	≥2.5		—	2B	90×145×292	2.1
MY2	2		≥8	≥3.5		3A	4B	100×145×382	3.6
MY4	4		≥9	≥4.5		5A	8B	120×180×483	6.4
MY6	6		≥9	≥5.0		8A	12B	150×300×550	9.3

二、二氧化碳灭火剂与灭火器

二氧化碳是一种不燃烧、不助燃的惰性气体，而且价格低廉易于液化，便于灌装和储存，是一种常用的灭火剂。储存方式有两种：① 常温储存即高压储存，储存温度为 0～49℃；② 低温储存即低压储存，储存温度为－20～－18℃。

（一）二氧化碳灭火剂

1. 灭火机理

二氧化碳灭火剂主要灭火作用是窒息作用。此外，对火焰还有一定冷却作用。

二氧化碳灭火剂平时以液态的形式储存在灭火器或压力容器中，灭火时从灭火器或设备中喷出，一般情况下 1kg 液态的二氧化碳气化产生 0.5m^3 的二氧化碳气体，相对密度较大 的二氧化碳气能够排除燃烧物周围的空气，降低空气中氧的含量。当燃烧区或空间含氧量低于 12%，或者二氧化碳浓度达到 30%～35%时，绝大多数燃烧都会熄灭。

当二氧化碳喷出时，气化吸收本身热量，使部分二氧化碳变为固态的干冰，干冰气化时要吸收燃烧物的热量，对燃烧物有一定的冷却作用，但这种冷却作用远不能扑灭火焰，不是二氧化碳灭火的主要作用。

2. 应用范围

二氧化碳来源广泛，无腐蚀性，灭火时不会对火场环境造成污染，灭火后能很快逸散，不留痕迹。它适用于扑救各种易燃液体(B 类)火灾，以及诸如资料、档案、仪器仪表等怕污染、损坏的 A 类固体火灾。另外，二氧化碳不导电，可用于扑救带电设备的火灾。

二氧化碳不能扑救下列火灾：① 硝化纤维、火药等含氧化剂的化学制品火灾；② 钾、钠、镁、钛、等活泼金属火灾；③ 氢化钾、氢化纳等金属氢化物火灾。

3. 安全要求

(1) 二氧化碳液相在气化时，吸收本身热量使温度很快降到－79℃，使用时应防止冻伤。

二氧化碳是种弱毒气体，主要是对人有窒息作用。空气含有 2%～4%的二氧化碳时，中毒者呼吸加快；当浓度增加至 4%～6%时，开始出现头痛、耳鸣和剧烈的心跳，呼吸次数明显加快；当空气中含有 20%的二氧化碳时，人便会死亡。因此，灭火后人员应迅速离开，室内灭火后要打开门窗。

(2) 由于二氧化碳灭火器的压力随温度而变化。温度过低，压力迅速降低，其喷射强度也大大降低，失去灭火作用；温度过高，压力迅速升高，影响安全使用。因此，国家规定二氧化碳灭火器使用的温度范围为－20～55℃。

（二）二氧化碳灭火器

二氧化碳灭火装置可分为固定式灭火系统和灭火器两种类型。下面以灭火器为代表予以阐述。

二氧化碳灭火器是(高压)储压式灭火器，利用其内部灌装的高压液化二氧化碳喷出灭火。

1. 构造

（1）手轮式二氧化碳灭火器。主要由钢瓶、启闭阀、喷筒和虹吸管组成。钢瓶由无缝钢管制成，具有较高的耐压强度，用来灌装液态二氧化碳。启闭阀采用铜锻制，有良好的密封性，由手轮控制，其下部有一根虹吸管通入瓶底。喷筒为喇叭形，由喷管与启动阀相接，用来喷射二氧化碳。在启闭阀的另一侧装有安全膜，当温度超过 60°C 或压力超过 17.5MPa 时，会自行破裂放出二氧化碳气体。其构造如图 5－14 所示。

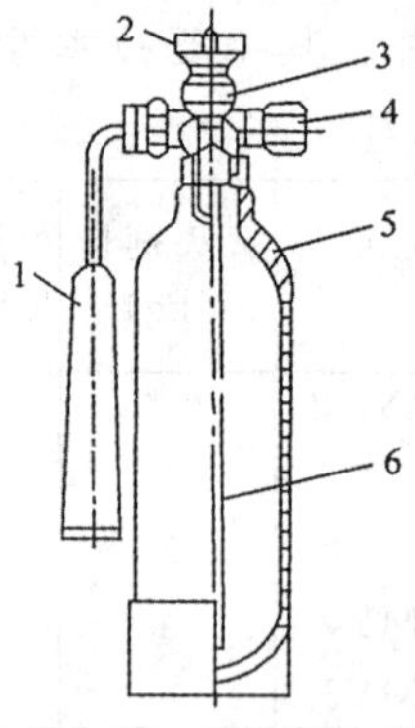

图 5－14　手轮式二氧化碳灭火器

1—喷筒；2—手轮；3—启闭阀；4—安全阀；5—钢瓶；6—虹吸管

（2）鸭嘴式二氧化碳灭火器。它的构造与手轮式二氧化碳灭火器大致相同，只有启闭阀的开启由压把控制，并以钢丝编织胶管连接喷筒与启闭阀。压把上没有自动复位装置，且能插入保险销使用固定，因而可以保证启闭阀平时处于关闭状态。

2. 规格和性能

二氧化碳灭火器的规格，按灌装灭火剂的重量分为 MT2、MT3、(多为手轮式)、MT5 和 MT7(多为鸭嘴式)4 种；按移动方式(手提式按开关形式)分为 MT 型手提(手轮)式、MTZ 型手提(鸭嘴)式、MTT 型推车式 3 种。手提式二氧化碳灭火器其主要技术性能见表 5－8 所示。

表 5－8　手提式二氧化碳灭火器

型号	灭火剂量(kg)	喷射时间(s)	喷射距离(m)	使用温度(°C)	灭火级别		外形尺寸(长×宽×高)(mm)	重量(kg)
					A类	B类		
MT2	2	≥8	≥1.5	－10～55	—	1B	180×110×564	9
MT3	3	≥8	≥1.5		—	2B	195×120×654	12
MT5	5	≥9	≥2.0		—	3B	276×160×644	21
MT7	7	≥12	≥2.0		—	4B	276×160×814	25

二、新型环保型气体灭火剂

多年实践证明，卤代烷气体灭火剂对于扑灭可燃固体表面火灾、可燃液体火灾、可燃气体火灾和电气设备火灾是最适宜的。这是由于这类灭火剂具有高效灭火和对保护对象无污染、无损坏等独特优点，故其发展迅速并被广泛使用。但是，20 世纪 80 年代以来，科学研究发现，卤代烷灭火剂是消耗大量臭氧层的主要物质之一，对臭氧层有极强的破坏作用，这引起全世界的关注。

臭氧(O_3)其 90%集中于距地表 15～50km 的平流层中，叫臭氧层。它能有效吸收自太阳发出的对生物生长损害严重的有害紫外线辐射的天然屏障，但是，释放到大气层中的卤代烷分子流入平流层后，在极强的太阳紫外线辐射下，氯和溴原子从卤代烷分子中分离出来，开始有害的链式反应破坏臭氧分子，每一游离的氯、溴原子可以破坏高达 10 万个臭氧分子。

卤代烷灭火剂和氟里昂制冷剂对臭氧层的破坏程度，国际上以臭氧耗减潜能值(即 ODP 系数)表示，见表 5-9。

表 5-9 氟氯碳化合物的 ODP 系数

组 别	编 号	ODP 系数
第一组化合物（氟里昂）	CFC-11	1.0
	CFC-12	1.0
	CFC-13	0.8
第二组化合物（卤化烷）	1301	10.0
	1211	30.0

由表 5-9 可见，卤代烷灭火剂的 ODP 系数比氟里昂大的多。为此，1987 年 9 月 16 日，在加拿大通过的“关于消耗臭氧层物质的蒙特利尔议定书”中提出限制卤代烷 1211、1301 和 2402 灭火剂的生产和消费。我国政府于 1991 所 6 月参加该协定书的签约，公安部制定了淘汰哈龙(卤代烷灭火剂)战略，决定将于 2005 年淘汰哈龙 1211，2010 年淘汰哈龙 1301。1993 年 4 月在北京召开的氯氟烃与哈龙替代技术保护臭氧层国际会议中，我国将承诺每年减少向大气排放卤代烷 115t，以减轻对环境污染的影响。

近十多年来，国内外正积极进行替代药剂技术和设备的研制，对于现有和新开发的气体灭火剂的评价，主要应遵循以下四项原则：① 蒸发后无残留物；② 对大气臭氧层的损耗潜能值小，甚至为零；③ 具有较好灭火性能；④ 无毒或低毒。近几年来，研究成功用以替代卤代烷灭火剂的有以下几种：

(1) 开发出新型环保灭火剂，如由中国北京理工大学等研制的 EBM 气溶胶灭火剂，由美国 ANSUL 公司研制的烟烙尽(INEREN)灭火剂。

(2) 新型环保型卤代烷灭火剂，如美国太湖化学公司研制的 FM-200 型(七氟丙烷)灭火剂和 FM-100™(一溴二氟甲烷)灭火剂，已得到美国环保署批准应用。

(3) 完善原有惰性气体灭火系统，如研制的二氧化碳低压灭火系统。

在上述新型气体灭火剂产品中，EBM 气溶胶灭火剂已列为中国国家重点新产品，美国的 FM-200 与烟烙尽等灭火剂都已通过中国国家灭火系统监督检测中心检测。下面就气溶胶灭火剂和 FM-200 灭火剂作一介绍。

(一) EBM 气溶胶灭火剂

EBM 气溶胶新型灭火剂是由北京理工大学等单位研制开发的。这种灭火剂具有无毒、无腐蚀、无污染、不损耗大气臭氧层和快速高效、全方位全自动灭火、设计安装维护简便易行、造价低的特点，是适合我国国情的一种理想的卤代烷(Halon)灭火剂替代物。这种灭火装置已通过了公安消防部门的技术鉴定，并被国家列为重点新产品，在我国得到推广应用。

1. EBM 气溶胶的性质

EBM 气溶胶灭火剂是液体或固体微粒悬浮于气体介质中的一种物质，由不含卤族元素的固体含氧物质所合成，它经过燃烧反应产生灭火气溶胶。EBM 气溶胶中的固体颗粒主要是金属氧化物、碳酸盐或碳酸氢盐、碳粒和少量金属碳化物(主要是钾和钾盐)。这些微粒的粒径大部分小于 1μm，占燃烧产物总量的 90%，气体产物是 N_2，还有少量的 CO_2 和 CO。气溶胶微粒是通过由氧化剂、还原剂粘合物结合成的固体材料的燃烧而产生的。由于微粒极为细小，具有非常大的比表面积，因此成为特别优良的灭火剂。EBM气溶胶灭火效率接近于卤代烷(Halon)"1301"的4倍。该灭火剂有着较好的推广价值。

2. EBM气溶胶的灭火机理

EBM气溶胶的灭火原理是通过若干种机理来达到灭火效果的。气溶胶中的固体微粒在灭火过程中起到重要作用。

EBM气溶胶灭火机理如下：

(1) 吸热分解的降温灭火作用。金属氧化物 K_2O 在温度大于350℃时就会分解，K_2CO_3 的熔点为891℃，超过此温度即分解，这些都存在着强烈的吸热反应。

(2) 气相化学抑制作用。在热的作用下，气溶胶中的固体微粒离解出的K可能以蒸气或阳离子的形式存在。在瞬间它可能与燃烧中的活性基团H、OH、和O发生多次链反应。消耗活性基团和抑制活性基团H、OH、和O之间的放热反应，对燃烧反应起到抑制作用。

(3) 固体颗粒表面对链式反应的抑制作用(固相化学抑制作用)。气溶胶中的固体微粒具有很大的表面积和表面能，固体颗粒进入火场后，受可燃物裂解产物的冲击，由于它相对于活性基团H、OH、和O的尺寸要大的多，故活性基团与固体微粒表面相碰撞时，被瞬间吸附并发生化学作用，如此反复进行而起到消耗燃料活性基团的效果。

3. EBM气溶胶灭火剂主要性能、特点

(1) 灭火效率高。体现在灭火过程中速度快、灭火剂用量少。EBM气溶胶灭火剂的灭火速度取决于灭火质点(气溶胶微粒)到达火源的速度和浓度。当火灾现场的EBM气溶胶达到一定的灭火质点浓度时，燃烧过程将不能继续下去。对于 $60m^3$ 的相对封闭空间的火场，从启动到灭火的时间一般不大于60s。EBM灭火剂与其他几种灭火剂的最低灭火用量比较如表5-10所示。

表5-10　EBM灭火剂与其他几种灭火剂的最低灭火用量的比较

灭火剂名称	最低灭火剂用量(g/m^3)
EBM	70～100
1211	260～300
1301	200～250
$NAFS_3$	360
FM200	620

(2) 无毒害、无污染、不损耗大气臭氧层、电绝缘性良好。EBM灭火剂及其生成的气溶胶不含氟、溴、氯等成分，故具有不破坏大气臭氧层的优点。此外，EBM灭火剂气溶胶及生成产物对生物无毒害，对微机、通讯机房及其设备工作性能均无污染和影响。

(3) 全方位灭火。EBM自动灭火系统启动后，气溶胶的扩散没有方向性，无论喷射方向或喷口的位置如何，在很短时间内，灭火质点将很快扩散到被保护空间的各个部位而迅速扑灭火源，并对未形成火灾的部位保护起来。这就是EBM灭火系统所具有全方位保护空间的独特优点。

EBM灭火系统与其他气体灭火系统相比，EBM气溶胶释放后能见度差。

4. 应用范围

从EBM气溶胶的灭火性能来说，它可以扑灭可燃固体、可燃液体和可燃气体的初期火灾，具有良好的电绝缘性，更适宜于灭电气火灾。

EBM 气溶胶灭火系统的应用范围如下：

(1) EBM 气溶胶灭火系统可用于扑救下列初期火灾：A. 变电室、配电间、发电机房、电缆夹层、电缆井、电缆沟、通讯机房、电子计算机房等场所的火灾；B. 生产、使用或储存动物油、植物油、重油、润滑油、变压器油、闪点>60℃的柴油等各种丙类可燃液体的火灾；C. 不发生阴燃的可燃固体物质的表面火灾。

(2) EBM 气溶胶灭火系统不得用于扑救下列物质的火灾：A. 无空气条件下仍能迅速氧化的化学物质，如硝酸纤维火药等；B. 钾、钠、镁、钛、锆、铀、钚等活泼金属；C. 氢化钾、氢化钠等金属氢化物；D. 能自行分解的化学物质，如一些过氧化物、联氨等；E. 强氧化剂，如氧化氮、氟等；F. 自燃物质，如磷等；G. 可燃固体物质的深位火灾。

(二) 七氟丙烷(FM-200)灭火剂

1. 七氟丙烷灭火剂的性质和灭火机理

七氟丙烷(HFC227ea，美国商标名称为 FM-200)灭火剂是一种无色、几乎无味、不导电的气体，其化学分子为 CF_3CHFCF_3，分子量为 170，密度大约为空气的 6 倍，采用高压液化储存。

灭火机理为抑制化学链反应，其灭火原理及灭火效率与卤代烷(Halon)“1301”相类似，对于 A 类和 B 类火灾均能起到良好的灭火作用。

2. 对环境的影响

七氟丙烷灭火剂不会破坏大气臭氧层，在大气中的残留时间也比较短，其环保性能明显优于卤代烷(Halon)“1301”。

七氟丙烷的毒性较低，对人体产生不良影响的体积浓度临界值为 9%，并允许在浓度为 10.5%的情况下使用 1min。七氟丙烷的设计灭火浓度为 7%，因此，正常情况下对人体不会产生不良影响，可用于经常有人活动的场所。

3. 应用范围

(1) 七氟丙烷灭火剂可以扑救的火灾：A. 可燃气体火灾，如甲烷、乙烯、煤气、天然气等；B. 甲、乙、丙类液体火灾，如烃类、醇类、有机溶剂类等；C. 可燃固体表面火灾；D. 电气火灾。

(2) 七氟丙烷灭火剂不适用于如下材料所发生的火灾：A. 无空气仍能迅速氧化的化学物质的火灾，如硝酸纤维、火药等火灾；B. 活泼金属的火灾，如钠、钾、镁、钛和铀；C. 金属氢化物、强氧化剂、能自燃物质的火灾；D. 能自行分解化学物质的火灾，如有机氧化合物和联胺。

4. 人员暴露限制

人员暴露限制如下：① 9%体积浓度以下，人员暴露无限制；② 大于 9%至 10.5%，限制人员暴露至 1min；③10.5%以上的体积浓度避免暴露。

第四节　固体灭火剂与灭火剂选择

一、固体灭火剂(即干粉灭火剂)

干粉灭火剂是一种干燥、易于流动、无毒的粉状混合物，其颗粒约为 10～75μm，借助于灭火器中的气体压力，将干粉从容器喷出，以粉雾形态扑灭火灾。

干粉灭火剂按适用范围可分为普通干粉和多用干粉两大类。

（一）普通干粉灭火剂

1. 成分

普通干粉是以碳酸氢钠、碳酸氢钾、碳酸氢铵、磷酸一铵等为基料制成，并混入多种添加剂，如硅油、硬脂酸金属、磷酸三钙等，以改善其流动、防潮与防止结块等性能。主要用以扑灭可燃液体火灾、可燃气体火灾和带电设备火灾。

2. 灭火机理

干粉灭火剂的灭火机理，主要是化学抑制作用。燃烧反应是一种链锁反应，燃烧物在高温作用下，吸收活化能而被活化，产生大量活性基团，与燃烧分子作用，不断生成新的活化基团和氧化物，同时放出大量热量维持燃烧的链锁反应继续进行。当干粉以雾状形式喷向火焰时，可以大量吸收火焰中的活性基团，使其数量急剧减少，中断燃烧的链锁反应，从而使火焰熄灭。

干粉灭火剂喷洒到燃烧区中就会受热分解，生成 CO_2 和 H_2O 及一些活性物质。碳酸氢钾（紫钾粉）灭火的主要过程为

$$2KHCO_3 \longrightarrow CO_2 + K_2CO_3 + H_2O \qquad 受热$$

$$K_2CO_3 \longrightarrow CO_2 + K_2O \qquad 受热$$

$$K_2O + H_2O \longrightarrow 2KOH \qquad 燃烧产生$$

$$KOH + \dot{H} \longrightarrow K + H_2O$$

及

$$KOH + \dot{O}H \longrightarrow K\dot{O} + H_2O$$

反应产生的活性物质易于消除燃烧反应产生的活性基，具有强烈的抑制灭火作用，其化学反应结果所形成的 CO_2 和 H_2O 具有窒息灭火作用。

3. 品种

普通干粉灭火剂主要有以下三种：

(1) 碳酸氢钠干粉（全硅化）。其组成为碳酸氢钠 92%，活性白土、云母粉和有机硅油等占 8%。此种灭火剂有较好的防潮抗结块性能，流动性好、储存期长、灭火效能中等。

(2) 改性钠盐干粉。在碳酸氢钠干粉中，添加氧化剂（硝酸钾）与还原剂（木炭、硫磺粉）配制而成，其主要成分碳酸氢钠占 72%，硝酸钾 15%，其余成分占 18%。此类干粉中，硝酸钾、木炭、硫磺等遇火焰后迅速发生化学反应，促使碳酸氢钠迅速分解，释放出灭火的 CO_2 和 H_2O 蒸气。硝酸钾也是一种有效抑制剂，因此，改性钠盐干粉灭火效率较高。

(3) 氨基干粉。此种干粉基料是由尿素与氢氧化钠反应产生的氨基干粉（MONNEX 干粉），其中氨基干粉占 87%，碳酸氢钠、活性白土、云母粉、滑石粉、石墨粉、硅油等占 13%。氨基干粉的显著优点是其灭火效率比碳酸氢钠提高 3～4 倍。

（二）多用干粉灭火剂

此种灭火剂主要指磷铵干粉灭火剂，它以磷酸盐为基料，加入硫酸铵、各种添加剂和硅油制成。

磷铵干粉在灭火中受火焰高温作用，其主要成分磷酸二氢铵等分解出铵和磷酸，磷酸受热脱水最后生成五氧化二磷，呈吸热反应，对燃烧物起冷凝作用，分解释放的氨气减少了火焰中氢氨基浓度，抑制燃烧链锁反应。

多用干粉既能有效扑灭易燃、可燃液（气）体和电气设备火灾，又可扑灭木材、纸张、纤维等 A 类固体可燃物质火灾，它是近年来开发的通用干粉灭火剂，已成为主要的干粉灭火剂。

二、干粉灭火器

干粉灭火器是以高压二氧化碳为动力，喷射干粉灭火剂的器具。干粉灭火器按移动方式分为MF型手提式、MFT型推轼和MFB型背负式3种；按储气瓶在灭火器上安装的形式又分为内装式和外装式两种。凡是二氧化碳储气瓶装在干粉筒内的称为内装式干粉灭火器，装在干粉筒身外面的称为外装式干粉灭火器。下面以手提式干粉灭火器为例予以阐述。

（一）构造

(1) 外装式干粉灭火器。主要包括筒体及悬装在筒外的二氧化碳钢瓶两部分，如图5-15所示。筒体内装干粉灭火剂，并有进气管及出粉管各1根插入底部，它们分别与位于盖部的进气口及粉口相通。钢瓶上口的开启阀为穿针式(由拉环操纵)，用紧固螺母与进出口连接。带有喷枪的喷粉胶管则以螺纹连接形式安装在出粉口处。

(2) 内装式干粉灭火器。钢瓶安装在筒体内部，且其阀门的开启由位于筒盖上压把操纵，其余部分则大致与外装式相同。

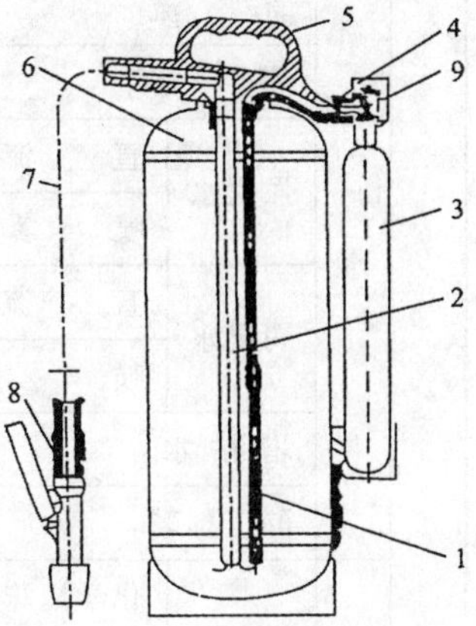

图5-15　MFB型手提外装式干粉灭火器

1—进气管；2—出粉管；3—二氧化碳瓶；4—螺母；5—提环；6—筒体；7—喷粉胶管；8—喷枪；9—拉环

（二）规格及主要性能

MF型手提式干粉灭火器的规格是按充装干粉重量划分的。有MF1、MF2、MF3、MF4、MF5、MF6、MF8、MF10八种规格，其中MF3和MF6两种规格不常用。

MF型手提式干粉灭火器的主要技术性能见表5-11。

表5-11　手提式干粉灭火器技术性能

形式	型号	灭火剂量 (kg)	喷射时间 (s)	喷射距离 (m)	使用温度 (°C)	灭火级别		外形尺寸 (长×宽×高)(mm)	重量 (kg)
						A类	B类		
储气瓶式	MF1	1	≥6	≥2.5	-10～55 或 -20～55	3A	2B	155×105×310	3.1
	MF2	2	≥8	≥2.5		5A	5B	240×105×430	4.4
	MF3	3	≥8	≥2.5		5A	7B	260×135×425	6.3
	MF4	4	≥9	≥4		8A	10B	260×145×450	7.0
	MF5	5	≥9	≥4		8A	12B	260×145×534	8.8
	MF6	6	≥9	≥4		13A	14B		
	MF8	8	≥12	≥5		13A	18B	340×170×579	13.8
	MF10	10	≥12	≥5		21A	20B		

（三）适用范围

碳酸氢钠干粉灭火器适用于易燃可燃液体和气体，以及带电设备的初起火灾；磷酸铵盐干粉灭火器除可用于上述几类火灾外，还可用于扑救固体物质燃烧的初起火灾。但两者都不适宜扑救轻金属燃烧的火灾。

三、灭火剂选择

根据火灾类别或建筑场所，按表5-12选择灭火器。

表 5-12 各种灭火剂适用火灾的范围

灭火剂				火灾类别					带电设备火灾
				A类火灾	B类火灾		C类火灾	D类火灾	
					非极性液体	极性液体			
液体	水	直流		✓	×	×	○	×	△
		喷雾		✓	○	○	○	×	○
		强化水	直流	✓	×	×	○	×	×
			喷雾	✓	○	○	○	×	○
		润湿水	直流	✓	×	×	○	×	×
			喷雾	✓	○	○	○	×	×
		增粘水		✓	△	△	△	×	×
		酸碱		✓	△	△	△	×	×
	泡沫	普通泡沫	化学泡沫	✓	✓	×	×	×	×
			蛋白泡沫	✓	✓	×	×	×	×
			氨蛋白泡沫	✓	✓	×	×	×	×
			水成膜泡沫	✓	✓	×	×	×	×
			合成泡沫	✓	✓	×	×	×	×
			高倍数泡沫	✓	✓	×	×	×	×
		抗溶性泡沫	金属皂抗溶泡沫	✓	✓	✓	×	×	×
			凝胶型抗溶泡沫	✓	✓	✓	×	×	×
			多功能氨蛋白泡沫、化学泡沫	✓	✓	✓	×	×	×
	7150灭火剂			×	×	×	×	✓	×
气体	卤代烷	三氯一溴甲烷(1301)		○	✓	✓	✓	×	✓
		二氟一氯一溴甲烷(1211)		○	✓	✓	✓	×	✓
		四氟二溴甲烷(2402)		○	✓	✓	✓	×	✓
		二氟二溴甲烷(1201)		○	✓	✓	✓	×	✓
	环保型不燃气体	EBM气溶胶		○	✓	✓	✓	×	✓
		七氟丙烷		○	✓	✓	✓	×	✓
		二氧化碳		○	✓	✓	△	×	✓
		氮气		△	○	○	△	×	○
固体	干粉	钠盐、甲盐、氨基干粉		○	✓	✓	✓	×	✓
		磷酸氨干粉		✓	✓	✓	✓	○	✓
		金属火灾用粉末灭火剂		×	×	×	×	✓	×
	烟雾灭火剂			×	○	○	×	×	×

✓ 表示适用，是扑救该类火灾最适宜的灭火剂；○ 表示可用，灭火效果不显著或按有关规定有限制地使用该灭火剂；△ 表示一般不用，从安全、技术、经济等因素考虑，通常情况下不采用；× 表示不适用，灭火无效或能导致新的危险

第五节　初起火灾扑救

当火灾处于初起阶段,武警消防队伍尚未赶到时,依靠企事业单位内部人员和灭火设施去扑灭火势,称之为初起灭火。

前已阐述,火灾的发展过程一般经历初起(包括阴燃)、旺盛和熄灭等三个阶段。在初起阶段,燃烧面积小,放出的热量少,烟气流动速度缓慢,火势向周围发展蔓延较慢,因此,扑灭火灾容易,这是扑灭火灾最有利时期。所以,万一发现建筑起火,必须抓紧时机尽快扑灭初起之火,这是防止火灾事故扩大、减少人员伤亡和财产损失的关键和重要措施。

根据火灾物质燃烧的特点,选择不同的灭火方法。灭火的基本方法可分为冷却、隔离、窒息和抑制等四种。

事实上只要平时做好灭火准备,火灾发生时能准确判明情况,合理组织力量,正确使用和有效发挥灭火器材的作用,扑灭初起火灾不会十分困难;尤其是使用现代化探测灭火系统,只要平时做好系统维护,人员经过基本训练,扑灭初起火灾是比较可靠的。

一、初起火灾扑救程序

(一) 灭火前准备工作

为了能够及时、迅速、有效地扑灭火灾,减少火灾损失,必须经常做好灭火准备工作。准备工作主要有思想准备、组织准备和物资准备,并在此基础上制定一套或几套应急预案。

思想准备:将企事业单位的部分群众组织起来,组成一支训练有素、具有防火、灭火知识和熟练灭火技能的义务消防队或专职消防队。企事业负责人及安全负责人对初起火灾治理的应急预案做到心里有数,临危不惧,有良好组织指挥能力。企事业广大群众应初步掌握常规火灾类型的基本知识和正确灭火方法。

物资准备:准备好扑救火灾所需要的物资、灭火救灾装备、防护用品等。对于企事业单位重要建筑物的现代化火灾监控系统,必须投入一定人力和物力,加强维修,确保其系统可靠和实战需要。

(二) 报警

一旦发现起火,应立即向公安消防部门报警,及时报告企事业保卫部和安全负责人。

向消防部门报警时,必须说明起火地点详细地址,起火物质及其危险性,火势大小,是初起火灾还是已经蔓延扩大,燃烧范围等。这是为了便于公安消防部门根据灾情及时调集力量和正确携带相应的灭火器材。

(三) 迅速查明火情

灭火工作必须了解火情,正确部署,才能有效扑救。在发现起火后,必须迅速到达着火部位,查明情况,采取正确扑救措施,扑灭火灾。应查明的情况包括:燃烧物质和范围、火场内有否受火灾威胁的人、火场区有否易燃易爆有毒物品、建筑受损程度和可能倒塌危险、火势蔓延方向、火场电源、可燃气源是否切断。查明情况后,结合平时制定的应急预案,组织灭火。

(四) 合理布置灭火力量

按照先控制后消灭的原则,应将主要力量部署在火灾蔓延的方向。布置灭火力量应掌握以下原则:救人与灭火,当火场上发现有人被围困,应先救人后灭火,或者救人、灭火同时进行;火场区存在易燃易爆物品,应首先组织力量急速将这些物品搬离火场区,同时堵拦火势向其蔓延；当火势包围重要设备和重点部位或向其蔓延时，应把主要力量用于堵截火势蔓延和保护这些设备和重点部位；对于已发展成较大火势时，应在统一指挥下，分成若干小组，分片灭火与抢救。

（五）火场救人

抢救人员是火场的首要任务。当火场发展接近达到轰燃时，已十分危险，则抢救人员更为紧急和重要。在火场上，当有人受到火灾威胁时，应立即组织抢救，首先应救出中毒、灼伤、晕倒的人员以及老人、小孩和妇女。抢救人员要选择最近、最安全的道路向外疏散。当道路被堵塞时，可迅速破拆门窗或墙壁进行救人。遇到火场烟雾很大、视线不良，应沿墙根匍匐前进并呼喊。一般情况下，受火灾威胁人员多在门窗附近或设备、墙角、桌柜下。救人时应注意安全，进入火场应带手电筒、绳子。当火场烟雾大，没有防毒面具，可用口罩、湿毛巾捂嘴，防止烟气中毒。

在一般建筑火灾中，应首先抢救着火层受火势威胁的人员，特别是夜间人员被烟火惊醒而惊惶失措时，应作重点抢救和疏散。由于烟气容易向上蔓延，危及着火层上层人员的生命安全，对该层人员亦应及时组织抢救和疏散。当着火层和着火上层人员疏散完毕后，再对着火层下层人员进行抢救和疏散。

当楼梯已被火势封锁或发现楼上有物件抛出、灯光显示、有人登窗、阳台、楼顶呼救时应从建筑物外部架设梯子或利用地形地物（如翻窗、攀登水管）登楼救人，或利用各种器材装备进行抢救，如使用安全绳、缓降器、救生袋、拉梯、挂钩梯、消防车云梯和登高平台等。

（六）人员疏散

火灾初期应采取有效措施组织好人员疏散，对于减少人员伤亡具有十分重要的意义。尤其在人员集中的火灾现场，如影院、礼堂、歌舞厅、体育场馆、商场、集贸市场等。由于浓烟阻挡视线，使受害者晕头转向，缺氧使受害者呼吸困难，反应迟钝；毒气使受害者中毒或神经系统麻痹而失去理智；热气流和高温使受害者无法生存，从而出现惊惶失措，争相逃离，互相拥挤践踏，造成大量人员伤亡。为减少人员伤亡必须采取有效的疏散措施：

(1) 有组织疏散。在人员集中的场所发生火灾，必须有领导、有组织地按平时拟定和演练过的抢救疏散计划，按规定疏散路线和疏散出口有秩序地进行疏散；同时稳定群众情绪和听从指挥；待公安消防队到达火场后，继续协助其做好疏散抢救工作。

(2) 正确通报，防止混乱。在人员集中场所发生火灾的初期阶段，必须适时向群众进行正确通报，以保证人员疏散迅速简便，各种疏散通道得到充分利用，防止发生混乱。

(3) 疏散引导。在人员集中场所发生火灾时，由于人们急于逃生的心理，可能会一起拥向有明显标志的出口，造成拥挤混乱。这时，安全人员必须及时设法引导疏散，为人们指明各种疏散通道，并用镇定语气，消除临险恐慌心理，有条不紊地安全疏散。具体方法有语言引导和掩护疏导两种。语言引导包括由控制中心发出的广播语言引导和工作人员的口头引导。广播语言引导应简要说明火灾情况、起火部位与火势严重程度；指示疏散方向、道路和安全地点；劝说听从指挥，使用坚定、平静、简明的语言，使受害群众情绪稳定，有序疏散。掩护疏导是当火势较大，直接威胁人员安全、影响疏散时，安全或消防人员利用各种灭火器材，全力堵截火势，掩护被困人员疏散，及时强制疏通堵塞出口和扶救跌倒人员。

(4) 制止脱险者重返火场。受灾人员疏散至安全地点后，由于对自已生命威胁程度的减少，可能出现重返火场抢救亲人和财物的行为，因此，必须加强对脱险人员的管理，避免脱险者出现新的危险，或造成疏散的混乱，妨碍救人。

（七）保护物资

为减少火灾损失，避免火灾蔓延和控制火势，应及时疏散或将物资保护起来，并应根据物资的危险性、重要性和受火势威胁的程度来决定疏散物资的先后顺序。对于在火场中或附近受火势威胁的易燃、易爆物品或贵重物资，应立即组织人员加以疏散。对于不能移动的上述物品，要集中一部分灭火器、水枪冷却其外壁和降温，或用水侵湿的棉被、麻袋、草袋等加以覆盖，必要时在这些物资上面压土加以保护。物资应有组织地疏散至安全地点。

（八）火场破拆

火场上进行破拆的目的，是防止火势蔓延，有效扑灭火灾，保护国家和人民的生命和财产。比如，为了配合扑救火灾寻找水源、抢救人员或疏散物资，可以组织人员将门窗、房屋、墙壁拆开。当火场上由于人力物力不足，不能及时有效控制火势，或者火势向某个方向蔓延扩大时，可根据需要拆除一些毗连的房屋或可燃结构，形成间隔，隔断蔓延的火势。火场上是否需要进行局部拆除，为了减少不必要的损失，应取得企事业安全负责人同意。破除范围应尽量减少。

（九）火灾后处理

火灾基本扑灭后，随即做好善后处理工作，包括彻底消除余火，对火场里残留的余火详细检查后将其彻底扑灭；对温度过高的建筑物件与设备，进行冷却，防止复燃；及时清除室内火灾扑救遗留的积水，以免破坏建筑和装备；查处火灾事故，总结经验教训。

二、初起火灾扑救对策与战术

根据初起火灾的特点和发展过程，采用适宜的扑救对策和战术，可以及时有效地扑灭火灾。火灾扑救对策和灭火战术是指导和进行灭火战斗的思路和方法。实践证明：堵截包围，内外夹攻，上下合击，重点突破，逐片消灭，是灭火的主要对策和战术方法。火场组织者必须根据建筑结构、火情、人力、灭火装备、灵活机动地运用这些对策和战斗，才能及时有效地扑灭初起火灾。

（一）堵截包围

在一般情况下，应先堵截，随后包围。堵截是在火势蔓延的主要方向部署力量，堵截火势，阻止火势扩展蔓延，控制火势发展，随后对燃烧区形成包围态势，进而扑灭火灾。堵截形成即意味着包围开始，堵截包围是积极防御和主动进攻相结合的灭火作战方法。

（二）内外夹攻

内外夹攻是以内攻为主辅以外攻。内外夹攻是扑救内部火灾的一种方法。扑救初起火灾，应尽量深入建筑物内部打近战，部署主要人力直接消灭火点。必要时，当内攻途径受阻，或火势发展需要应充分利用外窗、阳台、室外固定金属梯、临近建筑平台或登高消防车等作为水枪实施外攻阵地，合击灭火。

（三）上下合击，阻止火势垂直蔓延

当火灾呈立体状燃烧和蔓延时，除了在燃烧层布置主要人员外，在燃烧层的上部与下部亦应同时布置灭火力量，以阻止火势蔓延，由于烟囱效应的作用，火势垂直蔓延常以燃烧层上面为主，因此，上部应部署足够的力量。

（四）重点突破

在火场燃烧旺盛的地点，采取强行进攻的方法进行灭火，实施重点突破。采取重点突破的方法，必须加强组织指挥，输送力量和装备，选好突破点，抓住战机，取得进展。

(五) 逐片消灭

当建筑物多层起火,火场上出现大面积燃烧时,应根据建筑结构和地形,将火场分成若干片,然后逐点扑救与灭火,这样做有利于加快灭火进程,减少火灾损失。

应该根据火场的具体情况,实施几种战术和对策的组合,以便及时有效地扑灭火灾。

第六节 火场逃生

一、概述

火灾是世界各国政府和人民普遍关注的灾难性问题,其发生频率高,伤亡人数多,财产损失大。据我国 20 世纪 90 年代中期统计,在 1990 年至 1994 年间,其发生火灾 17 900 多起,死伤人数达 25 400 人。

火灾的发生、发展有其自身的规律,只有掌握这些规律及其特点,才能有效地与其斗争,并最大限度地减少损失。前已阐明,不论是民用建筑火灾,还是工矿企业火灾,都具有发生的突发性,火情发展的多变性和救灾处理的瞬时性。由于火灾的突发性,险恶的火场环境和千变万化的复杂火情,给于人群强烈的刺激,这是在火灾中人们引起惊慌的重要原因。由于火灾之间的千差万别,引起火灾的原因多种多样,每次火灾的形成和发展过程各不相同,加上发展过程来势凶猛,瞬息万变,这就要求人们在突变、多变、瞬时的火灾发生发展过程中,如何由被动的瞬时反应性行为变为临危不乱,处险不惊,根据火灾的发展变化及时采取正确的应变措施。

人在火灾中的心理状态,对于能否及时采取正确的应变措施和产生后果影响很大。归纳起来,心理反应主要有两种,即惊慌和群聚。火灾中的惊慌是指火灾中的人群在接受异常灾难刺激表现出的一种焦虑状态或行为状态。这种在极度难忍、充满恐怖的环境中造成的心理反应大多不能自控,而易产生各种不幸的结果。火灾中的群聚是指受灾者在面临烈火威胁生命安全时,均会产生群聚心理,多一个人似乎可以减少惊慌和恐惧。在火灾中要树立起良好的心理状态,必须通过激发积极心理,消除消极心理去努力实施。在火场环境中,在心理因素的作用下,受灾人员会产生积极的主动勇敢地同火灾做斗争的行为,也会产生惊惶失措的消极心理反应。群聚则大部分属于积极的心理反应,部分亦属于消极的心理反应。只有激发积极心理、克服消极心理,才能使火灾中人员的伤亡和财产损失减少到最低程度。提高火灾中人们心理素质的办法,主要是教育和训练。其中,教育是激发积极心理、克服消极心理的基本手段,它的任务是转化思想、增长知识和提高技能,达到增强人们抗灾的能力。通过教学和应用两种心理训练,有效地提高人们在火灾条件下的思维能力和在复杂、紧张和难以对所形成的局势做出准确判断情况下实现意志的坚定和克服消极心理。

二、火场逃生方法

火灾中,当燃烧威胁着在场人员生命安全条件下,保存生命、迅速逃离危险区域成为人的第一需要。逃生方法有以下几个方面。

(一) 自救

自救是最常用的逃生方法,实施自救行动之前,应强制自己保持头脑冷静,克服恐慌心理,再根据周围环境和各种自然条件,选择适宜的自救途径和方式。

1. 熟悉环境

这里所指的环境是人们经常工作、学习、居住的建筑，或临时外出所至的宾馆、饭店、商场及文体场所。当人们居住在环境已熟悉的建筑物内，亦应制定出比较详细的逃生计划，以及进行必要的逃生训练和演练。如确定逃生的出口、路线和方法，并为所有成员熟悉和掌握。对于临时出入不熟悉的公共场所环境，应留心观察太平门、楼梯、安全出口的位置，以及报警、消防器材所在地点，以便发生火灾时能够及时逃出险区，或在被围困情况下及时向外报警求救。每个人都应养成熟悉所处环境的良好习惯，才能有备无患。

2. 选择逃生方式方法

由于人们在火场上所处的火势、位置和掌握的救生器材不同，选择逃生方式方法亦有所区别。但不管条件如何，当发现或意识到自己可能已被烟火围困，生命受到威胁时，都应争分夺秒选择可靠的自救方式设法脱险，切勿延迟。逃生方式有以下几种。

（1）利用建筑物内疏散设施逃生。楼房着火时，首先应选择建筑物内安全疏散设施进行逃生，如利用安全疏散楼梯（防烟）、室外疏散楼梯、消防电梯等。若上述通道被烟火封锁，又无其他器材救生时，可考虑利用建筑物构件逃生，如阳台、屋顶、落水管、避雷线等，如图 5－16 所示。但应查看落水管、避雷线是否牢固，以防断裂脱落造成伤亡。

（2）准备简易防护器材。逃生人员多数要经过充满烟雾的路线，才能离开危险区域。如果浓烟呛的人透不过气来，可用湿毛巾、湿口罩捂住口鼻。无水时干毛巾、干口罩也可以。实践和实验都已证明湿毛巾和干毛巾除烟效果都较好。使用毛巾捂住口鼻时，一定要使过滤烟的面积增大，将口鼻捂严。在穿过烟雾区时，即使感到呼吸困难，也不能将毛巾从口鼻上拿开，因拿开时，就有立即中毒的危险。在穿过烟雾区时，除用毛巾、口罩捂住口鼻，还应将身体尽量贴近地面或爬行穿过险区。如果门窗、通道、楼梯等已被烟火封锁，冲出险区有危险时，可向头部、身上浇些冷水或用湿毛巾等将头部包好，用湿棉被、湿毯子将身体裹好或穿上阻燃的衣服，再冲出险区。

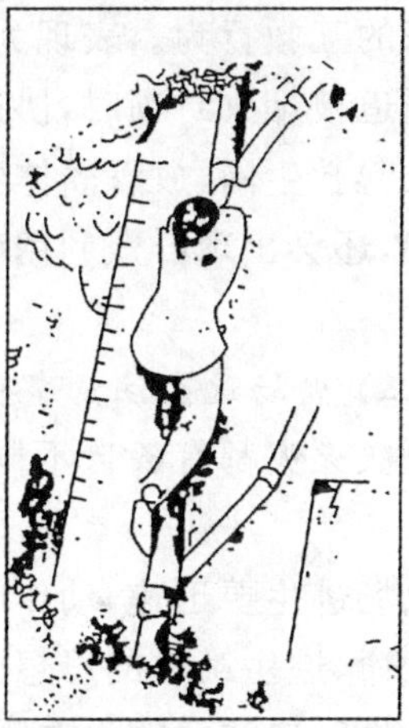

图 5－16　利用攀登墙水管下滑

（3）自制简易救生绳索，切勿跳楼。当各通道全部被烟火封死时，应保持镇定。可利用各种结实的绳索，如无绳索可用被褥、衣服、床单，或结实的窗帘布等物撕成条，拧好成绳，栓在牢固的窗框、床架或其他室内的牢固物体上，然后沿绳缓慢下滑到地面或下层的楼层内而顺利逃生。

如果被烟火困在二层楼内，在没有救生器材逃生或得不到救助而万不得已的情况下，有些人也可以跳楼逃生。但跳楼之前，应先向地面扔一些棉被、床垫等柔软物品，然后用手扒住窗台或阳台，身体下垂，自然下落，这样可以缩短距离，更好地保护人身安全。如果被火围困于三层以上楼层内，那就千万不要急于往下跳，因距离很高，往下跳时容易摔成重伤或死亡。

（4）创造避难场所。在各种通道被切断，火势较大，一时又无人救援的情况下，对于没有避难间的建筑里，被困人员都应开辟避难场所与浓烟烈火搏斗。当我们被困在房间里时，应关紧迎火的门窗，打开背火的门窗，但不能打碎玻璃，要是窗外有烟进来时，还要关上窗子。如门窗缝隙或其它孔洞有烟进来时，应该用湿毛巾、湿床单等物品堵上或挂上湿棉被等难燃或不燃的物品，并不断向物品上和门窗上洒水，最后向地面洒水，并淋湿房间的一切可燃物。要运用一切手段和措施与火搏斗，直到消防队到来，救助脱险。

避难间及场所是为救生而开辟的临时性避难的地方。因火场情况不断发展，避难场所也不会永远绝对安全。所以不要在有可能疏散的条件下不疏散而创造避难间避难，而失去逃生的机会。

避难间要选择在有水源和能同外界联系的房间。一方面有水源能进行降温、灭火、消烟以利避难人员生存，同时又能与外界联系及时获救，如房间有电话能及时报警，如无电话，可用白旗或其他明显的标志在白天向外报警，夜间要打开电灯、手电筒等向外报警。

（二）互救

互救是指在火灾事故中表现出舍己救人，以帮助他人为行为目的。

互救分为自发性互救和有组织的互救。

自发性互救是指在火灾现场，在无组织无领导的情况下，群众所采取的一种自觉自愿的救助行为。如当火灾发生时高喊“着火了”！或敲门向左邻右舍报警。当周围的邻居听到着火的消息后，年轻力壮和有行为能力的人都会纷纷跑来救人、扑火和帮助年老体弱者、妇女和儿童逃离火场。火场上经常出现有人搀扶或背着病人或孩子从火中冲出来的场面，体现出了高尚的舍己救人的道德品质。

有组织的互救是指在火灾初期，消防人员尚未到达火场之前，由起火单位的干部和职工组织起来的互救行为。表现为火灾发生时利用喊话、广播通知，引导被火围困人员逃离险境。当疏散通道被烟火封锁时，协助架设梯子、抛绳子、递竹竿等帮助被困人员逃生。有时候还能在楼下拉起救生网，放置软体物质，救助从梯上往下跳的人员。在配置有一般消防器材的建筑物火灾中，还会出现群众利用建筑物内的水带、水枪为被围人员开辟通道，帮助迅速逃离火场的场面。

（三）火场逃生注意事项

每次火灾都有各自不同的特点，下面仅就一般的火灾事故中所要求的注意事项作一些介绍。

火场逃生要迅速，动作越快越好，切不要为穿衣或寻找贵重物品而延误时间，要树立时间就是生命、逃生第一的思想。

逃生时要注意随手关闭通道上的门窗，以阻止和延缓烟雾向逃离的通道流窜。通过浓烟区时，要尽可能以最低姿态或匍匐姿态快速前进，并用湿毛巾捂住口鼻。不要向狭窄的角落退避，如床下、墙角、桌子底下、大衣柜里等。

如果身上衣服着火，应迅速将衣服脱下，就地翻滚，将火扑灭。但应注意不要滚动过快，更不要身穿着火衣服跑动，如附近有水池、池塘等，可迅速跳入水中。如人体已被烧伤时，应注意不要跳入污水中，以防感染。

火场上不要乘坐普通电梯。理由是：发生火灾后，往往容易断电而造成电梯卡壳，给救援工作增加难度；电梯口通向大楼各层，火场烟气涌入电梯通道极易形成烟囱效应，人在电梯里随时会被浓烟毒气熏呛而窒息。

三、火场逃生互救器材

在火灾中，生命危在旦夕，人们必然竭尽所能设法逃生与互救。逃生与救人的器材设施种类较多，主要有救生绳、救生袋、救生垫、救生软梯、缓降器、救生滑杆、救生滑台、救生舷梯，以及其他物品，如床单、毛巾、软垫等。如果能巧妙和充分利用这些器材设施，就可能使人死里逃生。

（一）救生绳

救生绳是用有一定抗拉强度和耐水性的天然纤维和化学纤维作原料制作。如天然的剑麻、白棕和棉纱制作；人造化学纤维的聚乙烯、聚丙烯、聚氯乙烯及少量腈纶、锦纶等制作。人造纤维材料虽然强度大、重量轻，但由于耐热性差、延伸率大，在火场上使用受限制。目前使用较为普遍的是用宁麻精制，直径6～14mm、长度15～30m的救生绳，称为安全绳，以及直径较小的抛绳、引绳和标绳。常规应用的绳索有GX-6型宁麻自救绳和FS-22型安全绳等。

（二）救生袋

救生袋是两端开口，供人从高处在其内部缓慢滑降的长条形袋状物。它由救生袋体、入口框架及地面固定环等组成。救生袋体是使用者实际下滑的隧道状布筒，是由三、四层织物组成，外层为防火的玻璃纤维编制而成的防火层，中层是由弹性纤维编制而成的煞车层，里层是由高强度合成纤维编制而成的支撑层。入口框架是用于使用者顺利进入到救生袋体的器件，通过转轴连接在基础固定架上。地上固定环是用于张设救生袋体的器件，便于逃生者脱离救生袋。

有人把救生袋称为高层建筑发生火灾时逃生或救人用的“自动梯子”。它既可以事先安装在高层楼房的阳台上，也可以设在举高消防车上，还可以由消防人员临时架设在火场的适当位置。救生袋的安装有两种形式：一种是斜降式（如图5-17）；另一种是直降式。使用救生袋救人，使用者脚下头上进入救生袋，依靠自身体重沿袋体下滑，同时，依靠膝部、肘部和两臂支撑袋体控制下滑速度。向外张力越大，下滑阻力就越大，下降速度减慢；反之，下降速度则快。

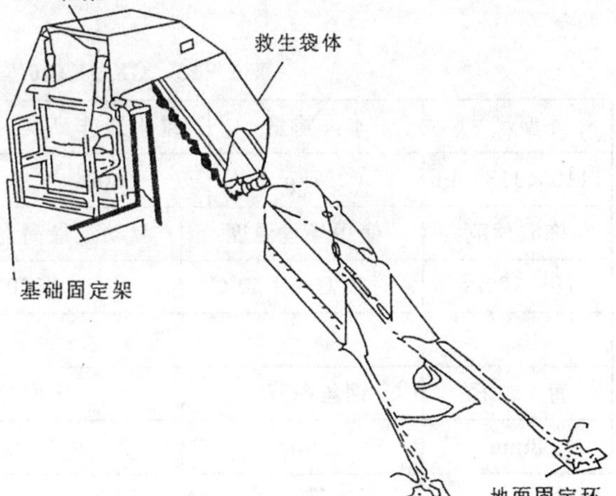

图5-17　斜降式救生袋

（三）救生垫

救生垫是一种接救从高处下跳人员的充气软垫。平时救生垫是折叠起来存放的，使用时，在现场用空气充填泵进行充灌压缩空气。充气以后，救生垫的形状就像很大很厚的棉被模样，由于内部是充灌的空气，当高处人员跳落在救生垫上，救生垫就起到了缓冲作用，大大减缓了人体自高处落地的惯性冲击力，使人不受损伤，但用救生垫救人也有局限性：一是救生高度有限，一般要求安全救生的跳落高度不超过7m，也就是不超过三层楼的高度，如果太高，人体下落的重力加速度增大，救生垫的缓冲作用难以保证人体不受损伤；二是救生垫面积有限，目前使用的几种规格为SL-27型，面积是5.7m²，SL-35型，面积是9.1m²，SL-46型，面积是12.1m²。由于救生垫占地面积较小，人员从高处跳落时，有偏离救生垫的危险性。救生垫使用如图5-18。

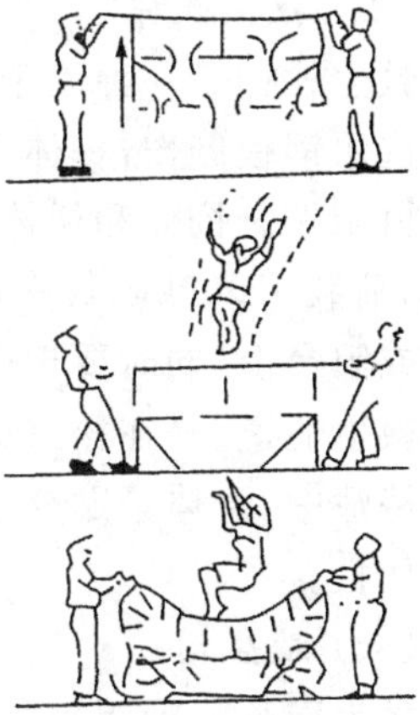
图5-18　空气救生垫的使用

（四）缓降器

缓降器是一种可使人沿（随）绳（带）缓慢下降，借人体自身下降的重力起动，依靠摩擦产生阻力或调速器自动调整控制下降速度，使人获得缓速降落的救生装置。缓降器是20世纪50年代发明的，首创于英国 目前，国产缓降器也有很多种，已经广泛用于高层建筑火灾时的人员自救，或者由消防人员操作，营救火灾中的被困人员。由于缓降器结构比较简单，设置场所比较随意，使用操作不太复杂，是一种比较理想的逃生和救人设备，所以被人们喻为高层建筑火灾时的“救生圈”。

缓降器是由挂钩(或吊钩)、速度控制器、吊带及绳索组成。通常按照缓冲器型式将其分为两类：一类是往复式缓降器，如XJS-1型行星轮式高层建筑救生器、GX-2T30型缓降器、GJH-A高空救生缓降器；另一类是自救式缓降器，如GJH型高空救生缓降器、GJH-01型高层建筑自救缓降装置、GJH-A_2高空救生缓降器。往复式缓降器的速度控制器是固定的，绳索可以上下往复；自救式缓降器的绳索是固定的，速度控制器随人从上而下，不能往复使用，下降速度必须由人操纵控制，控制方式可以由地面或高处的人员协助控制，也可以由下降者本人控制。

GX-ZT30型缓降器主要技术性能和使用注意事项：这种缓降器体积小，重量较轻，结构紧凑，安全可靠。其技术性能如表5-13所示。

表5-13 GX-ZT30型缓降器的主要技术性能表

<table>
<tr><td>外型尺寸</td><td>本体重量</td><td colspan="2">最大工作高度</td><td colspan="2">承载量</td><td>降落速度</td></tr>
<tr><td>(115×118)mm</td><td>2.7kg</td><td colspan="2">30m</td><td colspan="2">1人</td><td>在载荷65kg的条件下为0.8m/s</td></tr>
<tr><td>允许载荷范围</td><td>使用环境温度</td><td colspan="3">制动盘最高允许温度值</td><td colspan="2">在同一载荷条件下，降落速度允许误差</td></tr>
<tr><td>18～120kg</td><td>-20℃～+50℃</td><td colspan="3">≤90℃</td><td colspan="2">±25%</td></tr>
<tr><td colspan="7">安 全 吊 绳</td></tr>
<tr><td>直 径</td><td>钢丝绳直径</td><td colspan="3">宁麻外层</td><td colspan="2">单位重量</td></tr>
<tr><td>8mm</td><td>4.5mm</td><td colspan="3">9.5×12股</td><td colspan="2">104g/m</td></tr>
</table>

使用GX-ZT30型缓降器时，首先要把它悬挂在坚实牢固的建筑物阳台、窗户等固定物体上，然后系上安全带，越出阳台或窗户沿墙外缓降，第一个人降落后，第二个人佩戴好另一条安全带后，利用挂钩扣上安全吊绳另一端的套环，进行第二次降落。使用达50次时，要进行拆卸检查、清洗和更换润滑油。

(五) 救生软梯

救生软梯是一种用于营救和撤离被困人员的移动式梯子，它由钩体和梯体两大部分组成。钩体选用钢板制作，梯体为柔性体，梯带采用维纶带编织而成，梯蹬是用特殊工艺处理的毛竹集成材制作。钩体和梯体经缝合与铆合装配制成救生软梯。主梯长15m，宽35cm，重量小于15kg，荷载1 000kg，最多可载8人，梯蹬允许荷载150kg。使用救生软梯时，要把挂钩安放在窗台或阳台上，同时要把两只安全钩挂在附近牢固物体上，而后将梯体向外垂放，形成一条垂直的救生通道，是在楼房火灾中逃生和营救人员的简易有效工具。当沿梯而下时，手与脚用力要保持适中，身体紧贴梯子，防止换手使软梯偏转或摇动。两手不准同时松开，以防脱手造成坠落伤亡。

(六) 救生网

救生网是一种用来接救从高处下落人员的救生器材，张开形状像网，它是用金属箍架和可承受巨大冲力的弹性网体组合而成。在网的周边装有橡胶手柄，外用皮革作保护层，为吸收和减缓冲击力，有的装有减震器，有的采用弹簧结构。不用时，救生网可以折叠起来，便于存放和携带。

还有另一种救生用网，也就是专配于直升飞机用，从飞机上向下垂放，抢救高处如楼房顶部被困人员。这种救生网是由耐老化的玻璃钢体、救生网体、窗形网口、缆绳、箍圈等组成。如果网底的直径是 1.2m，一次可营救 4 人；如果网底直径为 1.5m，一次可营救 10 人。

（七）救生滑杆（如图 5－19）

图 5－19 救生滑杆

救生滑杆是用无缝钢管焊制，一般安装在楼房建筑物上。救生滑杆要与墙壁保留一定距离，以防止人员下滑过程中被墙壁擦伤。救生滑杆的直径不宜过粗或太细，通常选用适合手握的尺寸。为减少人员下滑到地面的冲击力，可以在地面上铺一层较厚的黄沙，也可以采用垫海绵垫等方法。

使用救生滑杆时，要充分利用双手（臂）、双脚（腿）的力量，紧贴于滑杆。下滑速度不宜过快，双手（臂）一定要将滑杆握（夹）稳，双脚（腿）协助双手（臂）控制下滑速度，防止围滑杆转圈下滑。不允许脱手，单手操作，快接触地面时，速度要减缓，保持平稳落地。二人或多人逃生时，要安排好先后顺序，相隔一定距离，在地面应有人组织疏散，防止造成一窝蜂的局面。

第六章 非人控爆炸基础

第一节 概 述

物质爆炸是能量的快速释放过程，是一类能量密度较高的能源，一旦形成爆炸灾害，将造成严重后果。

常见的非人控爆炸灾害甚多，如炸药、火药在储存中受热自燃蓄热爆炸；气体或液体燃料管道破裂和液化天然气储罐、油料储罐、油罐槽车等泄漏引起的燃烧爆炸；煤矿瓦斯爆炸；煤尘、粮食、饲料、油脂、轻金属等粉尘爆炸；等等。当这些爆炸物质的分散系统全部由气体组成，则称为均匀相系统；当爆炸物质以液滴或固体粒子形式存在，则称为非均匀相系统。当爆炸物质分散系统是分布在自然空间，则称无约束分散系统；当爆炸物质分散系统处于固壁容器包围和限制时，则称为有约束分散系统。

各种工业爆炸灾害，既有共性，又有各自的规律和特点。为了预防爆炸灾害的发生和限制爆炸灾害的扩大，必须认真研究各种爆炸的引发、形成、扩展的基本规律和有害效应，并设计研制各种科学有效的防爆技术措施。

一、爆炸灾害基本形式

按照爆炸原理，爆炸灾害形式可分为热分解爆炸、有约束分散系统爆炸、无约束分散系统爆炸、压力容器爆炸和物理蒸气爆炸等五类，其中，有约束分散系统爆炸和无约束分散系统爆炸是各类事故爆炸中发生最多、损害最大的两类爆炸灾害。

（一）热分解爆炸灾害

在单纯热的作用下，当爆炸物质的温度压力升至一定值时，发生的自动不可控制的爆炸现象称自热爆炸。热分解爆炸可为两类：① 凝聚相物质热分解爆炸，如炸药、火药爆炸；② 单一气体的热分解爆炸，如乙炔、环氧乙烷、乙烯等爆炸。热分解爆炸的基本特点是，此类物质爆炸时无需外界提供氧气。

（二）有约束分散系统爆炸灾害

呈分散状态爆炸物质在固壁容器包围和限制条件下，与空气形成混合物所发生的爆炸灾害。分散状态爆炸物质包括均匀相可燃气体、可燃液体蒸气和非均匀相的液滴或粉尘。这类爆炸如矿井内的瓦斯和煤尘爆炸；工厂、车间、设备、管道内的粉尘爆炸；室内装修的喷漆液滴与空气混合的爆炸；油罐内的石油蒸气与空气混合的爆炸；等等。有约束分散系统爆炸事故的频度，远远超过凝聚相含能材料所引起的事故频度，是工业生产中事故最多的爆炸灾害。

（三）无约束分散系统爆炸灾害

在综合性化工企业中，尤其在油气储存、运输和远距离输油管输油过程中，由于泄漏大量燃气进入开放空间，当气象条件适宜，就可能形成大面积可燃气和空气的混合云团，遇火源就有可能发生大范围的混合燃气爆炸。这种爆炸危害极大，损失惨重。

另一种无约束分散系统爆炸灾害就是常称为沸腾液体膨胀气化爆炸（亦称 Bleve 爆炸）。

例如液体燃烧罐车(如液化石油气或液化天然气)在外部热源或临近火灾等诱发因素作用下,罐内液化燃料气化膨胀,逐渐形成高气压燃气,在高气压作用下储罐呈延性缓慢破裂;高温燃气以高速喷出,遇火发生爆炸,并在空间形成一个漂浮火球,其爆炸威力取决于爆炸瞬间储罐所装燃料的总重量。

上述两种无约束分散系统爆炸的主要区别是:第一种其可燃气体是在常温下低速泄漏;第二种其可燃气体是在高温、高气压下随储罐突然破裂发生瞬时大量喷出。因此,第二种危险性更大。

(四) 压力容器爆炸灾害

有压容器发生爆炸,按照爆炸性质可以分为物理爆炸和化学爆炸两类。装有惰性气体的压力容器,由于容器的结构缺陷、损伤、外部加热导致爆裂,使内装高压气体的潜能转化为动能,对周围介质起破坏作用,这是单纯的物理爆炸灾害,锅炉爆裂即属物理爆炸。输送压缩空气的管道,当管壁上附有油或炭时,与压缩空气混合,经摩擦导致爆炸甚至爆轰,失控化学反应引起的容器爆裂等都属压力容器的化学爆炸灾害。

(五) 物理蒸气爆炸

当一种高温熔融金属与低温液体突然接触,或者两种温差很大的液体激烈混合时,就会发生物理蒸气爆炸。如炼钢或炼锌工业中,当将熔化的金属倒进含有水分的容器内时,由于水以极高速率转变成蒸气,导致局部产生高压,而发生爆炸。

二、化学爆炸与物理爆炸条件

(一) 化学爆炸条件

任何化学反应必须具备以下三个特征条件时,才能形成爆炸性反应,即反应过程大量放热、反应必须高速度进行、反应必须生成大量气体。上述三个特征条件互相关联缺一不可。

1. 反应过程放热性

这是化学反应能否成为爆炸反应的最重要的基础条件,也是爆炸过程的能量来源。没有这个条件,爆炸过程就不能发生,反应不能自行延续。因此,也就不可能出现爆炸过程的自动传播。例如:

$$ZnC_2O_4 \rightarrow 2CO_2 + Zn - 20.5kJ$$

$$HgC_2O_4 \rightarrow 2CO_2 + Hg + 72.4kJ$$

$$Ag_2C_2O_4 \rightarrow 2CO_2 + 2Ag + 123.4kJ$$

草酸锌的分解是吸热反应,它们需要外界提供热量,反应才能进行,所以它们不可能对外界做功,因而不能爆炸。草酸银、草酸汞是放热反应能够爆炸。又如硝酸铵的分解反应:

$$NH_4NO_3 \xrightarrow{\text{低温加热}} NH_3 + HNO_3 - 170.7kJ$$

$$NH_4NO_3 \xrightarrow{\text{用炸药引爆}} N_2 + 2H_2O + 0.5O_2 + 126.4kJ$$

硝酸铵低温加热反应式,是其用作化肥在农田里发生的缓慢分解反应,反应过程吸热,根本不能爆炸。当硝酸铵被炸药引爆时,发生放热的分解反应,可以用作矿山炸药。

爆炸反应过程中所放出的热量称爆炸热(或爆热)。它是反应的定容热效应,是爆炸破坏能力的标志,是炸药类物质的重要危险特性。一般常用炸药的爆热约在 3 700～7 500kJ/kg,对于混合爆炸物来说,其爆热就是燃烧热。有机可燃物的燃烧热在 48 000kJ/kg 左右。

2. 反应过程的高速度

混合爆炸物质是事先充分混合、氧化剂和还原剂充分接近的体系。许多炸药的氧化剂和还原剂共存于一个分子内。所以，它们能够发生快速的逐层传递的化学反应，使爆炸过程能以极快的速度进行，这是爆炸反应同一般化学反应一个最重要的区别。一般化学反应也可以是放热的，而且有许多化学反应放出的热量甚至比爆炸物质爆炸时放出的热量大得多，但它未能形成爆炸，其根本原因就在于它们的反应速度慢。例如1kg木材的燃烧热为16 700kJ，它完全燃烧需要10min，在1kg TNT炸药爆炸热只有4 200kJ，它的爆炸反应只需要几十微秒，两者所需的时间相差千万倍。由于爆炸物质的反应速度极快，实际上可以近似认为，爆炸反应所放出的能量来不及逸出，全部聚集在爆炸物质爆炸前所占据的体积内，从而造成了一般化学反应所无法达到的能量密度。正是由于这个原因，爆炸物质爆炸才具有巨大的功率和强烈的破坏作用。

例如，1kg煤块和1kg煤气的燃烧热都是29 000kJ，一块1kg的煤块完全燃烧约需10min，而1kg煤气和空气混合后，只需0.2s即可烧完，属于爆燃过程；同样这些煤气和空气的混合气，在炸药引爆的条件下只需0.7ms就能反应完毕。根据功率与做功时间成反比的关系，可算出它们的功率如下：1kg发热量为29 000kJ的煤块燃烧时发出的功率为48kW；1kg发热量为29 000kJ的煤气和空气的混合气爆燃时发出的功率为1.4×105kW；1kg发热量为29 000kJ的煤气和空气的混合气发生爆轰时发出的功率为4.1×107kW。这个例子清楚地说明爆炸过程的高速度与相应的释放反应热的高速度是爆炸过程的主要特征。

3. 反应过程生成大量气体

气体在通常大气压条件下密度比固体和液体物质要小得多，它具有可压缩性，它比固体和液体有大得多的体积膨胀系数，是一种优良的工质。爆炸物质在爆炸瞬间生成大量气体产物，由于爆炸反应速度极快，它们来不及扩散膨胀，被压缩在爆炸物质原来所占有的体积内；爆炸过程在生成气体产物的同时释放出大量的热量，这些热量也来不及逸出，都加热了生成的气体产物，这样就导致在爆炸物质原来所占有的体积中造成处于高温、高压状态的气体。这种气体作为工质，在瞬间膨胀就可以做功，由于功率巨大，就能对周围物体、设备、房屋造成巨大的破坏作用。例如，1kg炸药在爆炸瞬间可以产生1 000L的气体产物，它们被强烈地压缩在原有的体积内；再由于3 000～5 000°C的高温，这样就形成了高温、高压气体源，它们瞬间膨胀，功率巨大，破坏力极强。可见，爆炸过程气体产物的生成是发生爆炸的重要条件。

通常，爆炸过程生成气态产物才能产生爆炸作用。这一结论也可以通过一些不生成气体产物的强烈放热反应不具备爆炸作用来说明生成气体产物是产生爆炸的必要条件。例如，铝热剂反应：

$$2Al+Fe_2O_3=Al_2O_3+2Fe+841kJ$$

此反应热效应很大，足以使产物加热到3 000°C的高温，而且反应速度也相当快，但终究由于不形成气体产物而不具有爆炸能力。

（二）物理爆炸条件

物理爆炸是一种极为迅速的物理能量因失控而释放的过程。在此过程中，体系内的物质以极快的速度把其内部所含有的能量释放出来，转变成机械功、光和热等能量形态。从物理爆炸发生作用的根本原因的角度来分析爆炸发生条件时，其发生条件可概括为：构成爆炸的体系内存有高压气体或在爆炸瞬间生成的高温高压气体或蒸气的急骤膨胀。爆炸体系和它周围的介质之间发生急剧的压力突变。

上面物理爆炸发生条件是将常见的锅炉爆炸、压力容器爆炸、水的大量急骤气化等的概括。

三、爆炸源特性

各种不同类型事故爆炸的性质，是由各自爆炸源的特性所确定。爆炸源特性主要包括：爆炸源总能量、爆炸源尺寸与几何形状，爆炸源能量释放速率和爆炸源的能量密度。

（一）爆炸源特性分析

1. 点源定容爆炸

相对于气体混合物与粉尘混合物爆炸，核爆炸或凝聚相含能材料的爆炸由于具有高能量密度，其爆炸源尺寸很小，能量在瞬时释放完毕，因此，可作为点源爆炸源处理，点源爆炸源爆炸亦可视作是在定容条件下的爆炸。对于气相或粉尘爆炸源，由于初始爆炸源尺寸大，一般不作点源定容爆炸。

2. 同一物质三种爆炸状态

同一种物质，在不同条件下可以具有多种爆炸状态，例如，取 430g 梯恩梯炸药，可以有以下三种不同的爆炸状态：

(1) 当梯恩梯为固体炸药爆轰时，密度 $1.6g/cm^3$，爆轰速度 6 900m/s，爆炸源初始半径为 40mm；

(2) 当梯恩梯为粉尘，分散在 $1m^3$ 体积的空间，并与空气形成当量浓度混合物，其爆轰速度为 1 800m/s，爆炸源初始半径 620mm；

(3) 当梯恩梯为粉尘，分散于 $1m^3$ 体积的空间，并与空气形成当量浓度混合物，但因化学反应为爆燃，其爆燃速度为 10m/s，爆炸初始半径亦为 620mm。

这三种爆炸的结果列于表 6－1。从该表可以看出，相同能量的爆炸源，当以不同形式化学反应时，具有不同的爆炸特征参数，对周围介质的破坏效应有很大差异。

表 6－1　几种爆炸源的参数

燃　　料	爆炸源类型	爆炸形式	爆炸源初始半径 (mm)	爆炸特征速度 (m/s)	爆炸特征时间 (s)
梯恩梯 430g	凝聚相	爆　轰	40	6 900	5.8×10^{-6}
梯恩梯 430g	粉尘云	爆　轰	620	1 800	3.4×10^{-4}
梯恩梯 430g	粉尘云	爆　燃	620	10	6.2×10^{-2}

（二）爆炸源能量

凝固相含能材料——如炸药，其爆炸反应属热分解爆炸，反应所需的氧来源于炸药内部；气体和粉尘爆炸的能量是由燃料和周围环境中的空气或燃料和氧气爆炸反应所释放。常见炸药的爆热约为 5MJ/kg 量级，而常见烃类气体燃料的燃烧热为 50MJ/kg 量级，如表 6－2 所示；也就是说，气体或粉尘爆炸源的质量含能量约为炸药的 10 倍。这种现象作何解释呢？以典型的烃燃料为例：在空气中，化学计量浓度为 $125g/m^3$ 量级，而 $1m^3$ 的空气质量为 1 250g，这两者形成的爆炸，其中燃料质量约占总质量的 1/10，即混合爆炸物中的空气质量并未计入燃料质量中。

就单位体积能量来说，从表 6－3 可以看出，燃料空气混合物的单位体积能量比凝聚相炸药小 2～3 个数量级，因此，燃料空气混合物属于低能量密度爆炸物，而凝聚相炸药则属于高能量密度爆炸物。

表 6-2　常见碳氢燃料含能值

燃　料	分子式	摩尔质量	燃烧热(当 $P_0=101\ 325$Pa，$T_0=298$K 时)	
			(MJ/mol)	(MJ/kg)
甲　烷	$CH_4(g)$	16	0.882 6	55.164
乙　烷	$C_2H_6(g)$	30	1.542 5	51.416
丙　烷	$C_3H_8(g)$	44	2.203 6	50.082
正丁烷	$C_4H_{10}(g)$	58	2.880 6	49.665
异丁烷	$C_4H_{10}(g)$	58	2.861 4	49.334
戊　烷	$C_5H_{12}(g)$	72	3.510 0	48.750
戊　烷	$C_5H_{12}(L)$	72	3.489 5	48.465
己　烷	$C_6H_{14}(L)$	86	4.144 3	48.189
庚　烷	$C_7H_{16}(L)$	100	4.814 6	48.146
辛　烷	$C_8H_{18}(L)$	114	5.454 4	47.846
乙　烯	$C_2H_4(g)$	28	1.388 4	49.586
丙　烯	$C_3H_6(g)$	42	2.052 5	48.868
丁　烯	$C_4H_8(g)$	56	2.720 6	48.581
乙　炔	$C_2H_2(g)$	26	1.306 3	50.244
酒　精	$C_2H_6O(L)$	46	1.371 7	29.819
丙　酮	$C_3H_6O(L)$	58	1.787 0	30.811
苯	$C_6H_6(L)$	78	3.275 5	41.993
氢	$H_2(g)$	2	0.244	122.051

（三）能量释放速率

爆炸源能量的释放速率与爆炸物爆炸反应速度成正比，对于凝聚相炸药来说，爆轰速度一般在 1 500～8 000m/s 量级范围内；对于气体和粉尘爆炸，其爆燃速度一般从几十至几百 m/s 量级范围内，即相对较小的能量释放速率，这对发挥阻爆、隔爆、泄爆和监测等减灾设施的效能十分有利。

表 6-3　某些炸药和燃料混合物的体积能量

炸药或燃料混合物	体积能量(MJ/m^3)
硝化甘油	9 958
梯恩梯	4 184
黑索金	8 856
碳与氧的混合物	17.2
苯蒸气与氧的混合物	18.4
氢与氧的混合物	7.1

气体或粉尘爆炸源的潜能，一般情况下只能释放出一小部分，其能量释放率取决于环境条件和约束条件。在密闭容器内，其潜能基本上能被释放；对于敞开气云，能量释放率仅为百分之几；此外，燃料与空气混合均匀性亦影响着能量的释放。对于粉尘爆炸，颗粒大小亦影响爆炸能量的释放。

四、爆炸破坏效应

爆炸具有多种破坏形式，如冲击波破坏、热辐射危害、一次、二次碎片破坏、爆炸产物毒气危害，以及由爆炸引起的火灾等。其中，最危险、破坏力最强、破坏区域最大的是冲击波破坏效应。爆炸破坏效应的计算方法可分为物理爆炸和化学爆炸两种。

（一）冲击波破坏效应

1. 爆炸冲击波方程

当爆炸源在空气中爆炸时，由于高温高压作用，使介质状态发生突跃变化，其波阵面以超音速和突跃形式在空气介质中传播，形成冲击波，如图 6-1 所示。冲击波速度大小取决于波的强度。

以管中气体冲击波为对象，根据质量守恒定律、动量守恒定律和能量守恒定律，可以推算出如下冲击波基本方程：

$$D=V_0\sqrt{\frac{(P_1-P_0)}{(V_0-V_1)}} \tag{6-1}$$

$$W_1=\sqrt{(P_1-P_0)(V_0-V_1)} \tag{6-2}$$

$$E_1-E_0=\frac{1}{2}(P_1+P_0)(V_0-V_1) \tag{6-3}$$

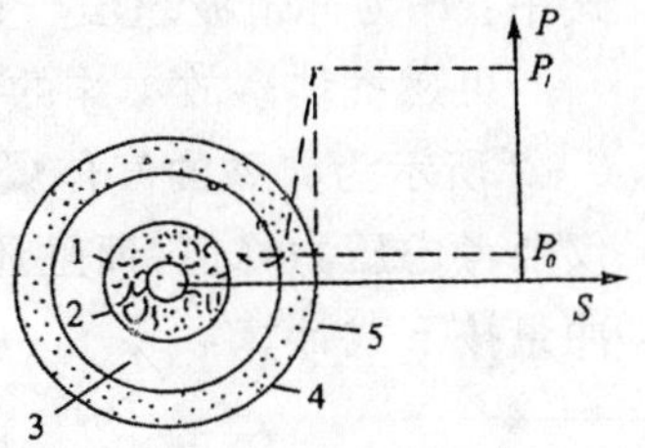

图 6-1　炸药在空中爆炸产生冲击波示意图

1—药包；2—爆炸气体产物；3—低压区；4—压缩区；5—冲击波阵面

式中：D 为冲击波速度；W_1 为波后压缩气体的质点速度；E_0、E_1 分别为波面前、后介质单位质量的内能；E_1-E_0 分别为内能增量；P_0、P_1 分别为波前未扰动气体压力、波后压缩气体压力；V_0、V_1 分别为波面前、后气体比容。

2. 冲击波伤害与破坏准则

常见冲击波引起的伤害或破坏可以由超压、冲量表示：

(1) 冲击波超压。冲击波波阵面上的超压与冲击波所具有的能量有关，爆炸能量越大，冲击波强度越大，波阵面上的超压亦越大。当冲击波超压达到一定值时，便会对目标造成一定的破坏或损伤。表 6-4 和表 6-5 是超压损伤和破坏的典型效应。

表 6-4　建筑物破坏的超压准则

超压(kgf/cm^2)*	破　坏　程　度
0.1～0.2	建筑物部分破坏
0.2～0.3	城市大建筑物有显著破坏
0.6～0.7	钢骨架和轻型钢筋混凝土建筑物破坏
1.0	除防地震钢筋混凝土外，其他建筑物均破坏
1.5～2.0	防地震建筑物破坏或严重破坏
2.0～3.0	钢架桥位移

* $1kgf/cm^2=9.806\ 65\times10^4 Pa$，下同

表 6-5　人员伤害超压准则

超压(kgf/cm^2)	损　伤　程　度
0.2～0.3	轻微挫伤
0.3～0.5	中等损伤：听觉器官损伤，内脏轻度出血，骨折等
0.5～1.0	严重：内脏严重挫伤，可引起死亡
>1.0	严重：可能大部分死亡

(2) 冲击波(或压缩波)冲量。破坏效应不但取决于冲击波(或压缩波)超压，而且与超压持续时间直接相关，以冲量 I 作为衡量冲击波破坏效应的参数。冲量 I 的定义如下：

$$I=\int_0^T \Delta P(t)\mathrm{d}t \tag{6-4}$$

式中：P 为冲击波超压(Pa)；t 为时间(s)。

可燃气体事故爆炸的破坏作用，取决于爆炸冲量，即爆炸压力-时间曲线所包围的面积，图 6-2 所示为典型的气体爆炸时压力波形及压力-时间曲线。因此，估算爆炸的破坏冲量时，不仅要考虑压力峰值，而且还应考虑正相持续时间，在某些情况下，负相冲量也应加以考虑。冲量按下式计算：

$$I_s^+ = \int_{t_a}^{t_a+T^+} [P(t) - P_0] \mathrm{d}t \quad (6-5)$$

$$I_s^- = \int_{t_a+T^+}^{t_a+T^++T^-} [P_0 - P(t)] \mathrm{d}t \quad (6-6)$$

式中：I_s^+、I_s^- 分别为正负冲量(N·S/m²)。

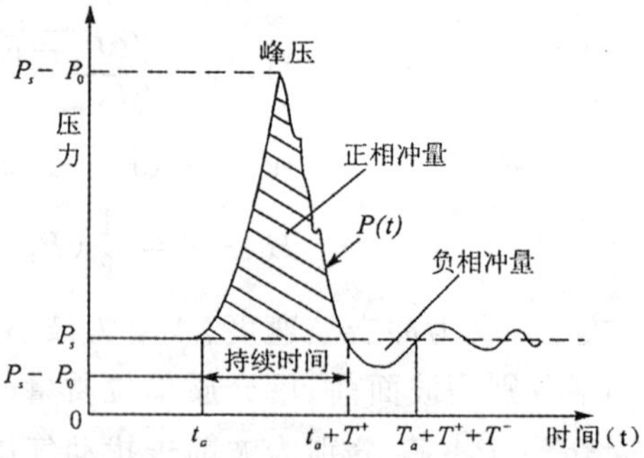

图 6-2 气体爆炸时压力-时间曲线

冲量准则认为，只要作用于目标的冲击波冲量 I 达到某一临界值，就会引起该目标相应等级的破坏。由于它同时考虑了超压与超压作用持续时间以及波形，因此比超压更合理。但冲量并不考虑目标破坏存在一个最小超压，如果超压低于这个值，作用时间再长、冲量再大，目标也不会被破坏。

破坏等级与超压、爆炸量间的关系见表 6-6。

表 6-6 破坏等级与超压、爆炸量间的关系

破坏等级	超压(kPa)		
	1 000kg TNT	10 000kg TNT	100 000kgTNT
1	5	3	3
2	12	8	8
3	28	17	16
4	80	36	35
5	180	80	76

（二）化学爆炸破坏计算

1. 化学爆炸能量

准确计算爆炸性混合气体爆炸能量是困难的，一般只是估算，即假定参与爆炸反应的气体百分比，然后按其燃烧热计算爆炸能量：

$$L_H = V \cdot H \times 4.187 \times 10^3 \quad (6-7)$$

式中：L_H 为化学爆炸所做的功(J)；V 为参与反应的可燃气体积(标准状态下)(m³)；H 为可燃气体的高燃烧热值(kcal/m³)；4.187×10^3 为换算关系，1cal=4.187J。

（三）物理爆炸破坏效应计算

下面主要介绍介质为压缩气体时的计算。

当带压容器内介质为压缩气体时，发生物理爆炸时的破坏力，相当于该气体绝热膨胀时所做的功，或按下式进行计算：

$$L = \frac{PV}{K-1}\left[1 - \left(\frac{1}{P}\right)^{\frac{K-1}{K}}\right] \times 10^4 \times 9.81 \quad (6-8)$$

式中：L 为气体容器的爆炸力(J)；P 为气体的压力(绝对压力)(kgf/cm²)；V 为容器的

容积(m^3);K 为气体的绝热指数,即气体的定压比热与定容比热之比,理想气体的 K 值,$1 \leqslant K \leqslant 5/3$,单、双、三原子气体 K 值见表 6-7。

表 6-7 单、双、三原子气体 K 值

单原子气体	双原子气体(0~100℃)	三原子气体(0~200℃)
1.67	1.40	1.26~1.33

第二节 凝聚相含能材料爆炸

一、概述

凝聚相含能材料爆炸是人们熟悉的一种爆炸形式,如炸药、火药爆炸。其中,炸药是一类具有高能量密度的不稳定化学体系,容易发生爆炸,爆炸后产生巨大的对外作功能力,在工农业生产中,已广泛用于矿山开采、移山填海、兴修水利、交通和城市建设、国防工程等各类岩土工程中。炸药已成为人控爆炸中用量最大的一类物质。

下面以炸药作为凝聚相含能材料的代表进行探讨。

炸药作为一类高能量密度能源,可以为人类的生产建设作出巨大贡献,但是,如果在生产、输送、储存和使用这些物质时在安全上出现疏忽,就可能酿成重大的非人控爆炸事故。在历史上,如 1947 年 4 月 16 日在美国德克萨斯州的两艘运输硝酸铵的货轮,因吸烟引起两船的燃烧转爆轰。在这次爆炸事故中,丧生 600 人,损失 6 000 多万美元,并引起岸上一家巨型聚苯乙烯工厂被炸毁。20 世纪 90 年代初,我国四川某铅锌矿,在进行硐室大爆破时,当山顶硐室有大量人员正在装药时,山体下面已装 30 多吨硝铵炸药的硐室,因照明灯烤热炸药,经短时间燃烧延时后转为炸药爆炸事故,致使仍在顶部硐室装药的 31 人和在山体外行人共 57 人遇难。这是我国工程爆破中损失最为惨重的一次储存炸药的非人控爆炸事故。

炸药化学反应机理是热分解爆炸,受热形式可分为直接升温、机械能和爆炸能等。炸药被激爆后反应速度很快,在极短时间(微秒量级)内发展成爆炸的最高形式爆轰,爆轰速度可达 1 500~9 000m/s,这是一种稳态的传爆过程,爆轰过程中的各种参数可以精确地计算,也可由实验测量。

炸药爆炸破坏的主要形式有两种:当炸药处于裸露状态时,爆炸破坏的主要形式是空气冲击波,其初始压力约为 50MPa 量级;1kg 梯恩梯的破坏作用距离可达 50m 量级;1t 梯恩梯的破坏作用距离可达 500m 量级;当炸药处于坚固外壳包围爆炸时,如在岩体中爆破、炸弹爆炸,破片飞散破坏作用则成为主要形式,而空气冲击波的破坏作用则降为第二位。

由于炸药具有高能量密度,爆炸物体积相对很小,一般理论上被简化为理想的点源爆炸,可以用点源爆炸理论或相似理论计算爆炸作用场和炸药在生产、储存、运输中的安全距离。

评价炸药爆炸危险性的指标,可以从爆炸感度和爆炸威力等两方面入手。爆炸感度包括炸药敏感性、安定性和殉爆;爆炸威力包括爆力、猛度、爆速,也包括殉爆。

二、炸药起爆机理

炸药起爆机理是热分解爆炸。由于引起炸药热分解的起爆能形式不同,其起爆历程也不尽相同，分述如下。

（一）炸药的热起爆机理

炸药在热能作用下通常都产生热分解，并放出能量，但其结果并不完全都能导致爆炸，这与许多因素有关，诸如热能的形式与大小、炸药本身与环境的温度和压力等。炸药在热作用下发生爆炸的条件是，反应释放出的热大于散失（通过热辐射、热传导和对流等传热方式）给周围环境的热时，炸药中才有可能产生热的积累，升高温度，进一步加速热分解反应，最终导致爆炸。在满足该条件下，炸药的热起爆历程如下：炸药从开始加热到发生爆炸通常经历两个阶段。第一阶段为热分解初期（或爆燃感应期），特点是分解速度非常慢，主要是形成初始反应中心和积累活化中间产物，也就是指受热点炸药分子结构的化学键局部脱裂，而形成过渡性产物（游离基）和爆炸性基团。例如，烷基硝酸酯的分解方程式为

$$RCH_2ONO_2 \rightleftharpoons RCH_2O + NO_2\text{（平衡可逆反应）}$$

这些中间产物具有一定的动能和运动速度。随着中间产物的逐渐增多，进入热分解的第二个阶段，即反应自加速期（或爆燃期）。其特点是分解速度加剧，活化中间产物强烈碰撞，发生氧化、还原反应，放出热量，温度和压力持续上升。如此往复循环，按链锁反应机理进行。当达到具备向爆炸转变的临界条件时，最终导致炸药局部开始发生爆炸。

应当指出，炸药的热分解情况，依各种不同物理状态的炸药而异，并非完全一致。另外，对于起爆药，热起爆往往是有效的，但对于大部分猛性炸药，热起爆则是很困难的。虽然如此，在加工、贮运和使用中，也必须注意防止炸药可能因加热或燃烧而引起爆炸。

（二）炸药的机械能起爆机理

炸药在摩擦冲击作用下的起爆机理，已经进行了很多研究工作，并提出了种种假说。最著名和比较符合实际情况的是“灼热核”起爆学说。

法国化学家别尔特罗（1827—1907 年），首先提出炸药起爆的假说，布登等发展了热起爆历程学说。他们指出，当炸药受到冲击或摩擦时，并非全部承受机械作用的炸药全面发热，只是其中极小部分首先加热到起爆温度，促使局部先爆，而后急速地扩展到全部。这些首先达到起爆温度的微小区域，称为灼热核，即产生起爆的基点。

灼热核的形成，可以作如下解释：

炸药中微小气泡绝热压缩形成灼热核，无论是炸药内固有的封闭气泡，或是人为加进炸药中微细孔隙的气体和炸药表面所吸附的气泡，它们在机械作用下，都受到强烈压缩，由于气泡的可压缩率很大，并且压缩过程的时间极为短暂，可视为绝热压缩过程。因此，气泡受压缩后温度急剧上升（例如，空气泡绝热压缩到 20 个大气压，其温度可达 500°C 左右），故气泡周围炸药极易受到灼热而形成灼热核。

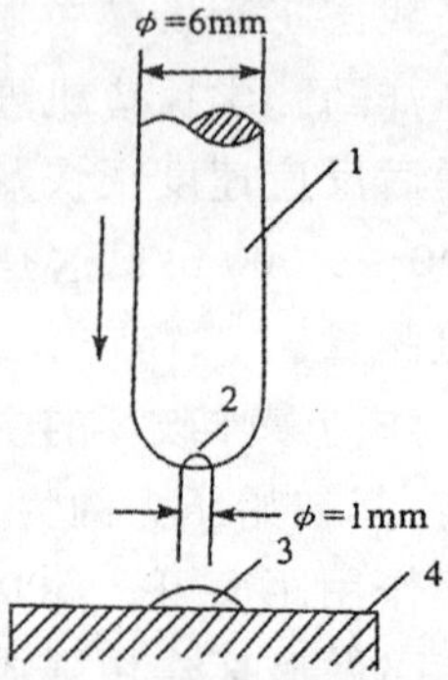

图 6-3　气泡对起爆作用试验
1—圆柱形冲击头；2—孔穴；3—硝化甘油滴；4—击砧

气泡对起爆的作用可由图 6-3 所示的实验来证明。取一滴硝化甘油置于磨光的黄铜击砧上，用重 40g 头部有直径 1mm 半球形凹穴的击锤冲击之，冲击能为 400mJ。当凹穴顶部含有小气泡（直径达 5×10^{-3}cm 即可），可保证 100％的起爆率。若凹穴内气泡逸出，凹穴就完全被硝化甘油充满，或当击锤头部无凹穴时，在同样冲击能下，均不发生爆炸。此外，将硝化甘油分成小滴，在冲击时聚合而成的空气穴，也同样可达到高的爆炸率。

炸药颗粒与薄层面的摩擦和炸药颗粒与掺合物间的表面摩擦都可以形成灼热核。

试验证明，含半径为 5×10^{-3}cm 气泡的硝化甘油，达到爆炸所需冲击能为 400mJ，无气泡的硝化甘油则需 1～10J 的冲击能。前者可认为是气泡的绝热压缩引起的，而后者说明在高冲击能下，爆炸则是由于液体从冲击表面的空隙迅速流出时受到粘性加热而引起的。即当两相邻表面碰撞时，炸药被挤出，粘滞流加热引起的升温达到足以起爆的温度。另外，在高能撞击含气泡的炸药时，由于气泡受不对称的压缩造成的气泡表面破裂，并以高速流射出，也是引起炸药爆炸的原因之一。

综上所述，形成灼热核是炸药在机械能作用下发生爆炸的首要条件。但应当指出：

(1) 灼热核的形成途径对不同的炸药并不完全一样。固体炸药和多数液体炸药通常以气泡的绝热压缩为主；部分液体炸药则以粘性流加热为主；多相炸药往往几者兼有。

(2) 要引起炸药起爆，灼热核必须具备以下参数：灼热核尺寸 通常为球形，其直径应为 10^{-3}～10^{-5}cm，比炸药分子直径 10^{-8}cm 大的多，每一灼热核足以引起很多个炸药分子同时起爆；灼热核临界温度，起爆药为 350～600℃，工业炸药为 500～800℃。

(三) 炸药的爆炸能起爆机理

炸药在爆炸冲能作用下起爆，又称为强冲击波起爆。无论是由雷管、导爆索或某些炸药的爆炸，结果均产生高温高压气体产物和冲击波。次发炸药在其猛烈冲击压缩下，引起快速化学反应而起爆。起爆机理可能是均匀的冲击加热(均质炸药属于此类)或是灼热核的局部加热(不均质炸药属于此类)，但实质仍是爆炸能转变为机械能和热能起作用。

三、炸药敏感度

炸药在外能作用下，发生爆炸反应与否以及发生爆炸反应的难易程度叫做炸药敏感度，简称炸药感度。炸药敏感度的高低以激起炸药爆炸反应所需的起爆能大小来衡量。炸药起爆所需的起爆能小，即表示该炸药敏感度高，相反，所需起爆能大，则表示炸药敏感度低。

由于炸药对起爆能的形式具有选择性，故炸药对各种形式起爆能的敏感度不存在固定的比例关系。例如，叠氮铅对机械能比对热能更为敏感，而二硝基重氮酚则相反；梯恩梯在静态压缩条件下，压力达到 50 000MPa 也不爆炸，而在迅速冲击时，不大的冲击能即可起爆；炸药在高温下迅速加热所需起爆能比低温下缓慢加热时要小得多；铵梯炸药可用雷管起爆，而硝酸铵则需靠中继雷管(即带有起爆雷管和少量敏感度较高炸药的炸药包)才能引爆。因此，在实际工作中不可以简单地以炸药对某种外能的敏感度，等效地来衡量它对另一种外能的敏感度，而必须综合炸药对各种外能作用的敏感程度，才能全面评定炸药敏感度。

炸药敏感度高低对于炸药的加工制造、贮存运输及安全使用都十分重要，也是决定炸药是否适合于工程爆破大量使用的重要因素之一。敏感度过高的炸药，加工和使用上都极不安全，不能在工程爆破中大量使用，例如雷汞、二硝基重氮酚等，一般只用于做雷管中的起爆药，少量应用。相反，敏感度过低的炸药，则需很大起爆能才能起爆，也会给爆破施工带来很大的麻烦。因此，研究炸药敏感度的意义就在于判断各种条件下，炸药发生爆炸的可能性，分析影响敏感度的因素，以使炸药敏感度能符合加工制造、使用等方面的要求与安全。

(一) 各种敏感度及其测定方法

根据起爆能形式不同，炸药有如下几种敏感度测定方法：热敏感度、机械能敏感度、爆炸能感度、静电感度。下面介绍两种方法：

1. 热敏感度

炸药在热能作用下发生爆炸的难易程度，称为热敏感度。热敏感度通常以爆发点、火焰感度等表示。

爆发点是指炸药在规定时间(5min)内起爆所需加热的最低温度。爆发点测定器如图 6-4 所示,主要结构为一铁罐(合金浴锅),内装低熔点合金(常用伍德合金,其组成是铋 15 份,铅 8 份、锡 4 份和镉 3 份,熔点 65℃)和温度表(装在保护罩内)。铁罐周围装有电热丝,铁罐固定在黄铜套子内,其间装有防止热损失的隔热层。

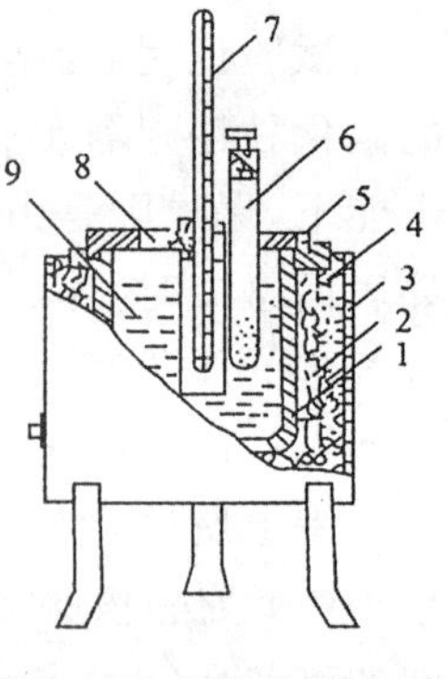

图 6-4　爆发点测定器

1—合金浴锅；2—电热丝；3—外壳；4—隔热层；5—锅盖；6—铜试管；7—温度计；8—放气孔；9—低熔点合金

测定时,给电热丝通电对浴锅进行加热,用变阻器调节温度,待合金加热至一定温度(估计接近爆发点)时,将已装好 0.05g 炸药试料的铜管(管口塞上小铜塞)迅速插入合金浴锅中(深度要超过管体的 2/3),以秒表计时。如在此恒定温度下超过 5min 才爆炸或不爆炸,则需升高温度;如不到 5min 就爆炸,则需降低温度。温度调节每次以增减 5℃ 为准。如此反复试验几次,即可求出被试炸药的爆发点。

表 6-8 列出了一些炸药的爆发点。爆发点低,表示炸药受热易起爆,热感度高。

表 6-8　一些炸药的爆发点

炸药名称	爆发点(℃)	炸药名称	爆发点(℃)
二硝基重氮酚	170～175	泰安	205～215
雷汞	170～180	黑索金	215～235
胶质炸药	180～200	梯恩梯	290～295
特屈儿	195～200	硝铵类炸药	280～320
硝化甘油	200～205	叠氮铅	330～340

此外,炸药在明火(火焰、火星)作用下发生爆炸的难易程度,称为火焰感度。工业炸药的起爆器材性能常与火焰感度有关。

2. 机械能敏感度

机械能敏感度包括冲击感度和摩擦感度。

(1) 相对冲击感度。炸药的冲击感度表示炸药在机械冲击作用下发生爆炸难易程度的能力。通常使用落锤仪测定。

猛性炸药的相对冲击感度用垂直落锤仪(图 6-5)测定。落锤仪有电操纵[图 6-5(a)]和机械操纵[图 6-5(b)]两种型式。

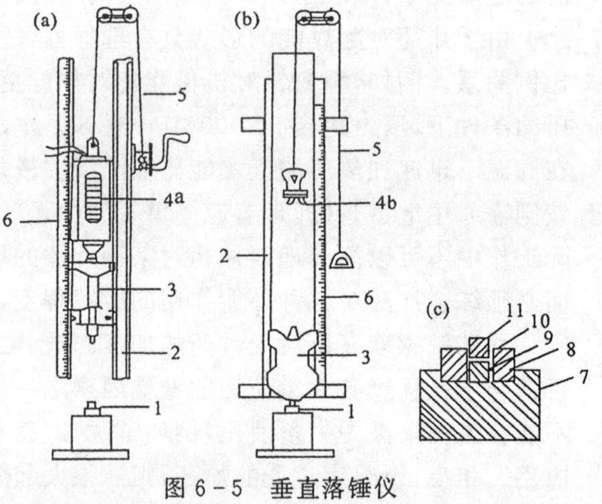

图 6-5　垂直落锤仪

(a) 电操纵落锤仪；(b) 机械操纵落锤仪；(c) 击砧装置

1—击砧装置；2—导轨；3—落锤；4a—电磁铁；4b—钢爪；5—钢丝绳；6—标尺；7—底座；8—套筒；9—下击柱；10—炸药；11—上击柱

测定时,取 0.05g 炸药置于击砧上的上下两击柱之间,然后让重锤自一定高度自由下落打击炸药。通常采用 10kg 重锤从 25cm 高度落下,试验 25 次,得出炸药发生爆炸次数的百分数,以此表示炸药的相对冲击感度,即

$$P=(a/25)\times 100\% \tag{6-9}$$

式中：P 为炸药相对冲击感度(%)；a 为 25 次试验中发生爆炸的次数。

表 6-9 列出了一些炸药的相对冲击感度。

表 6-9 一些炸药的冲击感度

炸 药 名 称	相对冲击感度(%)	炸 药 名 称	相对冲击感度(%)
梯 恩 梯	4～9	铵松蜡炸药	0～4
特 屈 儿	50～60	2 号岩石铵梯炸药	32～40
黑 索 金	70～80	1 号煤矿铵梯炸药	48～56
泰 安	100	62%胶质炸药	100

起爆药的相对冲击感度一般用弧形落锤仪测定。

(2) 摩擦感度。炸药的摩擦感度表示炸药在外界机械摩擦作用下发生爆炸的可能性。炸药摩擦感度用摆式摩擦感度仪测定。摆式摩擦感度仪主要由摆锤、油压系统和摩擦装置构成,其中摆式摩擦装置部分如图 6-6 所示。测定时,在上下砧之间放置待测炸药 0.03g,由油压机通过活塞杆给予一定压力(表压为 5MPa),然后将摆锤(重 1.5kg)固定于摆角 96°的位置上。摆锤下落时打击击杆,击杆将冲击作用传递给上砧,并使之移动,炸药则受摩擦作用,根据声响或发烟分解现象来确定炸药是否爆炸。试验 25 次,以爆炸次数与试验总次数的百分比来表示炸药的摩擦感度。一些炸药的摩擦感度见表 6-10。

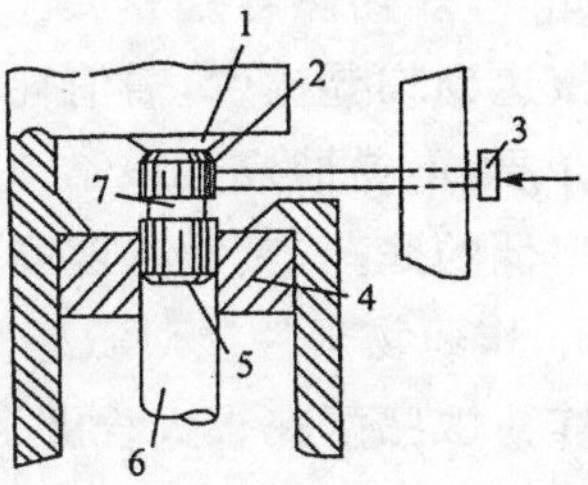

图 6-6 摆式摩擦感度仪摩擦装置部分示意图

1—突起部分; 2—上砧; 3—击杆; 4—套筒; 5—下砧; 6—活塞杆; 7—炸药

表 6-10 一些炸药的摩擦感度

炸 药 名 称	摩 擦 感 度(%)	炸 药 名 称	摩 擦 感 度(%)
梯 恩 梯	0	铵松蜡炸药	4～16
特 屈 儿	24	2 号岩石铵梯炸药	16～20
黑 索 金	90	1 号煤矿铵梯炸药	28

(二) 影响炸药敏感度的因素

炸药敏感度高低取决于其化学结构、化学性质、物理性质及掺合物情况等因素。

1. 炸药化学结构对敏感度的影响

一般说来,炸药敏感度首先取决于构成炸药分子的各元素原子相互结合的牢固性。凡结合能大和结构牢固的炸药分子,要破坏它们使之分解并另行结合形成新的产物,显然需要消耗更大的外能,因此,这种炸药的敏感度低。

对于混合炸药来说,其敏感度首先是与炸药中化学上最不稳定成分的敏感度有关,如含有梯恩梯的岩石炸药比硝酸铵敏感度高。

2. 炸药的理化性质对敏感度的影响

影响敏感度的炸药理化性质主要有炸药的生成热、爆热、热容量及热传导性等。

一般说来,炸药敏感度与其生成热成反比关系。生成热小的炸药,其敏感度高,如许多敏感度很高的炸药多是吸热化合物,而敏感度较低的猛性炸药多为放热化合物,但也有反例,如吸热性较高的氮化铅冲击感度就低于氮化银。

炸药的爆热愈大，其敏感度愈高(表 6－11)，这是因为爆热大的炸药仅需较少的灼热核释出的能量就足以激发炸药的爆炸反应。

表 6－11　某些炸药的冲击敏感度与爆热的关系

炸　药　名　称	硝化甘油	泰　安	黑索金	特屈儿	苦味酸	梯恩梯
爆　　热(kcal/kg)	1 485	1 403	1 390	1 095	1 030	1 010
冲击敏感度(kg・m/cm)	0.11	0.80	1.30	1.60	2.00	3.50

此外，炸药热容量和热传导率主要影响炸药的热感度。炸药的热容量大，要加热它使其中灼热核达到临界温度，需消耗较多的热量，则敏感度低；热传导率高的炸药容易将热量散失到周围介质，不易形成热积累，对灼热核的形成和发展不利，所以敏感度低；反之，热容量小或热传导率低的炸药，其敏感度高。

3. 炸药物理性质对敏感度的影响

炸药敏感度在很大程度上取决于炸药的物理性能，主要表现在以下几个方面。

(1) 炸药相态。一般说来，对于同一种炸药，其敏感度的顺序为液态＞塑态＞固态。这是因为炸药由固态变为塑态或液态时吸收了熔化潜热，则相应的内能提高易于起爆。

(2) 炸药晶形与粒度。不少单质炸药敏感度随晶体形状不同而变化，一般解释为各种晶形所对应的晶格能不同所致。例如，硝化甘油敏感度为菱形晶体(冻结时)的比三斜晶系的大；炸药颗粒度对炸药的爆炸敏感度影响较显著，对于猛性炸药粒度愈小，敏感度愈高。

(3) 装药密度。对于粉状炸药来说，在装药密度超过一定值之后，随着密度继续增大，将导致敏感度下降。例如，粉状梯恩梯的装药密度为 $1g/cm^3$ 时，8 号雷管可以使其起爆，但装药密度为 $1.5g/cm^3$ 时，则需更大的起爆能。

(4) 炸药中的气泡。正如前面关于炸药起爆过程所阐述的，炸药中含有微小气泡在强烈冲击作用下的绝热压缩，是形成灼热核的重要原因之一。因此，在炸药中增加一定数量的小气泡是提高炸药感度的主要措施之一。例如，乳化状炸药中加入起泡剂而形成的小气泡能使炸药敏化，从而降低梯恩梯在炸药中的含量。

4. 掺合物

炸药中加入一些掺合物，可以使炸药的敏感度发生明显变化，将提高或降低炸药的敏感度，这取决于掺合物的硬度、熔点、粒度及含量等因素。凡能提高炸药感度的掺合物称为敏化剂，如石英砂、玻璃屑、金属粉等；凡能降低炸药感度的掺合物称为钝化剂，如石蜡、石墨、水、凡士林等。

四、炸药安定性

炸药安定性是指炸药在长期储存或运输中保持其物理、化学、爆炸性质不发生变化，或只发生在允许范围内变化的能力。在相同储存条件和存期内，上述性质变化愈小，则表示该炸药的安全性愈佳。

炸药在贮存中，由于受温度、湿度以及其他因素的影响，发生了物理、化学性能及爆炸性能的变化，即为变质。变质后的炸药或其他爆炸材料，有的会大大降低其爆破性能，有的则会增高敏感度而变得更加危险。

安定性分为物理安定性和化学安定性。物理安定性是指炸药保持物理性能不变的能力，主要包括吸湿性、抗水性、结块性、成分均匀性、挥发性、老化性和渗油性等，这些性质对于不同类型炸药，其表现不同，如硝铵类炸药，主要是吸湿性和结块性，吸湿结块后的硝铵炸药敏感度降低。对于硝化甘油炸药，主要是干结、老化和渗油，此时，敏感度增高，危险性增大，因此，在贮存、运输和使用中，应根据炸药性质不同，采取不同的方法和措施，保持炸药的安定性，防止其变质。化学安定性是指炸药在一定时间内不发生分解的能力，它主要取决于炸药本身的化学成分与化学结构，如硝基化合物的 NO_2 根是直接与炭原子连接，而硝酸酯的 NO_2 是通过氧再与炭原子连接的，因而前者比后者的化学安定性好；此外，与温度的关系很大，温度增高，炸药的化学安定性降低，分解加速，甚至发生爆炸。

五、炸药爆炸功能

炸药爆炸时，其化学潜能在瞬间转化为热能，靠高温高压气体产物的膨胀作用对外界所做的功，通常称作爆炸功。

（一）炸药的理论爆炸功

炸药在理想条件下爆炸，对外界最大可能做功的能力，称作理论爆炸功。

设炸药爆轰瞬间到气体膨胀后，温度由 T_1 变为 T_2。积分得爆炸全功为

$$A = -\int_{T_1}^{T_2} C_v \mathrm{d}T = C_v(T_1 - T_2) = C_v T_1(1 - T_2/T_1) = Q_v(1 - T_2/T_1) \qquad (6-10)$$

式中：Q_v 为爆热；T_1 为爆炸反应终了瞬间气体的温度，即爆温；T_2 为爆炸气体膨胀终止时的温度；C_v 为爆轰气体的定容比热；$\mathrm{d}T$ 为爆轰气体体系温度的变化。

表 6－12 列出一些炸药的理论爆炸功值。

表 6－12　一些炸药的理论爆炸功值

炸药名称	EQ(9.8J/kg)	炸药名称	EQ(9.8J/kg)
硝化甘油	632×10^3	雷汞	175×10^3
泰安	598×10^3	叠氮铅	162×10^3
黑索金	641×10^3	硝酸铵	147×10^3
特屈儿	465×10^3	2号岩石铵梯炸药	376×10^3
梯恩梯	431×10^3	2号煤矿铵梯炸药	339×10^3

（二）炸药实际爆炸功能衡量指标

在生产与选择炸药能量时，常以下面两类指标作为炸药实际功能的衡量指标：第一类是炸药瞬时功率衡量指标，即猛度、弹道摆和爆速；第二类是衡量炸药总能量相对指标，即爆力、爆破漏斗法。下面介绍猛度和爆力等指标。

1. 猛度

猛度是表示炸药爆炸对其邻近介质所产生的局部压缩、粉碎或击穿作用的程度。猛度反映了爆轰所发生的冲击波对周围介质动态效应的强度。所以，猛度的大小主要取决于爆轰波阵面参数。炸药的爆轰压力或爆轰速度愈高，其猛度愈大，对邻近介质的压缩或击碎作用也就愈强烈。因此，在理论上，猛度可用爆轰压力来表示，即 $B=\rho_0 D^2/4$（B 为炸药的猛度，其他符号同前），以此作为估量炸药爆轰瞬间最初阶段局部做功能力的相对指标。

通常采用铅柱压缩法测定炸药的猛度。如图 6－7 所示，炸药爆炸后，铅柱被压缩成蘑菇

形(图 6-7 之 8)。量出铅柱被压缩的高度(以 mm 计),以此表示炸药猛度,即

$$h=h_1-h_2 \qquad (6-11)$$

式中:h 为炸药猛度(mm);h_1 为爆炸前铅柱的平均高度(mm);h_2 为爆炸后铅柱的平均高度(mm)。

表 6-13 列出铅柱压缩法测得的一些炸药猛度值。

2. 爆力

爆力是估量炸药在介质内部爆炸时总的做功能力的相对指标,它表示炸药爆炸对周围介质整体的压缩、破坏和抛移等作用的威力。爆力反映了爆炸冲击波(应力波)在介质中的动作用和爆炸气体膨胀静作用的联合总效果。爆力的大小主要取决于炸药的爆热、爆温和爆炸生成气体量。爆热大、爆温高、爆生气体量多的炸药,其爆力大,破坏作用就大。

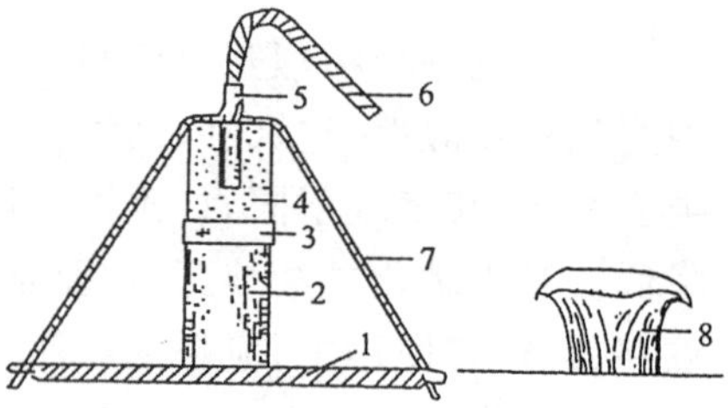

图 6-7 铅柱压缩法测定炸药猛度

1—钢板座;2—铅柱;3—圆钢片;4—炸药包;5—雷管;6—导火索;7—细绳;8—爆炸压缩后的铅柱

表 6-13 一些炸药的猛度值

炸药名称	密度(g/cm³)	猛度(mm)	炸药名称	密度(g/cm³)	猛度(mm)
梯恩梯	1.0	16~17	泰安	1.7	23~25
梯恩梯	1.2	18.8	2 号岩石铵梯	0.9~1.0	12~14
苦味酸	1.2	19.2	2 号煤矿铵梯	0.9~1.0	10~12
黑索金	1.5	21.2	铵油炸药	0.9~1.0	9~12
特屈儿	1.0	18~19	铵沥蜡炸药	0.9~1.0	8~9

炸药爆力通常采用铅铸扩孔法和爆破漏斗法进行测定。

铅铸扩孔法。铅铸扩孔法测爆力的方法如图 6-8 所示。试验采用圆柱状铅铸体(由不含杂质的纯铅铸成),中心由一圆柱状装药孔,其尺寸如图 6-8(a)所示。炸药起爆后,铅铸装药孔被扩大成类似梨形的内腔[图 6-8(b)]。将铅铸倒置,清除内腔的残留物,最后用量筒内腔注水测其体积,从中减去爆炸前装药孔原有体积和 8 号雷管扩孔体积,所得值即表示该炸药的爆力 ϕ(mL):

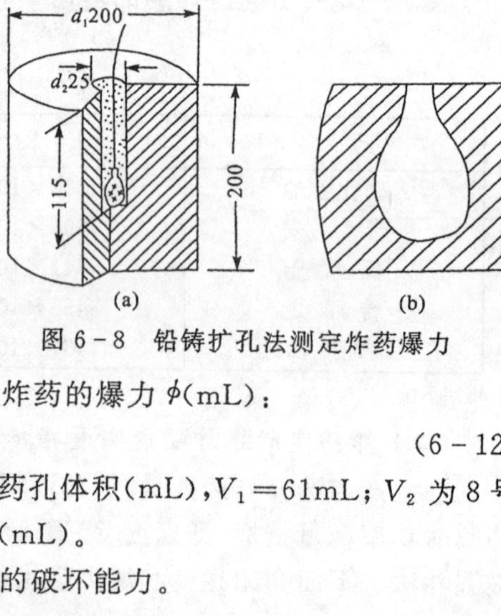

图 6-8 铅铸扩孔法测定炸药爆力

$$\phi=V-V_1-V_2 \qquad (6-12)$$

式中:V 为爆后铅铸内腔体积(mL);V_1 为爆前铅铸装药孔体积(mL),$V_1=61$mL;V_2 为 8 号雷管爆炸扩孔体积,即 8 号雷管的爆力,一般 $V_2=28.5$(mL)。

表 6-14 列出一些炸药的爆力值,以对比各种炸药的破坏能力。

表 6-14 一些炸药的爆力值

炸药名称	爆力 (mL)	炸药名称	爆力 (mL)
硝化甘油	600	雷汞、叠氮铅	110
泰安	580	2 号岩石铵梯	320
黑索金	520	92-4-4 铵油	300
梯恩梯	300	2 号煤矿铵梯	250

第三节　可燃气体爆炸

一、概述

凡在常温常压下以气态存在，与助燃气体结合，经冲击、摩擦、热源和火花等点火源作用，能发生燃烧、爆炸的气态物质统称为可燃性气体。

（一）可燃气体种类与成分

可燃气体种类包括：① 常态（常温常压下）时为可燃气体，如 H_2、C_4 以下的有机气体；② 压缩可燃气体，为了装载、运输、使用方便而压缩体积，气体经施加压力或降低温度后使气体中分子间距离大大缩小，如天然气、煤气等；③ 液化气体，对压缩气体继续降温加压，使其变成液化状态，如液化石油气、液氨、液化丙烷、液化丁烷等；④ 溶解气体，有些气体在常温常压下极不稳定，需要溶解在溶剂中，如乙炔溶解在丙酮中，并储存于钢瓶中。

按照化学组分，可燃气体的成分可以分为有机类和无机类等两大类，而以有机类为主。① 有机类，一般指碳原子在 4 以下的可燃气体，如烷烃类：甲烷（CH_4）、乙烷（C_2H_6）、丙烷（C_3H_8）、丁烷（C_4H_{10}）；烯烃类：乙烯（C_2H_4）；炔烃类：乙炔（C_2H_2）；卤代烃类：氯甲烷（CH_3Cl）。② 无机类，如含 H、O 元素物质，一氧化碳（CO）、硫化氢（H_2S）等。

（二）可燃气体爆炸类型

可燃气体爆炸包括可燃气体混合物爆炸和单一气体分解爆炸；可燃和易燃液体爆炸，由于爆炸前首先要气化形成可燃性气体（蒸气），然后与空气混合点燃后爆炸，因此，亦可归属于可燃气体爆炸。

资料统计表明，可燃气体（包括可燃液气蒸气）混合爆炸是各类事故爆炸中发生最多的一类，在石油、化工、煤矿等行业所发生的爆炸事故中，绝大多数属于这一类型。近 20 年来，我国煤炭系统已发生几百次瓦斯爆炸，伤亡人数已近万人。据欧共体保险业统计，在欧洲平均每一工作日即发生一起可燃气体混合物的事故爆炸，因此，可燃气体（包括可燃液体蒸气）混合物的事故爆炸已成为工业生产安全的一个重要方面，越来越引起世界各国的重视。

可燃气体混合物爆炸是一种非点源爆炸，其破坏效应受环境条件影响极大。

可燃气体混合物爆炸基本形式可分为有约束爆炸和无约束爆炸两大类，两种爆炸形式其破坏效应有很大区别。以常见的碳氢化合物气体与空气的混合物被点燃为例，无约束的敞开层流燃速仅为 0.5m/s，形成气云层爆炸时，其爆燃速度一般为每秒几十米至上百米。在受压缩的密闭容器中，一般情况下，其爆燃速度可达每秒上百米至几百米，爆炸压力可达 0.5～0.7MPa；如果密闭容器条件完善，爆炸反应可由爆燃发展至爆轰，爆轰速度可达 1 000～1 500m/s，爆压可达 1～1.5MPa。

本节就可燃气体混合物化学反应的基本模式、可燃气体爆炸危险性质、单一气体热分解爆炸等问题加以分述。

二、可燃气体化学反应基本模式

在火灾与爆炸灾害中，灾害造成损失的严重程度主要取决于燃烧爆炸威力大小，其恒量的物理指标是物质燃烧的火焰传播速度与爆炸压力量级。以气体和粉尘的燃烧爆炸为例，其变化范围很宽，就速度量级而言，常见碳氢化合物气体燃料与空气混合物的基本燃烧速度为每秒零点几米至几米量级，而同样的燃料混合物转为爆轰时，其波阵面传播速度达到2 000m/s量级，速度变化跨越4个量级。从压力量级而言，从气体燃烧初压到固体含能炸药爆轰，压力整整跨越6个数量级。

最常见事故爆炸的气体和粉尘爆炸而言，其燃烧爆炸的模式基本上可分为定压燃烧、爆燃、定容爆炸、爆轰等4种，如图6-9所示。其中，燃烧和爆轰反应速度相对比较稳定，而爆燃、爆炸反应速度不稳定，有可能导致熄灭。

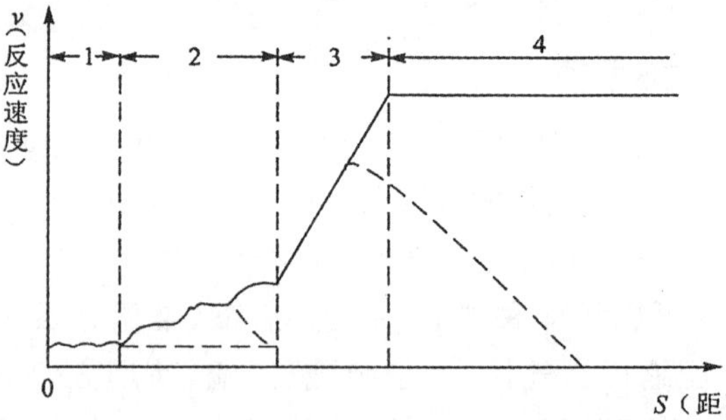

图6-9　预测可燃气体化学反应速度模式

1—定压燃烧；2—爆燃；3—定容爆炸；4—爆轰

（一）气体常压燃烧

气体常压燃烧是一种无约束的敞开型燃烧，燃烧产物能够及时向外排出没有积累，燃烧环境始终保持与常压相近，压力恒定。当可燃性气体混合物被弱点火源点燃时，火焰呈层流移动，其传播机理是分子扩散传热与传质，热量和质量向未燃气体扩散过程是相当慢的，层流火焰传播速度约在0.3～5m/s数量级。层流火焰传播速度决定于燃料种类及其浓度，典型的碳氢化合物的最大层流燃烧速度约为0.4～0.5m/s，乙烯、乙炔和氢由于反应速度快和扩散系数高，所以其层流燃烧速度较高。

可燃气体混合物被火源点燃后，混合气按层依次发生化学反应向前传播。这种反应层也称反应带，又称燃烧波。一般把化学反应完全的区域称为火焰烽。由于火焰烽区间内反应激烈，各组分温度变化明显，火焰烽可以看到。可燃混合气体的火焰烽厚度一般不超过十分之几毫米，所以经常把火焰烽作为可燃混合气体和热燃烧生成物之间的界面，如图6-10所示。火焰烽在可燃介质中的传播速度是燃烧过程最重要的特性，它决定燃烧过程的强度和燃烧速度。

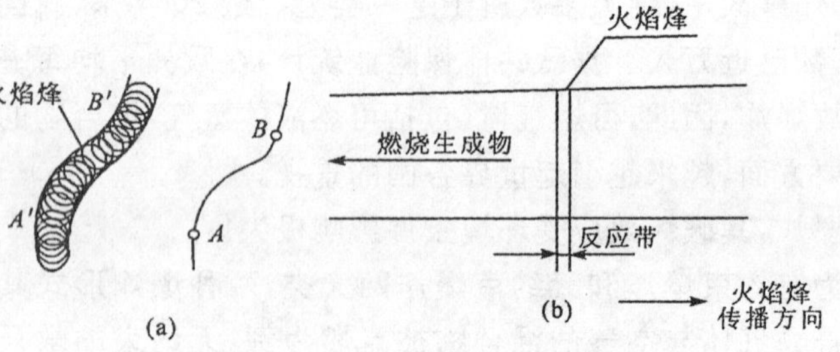

图6-10　火焰烽传播示意图

(a) 在自由空间时；(b) 在管道内

气体燃烧速度常以火焰传播速度衡量。一些可燃气体与空气混合物在25.4mm直径的管道中，火焰传播速度的试验数据见表6-15。

（二）气体爆燃

气体爆燃是一种带有压力波的爆炸式燃烧。可燃性气体混合物被点燃时，形成层流火焰，在燃烧行进过程中，当火焰阵面边界存在约束或障碍时，阵面受到紊流涡流扰动使火焰前沿变为折叠形，增大了火焰与氧气接触的面积，从而使燃烧速率和燃烧速度加快。同时，由于燃烧阵面边界存在的约束和障碍，燃烧产物可以建立起一定压力，压力波阵面两侧可以建立起压力差(即压力扰动)，该压力差以亚音速向前传播，这就是压力波，由于该压力波传播速度比火焰阵面要快，行进在燃烧阵面前，所以叫前驱压力波。因此，可以说爆炸就是一种有前驱压力波和后置燃烧阵面所构成，如图6-2所示。但是，爆燃是一种不稳定状态的燃烧波，其压力波可以因约束的减弱或燃烧产物排气及时而减弱，甚至消失，这时爆燃就转变为定压燃烧；相反，如果爆燃的后边界约束增强，就可能发展成为爆轰波。

可燃气体的事故爆炸一般是爆燃，其火焰传播速度在几十至几百米/秒之间，爆炸压力可以从几百帕至零点几兆帕。

表 6-15　可燃气体的火焰传播速度

气　体	火焰最高传播速度(m/s)	可燃气体在混合物中的浓度(%)	气　体	火焰最高传播速度(m/s)	可燃气体在混合物中的浓度(%)
氢	4.83	38.5	丙　烷	0.32	4.6
一氧化碳	1.25	4.5	丁　烷	0.82	3.6
甲　烷	0.67	9.8	乙　烯	1.42	7.1
乙　烷	0.85	6.5	炉煤气	1.70	17
水煤气	3.1	43	焦炉发生煤气	0.73	48.5

(三) 气体爆轰

爆轰是可燃混合物气体化学反应的最高形式，是破坏性最大的气体爆炸。气体爆轰的特点是爆轰波(带化学反应区的冲击波)以超音速在未受扰动的未燃混合气体中传播，波峰压力和密度呈突跃式增加。可燃混合气体爆炸的猛烈程度常以爆炸传播速度和爆炸压力显示，对大多数碳氢化合物与空气按化学当量浓度的混合物，其爆轰压力约为 1.5～2.0MPa；同样材料在纯氧中爆轰时，爆压将提高 1 倍，可达 3MPa 量级。其相应的爆轰速度，可燃气体与空气混合时，约为 1.8～2.0km/s 量级；与氧气混合时，约为 2.5km/s 量级。一些可燃气体与空气混合物的爆炸压力和爆轰速度列于表 6-16。

表 6-16　某些可燃气体与空气混合物的爆炸压力和爆轰速度

物质名称	氢	乙　烯	丙　烯	甲　烷
爆炸压力(MPa)	1.58	1.86	1.86	1.74
爆轰速度(m/s)	1 968	1 822	1 804	1 802

爆轰波阵面是一种网眼结构的三维激波，其结构模型如图 6-11(a)所示，真实结构图形如图 6-11(b)所示。λ 为爆轰波胞格尺寸，它表征爆轰波阵面结构，反映爆轰波中化学反应速率，并可推出其他爆轰参数。烷烃类胞格尺寸除甲烷外基本相同，化学当量混合物的 $\lambda \approx 5.35cm$，而甲烷与空气混合物的 $\lambda = 33cm$，胞格尺寸越小越敏感，形成爆轰所需的临界起爆能越低。烯烃化学当量混合物的 $\lambda = 2cm$，乙炔与空气混合物的 $\lambda = 0.5cm$，说明炔烃类与空气的混合物最为敏感。

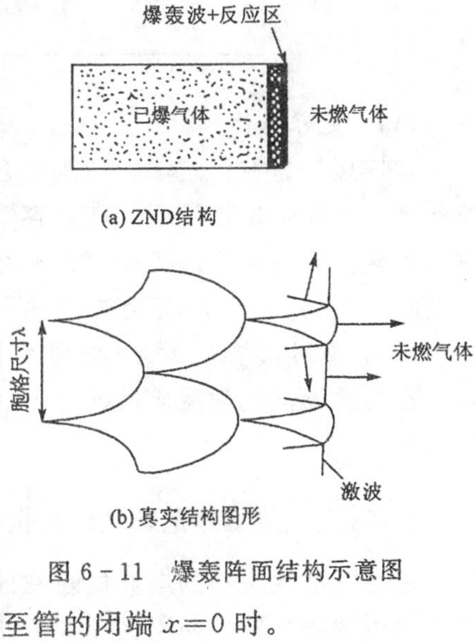

图 6-11　爆轰阵面结构示意图

爆轰在管内由左向右传播(一维)时，波体的压力分布如图 6-12 所示。在 $x=L$ 处波峰压力呈垂直突跃式增加，其压强等于 P_{cj}(稳定爆轰压力)，波峰后爆炸产物膨胀，膨胀波压力呈指数曲线下降；当 $x=L/2$ 时，膨胀波压降低至约等于 $0.4P_{cj}$，其后膨胀波尾部波压一直保持至管的闭端 $x=0$ 时。

对于气体爆炸产生的冲击波，虽然峰值压力不算高，常见的碳氢燃料空气混合物爆轰时也不超过 2MPa，但爆炸作用时间长，因而冲量值较高，对周围环境会产生很大的破坏作用。爆炸波对物体的破坏主要由冲击波超压和冲击波正压冲量所决定。

爆燃向爆轰转变：在一端封闭的长管内充满可燃气体与空气的混合物，被火源点燃后火焰呈爆燃式传播，当途中遇到封闭、障碍物时，爆燃波因阵面褶皱紊流而加速，至足够快时，由于火焰阵面与压缩波阵面重合而成为一个带化学反应区的冲击波，即爆轰波。笔者在研制气相爆炸冲击波发生器时，在 $d=102$mm、4m 长的钢管内，在闭端将液化石油气与空气的当量浓度混合物使用火花塞激爆后，爆燃波经过 5 级以上带孔挡板的阻碍，冲击波反射增压，使爆燃波逐级增强，爆速由每秒几百米增至 1 500m，实现爆燃向爆轰的转变。

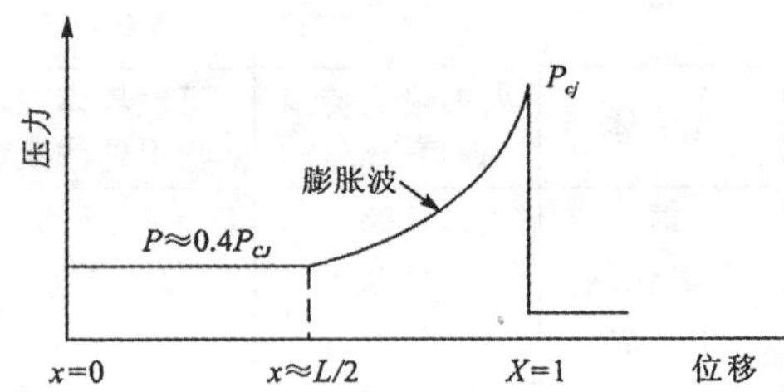

图 6-12　爆轰波在管内传播波体的压力分布

爆轰极限：这是指用猛炸药直接起爆气体燃料混合物时，混合物中燃料的最低浓度（即爆轰下限）和最高浓度（即爆轰上限）所包括的浓度范围（即爆轰范围）。同一种燃料的爆轰极限比爆炸极限要窄得多，表 6-17 所示为几种混合气体爆轰极限范围与爆炸极限范围对比。

表 6-17　混合气体爆轰范围

混合气体		爆炸下限(%)	爆轰范围		爆炸上限(%)
可燃气体	空气或氧气		下限(%)	上限(%)	
氢　气	空　气	4.0	18.3	59.0	75.0
氢　气	氧　气	4.7	15.0	50.0	93.9
一氧化碳	氧　气	15.5	38.0	90.0	94.0
氨	氧　气	13.5	25.4	75.0	79.0
乙　炔	空　气	2.5	4.1	50.0	81.0
乙　炔	氧　气	2.5	3.5	92.0	—
丙　烷	氧　气	2.3	3.2	37.0	55.0
乙　醚	空　气	1.85	2.8	4.5	48.0
乙　醚	氧　气	2.1	2.6	24.0	82.0

（四）定容爆炸

定容爆炸是在已定体积的刚性容器内，燃料与空气的预混合物受到局部点火而扩散到整体所发生的燃烧爆炸过程。在定容爆炸过程中，容器体积保持不变，混合物密度也不变，而反应压力则随燃烧爆炸过程中释放化学能的增加而增加。对于大多数烃类燃料和空气的混合物，在化学当量浓度下，定容爆炸的压力约为初始压力的 7～8 倍。

（五）不同化学反应模式爆炸参数

在各种不同化学反应模式下，一些典型可燃气体与空气或氧气混合物的主要爆炸参数列于表 6-18。

三、可燃气体爆炸危险性评价指标

可燃气体混合物的爆炸危险性评价指标，包括爆炸感度与爆炸威力等两个方面。爆炸感度是指引起爆炸的难易程度和安全性的评价指标，如爆炸极限、最大安全间隙、最小点燃能量等。爆炸威力是指反映爆炸破坏能力大小的指标，如爆炸指数等。

（一）爆炸（燃烧）浓度极限与影响因素

1. 爆炸（燃烧）浓度极限

在生产、贮存、运输、使用可燃气体、可燃液体和粉状可燃固体的过程中，可能产生上述物

表 6-18　一些燃料氧化剂混合物的爆炸系数

混合物	燃料浓度* (%)	爆轰		定容爆炸 ΔP_c (MPa)	基本燃烧速度 (m/s)
		爆速 D (km/s)	爆压 ΔP_d (MPa)		
C_2H_8 - Air	4.00	1.80	1.75	0.845	0.46
C_2H_4 - Air	6.54	1.86	1.80	0.843	0.79
C_2H_2 - Air	7.75	1.87	1.82	0.892	1.58
CH_4 - Air	9.51	1.80	1.65	0.770	0.45
H_2 - Air	29.60	1.96	1.48	0.711	3.10
C_3H_8 - O_2	16.67	2.36	3.57	1.743	3.50
C_2H_2 - O_2	25.00	2.38	3.29	1.612	/
C_2H_2 - O_2	28.67	2.43	3.33	1.630	11.4
CH_4 - O_2	33.33	2.39	2.90	1.419	4.5
H_2 - O_2	66.67	2.84	1.81	0.874	14.0

* 除作特别说明的外，本书中混合气体的浓度百分比皆指体积百分数

质与空气的混合物，这种混合物在一定条件下，只要有火源作用就可能发生燃烧或爆炸。

可燃气体、可燃液体的蒸气、可燃固体粉尘等和空气构成的混合物，并不是在任何浓度下都能燃烧或爆炸，而是有一定的浓度范围，在此范围内，浓度不同，火焰蔓延速度（即燃烧速度）或爆炸速度也不相同。当混合物中所含可燃物质的量稍多于化学当量时（即完全燃烧或爆炸时，该物质在空气中的理论含量），混合物的放热量最大，燃烧速度或爆炸速度最大，燃烧或爆炸也最为激烈。可燃物浓度增加或减少都会减少发热量而降低蔓延速度。当浓度低于某一最低浓度或高于某一最高浓度时，燃烧或爆炸便不能发生。在火源作用下，可燃气体、可燃液体蒸气、可燃粉尘在空气中，足以使火焰蔓延或爆炸传播的最低浓度称为该可燃气体、可燃液体蒸气或可燃固体粉尘和空气混合物的爆炸浓度下限，也可称燃烧浓度下限。而足以使火焰蔓延或爆炸传播的最高浓度，称爆炸浓度上限，也可称燃烧浓度上限。上、下限之间的浓度范围就是爆炸浓度范围或燃烧浓度范围。在此浓度范围内，在火源作用下，混合气体或粉尘和空气混合物能够被引燃或引爆。浓度在此范围以外，则不会被引燃或引爆。根据同样道理，可燃物在氧气中的浓度也存在爆炸（或燃烧）浓度范围及爆炸（或燃烧）浓度的下限和上限。

可燃气体、可燃液体蒸气的燃烧或爆炸浓度极限，通常使用它们对混合气体的体积百分比浓度表示，即

$$L=(V_1/V)\cdot 100\% \tag{6-13}$$

式中：L 为体积百分浓度(%)；V_1 为可燃气体体积(m^3)；V 为混合气体总体积(m^3)。

一般碳数在 4 以下的气体烃类物质，可燃或可爆范围较大，在 1.9%～15%之间。

几点解释：

(1) 爆炸（燃烧）浓度极限微观解释。当可燃气体浓度低于爆炸（或燃烧）下限时，可燃气体过少，可燃气体分子间的间距过大，不能使爆炸波（或燃烧波）从一个可燃气体分子蔓延到另一个可燃气体分子上。当可燃气浓度高于爆炸（或燃烧）上限时，气相中氧气浓度过低，以致可燃气体分子间间距过小，不能获取足够的氧气维持可燃气分子氧化的需要，从而不能维持爆炸波（燃烧波）的继续传播。可燃粉尘与空气混合物的物理过程亦基本如此。

(2) 预混气体的爆炸与燃烧。可燃气体与空气均匀混合后，在火源作用下为什么会出现两种明显不同的化学反应速度(爆炸或燃烧)呢？什么情况下出现爆炸反应，什么情况下出现燃烧反应？笔者曾做过如图6-13试验，由管1、2内按液化石油气与空气的化学当量浓度输入混合气体，经混合器3均匀混合后再经开关4输入至管9内，当预混气充满管内时关闭开关4，随后由钢管的A端或B端分别点火，由A端点火时，管内预混可燃气只发生缓慢燃烧，由B端点火时，则发生爆炸。试验结果表明：由试验管A端(开口端)点火，点燃后的火焰按正常燃速蔓延，燃烧反应产物由开口处排出；当由试验管B端(闭口端)点火时，点燃后的燃烧产物无法从燃烧区排出，致使燃烧区温度压力急剧上升，并导致爆炸。这种爆炸如果在长的管道内发生和传播，一定距离后即可形成爆轰。作者曾使用内径3mm、外径6mm的聚氯乙烯塑料管，管内充满液化石油气与氧气按化学当量浓度配比的混合气，做了在闭口端点燃的类似试验。检测表明：在管内离激爆点0.5m以后，其爆速达到2 500m/s，实现稳定爆轰。

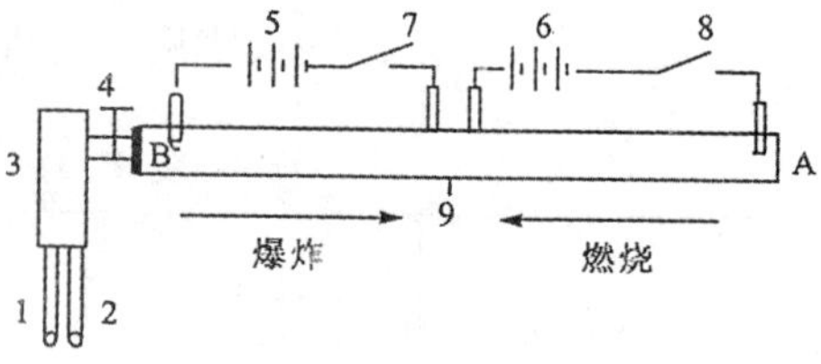

图6-13 点火条件不同时管内发生的爆炸或燃烧现象

1—定压空气管；2—定压液化石油气管；3—混合器；4—开关；5、6—电池；7、8—开关；9—A端开口、B端闭口 φ75mm×1 500mm 钢管

2. 影响爆炸极限的主要因素

可燃气体或可燃液体蒸气的爆炸极限不是一个固定值，而受一系列因素的影响而有所变化，主要因素有可燃混合物的温度、压力、惰性气体含量、点火能大小和容器结构等。因此，实践中必须根据可燃气体或可燃液体所处的条件对爆炸物的爆炸极限予以修正后使用。

(1) 初温对爆炸极限的影响。混合可燃气体初温越高，其爆炸范围越宽，如图6-14所示为不同温度下甲烷爆炸浓度的变化。

混合可燃气体的初始温度升高，其分子内能增加和化学反应速度加快，使爆炸浓度极限范围增大，爆炸浓度下限降低和爆炸浓度上限升高。

(2) 初始压力影响。随着预混可燃气体初始压力的增加，爆炸浓度极限范围扩大，表6-19所示为甲烷与空气的混合物随容器内压力的提高对爆炸浓度极限的影响，从该表可以看出，随着混合气体初始压力的增加，爆炸极限的上限明显提高，而爆炸下限变化不大。

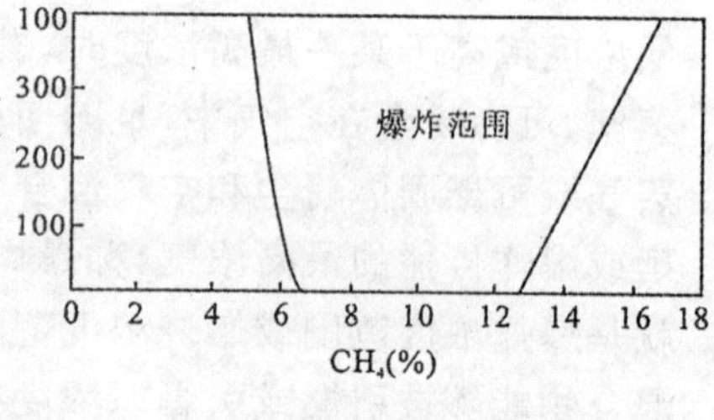

图6-14 温度对甲烷爆炸极限的影响

表6-19 甲烷在不同原始压力时的爆炸极限

原始压力(MPa)	爆炸下限的体积百分数(%)	爆炸上限的体积百分数(%)
0.1	5.6	14.3
1	5.9	17.2
5	5.4	29.4
12.5	5.7	45.7

(3) 惰性气体影响。在预混可燃气体中加入惰性气体后，使爆炸范围变窄，一般上限降低明显，下限变化比较复杂。惰性气体对甲烷爆炸极限的影响如图6-15所示。当加入的惰性气体超过一定量以后，任何比例的预混可燃气体都不能发生爆炸或燃烧。惰性气体对预混可

燃气体爆炸上限影响显著的原因是随着惰性气体浓度的加大，空气中氧的浓度相对减少（如图 6－15 中顶部坐标），在预混气体浓度达到爆炸上限时，氧的浓度本来已经很低，故惰性气体浓度稍增加一些即产生显著影响，从而使爆炸上限明显下降。

从图 6－15 还可以看出，各种惰性气体对甲烷爆炸极限影响的大小依次为 $CCl_4 > CO_2 > H_2O > N_2 > He > Ar$。当惰性气体加入量分别为 $CCl_4 = 13\%$、$CO_2 = 24\%$、$H_2O = 28\%$、$N_2 = 38\%$、$He = 39\%$、$Ar = 52\%$时，甲烷将不会发生爆炸。

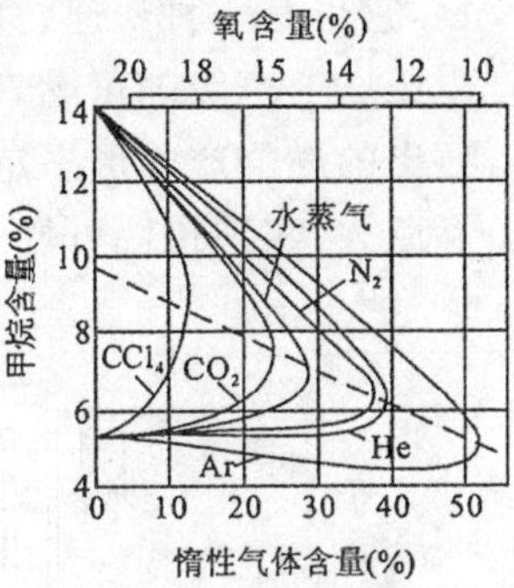

图 6－15　各种惰性气体对甲烷爆炸极限的影响

（4）点火能的影响。对预混可燃气体爆炸极限而言，所使用点火能的强度越高，作用时间越长，其爆炸极限范围越宽，爆炸危险性越大。图 6－16 是甲烷与空气预混气体的爆炸极限与点火能大小的关系。

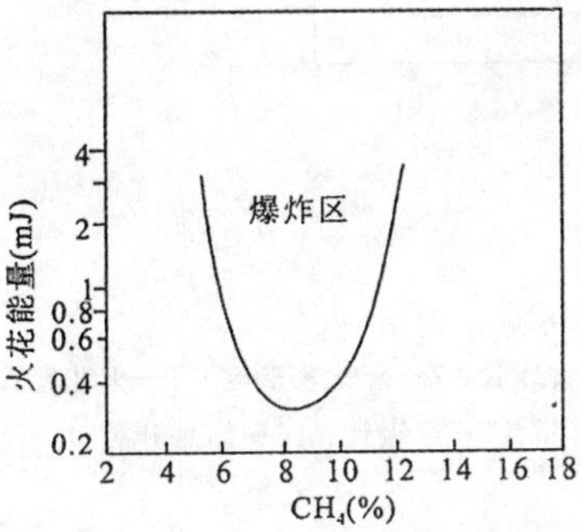

图 6－16　点火源能量对甲烷爆炸极限的影响

各种预混可燃气体，在化学当量浓度条件下都有一个最低引燃（或引爆）所需的能量，即最小点火能，这是预混气体爆炸危险性的一项重要的性能指标。

影响预混可燃气体爆炸极限的因素，除上述四点外，还与预混可燃气体储存的外壳条件有关。

3. 爆炸浓度极限测定

爆炸浓度极限测定装置种类较多，按照测试时预混气体的压力可分为常压和高压两种；按照测试时混合气体的状态可分为静态和动态两种；按照测试对象不同，可以分为可燃混合气体或粉尘和空气混合的爆炸极限测试装置。下面介绍两种测试装置。

（1）天津消防所测试装置。这种爆炸浓度极限测试装置是在静态、常压条件下的测试方法。测试装置的结构如图 6－17 所示。主要由反应管、点火装置、搅拌装置、真空泵、压力计、电磁阀和电动机所组成。反应管由内径 5cm、长 130cm 的硬质玻璃管制作；各个塞门均采用玻璃塞；反应管和各管的连接处均有阻火网；点火装置用 1.5mm 钨棒制作。试验前先检查气密性；实验时，首先将整个测试系统抽真空，然后按分压法配气混合，并用水银压力计测定和调整反应管内气压为常压；搅拌 5min 后开始点火，观察火焰是否能由反应管底部传至顶部。使用此法可以测出该种混合可燃气体的爆炸上、下限和爆炸浓度极限范围。

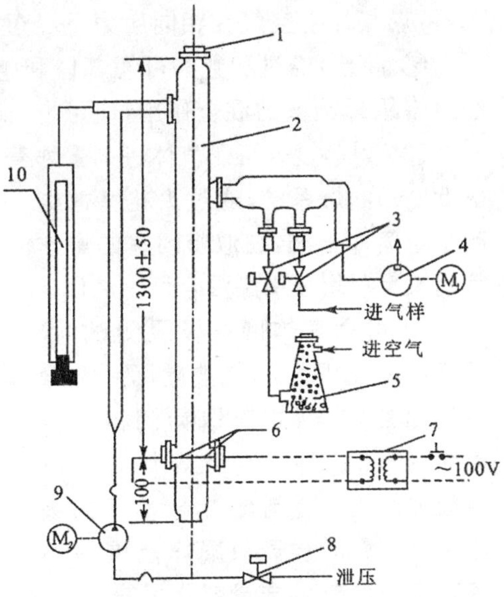

图 6－17　爆炸极限测定装置

1—安全塞；2—反应管；3—电磁阀；4—真空泵；5—干燥瓶；6—放电电极；7—电压互感器；8—泄压电磁阀；9—搅拌泵；10—压力计；M_1、M_2—电动机

（2）DBZ－1 型爆炸极限与阻火实验装置。该实验装置是中国地质大学在 20 世纪 90 年代研制成的一种常压、动静态条件下定量爆炸极限测试装

置，它也是一种快速、直观、多功能的爆炸(燃烧)浓度极限与阻火实验演示系统，它以测量相对爆压——声级随可燃气体混合比变化规律表示爆炸(燃烧)浓度极限的范围和爆炸威力，并以喷出的燃烧产物形态定性显示预混气体化学反应的完全程度，使用点火器在闭口或开口条件下点火，实现预混可燃气体爆炸的引爆和燃烧的点燃。该实验装置系统布置如图 6－18 所示。

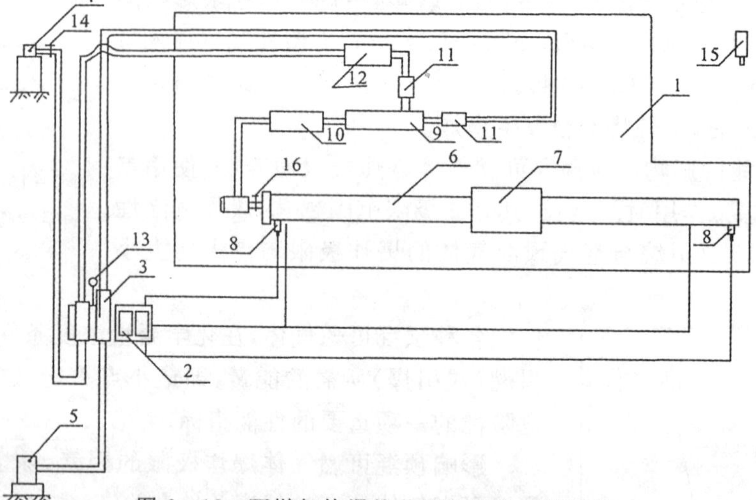

图 6－18　可燃气体爆炸范围与阻火实验系统

1—试验台；2—起爆器台；3—流量计台；4—可燃气体罐；5—微型压气机；6—爆炸管；7—阻火实验台；8—火花塞；9—混合器；10—阻爆器；11—单向阀；12—阻火器；13—压力表；14—阀门；15—声级计；16—静爆开关

爆炸浓度极限测试程序：

① 混合气配比：由可燃气体罐 4 调压后供应可燃气体；由微型压气机 5 经调压后供应空气；可燃气体与空气在相同压力下经过两台流量计按一定比例配置预混可燃气体。

② 混合：经过配置的可燃气体和空气分别经过阻火器和单向阀进入混合器，在混合器中经过多级螺旋槽的混合作用，使可燃气体与空气均匀混合，并形成高雷诺数湍流输出。

③ 激爆：混合可燃气体进入爆炸管并充满管道后(关闭进气口或不关闭进气口)，使用高压(1 500V)激爆系统，通过火花塞放电产生电离冲击波，在似密闭室的爆炸管闭端反射增压引爆混合可燃气体。

④ 可燃气体爆炸极限测试：根据不同配比混合燃气被激爆后在管口发出的声强，用声级计测得一定声级，按照各种混合比爆炸时所测声级的变化，绘制出混合燃气的爆炸下限、爆炸上限和爆炸范围内声压随配比浓度的定量变化规律。

⑤ 系统安全：在装置系统中，设置双单向阀、阻火器、阻爆器和静爆开关，确保测试工作中的安全。

图 6－19 所示为爆炸声级随液

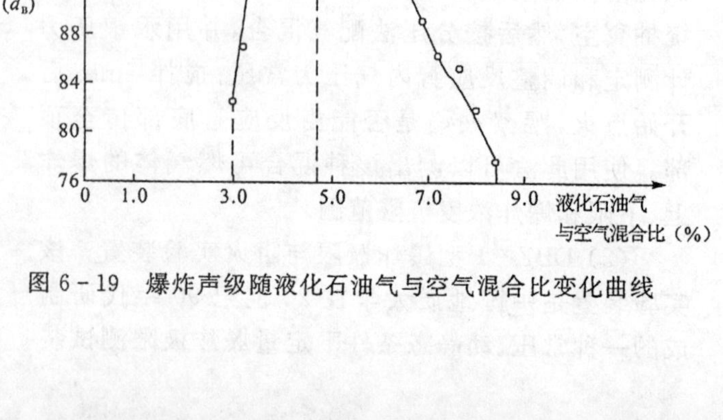

图 6－19　爆炸声级随液化石油气与空气混合比变化曲线

化石油气与空气混合比变化曲线(动态)。

⑥ 不同混合比爆炸产物形态和声响观察:对不同混合比可燃气体与空气混合物的爆炸产物的系统观察,可以明显看出贫燃料量混合气体、优燃料量或富燃料量混合气体的爆炸产物形态的各异。贫燃料量时,爆炸声级低,声响较小,爆炸产物接近空气透明形态;优燃料量时,爆炸声级最高,声响最大,爆炸产物比较混浊;富燃料量时,爆炸声级低,声响发钝,爆炸产物中存在富余可燃物质,爆炸产物喷出爆炸管口后,富余可燃物质在空气中被点燃燃烧,可以看到明显火焰。

4. 爆炸浓度极限计算

预混可燃气体爆炸浓度极限的计算方法种类繁多、原理有所不同,本节仅介绍按照燃烧反应的氧原子法计算单质燃气的爆炸浓度极限,这是一种半理论半经验计算法。

(1) 爆炸浓度下限计算式

$$L_X=100/[4.76(N-1)+1] \tag{6-14}$$

(2) 爆炸浓度上限计算式

$$L_S=4\times100/(4.76N+4) \tag{6-15}$$

式中:L_X 为可燃气体混合物爆炸下限(%);L_S 为可燃气体混合物爆炸上限(%);N 为每摩尔可燃气体完全燃烧所需氧原子数。

例:试求乙烷在空气中的爆炸浓度极限的下限和上限。

(1) 乙烷反应方程式

$$C_2H_6+3.5O_2\rightarrow 2CO_2+3H_2O$$

(2) $N=3.5\times2=7$ 个

(3) 将 N 代入公式(6-14)、式(6-15),得

$$L_X=100/[4.76(7-1)+1]=100/29.56=3.38\%$$

$$L_S=4\times100/(4.76\times7+4)=400/37.32=10.7\%$$

上两式计算结果表明:乙烷爆炸下限为 3.38%,爆炸上限为 10.7%,爆炸范围为 3.38%~10.7%。

5. 爆炸极限应用

(1) 在评价可燃气体燃爆危险性等级中,爆炸浓度极限是最主要评价指标,按此指标可燃气体可以分为两级:一级,爆炸极限下限<10%;二级,爆炸极限下限≥10%。

(2) 工业生产中,常以爆炸浓度极限为依据,选择爆炸危险程度低的代替高的,以提高可燃气体使用的安全程度,如工业气焊中,以近期研制成功的液化石油气加氧取代乙炔加氧。

(二) 爆炸危险度

可燃气体或可燃液体蒸气的爆炸危险性亦可以用爆炸危险度来表示。爆炸危险度为爆炸浓度极限范围与爆炸浓度下限的比值,具体计算式如下:

$$H=(L_2-L_1)/L_1 \tag{6-16}$$

式中:H 为可燃气体或可燃液体蒸气的爆炸危险度;L_1 为以体积百分浓度表示的爆炸下限(%);L_2 为以体积百分浓度表示的爆炸上限(%)。

由上式说明,当可燃气体或可燃液体蒸气的爆炸浓度极限范围越宽,爆炸浓度下限越低,则爆炸危险性越大。几种典型气体的爆炸危险度如表 6-20 所示。

表 6－20　典型气体的爆炸危险度

名　　称	爆炸危险度	名　　称	爆炸危险度
氨	0.87	汽　油	5.00
甲　烷	1.83	辛　烷	5.32
乙　烷	3.17	氢	17.78
丁　烷	3.67	乙　炔	31.00
一氧化碳	4.92	二硫化碳	59.00

按照 H 值得大小，对物质危险性作如下分级：

$H \geqslant 10$　危险性大　一级

$10 \leqslant H < 4$　危险性中　二级

$H < 4$　危险性小　三级

（三）最大安全缝隙

在火焰（或爆炸）传播过程中，使火焰不能继续传播的最大间隙即为最大安全缝隙（或最大安全间隙），如图 6－20 所示。这是一种防爆性安全指标，用于在环境中存在可燃气体的防爆设备上，如防爆电机、防爆开关、防爆照明灯上。在这类设备上，最大安全缝隙是指当保护外壳内产生火星或爆炸时，不会引起壳外可燃气体燃烧爆炸的最大间隙。最大安全缝隙的试验缝宽为 25mm。可燃气体或蒸气的爆炸性混合物，按最大安全缝隙的安全性分级如表 6－21 所示。从表 6－21 可以看出可燃气体或可燃液体蒸气的最大安全间隙越小，级别越高，说明该种气体越危险。

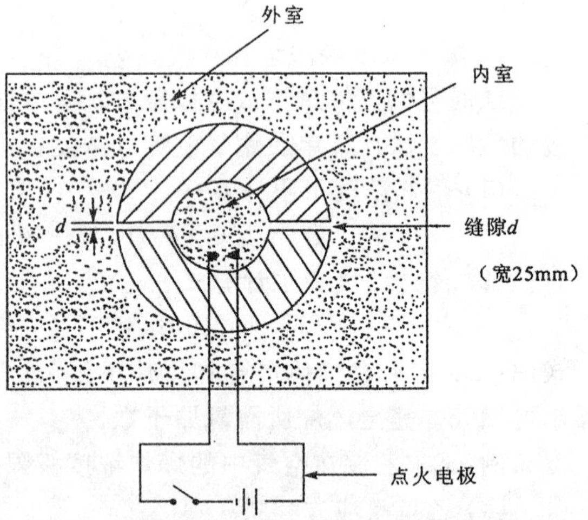

图 6－20　安全缝隙测定装置示意图

表 6－21　可燃气体或蒸气爆炸性混合物按照传爆能力的分级

级　　别	1	2	3	4
间隙 δ(mm)	$\delta > 1.0$	$0.6 < \delta \leqslant 1.0$	$0.4 < \delta \leqslant 0.6$	$\delta \leqslant 0.4$

（四）爆炸指数

爆炸指数是反应物质爆炸时对周围介质的一种冲击破坏能力，它与物质爆炸时形成的最大压力和爆炸压力上升速率有关。表 6－22 和表 6－23 是可燃气体或可燃液体蒸气的爆炸压力及其增长速率，以及典型可燃气体和可燃液体蒸气的爆炸指数。

表 6－22　可燃气体或蒸气的爆炸压力及其增长速度

名　　称	爆炸压力(MPa)	爆炸压力增长速率($MPa \cdot s^{-1}$)
氢	0.62	90
甲　烷	0.72	—
乙　炔	0.95	80
一氧化碳	0.7	—
乙　烯	0.78	55
苯	0.8	3
乙　醇	0.55	—
丁　烷	0.62	15
氨	0.6	—

表 6-23　典型气体和蒸气的爆炸指数

名　　称	爆 炸 指 数	名　　称	爆 炸 指 数
丁　烷	9.30	氢	55.80
苯	2.4	乙　炔	76.00
乙　烷	12.13		

测试装置:爆炸指数测试装置是根据国际标准化组织发布的 ISO6184/2-1985《可燃气体/空气混合物爆炸指数确定方法》的 $1m^3$ 或 20L 爆炸容器试验装置实施的,图 6-21 所示为 $1m^3$ 圆柱形、长度与直径比为 1∶1 的爆炸测试容器装置。该装置测试内容包括:最大爆炸压力 P_{max}、最大爆炸压力上升速率 $(dP/dt)_{max}$、爆炸指数等参数。

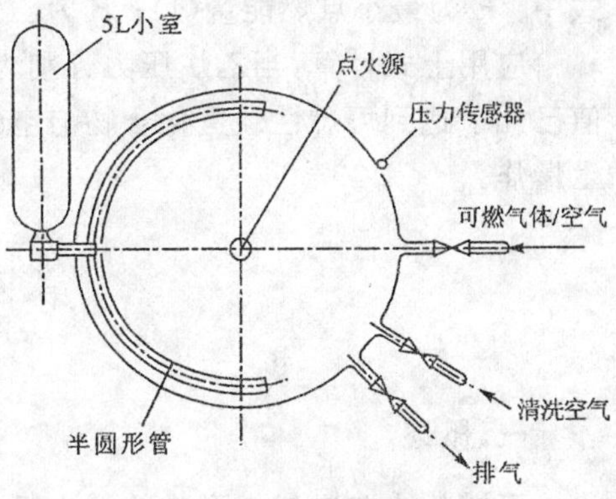

图 6-21　$1m^3$ 爆炸容器示意图

ISO6184/2-1985 标准中规定,最大爆炸指数是指爆炸气体混合物在爆炸浓度范围内的化学当量浓度点测出的最大爆炸压力上升速率 $(dP/dt)_{max}$ 与试管容器体积的关系,如下式所示:

$$K_{max}=(dP/dt)_{max}\cdot V^{1/3} \tag{6-17}$$

式中:dP/dt 的定义由图 6-22 所示。

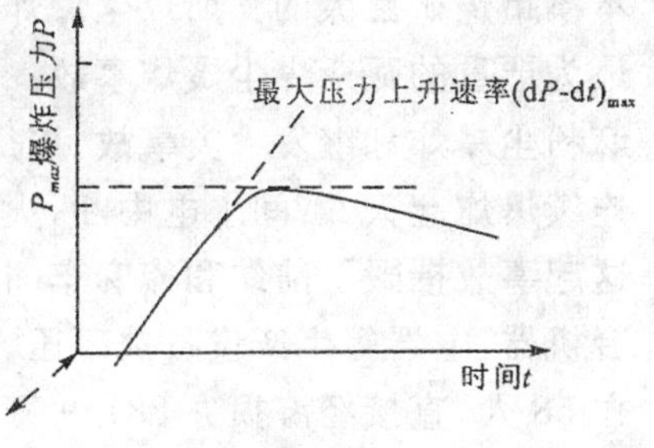

图 6-22　爆炸指数 P_{max} $(dP/dt)_{max}$ 定义示意图

四、单一气体热分解爆炸

某些气体在加压时发生分解反应,产生大量热量,并可能导致自身爆炸,这种爆炸称为气体分解爆炸,如乙炔、乙烯、环氧乙烷、氮氧化物等。加压分解时产生的分解热大小与该气体的初始温度和施加的压力有关。当初压增加时,分解发热量增加,所需点燃能降低,爆炸时压力增高,爆炸愈猛烈。

在较高压力下容易产生热分解爆炸的气体,当外加压力降低至某一数值时,爆炸即不会发生,这时的压力称为分解爆炸的临界压力,各种具有热分解爆炸的气体,其临界压力是不同的。

具有热分解爆炸的气体,其火焰传播模式,亦具有爆燃、爆炸和爆轰特性。

下面以乙炔为例阐述气体热分解爆炸特性:

$$C_2H_2 \rightleftharpoons 2C(固)+H_2+\Delta H_{298}$$

式中:ΔH_{298} 为生成热,其值为 226kJ/mol。

乙炔热分解爆炸的临界压力一般为 0.14MPa,当遇到强点火源时,临界压力还会降低。

乙炔分解爆炸时的温度与压力:乙炔分解爆炸时,火焰温度可达 3 373K,在该温度下存在 $2C+H_2=C_2H_2$ 的可逆反应。在 1.2L 容器中测定,乙炔分解爆炸压力为初压的 9～10 倍。压力达到最大爆炸压力所需的时间,当初压为 0.2MPa 时为 0.18s,初压为 1MPa 时为 0.035s,随初压上升而加快。当乙炔分解爆炸在管内发生时,爆燃传播一定距离后,即转为爆轰,表 6-24 为乙炔在 $d=25mm$ 管中,由点燃发展到爆轰所需的成长距离,该距离随初压提高而缩短,爆轰压力为初压的 10～50 倍。

表 6-24　$d=25mm$ 管中乙炔的成长距离

初压(MPa)	0.35	0.38	0.50	2.0
成长距离(m)	9.1	6.7	3.7	0.9～1.0

乙炔压力与所需最小点燃能量关系可由下列实验式表示：

$$E=2.55\times10^{-3}P^{-2.65} \tag{6-18}$$

式中：E 为最小点燃能量(J)；P 为乙炔压力(MPa)。

应用上式计算，当乙炔压力分别为 2.5MPa 与 3.0MPa 时的 E 分别为 0.22mJ、0.1mJ，此值已几乎达到可燃性碳氢化合物与空气混合物的最小点燃能量。这也说明高压下乙炔极易发生爆炸。

第四节　粉尘爆炸

一、概述

可燃粉尘在空气中形成的粉尘云，在热能作用下，快速释放能量，并引起温度压力急骤升高，形成粉尘快速燃烧，在条件适宜时，可形成粉尘爆燃、粉尘爆炸，甚至粉尘爆轰。

由粉尘爆炸造成的事故会给厂矿企业造成毁灭性的巨大损失。1942 年 4 月 26 日辽宁省本溪市煤矿巨大的瓦斯煤尘爆炸事故，造成 1 549 人死亡、246 人受重伤，是世界采煤史上一次最为严重的瓦斯煤尘爆炸事故。1987 年 3 月 15 日凌晨 2 时 30 分，哈尔滨亚麻厂发生一起亚麻粉尘爆炸和继发火灾事故，该厂正在生产的梳麻、前纺、准备三个车间的联合厂房，突然发生连续爆炸起火，瞬间水电中断，火焰高达 20 余米。至 4 时许火势得到控制，6 时明火被扑灭。这起事故摧毁了前纺和梳麻车间、第三变电所、地下原麻养生库、东部除尘室、中央换气室；189 台机器、电器等生产设备被砸压、焚烧。灾害覆盖面积达 1.3 万 m^2。职工伤亡 235 人，其中死亡 58 人，直接经济损失 881.9 万元。调查表明，爆炸最可能先在位于中央换气室南部的 10 号和 11 号除尘器内发生，爆炸造成的强冲击波和高温火焰，通过管道、地沟的耦合作用，又传入其他除尘器引起连锁爆炸，同时，高温高压气流又顺管道和地沟传入车间，使车间内的亚麻粉尘与亚麻和杂物迅速混合，形成多点多层次爆炸，并导致机台周围亚麻纤维燃烧爆炸，形成大火。

“粉尘爆炸”概念的确定最早是在 19 世纪末，由英国煤矿联合会正式确认煤尘具有爆炸性；其后，除了火药及其他爆炸性粉尘引起灾害外，与可燃气体和可燃液体等引起的爆炸灾害相比，无论发生次数和损害程度都相对较小；可是，20 世纪 50 年代以来，随着塑料工业、有机合成工业、粉末金属工业和饲料工业等行业的技术进步，对原料、成品进行粉体加工的逐渐增多，出现了粉体加工领域的扩大、处理量的增多、工艺连续化和设备高速化倾向，其结果使粉尘爆炸的潜在危险性有较大地增加。

根据国内外资料分析，已发生粉尘爆炸的物质主要有以下四个方面：

(1) 自然界有机物质。包括农产加工品(如谷物、糖、淀粉、饲料等，以饲料类粉尘爆炸最为突出)、纤维类(包括木粉、纸粉、棉麻粉等，其中以木粉爆炸最多)。

(2) 金属粉尘。如铝、镁、锌、锆等。金属粉尘爆炸中，以铝粉最为突出。

(3) 合成材料。包括塑料、有机颜料、洗涤剂、粘结剂、药品等，其中，以塑料粉尘爆炸最为严重。

(4) 矿尘。如煤尘、硫磺、黄铁矿等。煤的开采量大，经常由瓦斯爆炸伴随煤尘爆炸，发生次数多，损失严重。

图 6-23 是 1966 年至 1988 年发生在美国的 357 起粉尘爆炸事故中，各种粉尘爆炸频率分布情况。

图 6-24 是上述 357 起粉尘爆炸事故中，发生在各类设备的频率分布。其中，以粉尘仓库、集尘分离装置、粉体研磨系统最易发生粉尘爆炸，必须注意预防。

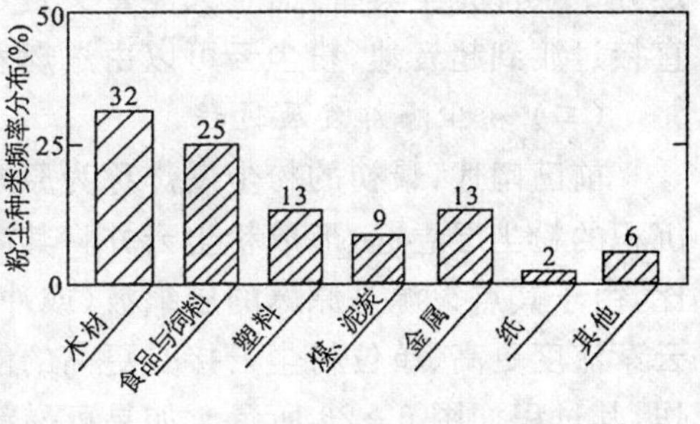

图 6-23 各种粉尘爆炸事故的频率分布

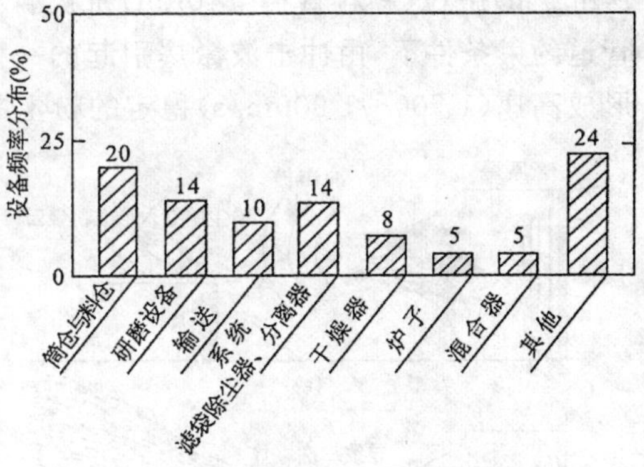

图 6-24 粉尘爆炸事故在各类设备中的频率分布

二、粉尘爆炸机理与特性

(一) 粉尘爆炸机理

粉尘爆炸的实质是可燃粉尘颗粒受热分解产生可燃气体，可燃气体与颗粒周围空气中氧气结合后形成混合可燃气体；在点火能作用下引起爆炸。所以，从本质上亦可以说粉尘爆炸也是一种气相爆炸，其爆炸过程如图 6-25 所示，可以分解为下列程序：

(1) 粉尘在空气中均匀分布并达到一定浓度，有外界能量时，供给粉尘粒子表面以热能，使其温度上升。

(2) 粒子表面的分子由于热分解或干馏的作用，而变为气体分布在粒子周围。

(3) 这种可燃性的气体与空气混合而生成爆炸性混合气体，进而发火产生火焰。

(4) 由于这些火焰产生的热，加速了粉尘的分解，如此循环往复放出大量的可燃性气体并与空气混合，继续点燃传播和爆炸。

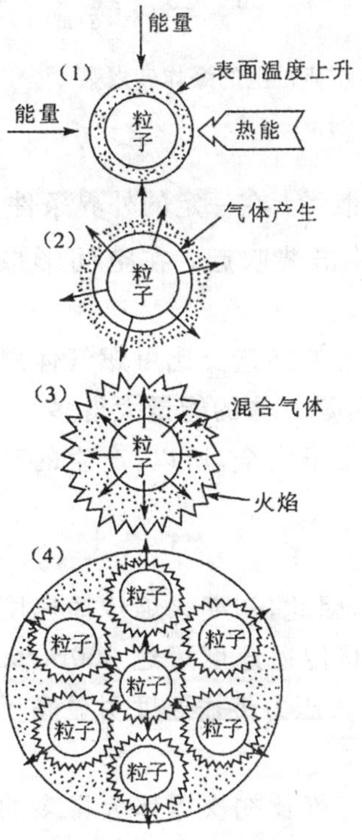

图 6-25 粉尘的爆炸过程

在外界热能作用下，引起可燃粉尘云最初的局部爆炸，称为原始爆炸，或称原爆。原爆视加热能源和外界条件不同，可以形成粉尘的快速燃烧或爆燃，其传播速度属于亚音速。

粉尘并不是在所有情况下都会被点燃、燃烧和爆炸，而必须具备一定的条件，如粉尘必须具备有足够的氧化放热速率才能着火。要增加反应速率，必须外加能量提高温度，同时，必须保证一定的氧浓度，增加单位体积内粉尘表面积，且使粉尘达到一定的浓度。此外，要使粉尘燃烧产生较高的压力，必须是在封闭或部分封闭的包围体内才有可能。因此，要使粉尘爆炸的充分条件是：① 足够的粉尘浓度；② 足够的氧浓度；③ 足够的点火能量；④ 足够的粉尘分散程度；⑤ 足够的空间封闭程度。当上述五个条件完全具备，而点火能量又是足够强的冲击波时，粉尘云的化学反应速度将由亚音速直接过渡到超音速，粉尘云可以由爆燃发展到爆炸，甚至发展到高均速的爆轰。

（二）粉尘爆炸发展过程

前已阐述，最初的粉尘爆炸称为原爆。当原爆的冲击波向四周或某一方向作用时，将沿途沉积的粉尘层卷起，形成粉尘云并将其激爆，而形成猛烈的二次爆炸。二次粉尘爆炸与原爆相比，由于其点火源是原爆的压缩波（或冲击波），其能量比原爆的点火能大的多，冲击波使粉尘云紊流度更高、单位粉尘云接受更高的能量，因此，二次爆炸要猛烈得多，可以由爆燃发展到爆炸，其过程如图 6－26 所示。如果可燃粉尘层沿生产工艺管道（巷道）均匀分布，在管道内部封闭条件约束下，很可能由爆燃发展到爆炸甚至爆轰；粉尘爆轰时，其爆炸猛烈程度比爆燃大得多。工程爆破起爆系统中使用的导爆管，其高速稳定爆轰的传爆性能，就是微量（12～14mg/m）微粒（颗粒直径＜40μm）粉状混合炸药，均匀地被吸附在高强度塑料管道内壁上，在管道约束条件下，由冲击波激爆引起的一种粉尘爆炸，经过极短距离（约 0.4～0.5m）增速，即形成高速（1 700～1 900m/s）稳定的粉尘爆轰，如图 6－27 所示。

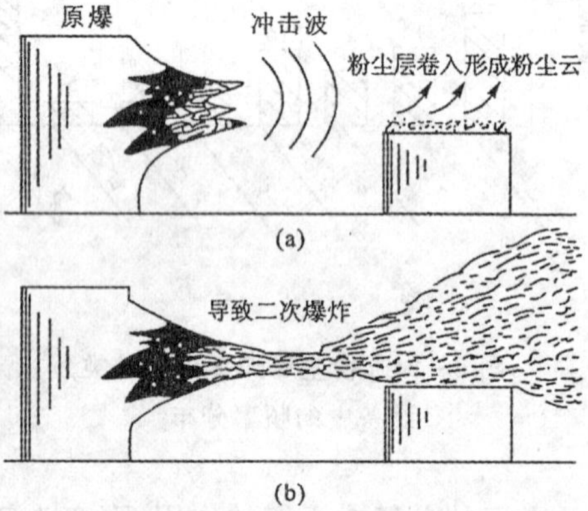

图 6－26　粉尘从原爆发展到二次爆炸示意图

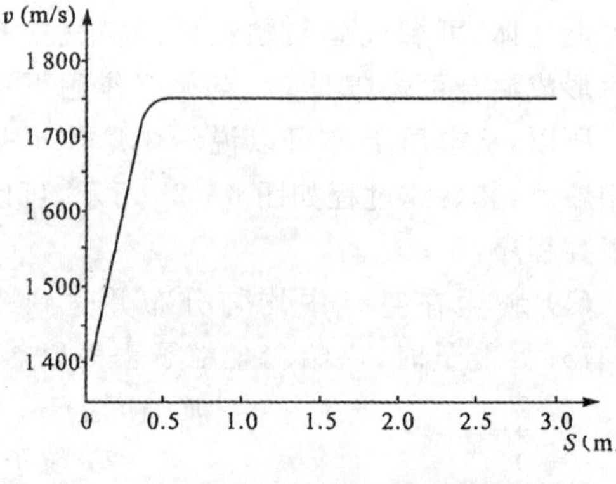

图 6－27　导爆管内炸药粉尘的爆炸转爆轰

（三）粉尘爆炸特性

(1) 可燃固体微粒是多种可燃物质在加工过程中形成的粉尘分散系，在一定的外界条件下悬浮于空气中，如煤矿中沉积于岩壁上的煤尘，被瓦斯爆炸冲击波吹起，在空间形成煤尘云。

(2) 可燃粉尘由于呈微粒固体状存在，发生爆炸时，单位体积具有的能量要比可燃气体爆炸大几倍，因此破坏力较大；同理，起爆粉尘需要的起爆能亦比激爆可燃气体的能量大得多。

(3) 由于粉尘呈颗粒状存在于爆炸体中，粉尘爆炸时化学反应常不完全，所以，产生的有毒气体（如 CO、NO）较多。

(4) 粉尘爆燃时，颗粒一边燃烧一边飞散，易造成人员严重烧伤。

(5) 粉尘产生可燃气体，有一个受热后逐层化学反应分解过程，因此，初期火焰传播速度仅为 2～3m/s，但随着燃烧粉尘的膨胀压力急剧上升，初期压力后其传播速度可达 300m/s。随着火焰传播速度进一步加快，压力传播速度亦加快，粉尘爆炸存在其压力传播速度明显高于火焰传播速度，利用这一特点可以研究相应的抑爆措施。

(6) 最初的粉尘云局部爆炸发生后，扬起周围粉尘，可以继发破坏性比初次爆炸大得多的二次、三次或多次粉尘爆炸，因此，对于产生可燃粉尘场所或可燃粉尘加工场所，以及输送粉体管道，除要防止原始粉尘爆炸外，更要防止二次、三次及多次的连续粉尘爆炸。

三、影响粉尘爆炸的因素

可燃粉尘能否着火、燃烧、爆炸，爆炸的猛烈程度，以及能否发展成爆轰，这些都取决于粉尘本身的物理化学性质和外界条件。

（一）粉尘性质

粉尘的化学性质，主要指化学组成。化学组成不同，粉体的燃烧热值和氧化燃烧速率亦不同。粉体的物理性质，主要指粉尘的粒度、形状和表面致密度或多孔性质。

1. 燃烧热

燃烧热值，即单位质量可燃粉体完全燃烧时所放出的热量(kJ/kg)。粉体的燃烧热值越大爆炸越猛烈，因此，热值的大小可粗略衡量粉尘爆炸相对猛烈程度和危险性大小。表6－25列出可燃有机固体发热量的大致范围。

2. 粉尘物理性质

粉尘物理性质是指粉体的粒径、形状和表面状况，由于粉尘的化学反应是在表面进行，它们的大小都影响氧化燃烧的速率，其中以粒径最为明显。表6－26表明粉尘不同粒径时表面积增长率。从表6－26可以看出，边长为1cm的粒子其表面积只不过$6cm^2$，若将其粉碎成边长为$1\mu m$的正六面体时，总表面积可达$6m^2$。实验证明，当含有一定量的直径小于$500\mu m$的可燃粉尘就可能发生爆炸。粒径如减小，则爆炸压力和最大压力上升速率都会增大，特别是对后者影响更大，粒径小于$50\mu m$对爆炸烈度影响更为明显，图6－28表示粉体粒径与P_{max}和$(dP/dt)_{max}$的关系。

表6－25　可燃有机固体的发热量

物质名称	发热量(418kJ/kg)
碳氢化合物类	＞10 000
合成材料(高分子)	3 000～11 000
煤	7 000～9 000
木　材	3 500～5 000

表6－26　粉碎后表面积的增长状况

将1个表面积为$6cm^2$，即边长为1cm的粒子粉碎为		
10^3个粒子	每边长1mm	表面积$0.006m^2$
10^{6*}个粒子	每边长$100\mu m$	表面积$0.06m^2$
10^{9*}个粒子	每边长$10\mu m$	表面积$0.6m^2$
10^{12*}个粒子	每边长$1\mu m$	表面积$6.0m^2$

* 原文误为1万、10万、100万——编者

（二）粉尘云特性

包括粉尘浓度、空气中的氧含量、粉尘湿度、紊流度和粉尘分散状况。

1. 粉尘浓度

粉尘爆炸最大压力和压力上升速率随粉尘浓度增加达到某一值后，又随粉尘浓度的增加而降低，如图6－29所示。

2. 空气中氧含量

粉尘云中氧浓度的增加，会使爆炸的猛度和感度都增加，如图6－30(a)所示，最大爆炸压力与最大压力上升速率都随氧浓度的减小而降低，粉

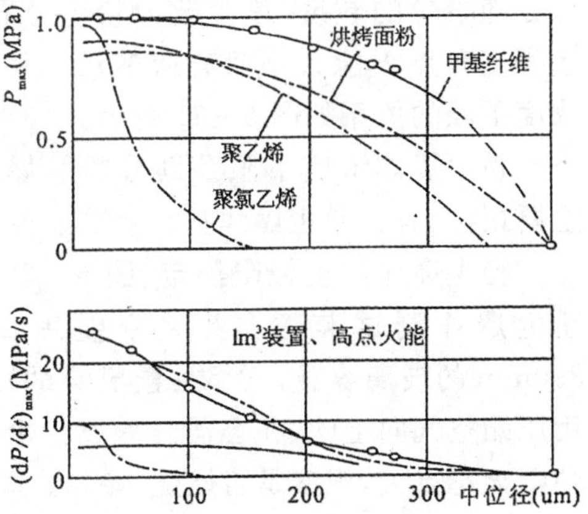

图6－28　粉尘粒径对P_{max}与$(dP/dt)_{max}$的影响

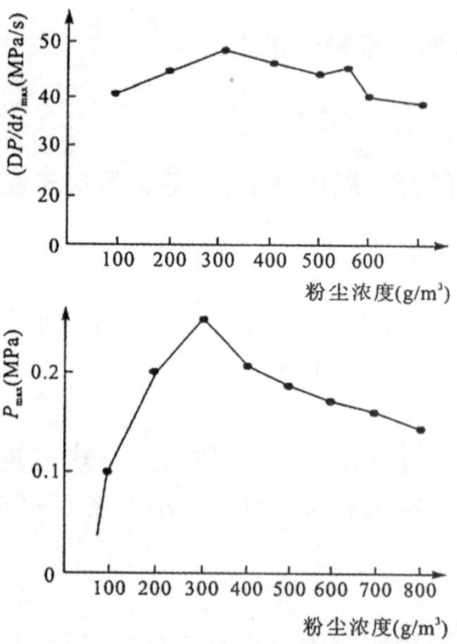

图 6-29 P_{max}和$(dP/dt)_{max}$与粉尘浓度的关系

尘浓度可爆范围变狭，如图 6-30(b)所示。氧浓度降低，爆炸浓度下限值增大，最小点燃能量增大，即越安全。

3. 其他因素

粉尘湿度随着吸附在粉体颗粒表面水分增加（即湿度增加），所需点火能增加；粉尘活度降低，促使粉体颗粒相互吸附成较大颗粒。

粉尘云中紊流度增加，即其中已燃和未燃部分的接触面积增大，使反应速度和最大压力上升速率增加。

（三）外界条件

与粉尘爆炸有关的外界条件包括粉尘云的初始压力、初始温度、点火源、包围体形状与尺寸和惰性物质等。

粉尘云的初始压力增大，将使最大爆炸压力、最大爆炸压力上升速率与其成正比增加。

粉尘爆炸时的初始温度愈高，导致容器内氧的密度随温度升高而降低；但初始温度愈高，粉尘燃烧速度愈快，压力上升速率也随之加大；爆炸下限降低，所需点火能降低。

在密闭容器内，随着点火能增大，最大爆炸压力与最大压力上升速率增大。当点火源位置位于包围体几何中心或管道封闭端时，由于反应时间短和爆炸刚性壁面反射作用力成几倍增加，爆炸猛度最大。

四、粉尘爆炸危险性评价

（一）粉尘爆炸浓度极限

粉尘云在粉尘一定浓度范围内才能爆炸，其浓度以 g/m³ 计。在研究粉尘爆炸中，由于其上限难以确定又无意义，因此，粉尘爆炸只以浓度下限为其危险条件。

一般来说，粉尘爆炸浓度下限在 20～60g/m³，碳氢化合物类粉尘爆炸浓度下限在 45～50g/m³ 之间，但亦随粉尘的粒度、粉尘云内粉尘分布均匀程度、含水程度和点火能大小而有所变动。平均粒径与爆炸浓度下限的关系如图 6-31 所示。

粉尘爆炸浓度下限是划分粉尘爆炸危险程度的主要指标，有关粉尘爆炸基本参数如表 6-27 所示。

粉尘爆炸浓度极限测定：图 6-32 是 Hartmanm 粉尘爆炸测试装置。此装置使用直径 70mm、高 390mm 的玻璃容器，下部放置干燥试样 0.01～1.0g，用压缩空气向上吹，在容器内形成粉尘云，用能量 10J 的电火花点火，观察是否燃烧、爆炸。同一浓度做 6 次试验，其中有一次以上着火或爆炸，该浓度就是爆炸下限。

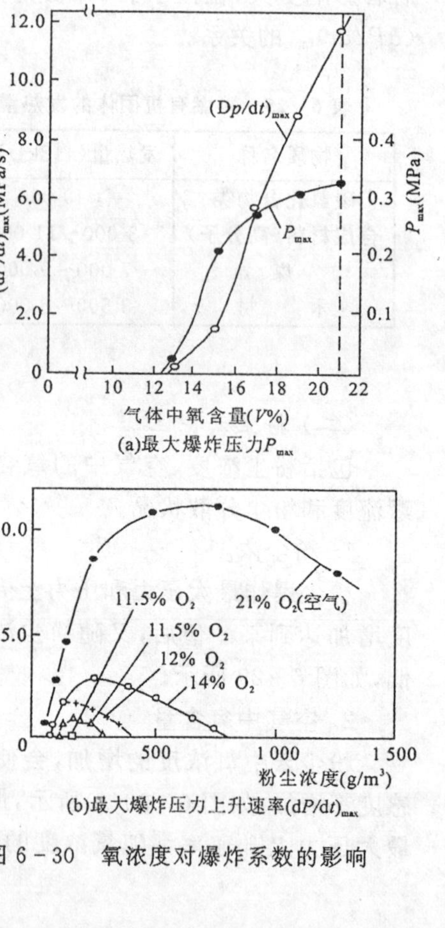

图 6-30 氧浓度对爆炸系数的影响

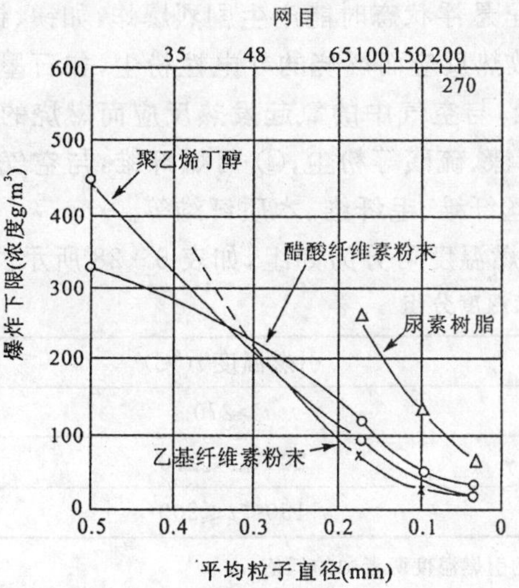

图 6-31　塑料粉尘粒子的平均直径与爆炸浓度下限的关系

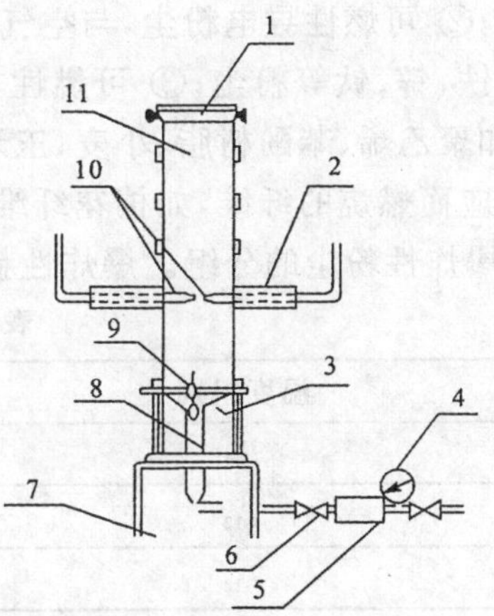

图 6-32　粉尘爆炸极限测定装置

1—固定用涨圈(φ70mm)；2—电极用绝缘套；3—装粉尘的容器；4—压力表；5—空气贮器；6—螺线管阀；7—木制台；8—金属管(φ10mm)；9—弧型反射板；10—电极；11—耐热玻璃爆炸筒体

表 6-27　粉尘爆炸参数参考值

粉　　尘 (200 目以下)	燃　点 (°C)	最小点火能量 (10^{-3}J)	爆炸下限 (g/m³)	最大爆炸压力 (10^5Pa)	压力上升率(10^5Pa/s) 平　均	 最　大
钛	330	10	45	5.6	239	703
铝	640	15	40	6.3	246	703
镁	520	40	20	6.6	211	703
锌	600	650	480	3.5	42	123
醋酸纤维素	320	10	25	7.7	197	475
酚醛树脂	460	10	25	5.6	120	422
聚苯乙烯	490	15	15	6.3	169	492
脲基素树脂	450	80	70	6.0	56	141
玉米粉	380	30	40	7.7	155	475
砂　糖	350	30	35	6.3	113	352
可　可	420	100	45	4.3	39	84
咖　啡	410	160	85	3.5	11	18
硫　磺	190	15	35	5.6	120	334

（二）粉尘爆炸危险等级划分

研究粉尘爆炸的危险性，划分危险级别，作为安全对策的基础与危险度评价方法是十分必要的。

1. "GB 500 58－92"爆炸性粉尘等级划分

在 GB 500 58－92《爆炸危险环境用电气设备制造规范》中，根据爆炸性粉尘的电火花引爆试验将其进行分类和分组。

(1) 爆炸性粉尘的分类。按照爆炸性粉尘的物理性能可分为四类：① 爆炸性粉尘，这种粉尘即使在空气中氧气很少的环境中也能着火，呈悬浮状态时能产生剧烈爆炸，如镁、铝、铝青铜等粉尘；② 可燃性导电粉尘，与空气中的氧起放热反应而燃烧的导电性粉尘，如石墨、炭黑、焦炭、煤、铁、锌、钛等粉尘；③ 可燃性非导电粉尘，与空气中的氧起发热反应而燃烧的非导电性粉尘，如聚乙烯、苯酚树脂、小麦、玉米、砂糖、米糠、硫磺等粉尘；④ 可燃纤维，与空气中的氧起发热反应而燃烧的纤维，如棉花纤维、麻纤维、丝纤维、毛纤维、木质纤维等。

（2）爆炸性粉尘的分组。爆炸性粉尘按其引燃温度可分为 3 组，如表 6－28 所示。

表 6－28　引燃温度分组

温度组别	引燃温度 t(°C)
T_{11}	$t>270$
T_{12}	$200<t\leqslant 270$
T_{13}	$150<t\leqslant 200$

注：确定粉尘温度组别时，应取粉尘云的引燃温度和粉尘层的引燃温度两者中的低值

2. 国外粉尘爆炸危险性等级划分

前苏联根据粉尘爆炸危险性（按粉尘爆炸浓度下限）及火灾危险性（按粉尘自燃温度）等指标划分等级，如表 6－29 所示。

表 6－29　粉尘爆炸性分类

粉尘类型	爆炸下限浓度 (g/m³)	自燃温度 (°C)	粉尘举例
Ⅰ. 爆炸危险性最大的粉尘	15		砂糖、泥煤、胶木粉、硫及松香等
Ⅱ. 有爆炸危险的粉尘	16～65		铝粉、亚麻、面粉、淀粉等
Ⅲ. 火灾危险最大的粉尘	＞65	低于 250	烟草粉等
Ⅳ. 有火灾危险的粉尘	＞65	高于 250	锯末等

美国矿山局使用爆炸指数表示粉尘爆炸的危险性，共分为四个等级，如表 6－30 所示。爆炸指数按下列公式计算，式中煤尘是以美国宾夕法尼亚洲匹兹堡市煤粉为标准。

表 6－30　爆炸等级划分

爆炸等级	着火难易程度	爆炸强度	爆炸指数
弱爆炸	＜0.2	＜0.5	＜0.1
中等爆炸	0.2～0.1	0.5～1.0	0.1～1.0
强爆炸	1.0～5.0	1.0～2.0	1.0～10
非常强爆炸	＞5.0	＞2.0	＞10

着火难易程度＝煤尘的最小点火能×煤尘的爆炸下限浓度×煤尘的点火温度/试样的最小点火能×试样的爆炸下限浓度×试样的点火温度

爆炸强度＝试样的最大压力×试样的最大压力上升速度/ 煤尘的最大压力×煤尘的最大压力上升速度

由于粉尘爆炸的危险分级涉及因素多而复杂，要制定出广泛适用的工业粉尘爆炸危险分级标准十分困难，所以，目前，我国尚无完整的粉尘爆炸的危险性分级标准，但初步划分如下：

爆炸下限浓度≤35g/m³　　　　　　危险性大　　一级

35g/m³＜爆炸下限浓度≤100g/m³　　危险性中　　二级

爆炸下限浓度＞100g/m³　　　　　危险性小　　三级

（三）粉尘爆炸危险环境区域划分

爆炸性粉尘环境是根据爆炸性粉尘混合物出现的频繁程度和持续时间进行分区，同时还应依据爆炸性粉尘的爆炸浓度极限、数量与通风条件等。粉尘出现的频繁程度和持续时间是指爆炸性粉尘混合物是连续出现或长期出现，或是偶尔出现的不同进行划分。

1. 粉尘爆炸危险区与非粉尘爆炸危险区划分

按照“GB 500 58－92”，将粉尘爆炸危险区和非粉尘爆炸危险区做如下划分：

(1) 爆炸性粉尘环境分区。爆炸性粉尘环境分为2个危险区：① 连续出现或长期出现爆炸性粉尘的环境；② 有时会将积留下的粉尘扬起而偶然出现爆炸性粉尘混合物的环境。

(2) 非粉尘爆炸危险区。符合下列条件之一者，可划分为非粉尘爆炸危险区域：① 装有良好除尘效果的除尘装置；② 设有为爆炸性粉尘环境服务，并用墙隔绝的送风机室，通向爆炸性粉尘环境的风道设有能预防阻止爆炸性粉尘混合物侵入的安全装置，如阻火器等；③ 区域内使用爆炸性粉尘的量不大，且有良好排风条件。

2. 爆炸性粉尘环境危险区域范围

粉尘爆炸环境危险区范围，一般根据爆炸性粉尘的数量、释放率、浓度和物理特性，并参照同类企业相似厂房的实践经验确定。在建筑物内，应以厂房或车间为单位确定。

五、预防对策

粉尘爆炸事故与气体爆炸事故、液体爆炸事故一样，一旦发生爆炸，瞬间就会夺去许多人的生命，工厂将变成一片废墟，造成难以挽救的损失，因此，预防对策是粉尘爆炸事故治理的基本手段。

从预防的角度去防止粉尘爆炸，可以从防止产生粉尘云、消除点火源和以添加惰性物质去减少氧浓度等方面予以实施。但在实际上，要在生产中有粉尘发生的装置内谋求防止粉尘云的发生是非常困难的，在装置内添加惰性气体在经济上也不合算，消除点火源亦因其需要防护的量太大而难以实现。因此，对于预防工程装置中的粉尘爆炸而言，在第一次粉尘爆炸发生后，限制出现第二次、第三次和多次粉尘大爆炸发生，是预防对策的主要出发点。具体来说，可从以下几方面入手：

（一）工艺沿线避免可燃粉尘产生与散发

1. 消除生产点粉尘

工艺设计中，应尽力避免产生粉尘的工艺操作，在生产的微粒化阶段，采取湿式作业，以消除粉尘。在粉体处理、输送、混合和粉碎等工序中，要采用密闭化操作，并用湿式洗涤器清理密闭室和管道，或采用多台除尘器分别处理，避免粉尘外泄。

2. 整体作业车间清理

作业车间必须避免粉尘积累和飞扬，建筑设计中，应使作业车间内平面光滑，避免沟槽与凹凸结构，便于用水清洗，并及时清扫避免粉尘积累。

（二）限制点火源

在有粉尘爆炸危险的厂房内，应尽可能限制取暖设备、照明设备和热管道的设置，以免形成多点粉尘引爆源，可以采用室外照明。

（三）采用泄压式建筑结构

在加工可燃性粉剂工厂，其建筑物尽可能采用敞开式，或采用室外露天式结构，凡发生局部粉尘爆炸，亦可避免二次或二次以上的粉尘爆炸。

对于封闭式车间，应做成泄压结构，骨架周围及顶棚用不燃性轻质材料覆盖。

（四）泄压式容器或设备

对于一些容易发生粉尘爆炸的容器或设备，可以采用爆破膜（一次性）或防爆瓣阀（重复使用），将其安装于容器或设备的某点，当容器或设备发生爆炸时，这些薄弱点首先破裂，使容器压力迅速降低，而避免整体容器损坏。

第五节　蒸气爆炸

蒸气爆炸是指液体急剧沸腾产生大量过热而发生的爆炸式沸腾，即“崩沸”。

长期以来，在冶金、铸造、锻造和电炉等高温作业场所，当灼热熔融金属与水接触时，由于瞬间形成大量的水蒸气急剧膨胀而导致爆炸事故，这类事故称之为熔融金属与水的传热性爆炸或水蒸气爆炸。

当运行中的锅炉炉体突然发生损坏时，由于过热水的急剧沸腾，锅炉碎片可以飞散得很远，这种现象被称为锅炉爆炸。

近年来，可燃气体的液化缩积技术在运输、使用中大量推广应用，如液化天然气海上运输时，当液化气体与水稍有接触，在一定条件下就可能发生爆炸式沸腾；又如，当液化气储罐由于外部受热内压过高突然使罐体损坏时，罐内过热液体就会发生爆炸式沸腾，使储罐破裂碎片向四周飞散。

上述爆炸现象大多属物理性爆炸，部分属物理化学性混合爆炸，按照蒸气生成原理不同，可分为传热型蒸气爆炸与平衡破坏型蒸气爆炸两类。

一、传热型水蒸气爆炸及其预防

（一）传热型水蒸气爆炸

当高温物体高速投入低温液体时，液体在瞬间大量气化形成蒸气爆炸。

钢铁、铝、金属合金等高温熔融金属与水接触后，可以发生物理与化学反应导致爆炸。第一种是高温熔融金属与水接触，使水受热迅速气化，体积骤增（约为常温水体积的 1 700 倍），引起容器内压力迅速增加，导致物理性爆炸；第二种是高温熔融金属与水接触，直接引起水分解，如 $2H_2O \xlongequal{>1\,600^\circ C} 2H_2+O_2$，$H_2$ 与 O_2 扩散混合后，在高温作用下，导致化学性爆炸；第三种是高温熔融金属与水蒸气接触起化学反应放出氢气，如 $Zn+2H_2O\uparrow \xrightarrow{\triangle} Zn(OH)_2+H_2\uparrow$，当 H_2 在温度大于 400℃时，氢气发生自燃爆炸。其中，高温熔融金属进入水中后的微粒化，促使大量水爆沸；由于水蒸发形成水蒸气时体积极度膨胀，容器内压快速增高，形成物理性爆炸，这是爆炸的主要能量，在爆炸中起关键作用。1982 年 8 月 16 日，武钢炼铁厂发生铁水爆炸，导致 14 人死亡，直接经济损失 90 多万元。当时，操作工误将装有 76t 铁水的重罐当作空罐吊运，由于超负荷 50 多吨吊车吊起后能力不支，重罐迅速下坠，罐底坠到罐坑边缘，罐体猛烈倾斜，铁水冲出流入坑内，与坑内积水相遇立即引起爆炸。

水蒸气爆炸除了上述熔融金属与水接触的水蒸气爆炸外，在石油工业中，占油罐火灾

50%以上的原油贮罐火灾中，由于原油中含有水分及在油罐底层沉积有水，火灾初起时，因储罐中原油具有的“热波”特性，当原油高温层超过水的沸点时，原油中水颗粒和油罐底部水层的水急速气化变成蒸气，体积膨胀约 1 700 倍，水蒸气压力骤然增大，使储罐内原油出现爆炸式喷溅现象。这是又一种水蒸气物理爆炸现象。

（二）传热型水蒸气爆炸的预防

对于携带大量热能的高温熔融金属，为避免其与水接触时产生的水蒸气爆炸，最关键的问题是在这类高温物质生产或作业的场合、地坑或模具内，保持干燥无水，防止进水和十分注意排水，只要做到防止高温熔融金属与水接触，水蒸气爆炸就不会发生。

二、平衡破坏型蒸气爆炸及其预防

在密闭容器中，高于常压下保持蒸气压平衡的过热液体，由于容器破裂引起的高压容器内蒸气泄漏，器内压力急剧降低，使得容器内水气平衡状态破坏，大量过热水迅速气化，而形成高压蒸气爆炸。

平衡破坏型蒸气爆炸，按照爆炸前的液体状态可分为以下几类：

(1) 高压液体的蒸气爆炸。在锅炉、贮罐、反应罐等密闭容器内，保持在沸点以上高温状态的液体所发生的蒸气爆炸。

(2) 加热液体的蒸气爆炸。当发生火灾时，贮罐受到来自外部加热，当液体温度升到沸点以上而引起蒸气爆炸。

(3) 常温液化气体蒸气爆炸。在高压气体容器中，在常温高压状态下贮存的液化气体。

下面以高压锅炉爆炸为例阐述平衡破坏型蒸气爆炸及其预防措施。

（一）高压锅炉蒸气爆炸

常用锅炉的主要功能是生产水蒸气；在生产过程中，锅炉内部热水与蒸气是在较高压力(0.1～1.5MPa 表压力)和较高温度(120～200°C)下处于动态平衡状态；当锅炉筒体的水面上气室部位裂开或封头脱落，高压水蒸气大量喷出，瞬时筒内压力急速下降至接近常压，处于筒内的大量过热水迅速气化，气化后的蒸气体积增大至约为原水体积的 1 700 倍，水由液相到气相的转变，使锅炉筒体内压力剧烈上升而发生水蒸气爆炸，形成筒体破裂和被抛掷。

研究表明，锅炉并不是随便都会发生激烈的蒸气爆炸，必须具备一定条件，如锅炉筒体内过热液量大，且水被加热温度大大超过常压沸点(100°C)时，而且锅炉的破裂部分裂缝要大而且必须发生在蒸气部位。否则，如裂缝产生在容器下方的液相部分，虽有水的流出并发生瞬时快速蒸发，但由于水流阻力大，内压下降速度缓慢，锅炉内蒸气爆炸就难以发生。只有当出现下述情况时，才可能发生爆炸，如当锅炉内已没有气相部分，而完全被高压水充满时，即使产生少许裂缝，由于少量水的泄漏就能引起内压的显著下降，而可能引起蒸气爆炸。

锅炉爆炸的能量由两部份组成：第一，锅炉筒体内过热水能量；第二，筒体内蒸气能量，蒸气能量在总能量中所占比例小，约在 10%～20%之间。日本学者斋腾等提出按下式计算锅炉爆炸能量：

$$U=[(i_1-i_2)-(s_1-s_2)T_2]M\times\varphi\times427(\text{kg. m}) \qquad (6-19)$$

式中：U 为筒体中过热水和蒸气放出的总能量；i_1 及 s_1 分别为在某压力下每千克过热水的焓和熵；i_2 及 s_2 分别为大气压下 100°C 时每千克过热水的焓和熵；T_2 为 100°C 时的绝对温度；M 为筒体内水的重量(kg)；427 为热功当量(kg・m/k・k)；φ 系数为蒸气能量，约为总过热水能量的 10%～20%。

斋腾等对1948年发生在日本东京一座直径为74cm，高1.1m，压力为0.4MPa的小型立式锅炉在爆炸后炉体分离飞散距离所需的能量和应用上式计算出的爆炸总能量进行对比。结果表明，炉体飞散能量仅占总能量的4%左右。

锅炉爆炸事故在国内外都时有发生，对工业生产和人民的生命财产造成重大损失，如1978年10月13日，湖北大同湖农场一台连续运行时间仅18个月的KZL4－1.27型锅炉，在工作压力为1.11MPa的情况下突然发生爆炸，锅炉从后管板上部的板边弯曲处上方撕开，破口长1.71m，27t重的锅炉本体向前冲出10多米远，156m^2的锅炉房全部摧毁，邻近厂房和设备也受到不同程度的损坏，造成1人死亡，4人受伤，经济损失4.4万元。

（二）锅炉蒸气爆炸的预防

预防锅炉蒸气爆炸的措施主要是防止锅炉内气、液两相平衡遭到破坏，应从以下两个方面考虑：首先是确保锅炉强度和质量，使用过程中必须定期用仪器进行检验，避免出现微细裂纹和筒壁变薄，以及不让锅炉遭受外部载荷撞击创伤导致的炉筒强度降低；其次是在使用中避免失控加温筒体导致内压过高引起筒体破裂，形成蒸气爆炸。

第七章　非人控爆炸灾害控制原理与控制技术

在现代工业生产中，可燃物种类繁多，工艺极为复杂，各种爆炸灾害时有发生，给生命财产造成重大损失。在工业生产非人控爆炸的两类灾害中（化学爆炸灾害与物理爆炸灾害），主要是化学爆炸造成的灾害。本章就以非人控化学爆炸为基础阐述爆炸控制原理和控制技术。

爆炸控制技术可以分为两类：一类是预防性措施，即通过消除爆炸事故发生的条件来全面控制爆炸事故的发生；另一类是减灾性措施，即在爆炸发生后设法控制和减少灾害的破坏作用。但是，由于爆炸作用速度很快，时间极短，一经发生便会产生严重的后果，因此，预防事故的发生是事故爆炸控制的最佳选择。

第一节　爆炸灾害控制原理

化学爆炸的三个基本条件（可燃物质、助燃剂、点火源）必须同时存在时，才能发生爆炸，而要形成具有破坏力的化学爆炸灾害，必须具备以下5个条件：① 提供足够能量的可燃物质（能源）；② 存在充分的辅助燃烧氧化剂；③ 有足够能量的点火源；④ 可燃物质与氧化剂的充分混合；⑤ 混合物存在于相对封闭的空间。

上述5个条件可以用爆炸五边形表示，如图7－1所示。只有当某地点同时出现上述5个条件时，爆炸的破坏力才能形成。爆炸控制就是根据爆炸五边形原理，采取相应技术和措施实施的。

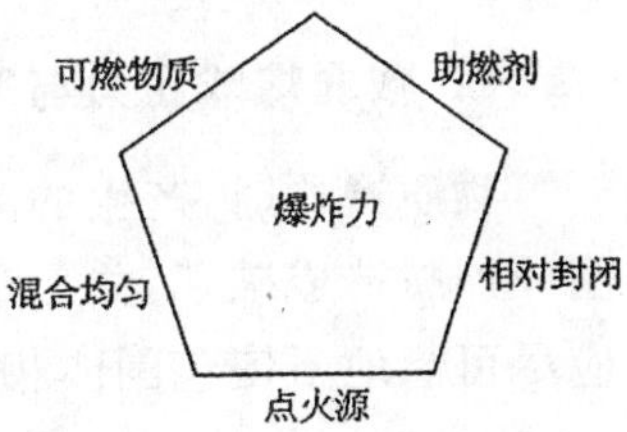

图7－1　爆炸破坏力五边形

一、控制可燃物浓度

爆炸强度与爆炸混合物的浓度密切相关（如图7－2所示）。

在浓度AC范围内，爆炸强度（以爆压表示爆炸强度）随浓度变化的关系似正半周的正弦曲线。当爆炸混合物浓度达到当量浓度时，爆炸强度最大，如图7－2的B点。浓度超出或不到这一范围则不能发生爆炸，如图7－2A、C点以外。这种爆炸强度随爆炸物浓度变化的关系，可做如下理论解释：当爆炸性混合物的浓度达到氧化反应的化学当量浓度时，爆炸混合物可以完全反应，反应中释放能量最大，所以，爆炸强度亦最大。当爆炸物浓度由化学当量浓度向左边移动时，由于可燃物数量减少，发热量相应减少，爆炸强度降低。当可燃物浓度到A点以左时，可燃物的发热量已经低到不能维持爆炸在混合物中传播所需的最低能量，因而爆炸熄灭。当爆炸混合物浓度由化学当量点向右移动时，可燃物数量增加，但氧气浓度低于可燃物完全氧化所需要的数量，爆炸物产生的能量比化学当量浓度低时，爆炸强度也逐渐减弱；由爆炸上限C点向右移动时，由于助燃氧气严重不足，混合物化学反应的发热量已低到不能维持爆炸传播所需的最低能量，而使爆炸中断。这里A、C是两个临界点，混合物在A至C的

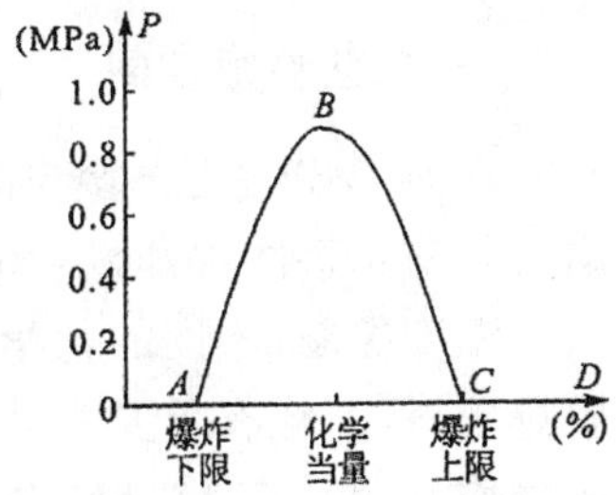

图7－2　爆炸压力P与可燃物浓度D的关系

浓度区间内爆炸可以发生；可燃物浓度小于 A 和大于 C 时都不能发生爆炸，A 点称爆炸浓度下限，C 点称爆炸浓度上限。因此，可以通过控制可燃物浓度来预防爆炸事故的发生。

二、控制氧浓度

在有可能发生气相爆炸或粉尘爆炸的生产线空间（设备、管道或车间内）内输入惰化介质（如氮气、氦气、水蒸气、二氧化碳）后，一方面可以使空间中氧组分被稀释，减少可燃物与氧发生化学反应的机会，同时也使可燃物部分地与氧气隔离，当可燃物中活化分子撞击惰性介质时，会使其失去活性，导致燃烧、爆炸连锁反应中断，同时惰性介质还会大量吸收爆炸混合物化学反应放出的热量，使爆炸反应受到抑制。由上所述，在有可能发生爆炸的混合气体中，加入惰性气体实施惰化后，可燃物组分爆炸范围缩小。当惰性介质增加到足够浓度时，可以使其爆炸上限与爆炸下限重合；若再增加惰性气体浓度，爆炸混合物将不发生反应。

三、控制点火源

点火源是通过给混合爆炸物加温方法将其中部分分子激活而导致爆炸物爆炸的。温度对易燃混合物的化学反应速度影响特别显著。如甲烷与氧气的化学反应，在室温时，化学反应几乎停止，而当介质温度高到 600°C 时，它们会立即反应，甚至爆炸。这是由于在易爆炸的混合物中，温度的增加使低能分子增加活化能，导致分子间有效碰撞增多，促使化学反应加速。所以说，具有一定浓度的可爆物质，是发生爆炸反应进而引起爆炸事故的基础，而点火源是引起可爆物质加速化学反应的最初因素。因此，有效控制点火源是防止爆炸事故的主要措施之一。

四、减弱爆炸压力与冲击波

物质爆炸时，产生的高温高压气体产物以极高速度膨胀，使包围体内压力骤增，进而使包围体炸裂造成破坏，并形成冲击波对外做功。为防止或减弱因爆炸而使包围体内压力的骤增，应尽可能地不使包围体相对封闭。为防止冲击波破坏，可设置抗爆包围体或隔离墙。

第二节　爆炸灾害预防技术

在有爆炸物质参与的生产工艺过程中，预防事故爆炸发生的技术措施可以归结为以下五个方面：① 正确控制生产工艺参数；② 防止爆炸性混合物形成；③ 危险物品合理储存；④ 控制点火源；⑤ 加强防爆监控措施等。

一、工艺参数控制

在有爆炸性物质参与的各种生产过程中，正确控制各种工艺参数，防止超温、超压和材料漏失是防止事故爆炸发生的重要措施。

温度控制：不同的化学反应都有其最适宜的反应温度，正确控制反应温度不但对保证产品质量、降低消耗有重要意义，而且是防爆所必须。温度过高，可能引起剧烈的反应而发生冲料或爆炸。1991 年我国东北某化工厂发生的硝化厂二硝基甲苯车间爆炸事故，就是由于局部温度过高所引起的反应过速导致整个车间爆炸，这次事故造成伤亡 124 人，直接经济损失达 2 000多万元。温度的控制可以根据不同的生产工艺采取控制反应热量、防止搅拌中断而导致的局部热量积蓄，正确选择传热介质，避免急速的直接加热方式。

投料控制：对于放热反应的工艺，应保持适当和均衡的投料速度，加热速度不能超过设备的传热能力，以避免引起温度急剧升高而导致爆炸事故的可能发生。应严格控制反应物料的配比，尤其是对反应速度影响很大的催化剂，如果多加就可能发生危险。此外，在投料顺序和控制原料纯度方面都应十分注意，如在聚氯乙烯生产中，采用乙炔和氯化氢作原料，氯化氢中游离氯不允许超过0.005%，因为乙炔遇氯会立即发生燃烧爆炸反应，生成四氯乙烷。

防止物料漏失：在生产、输送、贮存易燃物料过程中，物料的跑、冒、滴、漏往往会导致可燃气体或液体在环境中的扩散，这是造成爆炸事故的重要原因之一，如操作不精心造成的槽满跑料、开错排污阀、设备管线和机泵结合面不紧、设备管线被腐蚀等。各种原因造成的各种停车事故，如紧急情况下的突然停电、停水、停气等，都可能导致温升发生爆炸。

二、防止形成爆炸性混合物

在生产过程中，应根据物质的燃烧爆炸特性、生产工艺和设备的条件，采取相应的有效预防技术和措施，预防在设备和系统中或周围形成爆炸性混合物。这些技术措施主要有设备密闭、系统通风、惰性介质保护，以不燃溶剂代替可燃溶剂等。

设备密闭：用于充装易燃易爆物质的设备和管路，如果气密性不好，就有可能造成物质的泄漏，逸出的物质可使设备和管道的周围空气形成爆炸性混合物。当设备或管道系统处于负压状态时，空气就会渗入，使设备和系统内部形成爆炸性混合物。当设备内部充满易燃易爆物质时，应尽量采用适当正压操作，以防外部空气渗入设备内。但正压不能过高，否则会造成易燃易爆物质泄漏或管道破裂，如煤气管道中的压力应略大于大气压。为了避免此类设备和管道内的物质泄漏，应加强验收和检测维修工作，并在定点设立压力报警装置。

厂房通风：在易燃易爆物质的生产车间或生产系统中，设备的绝对密闭是难以实现的，总会有一些可燃气体、可燃蒸气或可燃粉尘从生产工艺设备管道系统中泄漏出来，有些生产工艺（如喷漆）本身就挥发出可燃性物质。所以，必须用加强通风的方法使可燃物质的浓度达不到危险程度，一般控制在爆炸浓度下限的1/5以下。在设计通风系统时，还应考虑可燃气体的相对密度，有些相对密度大于空气的会在地沟等低洼地带积累而可能达到爆炸浓度下限，因此，此时的通风系统布置应有利于相对密度大的爆炸性气体的排出。为了防止通风系统本身成为爆炸事故的点火源，通风管道内应设置防爆遮板，通风机叶片应采用不起火材料制成。1987年我国哈尔滨亚麻厂亚麻尘爆炸就是由于通风系统产生火花引爆粉尘的。

惰性介质保护：在易燃易爆的气体、蒸气或粉尘与空气混合时，加入氮气、二氧化碳等惰性介质，可以降低爆炸性混合物的氧含量，冲淡混合物中易燃易爆物质的百分比，直至降至爆炸浓度极限下限以下的范围。当厂房内充满可燃性物质而具有爆炸危险时，应向这些车间或管道内输送大量惰性气体加以冲淡。对易燃固体物质的压碎、研磨、筛分、混合，以及粉状物质的输送，可以在惰性气体的覆盖下进行。总之，合理利用惰性气体，对防火防爆有很大的实际效益。一些可燃混合物不发生爆炸的最大允许氧含量见表7-1。

以不燃溶剂代替可燃溶剂：使用不燃或难燃材料代替可燃或易燃材料，是防止爆炸的根本措施。只要能够满足生产工艺要求的条件下，应当尽可能用不燃溶剂或爆炸危险性较小的物质代替易燃或爆炸性较大的物质，以防止爆炸性混合物的形成，使生产更为安全。常用的不燃溶剂主要有甲烷和乙烷的氯衍生物，如三氯甲烷和三氯乙烷等。

表 7-1 可燃混合物不发生爆炸的最大允许氧含量

可燃物质	最大允许氧含量(%)		可燃物质	最大允许氧含量(%)	
	CO_2 作稀释剂	N_2 作稀释剂		CO_2 作稀释剂	N_2 作稀释剂
甲烷	14.6	12.1	丁二烯	13.9	10.4
乙烷	13.4	11.0	氢	5.9	5.0
丙烷	14.3	11.4	一氧化碳	5.9	5.6
丁烷	14.5	12.1	丙酮	15	13.5
戊烷	14.4	12.1	苯	13.9	11.2
已烷	14.5	11.9	煤粉	16	14.0
汽油	14.4	11.6	麦粉	12	—
乙烯	11.7	10.6	硬橡胶粉	13	—
丙烯	14.1	11.5	硫	11	—
乙醚	10.5	—	乙醇	10.5	8.5
甲醇	11.0	8.0	铝粉	—	7.0
硬脂酸钙	—	11.8	锌粉	—	8.0

三、危险物品的合理存贮

化学危险物品包括自燃物质、可燃易燃液体、不稳定物质、具有带电性危险性物质、性质相互抵触的化学危险品物质等。各种化学危险品的性质不同，它们的贮存条件也不同。若贮存不当管理不善，相互发生化学反应，就会引起火灾或爆炸事故。各种化学危险品混存时的危险性详见表 7-2、表 7-3，应采取分库存放及合理贮存措施。

表 7-2 形成爆炸混合物的物质

序号	形成爆炸混合物的物质	序号	形成爆炸混合物的物质
1	氯酸盐、硝酸盐与磷、硫、镁、铝、锌等易燃固体粉末以及脂类等有机物	16	液态空气、液态氧与有机物
		17	重铬酸铵与有机物
2	过氯酸或其盐类与乙醇等有机物	18	联苯胺与漂白粉(135°C 时)
3	过氯酸盐或氯酸盐与硫酸	19	松脂与碘、醚、氯化氮及氟化氮
4	过氧化物与镁、锌、铝等粉末	20	氟化氮与松节油、橡胶、油脂、磷、氨、硒
5	过氧化二苯甲酰和氯仿等有机物	21	环戊二烯与硫酸、硝酸
6	过氧化氢与丙酮	22	虫胶(40%)与乙醇(60%)在 140°C 时
7	次氯酸钙与有机物	23	乙炔与铜、银、汞盐
8	氢与氟、臭氧、氧、氧化亚氮、氯	24	二氧化氮与很多有机物的蒸气
9	氨与氯、碘	25	硝酸铵、硝酸钾、硝酸钠与有机物
10	氯与氮、乙炔与氯、乙炔与二倍容积的氯、甲烷与氯等加上阳光	26	高氯酸钾与可燃物
		27	黄磷与氧化剂
11	三乙基铝、钾、钠、碳化铀、氯磺酸遇水	28	氯酸钾与有机可燃物
12	氯酸盐与硫化物	29	硝酸与二硫化碳、松节油、乙醇及其他物质
13	硝酸钾与醋酸钠	30	氯酸钠与硫酸、硝酸
14	氟化钾与硝酸盐、氯酸盐、氯、高氯酸盐共热时	31	氯与氢(见光时)
15	硝酸盐与氯化亚锡		

表 7－3　禁止一起贮存的物品

组别	物品名称	不准一起贮存的物品种类	备　注
1	爆炸物品：苦味酸、梯恩梯、火棉、硝化甘油、硝酸铵炸药、雷汞等	不准与任何其他种类的物品共贮，必须单独隔离贮存	起爆药如雷管等，与炸药必须隔离贮存
2	易燃液体：汽油、苯、二硫化碳、丙酮、乙醚、甲苯、酒精(醇类)、硝基漆、煤油	不准与其他种类物品共同贮存	如数量甚少，允许与固体易燃物品隔开后贮存
3	易燃气体：乙炔、氢、氯化甲烷、硫化氢、氨等	除惰性不燃气体外，不准和其他种类的物品共贮	
	惰性气体：氮、二氧化碳、二氧化硫、氟里昂等	除易燃气体、助燃气体、氧化剂和有毒物品外，不准和其他种类物品共贮	
	助燃气体、氧、氟、氯等	除惰性不燃气体和有毒物品外，不准和其他物品共贮	氯兼有毒害性
4	遇水或空气能自燃的物品：钾、钠、电石、磷化钙、锌粉、铝粉、黄磷等	不准与其他种类的物品共贮	钾、钠须浸入石油中，黄磷浸入水中，均单独贮存
5	易燃固体：赛璐珞、影片、赤磷、萘、樟脑、硫磺、火柴等	不准与其他种类的物品共贮	赛璐珞、影片、火柴均须单独隔离贮存
6	氧化剂：能形成爆炸混合物的物品：氯酸钾、氯酸钠、硝酸钾、硝酸钠、硝酸钡、次氯酸钙、亚硝酸钠、过氧化钡、过氧化钠、过氧化氢(30%)等	除惰性气体外，不准和其他种类的物品共贮	过氧化物遇水有发热爆炸危险，应单独贮存。过氧化氢应贮存在阴凉处所
	能引起燃烧的物品：溴、硝酸、铬酸、高锰酸钾、重铬酸钾	不准和其他种类物品共贮	与氧化剂亦应隔离
7	有毒物品：光气、氰化钾、氰化钠等	除惰性气体外，不准和其他种类的物品共贮	

四、点火源有效预防

在工业生产中，由于生产过程情况复杂，可燃可爆物种类繁多，各种热源如电火花、静电火花、高温热表面、辐射热、冲击与摩擦、绝热压缩、明火、自燃着火等都可能成为点火源，而引起火灾与爆炸灾害。因此，应根据不同的条件采取相应的预防措施。

五、防爆监控

事故爆炸预防性检测控制系统是预防爆炸事故的重要设施，包括信号报警系统、安全联锁装置和保险装置等。生产中安装信号报警装置是用以出现危险状况时发出警告，以便及时采取措施消除隐患。在信号报警系统中，发出的信号常以声、光、数字显示。当检测仪表测定的温度、压力、可燃气浓度、液位等超过控制指标时，警报系统即发出报警信号。安全联锁是将检测仪器和生产设施按照预先设定的参数和程序连接起来；当检测出的参数超过额定范围时，生产设施就自动停止作业程序，达到安全生产目的。当信号装置指示出已经发生异常情况或故障时，保险装置自动采取措施消除不正常状况和扑救危险状态。

在事故爆炸的监控系统中，监测系统相对来说具有共性；而安全联锁装置与保险装置则与生产设施紧密相连具有个性。下面就监测系统中的监测仪表做一概述。

（一）事故爆炸预防监测系统

混合气体爆炸物的事故性爆炸，必须在具备一定的可燃气、氧气和点火源这三个要素条件下产生。因此，可以通过对这三要素的监测预报预防爆炸事故。其中，可燃气的偶然泄漏和积聚程度，是现场爆炸危险性的主要指标，相应使用的测爆仪和报警器是监测现场爆炸性气体泄漏危险程度的重要工具。

事故爆炸的预防性监测系统是由携带式检测仪、固定式报警器及不同规模的监测网络所构成。一个完整的监测网络由传感器、信号传输系统、信号显示器、信号处理器、视听报警器、安全控制器、存贮记录仪、自检系统及电源等组成。根据监测装置中，样品进样方式的不同，分为自然扩散和动力泵吸进样品两大类，前者响应速度较慢（约 10～30s），但结构简单、寿命长、轻便、价廉，后者则相反，响应速度仅 1～5s。

（二）爆炸性气体浓度检测仪表

在爆炸性危险环境中常用的可燃气体检测仪，按工作原理可分为热催化、热导、气敏等三种，光干涉测试仪因其可靠性尚未得到普遍承认。

可燃气监测仪表按可测浓度区段可分为 LEL 级爆炸下限浓度段、ppm 级低浓度污染段和（V）100%级全浓度段等 3 类。

1. 热催化可燃气体检测仪

热催化检测原理如图 7-3 所示，在检测元件 R_1 作用下，可燃气发生氧化反应，释放出燃烧热，其大小与可燃气浓度成正比，检测元件通常用铂丝涂催化剂制成。气样进入工作室后在检测元件上放出燃烧热，由灵敏电流计 M 指示出气样的相对浓度。这种仪表的满刻度通常等于可燃气的爆炸浓度下限。

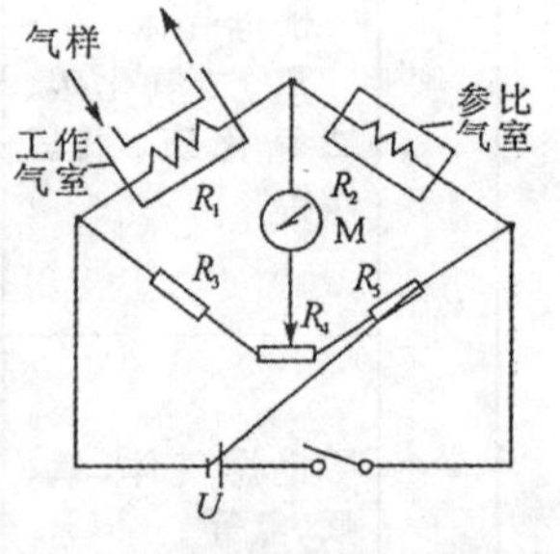

图 7-3　催化检测与热导检测原理图

催化燃烧型仪器主要用以测量 0～LEL（爆炸浓度下限）浓度范围的可燃气体，其指示值与可燃气浓度具有线性关系，不受检测环境背景气（如二氧化碳、水蒸气）的干扰，能自动补偿环境温度的影响，测量精度较高，其缺点是催化检测元件会因催化毒害物质（如硫化氢、硅、铅、砷等）而发生中毒现象，失去检测性能，使用时应注意环境中的催化毒害物质。表 7-4 为国产携带式催化燃烧原理的 BKR-3 型可燃气体报警仪。

2. 气敏可燃气体检测仪

气敏可燃气体检测原理如图 7-4 所示，当气敏半导体检测元件吸附可燃性气体后，电阻大大下降（可由 50kΩ 下降至 10kΩ），与检测元件串联的微安表可给出气样浓度的指示值。该图中 GS 为气敏检测元件，由电源 U_1 加热到 200～300℃。气样经扩散到达检测元件，引起检测元件电阻下降，与气样浓度对应的信号电流在微安表 M 上指示出来。U_2 是检测元件电阻用的电源。

气敏型仪器的优点是测量灵敏度高，适于微量（100ppm 级）检测，没有元件中毒问题，使用寿命长；缺点是检测输出与气样浓度的关系因吸附饱和效应而成非线性。因此，用在测试爆炸下限数量级上进行定量测量时误差较大。国产型号为 SP-102 型、SP-112 型。表 7-5 为气敏型袖珍式气体检测报警仪。

表 7-4　BKR-3 可燃性气体报警仪

工作原理	催化燃烧
检测对象	空气中可燃性气体
检测范围	0%～100%LEL
显　　示	液晶数字式欠压 LOBAT 显示
响应时间	＜30s
检测误差	0%～25%LEL 时，＜±2.5%LEL　25%～100%LEL 时，＜±5%LEL
报警设定值	25%LEL
报警误差	±5%LEL
报警方式	蜂鸣器急促间断声音和发光二极管闪亮
电　　源	Ni-Cd 可充电电池充电不少于 8h，连续工作 3h
抽气泵流量	0.5L/min 以上
安全性能	检测器为隔爆型，其余为本安型
防爆等级	iad Ⅱ BT_4
检测元件寿命	2 年以上
使用环境条件	温度：0～45℃　湿度：≤90%　R.H.
仪器尺寸	150mm×70mm×160mm
仪器重量	约 1kg(不包括采样管和采样头)
防爆合格证号码	CE930310

3. 热导性可燃气体检测仪

这类检测仪的原理是利用被测气体的导热性与纯净空气导热性的差异，把可燃气体浓度转换成加热丝温度和电阻的变化。热导性仪器主要用以测量 0%～100%高浓度范围的可燃性气体或 LEL 以上浓度范围的测量。该类检测仪器有日本的 NP-237 型(如表 7-6 所示)和 XP-314 型等。

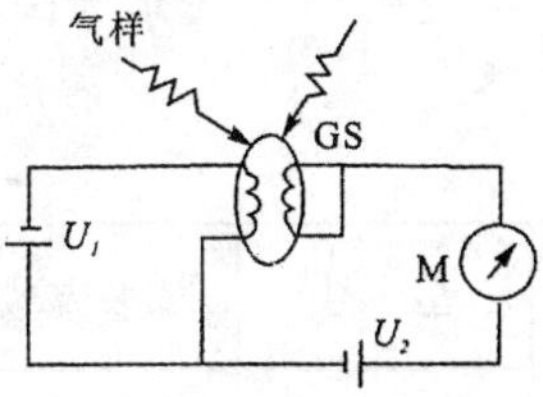

图 7-4　气敏检测电路图

表 7-5　SP-102 型袖珍式气体检测报警仪

型　　号	SP-101	SP-102	SP-103	SP-104	SP-103B	SP-104B
检测内容	O_2	E_x(可燃气)	CO	H_2S	CO	H_2S
检测范围	0～25(V%)	0～100%LEL	0～2 000ppm	0～200ppm	0～2 000ppm	0～200ppm
检测误差	≤±0.5%	≤±5%	≤±5%	≤±5%	≤±5%	≤±5%
报警设定范围	16～20(V%)	5%～50%LEL	10～300ppm	5～50ppm	10～300ppm	5～50ppm
报警误差	≤±0.7%	≤±5%	≤±5%	≤±5%	≤±5%	≤±5%
响应时间	≤20s	≤30s	≤30s	≤30s	≤30s	≤30s
传感器寿命	＞半年	＞3 年	＞2 年	＞2 年	＞2 年	＞2 年

注：SP-100 系列报警仪体积小、重量轻、携带方便，同时具有数字显示、声光报警及欠压报警等基本功能，防爆等级为 ia Ⅱ CT6；1ppm＝10^{-6}

表 7-6　NP-257H 型可燃性气体检测仪

测试原理	接触燃烧方式及热传导方式
测试气体	HC(原油蒸气)气体,LPG,LNG
测试范围	0%～10%LEL、0%～100%LEL　　0～20(V%)、0～100(V%)
指示精度	0%～10%LEL　量程:±20%FS 以内　0%～100%LEL　量程:±5%FS 以内 0～20(V%)　量程:±5%FS 以内　0～100(V%)　量程:对于指标值±20%以内
使用温度范围	-10～+40℃
连续使用时间	7h 以上
电　　源	1 号干电池 4 个
尺寸、重量	160mm(*W*)×90mm(*H*)×150mm(*D*),约 2.7kg

注:日本劳动省防爆检定合格品

(三) 固定式报警器

这类报警器用于自动监视生产场所的气样浓度,在气样浓度达到预设报警值时,发生可视或可听报警信号。

固定式报警器一般由传感器、采样泵、放大器、显示器、视听报警部件、自检控制器和供电电源等部件组成。这些部件可组装成一个整体或分开组装,但必须符合国家电器防爆要求。报警器按其功能可分为模拟量超限报警器和数字量超限报警器。模拟量超限报警器的浓度显示分为指针式及无浓度指针两种,后者仅有报警功能,结构简单价廉。数字量超限报警器具有报警功能和直接以数字显示可燃气浓度,因此检测量可靠精确。

表 7-7 所示为国产 KL 系列固定式检测报警仪主机参数。

表 7-7　KL 系列固定式检测报警仪主机

型　号	安装方式	探头数量	报警功能	精度(%)	最大安装距离(m)	开孔(外形)尺寸(mm)
KL-2001	面板/台式	2、4、6、8、10 点	二级报警	2	1 00	88×176(两点主机)
KL-2004	壁挂式	1～4 点	分别可调	2	1 000	320×210×90
KL-2008	面板/台式	1～8 点	带报警输出	2	1 000	445×180
KL-2016	面板/台式	1～16 点		2	1 000	445×180
KL-1AX	台　式	16～32 点		2	1 000	

注:KL 系列报警仪是中低档型固定式主机,其中 KL-2004 型适用于中小型企业,该系列仪器均可安装外接控制继电器单元,外接报警器等任选附件

除上述固定式报警器外,先进的报警系统还设置报警控制装置,它将可燃气报警器与生产设备中的安全设施组合成报警控制联锁装置;在报警同时,相应启动抑爆剂喷射器和通风机等设备,可以最大限度赢得避免爆炸事故发生的宝贵时间。在生产过程复杂、生产规模较大的企业中,为了提高防爆能力和抑爆效果,已开始采用控制中心式的智能化监测控制系统。

(四) 防爆检测仪表选择

防爆检测仪表应根据使用目的来选择,使用目的可分为静态鉴定和动态监视两种。一般

对停止运转的设备使用静态鉴定法，如管路已经切断并经清洗的空油罐，在动火前做静态鉴定；对运转中的设备和车间宜用动态监视法，如汽油泵和管路阀门等比较容易发生密封失效的设备，都采用动态监视。

防爆检测仪表选择可分为按功能选择和按探测原理选择两种方式。

按功能选择防爆检测仪表时可以分为以下 4 种场合：① 浓度变化缓慢场所，选用携带式检测仪；② 浓度变化较大场所或生产中关键部位，选用固定式报警器；③ 爆炸危险性较大，需要自动防爆保护的场所，选择报警控制器；④ 爆炸危险性高的企业（如石油化工企业等），选用智能化监测控制系统。

按探测原理选择，可以分为以下 3 种：① 微量泄漏探测，选用气敏半导体型；② 爆炸浓度下限监控，选用催化燃烧型；③ 高浓度测定，选用热传导型。

第三节　爆炸减灾技术

工业生产中，为了避免发生爆炸事故，采取了多种预防技术，但是，事故总是偶有发生，为了在预防技术失效发生爆炸灾害时减少损失，应采取一定的爆炸减灾技术。

爆炸减灾技术是研究当爆炸发生后如何在初期采取泄压、抑制技术，以减少设备、容器的损害程度；采取封闭、阻隔技术，避免灾害扩大殃及邻近设施与环境。爆炸减灾技术一般可分为：爆炸抑制技术、爆炸阻隔封闭技术和爆炸泄压技术等。

一、爆炸抑制技术

爆炸抑制技术是在事故爆炸发展的初期，利用监测到的危险信号，如温度增高、可燃物浓度达到爆炸极限、点火源的光信号、压力升高、燃烧产物信号等，通过放大器放大，触发抑制装置，自动喷射抑爆剂，达到抑制爆炸、减少财产损失和人员伤害。实践证明，这是一种有效的防爆技术。

爆炸抑制技术按触发方式可分为监控动作式和爆炸波从动式两种；按爆炸抑制作用机理可分为降温型、传热屏蔽型和惰化型等。

爆炸抑制系统主要由爆炸探测器、爆炸抑制器和控制器等三部分组成。其作用原理是：高灵敏度的爆炸探测器在爆炸刚一发生时，探测到爆炸危险信号，通过控制器启动抑爆器，迅速把抑爆剂送入被保护的设备，将爆炸火焰扑灭以抑制爆炸的进一步发展和扩大。对于可燃气体或粉尘爆炸，抑爆系统在爆炸的初始阶段可以约束和限制爆炸燃烧的范围和猛烈程度，可以有效地使设备（容器）内发生爆炸时的压力不超过容器的耐压强度，从而使设备（容器）免遭破坏，人员避免伤亡。

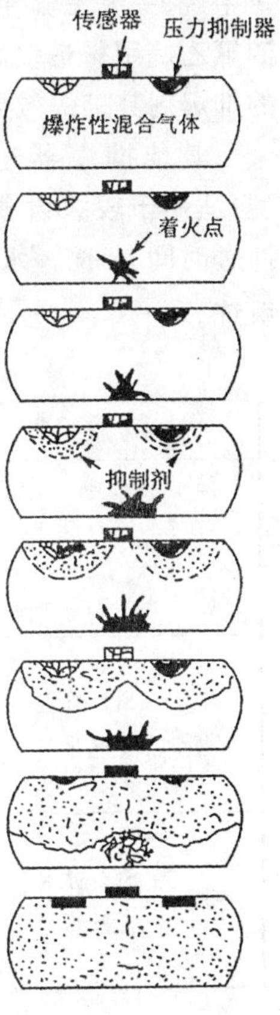

图 7－5　抑制油罐内气体爆炸的图例

图 7－5 以常规油罐为例，用图解法显示爆炸性混合蒸气的爆炸抑制过程。爆炸抑制装置除控制器外，主要由探测器和爆炸抑制器组成。

探测器的功能是探测出爆炸反应的起始时间并发出信息。探测爆炸起始时间的主要方法是探测压力上升速率或静压。压力上升速率方法是利用带有小孔的隔板，普通条件下的压力通过带孔隔板时被吸收、消除，当压力上升速率达到某规定值以上时，则产生压差并作用到隔板上，通过电路使抑制器动作。这种探测器探测的压力上升速率的动作范围为 0.35～0.7kg/cm²·s。

其他探测方法有光电管法，其特点是所需探测时间短，结构较复杂，一般用于火焰传播速度特别快和压力很高的场合。

爆炸抑制器的主要功能是释放抑制剂抑制爆炸反应。抑制器受探测器的控制，当在设备或容器内出现火花时，受探测器的激发，抑制器内微量炸药爆炸，存贮在抑制器内的抑制剂成微粒喷雾状，以 180m/s 左右的速度喷射出去，将初起爆炸火花扑灭。爆炸抑制器是爆炸抑制系统的主件，其结构形式主要有爆囊式抑爆器、高速喷射抑爆器和水雾喷射器等三种形式。下面介绍爆囊式爆炸抑制器(如图 7-6 所示)，它是爆囊的几种不同结构形式。爆囊 1 通常装填液体或粉状抑爆剂。“丝堵 3”供堵塞装料孔用。“起爆管 2”外加一根套管密封电源通过接线盒 4 引入。当起爆管爆发时，爆囊完全破碎，并将抑爆剂均匀分散至设备内，起抑制爆炸作用。爆囊能将抑爆剂在 5ms 内释放，其初始喷射速度超过 200m/s，其作用范围一般小于 2m。这种抑爆器工作范围较小，主要使用于管道、传送带、斗提机等小容器设备。

爆囊使用抑爆剂的抑制原理与通常的灭火原理(冷却、惰化、被覆)相同。抑爆剂主要有水、一溴一氯甲烷、一溴三氟甲烷、二溴四氟乙烷，其中以二溴四氟乙烷用得最多。在可燃气体或粉尘爆炸中使用的抑爆剂其抑爆效果可参照表 7-8。

其他抑爆器还有高速喷射抑爆器(如 HRD 型)适用于较大设备，其作用范围为 4～10m，允许抑爆时间较长。水雾喷射器主要用于火花消除系统。

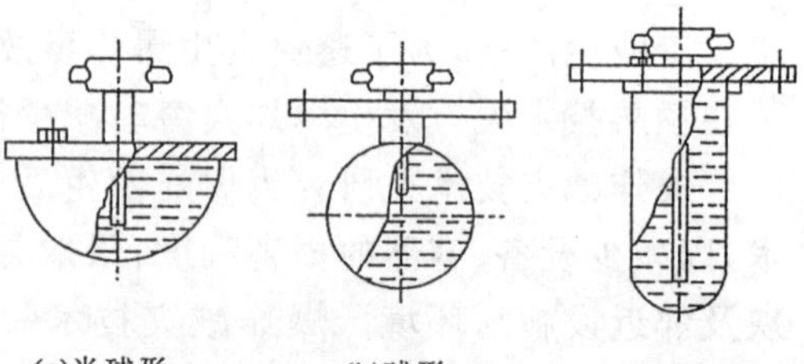
(a)半球形　(b)球形　(c)圆筒形

图 7-6　爆囊式爆炸抑制器

表 7-8　不同抑爆剂对气体和粉尘的抑爆效果

可燃物质	抑　爆　剂	抑爆后的压力 P_{red}(MPa)
丙　　烷	10L 1211 卤代烷	0.017
	12kg 水	0.631
	16kg 磷酸铵盐抑爆剂	0.023
St1 粉尘(玉米)	10L 1211 卤代烷	0.061
	12kg 水	0.024
	16kg 磷酸铵盐抑爆剂	0.017
St2 粉尘(玉米)	10L 1211 卤代烷	1.100
	12kg 水	0.236
	16kg 磷酸铵盐抑爆剂	0.039

爆炸抑制技术是在设备内部抑制爆炸，因此，相对于泄爆技术，它可以避免有毒和易燃易爆物料与灼热气体或明火窜出设备外。对于那些使用泄爆技术易于产生二次爆炸和人员伤亡的设备，以及无泄爆口可开的设备可以采用。但是，爆炸抑制系统由于设备维护费用较高，有一定的缺陷。

爆炸抑制技术在工业生产中的应用范围：爆炸抑制技术可用于与空气结合可能发生爆燃的可燃气体、可燃油雾、可燃粉尘的任何密闭设备。爆炸抑制装置可保护的设备有：① 加工设备，如各种反应容器、混合器、搅拌器、研磨机、烘箱、过滤网、除尘器等；② 贮存设备，如低压、中压和高压罐；③ 实验室和中间试验厂设备，如通风柜、试验台等；④ 装卸设备、气动力输送机、提升机等；⑤ 可燃粉尘气力输送管道。

爆炸抑制技术有其应用的局限性，比如这些抑制爆炸措施仅适用于在气相氧化剂中发生爆燃的系统，仅适用于抑爆剂能有效分散时才能成功，爆炸抑制措施的作用，受系统中反应的物理化学性质影响等。此外，当可燃物质的爆炸指数大到一定程度时，对爆炸就失去控制能力，普遍认为，当粉尘 $K_{max}>30MPa \cdot m/s$，或气体的 $K_{max}>7.5MPa \cdot m/s$ 时，对爆炸不能进行有效抑制。

二、爆炸阻隔技术

爆炸阻隔是指利用阻火、阻爆和隔离等三种技术，防止外界火焰或爆炸波进入有燃烧爆炸危险的设备、容器和管道中，阻止和隔离火焰和爆炸波在设备和管道中的扩展，以及对爆炸危险性大的装置采用分区隔离措施等。这类技术先被应用在石油工业中，后又广泛应用于矿山和化学工业中。

（一）工业阻火阻爆技术

在工业生产中，可燃气体或可燃粉尘与空气的混合物，在外能加热条件下，可以引起燃烧，亦可发展成爆炸，因此，阻火与阻爆技术密切相关。常用的阻火阻爆装置有：工业阻火器、主动式（监控式）阻爆装置和被动式阻爆装置等。工业阻火器常用于燃烧爆炸初起火焰的阻隔。主动式阻爆装置是靠传感器探测爆炸信号致动，而被动式阻爆装置则是由爆炸波本身引发致动。根据阻爆装置的原理不同，又可分为机械阻爆和化学阻爆两种。下面主要介绍工业阻火器和主动式阻爆装置。

1. 工业阻火器

工业阻火器分为机械阻火器、液封和料封阻火器。工业阻火器一般用于阻止爆炸初期爆燃火焰（或爆燃波）的传播。一些具有复合结构的机械阻火器可以阻止爆轰波的传播。

（1）机械阻火器。机械阻火器的阻火装置是由金属网、波纹金属片、砾石或多孔陶瓷所组成。这些装置是由具备能够通过气体的许多细小、均匀或不均匀的通道或孔隙的固体材料组成。这些通道或孔隙应小到使火焰不能通过。火焰经过这些细小通道后就形成许多细小火焰流，由于通道或孔隙的传热面积相对增大，火焰通过道壁加速热交换，使温度迅速降低到着火点以下而被熄灭。此外，随着阻火器通道尺寸减小，自由基与通道壁碰撞几率增加，自由基因损失加大，使火焰易被熄灭。

① 阻火器熄灭直径选择：在设计或选用阻火器时，一般是根据使用的可燃气体，按其标准燃烧速度选取熄灭直径。几种常用气体的标准燃烧速度和熄灭直径列于表 7-9 中。气体灭火直径是指火焰在此直径的通道内不能继续传播。工业阻火器用于阻火时，其阻火层上的通道或孔隙直径可采用气体火焰熄灭直径，但当可燃气体处于爆炸条件下，爆炸波速比标准燃烧速度快得多，因此，用于阻爆的工业阻火器的阻火层孔隙直径常取火焰熄灭直径之半，或采用增加阻火层厚度来提高阻火器的效能。

② 机械阻火器分类：按用途分类，可分为耐烧型阻火器、阻爆型阻火器（可阻止燃烧火焰和爆炸波的通过，并耐一定爆燃压力，如平板型阻火器）、阻爆轰型阻火器（用于阻止可燃物爆

表 7-9　几种气体的标准燃烧速度和熄灭直径

气体名称	标准燃烧速度(m/s)	熄灭直径(mm)
甲烷/空气	0.365	3.68
丙烷/空气	0.457	2.66
丁烷/空气	0.396	2.79
己烷/空气	0.396	3.05
乙烯/空气	0.701	1.90
城市煤气/空气	1.127①	2.03②
乙炔/空气	1.767	0.78
氢/空气	3.352	0.86
丙烷/氧	3.962	0.38
乙炔/氧	11.277	0.13
氢/氧	11.887	0.30

注:① 含氢 63%的城市煤气。② 含氢 51%的城市煤气

燃至爆轰波传播,并能承受较大爆炸压力,如泡沫金属阻火器、复合型阻火器)。按结构分类,可分为金属网型阻火器(图 7-7)、波纹型阻火器(图 7-8)、充填型阻火器(图 7-9)、复合型阻火器(图 7-10),此外还有泡沫金属阻火器和平板型阻火器等。金属网型阻火器阻火层使用单层或多层不锈钢丝网或铜丝网重叠组成。随着网层增加,阻火效果随之增加。国内一般采用 16～22 目的金属网作阻火层。对于有机溶剂火焰采用 4 层金属网已可阻止,但实际上一般采用 10～20 层。波纹型阻火器 阻火层常用不锈钢或铜镍合金压制成波纹状分层组装而成。阻火器内阻火层孔隙有效面积不小于阻火器截面的 80%。此型阻火器用于阻火。

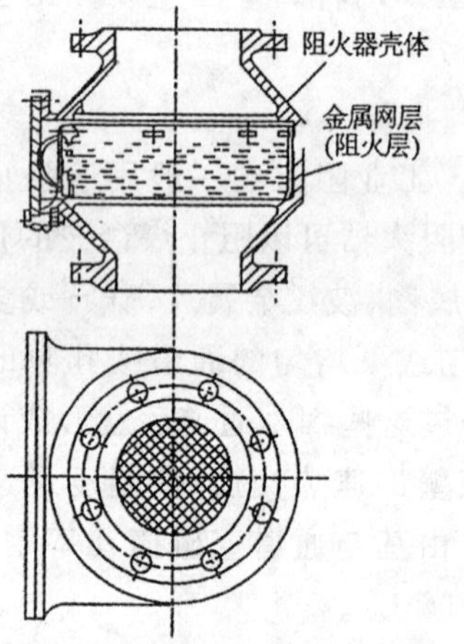

图 7-7　金属网型阻火器

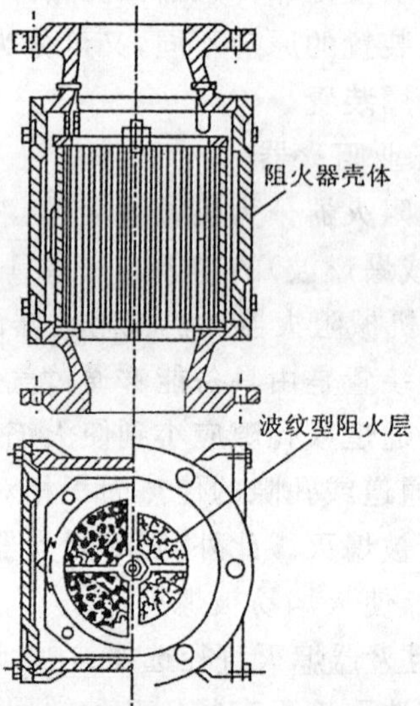

图 7-8　波纹型阻火器

充填型阻火器阻火层是充填堆积于壳体内的金属颗粒或砾石颗粒。金属球直径为 5mm,金属球上下用孔径为 2mm 的金属网支撑,利用金属球间隙作为阻止火焰的通道。充填砾石层的阻火器,其砾石直径为 3～4mm,阻火层厚为 100mm,适用于苯、甲苯和丙酮等溶剂。不同可燃气体的火焰应选择一定阻火材料和规格的阻火层。复合型阻火器属于阻爆轰器件,它

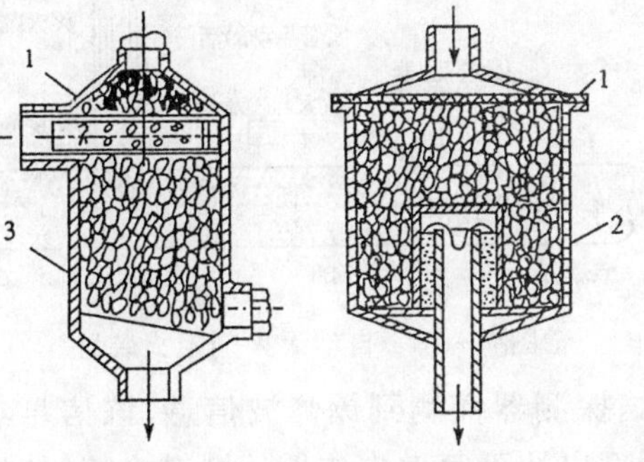

(A)金属球型阻火器　(b)带水封的砾石型阻火器

图 7-9　充填型阻火器

1—阻火器壳体；2—砾石充填层；3—金属球充填层

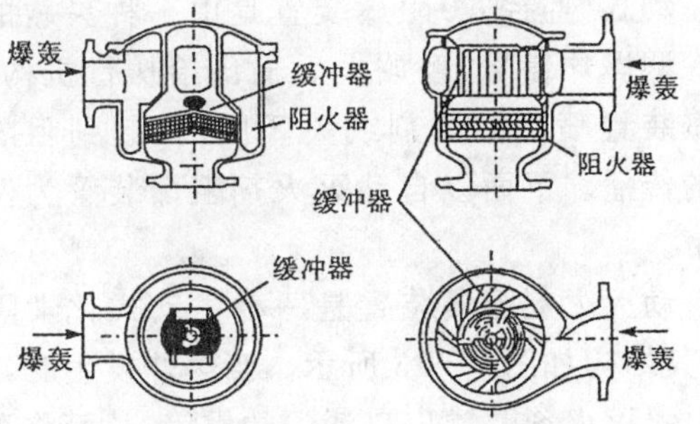

图 7-10　各种复合型阻火器

能承受爆轰产生的较高压力，其内部布置一缓冲器。此外，泡沫金属阻火器阻火层是由多孔金属陶瓷制成，具有很强的耐熔性能，因此，可用于阻挡可燃气体爆燃波至爆轰波的冲击。

(2) 液封阻火器。这类阻火器以液体作为阻火介质，目前广泛使用安全水封，以水作为阻火介质。一般安装在气体管线与生产设备之间，用以防止外部火焰窜入有着火爆炸危险的设备或管道，或阻止火焰在设备和管道之间扩展。液封阻火器可分为敞开式安全水封和封闭式安全水封两种。

敞开式安全水封：其构造和工作原理如图 7-11 所示，它由罐体 1 和两根管子——进气管 2 和安全管 3 组成，管 3 比管 2 短些，插入液面较浅。正常工作时，可燃气体经进气管 2 进入罐内，再从出气管 5 逸出，此时安全管内的水柱与罐内气体压力平衡。发生火焰倒燃时，由于进气管插入液面较深，安全管首先离开水面，火焰被水所阻而不会进入另一侧。敞开式安全水封适用于压力较低的燃气系统。

封闭式安全水封：其构造和工作原理如图 7-12 所示。正常工作时，可燃气体由进气管流入，经逆止阀 8、分气板 7、分水板 4 和分水管 3(用于减少乙炔带水现象)，从出气管 1 输出。发生火焰倒燃时，罐内压力增高，压迫水面，并通过水层使逆止阀作瞬时关闭，进气管暂停供气，同时，倒燃的火焰和气体将罐体顶部的防爆膜 2 冲破，散发到大气中。由于水层也起着隔火作用，因此能有效防止火焰进入另一侧。封闭式水封适用于压力较高的燃气系统。

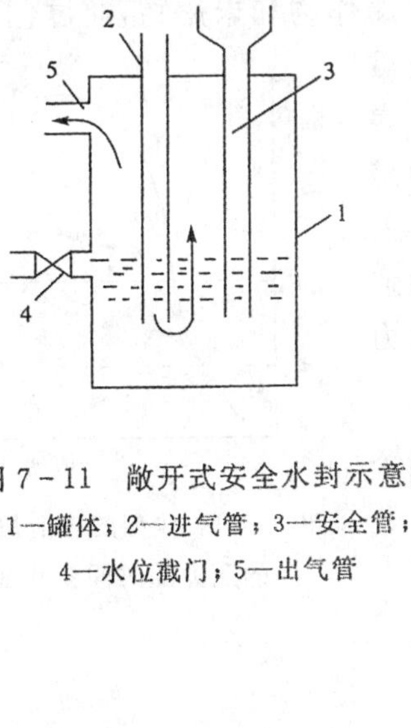

图 7-11　敞开式安全水封示意图

1—罐体；2—进气管；3—安全管；
4—水位截门；5—出气管

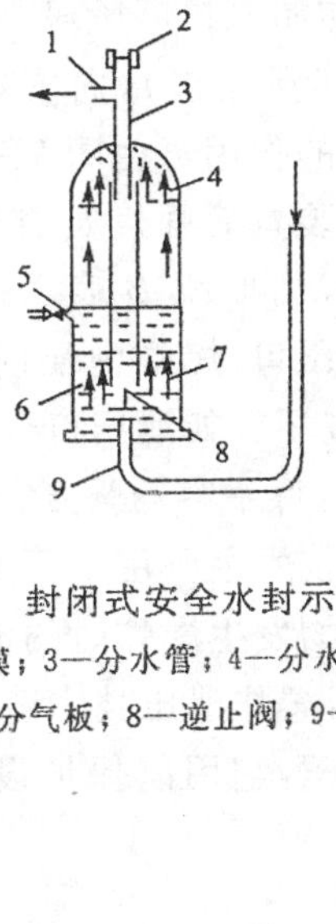

图 7-12　封闭式安全水封示意图

1—出气管；2—防爆膜；3—分水管；4—分水板；5—水位阀；
6—罐体；7—分气板；8—逆止阀；9—进气管

2. 主动式阻爆装置

主动式(监控式)阻爆装置是由一种灵敏的传感器探测爆炸信号,经放大后输出给执行机构,控制阻爆装置喷洒抑爆剂或关闭阀门,起到阻隔爆炸波的传播。下面以自动灭火剂阻爆装置为例阐述如下。

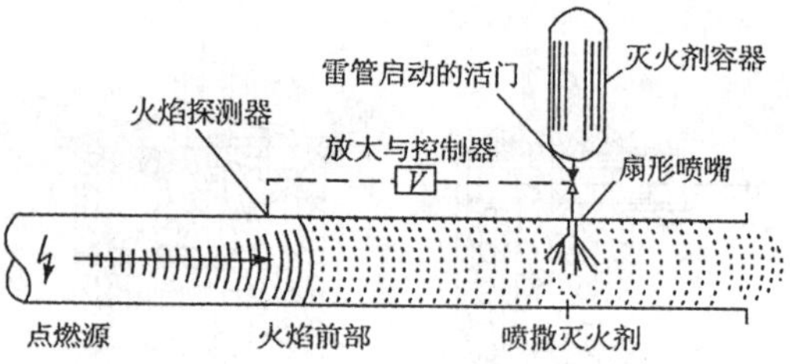

图 7-13　自动灭火剂阻火装置

自动灭火剂阻爆装置是一种主动式化学隔爆装置,其结构如图 7-13 所示。当爆炸发生时,由火焰探测器探测到爆炸波信息,该信息经放大后引爆灭火剂贮罐出口活门的雷管,从而将灭火剂喷出扑灭管道内传播的爆燃火焰,使爆炸得到阻隔。

灭火剂一般选用灭火粉剂,其主要成分是磷酸铵,灭火剂贮罐里的氮气工作压力为 12MPa。灭火剂容器的储量与阻爆介质及管道直径有关。

这种阻爆装置与工业阻火器相比,其特点是:① 自动灭火剂阻爆装置是利用强力化学灭火剂阻爆,而工业阻火器则是利用其本身的物理特性来阻火或阻爆;② 前者只在爆炸时才起作用,不动作时对管内流体介质阻力几乎为零,而工业阻火器则在整个生产时刻对流体都起作用,阻力大;③ 前者主要用于可燃粉尘的管道,能有效切断粉尘爆炸的传播,切断爆炸后管道不关闭,生产仍能继续进行。此种装置亦可用于遏制甲烷、丙烷等气体爆炸和溶剂蒸气的爆炸,但抑爆灭火剂量比抑止粉尘爆炸要大三倍;工业阻火器只能用于抑止可燃气体的燃烧或爆炸。

(二) 爆炸的分区隔离

对于爆炸危险性大的生产装置或贮存装置,宜采用分区隔离或远距离自控等设施,一旦发生爆炸可大大减少灾害带来的损失。因此,在总体设计时,应合理安排工厂布局,包括车间之间、装置之间、生产系统与仓库之间、工厂与生活区之间的安全距离。在各个生产程序之间,按照危险程度采取适当的隔离措施,如设备防护面板、隔离窗、隔离墙等,以保障作业人员和设备的安全。对于特殊的危险生产工艺可以设置自控装置远距离进行控制。

三、爆炸泄压技术

爆炸泄压是被广泛应用的一种爆炸减灾技术,它具有成本较低和较易实现等特点。其含义是,在爆炸初始或扩展阶段,将包围体内高温高压的燃烧爆炸物和未燃物,通过包围体强度最低的部位(即泄压口),向安全方向泄出,使包围体免遭破坏。泄压技术的作用可由图 7-14 定性加以解释:曲线 A 表示一种无泄压装置而强度足够大的容器中,粉尘爆炸压力随时间变化的情况;曲线 B 表示一种容器强度为 P_s,在容器上开一较小的泄压口,爆炸泄压时其最大爆压仍超过容器的强度,容器仍被破坏。如泄压口开的足够大,爆炸后的最大压力如曲线 C 所示,低于容器强度,容器未被破坏。

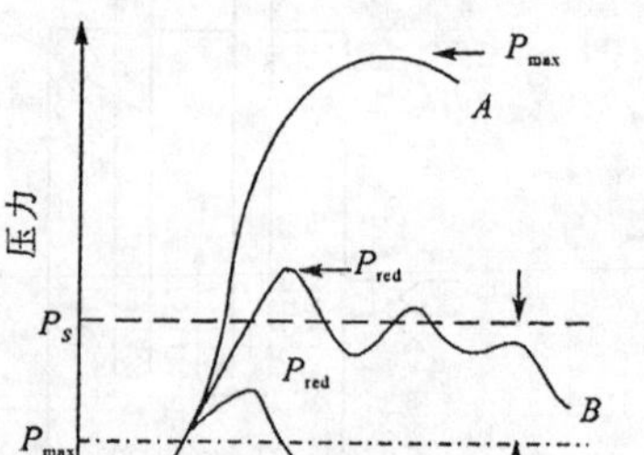

图 7-14　典型的未泄爆与泄爆的压力随时间变化曲线

爆炸泄压技术主要用于可燃气体或可燃粉尘与空气形成的爆炸性混合物发生爆炸时的泄压,不适用于爆轰。

具体来说,爆炸泄压技术适用于设备爆炸泄压,也适用于建筑物爆炸泄压,它用以保护设备、容器和建筑,并使人员不受或少受伤害。

爆炸泄压所使用的设备——泄爆装置是实施泄压技术的基本部件，用以封闭设备或建筑的泄压孔，保证设备或建筑的正常作业。当设备内或建筑内部发生爆炸时，随即开启泄压。

(一) 泄压装置分类

(1) 泄爆装置按启动原理分为从动式与监控式。从动式泄爆装置其开启靠压力冲击波打开，监控式靠电气自控系统触发开启。前者价廉简易，而监控式比较精确，有利于实现生产防爆自动控制。

(2) 泄爆装置按其结构分为：敞开式与密闭式。敞开式可分为全敞口式、百叶窗式、飞机库式门；密闭式分为爆破膜式（泄爆膜式、爆破片式）、爆破门式（重型爆破门、轻型爆破门）。

(二) 泄压装置

1. 敞口式泄爆孔

标准式全敞口式泄爆孔是无阻碍无关闭物的孔口，是最有效的泄爆孔，它适用于不要求全部封闭的设备（也适用于南方部分建筑），如可以不考虑恶劣气候环境污染和生产中物料损失等条件，最宜采用敞口泄压孔。

百叶窗式：在泄爆口安上固定的百叶窗可看作是近似敞口泄压孔，自然，百叶窗板的存在增加了泄爆阻力，实际上减小了净自由泄压面积，但可以适当保护建筑物或设备内置物品。

飞机库式门：在有爆炸危险的建筑的侧墙或屋顶上安装简易和不耐压的飞机库式门或屋顶天窗，当发生爆炸时，这种门窗可极易被打开，提供大的无阻挡的泄压孔。

由上所述，除了全敞口式泄爆孔外，百叶窗式、飞机库式门、屋顶天窗等都可视为敞口泄爆孔的一类近似变种。

2. 爆破膜式泄爆装置

爆破膜式泄爆装置的质量主要与膜或片的材料有关。泄爆面积相同时，控制开启压力大小的关键是膜或片的抗拉强度和厚度。泄爆膜是用框固定在包围体上，是最廉价易行的泄爆装置。泄爆片的特点是在泄爆膜上刻有沟纹，爆炸时泄爆膜沿沟纹迅速破裂，因此，开启所需时间和压力较小，误差也少。

爆破膜式泄爆装置具有泄爆效率高，其开启压力误差是所有泄爆装置中最小的；其缺点是爆破膜只能一次性使用，爆炸后需要更新，更新时需要停机，同时，爆炸后形成孔口，空气会从泄爆口进入设备，使粉尘继续燃烧，膜片使用一定时间后容易老化腐蚀，需定期更换，否则，容易使开启压力降低，过早泄爆影响生产。泄爆膜和泄爆硬板材料如表 7-10 所示。

表 7-10　一些泄爆膜和泄爆硬板材料

编号	材料名称	特性	编号	材料名称	特性
1	牛皮纸	易破碎，好泄爆膜，但较脆弱，在温度高时不稳定	7	橡胶布粘铝箔	防水性能和抗天气损害性能好
2	蜡纸	与牛皮纸相同，但抗湿性较好	8	塑料膜	
3	纸/铝薄片		9	铝　片	
4	塑料浸纸	抗湿性好，但不如牛皮纸易碎	10	聚苯泡沫硬板	
5	塑料浸布		11	橡胶压缩纤维轻质保温板	

图 7-15 为组合式爆破片结构图。

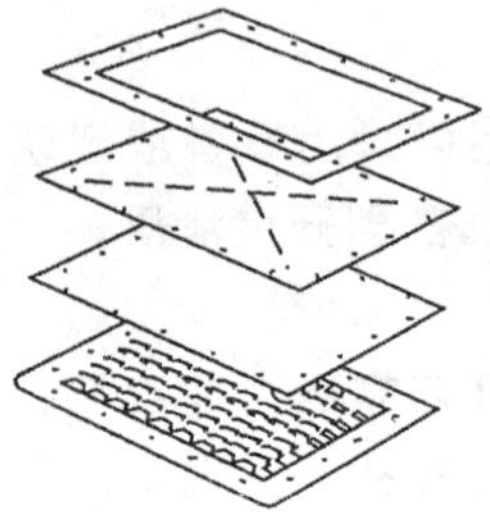

图 7-15　组合式爆破片结构图

3. 爆破门式泄爆门

泄爆门是一种可以反复使用的密闭式爆炸泄压装置，这种装置具有高达96%的泄爆效率，并具有自动关闭和开启以及压力误差小的功能。这类泄爆装置可分为轻型泄爆门和重型泄爆门两类，轻型门由于泄爆效率较高，在建筑、筒仓以及管道中都广泛应用。泄爆门一般由泄爆盖、固定轴、夹紧元件、密封安装部件等组成。泄爆时将门打开后可以自动或手动两种方式将门重新关闭。

（三）建筑物爆炸泄压面积

对于有可燃气体、可燃粉尘爆炸危险的建筑，采用爆炸泄压结构，是避免建筑主体遭到破坏的最有效技术措施之一。建筑厂房泄压装置可采用轻质板制成的屋顶和易以泄压的门、窗（应向外开启），也可用轻质墙体泄压。当厂房周围环境条件较差时，宜采用轻质屋顶泄压。常用材料是石棉水泥波形瓦，那些遇火可燃的木质纤维波形瓦耐水性能差、塑料易燃、金属网水泥不易破碎等物质都不宜使用。

建筑物泄压面积可由下式计算：

$$F = f \cdot V(\mathrm{m}^2) \tag{7-1}$$

式中：F 为泄压面积（m^2）；V 为建筑物室内容积（m^3）；f 为泄压比，泄压面积与室内容积之比（$\mathrm{m}^2/\mathrm{m}^3$）。

为确保建筑结构安全，按规范推荐泄压比为 0.05～0.22（$\mathrm{m}^2/\mathrm{m}^3$）（单位建筑体积应开口的泄压面积），爆炸介质威力较强或爆压上升速率较快的建筑，应尽量加大比值。容积超过 1 000m^3 建筑，可适当降低，但不应小于 0.003$\mathrm{m}^2/\mathrm{m}^3$。表 7-11 列出日本厂房爆炸危险的等级与泄压比值。

表 7-11　日本厂房爆炸危险等级与泄压比值

厂房爆炸危险等级	泄压比值（$\mathrm{m}^2/\mathrm{m}^3$）
弱级（谷物、纸、皮革、铅、铬、铜等粉尘、醋酸蒸气）	0.033 4
中级（木屑、炭屑、奶粉、锑、锡等粉尘、乙烯树脂、尿素、合成树脂粉尘）	0.066 7
强级（充满煤气的淀粉、油漆干燥或热处理室、醋酸纤维、苯酚树脂粉尘、铝、镁、锆等粉尘）	0.2
特级（丙酮、汽油、甲醇、乙炔、氢等）	＞0.2

（四）泄压装置选择

泄爆装置主要根据生产要求严密程度、设备压力高低、泄爆频率大小、易腐蚀或老化程度、使用年限、温度和安装位置进行选择。对于没有保温、保湿等特殊要求的建筑物来说，以无覆盖物的敞口泄压效率最高和最经济，百叶窗次之。如果要求密闭、开启压力要求很严、设备较易腐蚀、高压、泄爆频率不大，以采用泄爆膜为宜，其他条件则可选取泄爆门式永久装置为宜。

第四节　爆炸控制技术优选

工业生产中，厂矿企业生产系统整体的爆炸危险程度是选择爆炸控制技术措施的主要依据。在确定了爆炸性物质的类别、级别、组别以及爆炸危险环境的区域后，才能相应地确定应采取的控制技术和措施。为此，必须首先分析生产过程的爆炸危险性，对原料、生产工艺全过程、产品等进行认真的分析研究。生产过程的爆炸危险性，主要是指应掌握生产中使用的原料、中间产品和成品的物理、化学性质和危险特性，危险物质数量，生产设备类型，工艺条件和可能导致发生爆炸危险的条件。

选择事故爆炸控制技术与措施时，首先应顾及生产工艺要求，做到合理与经济。应该有效地避免事故爆炸的发生或将事故发生率降低到最低限度。如果万一发生事故，也可限制其波及的范围，把事故爆炸的危害降低到最低限度。

选择事故爆炸控制技术与措施时，应按照下列思路进行：即动态控制、分级控制和多层控制等。由于参与各种生产过程的爆炸性物质，其工艺参数（包括温度、压力、反应速度等）都是随时间变化的，因此，只有采取动态控制原则，适时调整控制措施，才能收到预期效果。对于有爆炸危险的系统，包括其分系统和子系统，其危险程度、特点和作业范围各不相同，因此，必须根据各个系统的特点，实施分级控制原则。由于事故性爆炸的危害性特别严重，应该从多方面加以把关，实施多层次控制原则，一般可以分为 6 个层次，即根本的预防性控制、补充性控制、防止爆炸事故扩大的预防性控制、维护性能控制，以及经常性控制和紧急性控制等。多层次控制爆炸危险的方案列于表 7-12 中。

表 7-12　控制爆炸危险的方案

顺序	1	2	3	4	5	6
目的	预防性	补充性	防止事故扩大	维护性能	经常性	紧急性
分类	根本性	耐负荷	缓冲、吸收	强度与性能	防误操作	紧急撤退、人身防护
内容提要	不使产生爆炸事故	保持防爆强度、性能、抑制爆炸	使用安全防护装置	对性能做预测监视及测定	维持正常运转	撤离人员
具体内容	1. 物质性质燃烧有毒 2. 反应危险 3. 起火、爆炸条件 4. 固有危险及人为危险 5. 危险状态改变 6. 消除危险源 7. 抑制失控 8. 数据监测 9. 其他	1. 材料性能 2. 缓冲材料 3. 结构构造 4. 整体强度 5. 其他	1. 距离 2. 隔离 3. 安全阀 4. 检测、报警与控制 5. 使事故局部化	1. 性能降低否 2. 强度变化否 3. 耐压 4. 安全装置的性能检查 5. 材质变化否 6. 防腐蚀管理	1. 运行参数 2. 工人技术教育 3. 其他条件	1. 危险报警 2. 紧急停车 3. 撤离人员 4. 个体防护用具

第八章 人控爆炸与事故控制

第一节 概 述

在国民经济许多生产部门，利用可以控制的炸药爆炸；可燃气体、可燃液体与空气或氧气混合的爆炸压缩惰性气体的物理爆炸等多种爆炸能量，通过设计与爆炸施工完成大量对介质的破碎、搬运、加工，以及一些军事用途。在人控爆炸应用中，利用工业炸药对介质进行破碎与抛掷的工程爆破是人控爆炸最主要的应用方式，它有力地促进了国家现代化建设的发展，在21世纪仍将作为岩土工程施工的主要手段之一，因此，本章将以工程爆破与工程爆破事故控制作为人控爆炸与事故控制的代表进行论述。

工程爆破系统组成与应用：如图8-1所示，由起爆器1（电源或引爆器材）、传爆线2（传递爆炸信号或电能）、导硐3（由山体入口至药室的通道）、堵塞4（碎石、土组成）、药室5（内装炸药与起爆体）、爆破岩体6等组成。工程爆破在我国许多工业部门得到广泛应用，如冶金工业、有色金属、煤炭工业、化工、核能、建材等行业的岩矿采掘；水利水电工程的定向爆破筑坝、坝体料石开采和电站基础挖掘；铁路、公路建设中的爆破和路基开挖；河道疏浚和港口水下爆破；城市建筑拆除爆破；农业、山林整修；门防工程建筑等。此外，利用炸药的爆炸功能还可用于油井井内扩裂爆炸、勘探震源爆炸、金属切割爆炸、机械爆炸成型、人体结石爆炸破碎等，应用十分广泛。

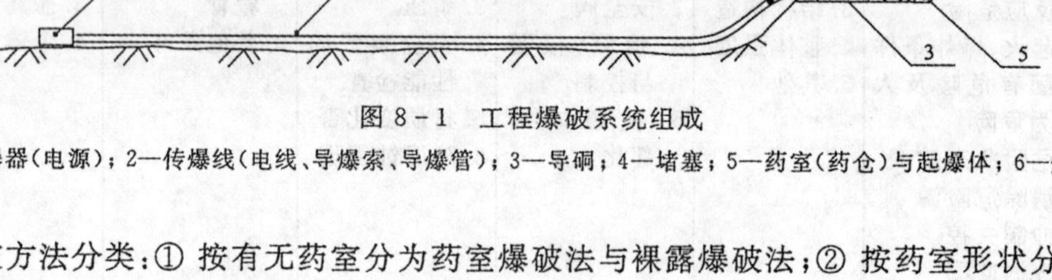

图8-1 工程爆破系统组成

1—起爆器（电源）；2—传爆线（电线、导爆索、导爆管）；3—导硐；4—堵塞；5—药室（药仓）与起爆体；6—爆破岩体

爆破方法分类：① 按有无药室分为药室爆破法与裸露爆破法；② 按药室形状分为炮眼爆破法、深孔爆破法与硐室爆破法；③ 按硐室形状及组合形式分为集中药室硐室爆破法、条形药室硐室爆破法和分集药室硐室爆破法。此外，还可根据爆破对象与特殊爆破性质分为矿山采掘爆破、拆除爆破、水下爆破和特种爆破等。

爆破安全：研究爆破安全，其目的是防止爆破作业时发生意外爆炸事故和抑制爆破产生的社会有害效应，以及由此引起的灾害。经过对爆破灾害发生原因和规律的分析，寻求避免和抑制这类灾害的技术途径，以保护作业人员、保护爆破安全区内人员和避免或减轻爆破对建筑物、设施和设备的破坏。爆破作业的意外事故包括各种原因引起的早爆、迟爆、拒爆及其处理时的意外爆炸；以及爆破引起的社会有害效应如飞石、地震、空气冲击波噪声和有害气体等的危害。提高爆破安全的途径可以从提高爆破人员素质、加强爆破设计与审核、选择质量较高的爆破器材，以及加强爆破安全管理等方面入手。

第二节　爆破器材与起爆方法

一、炸药

炸药是具备化学性爆炸三个条件的固体、胶体和液体的化合物或混合物，其主要成分为碳、氢、氧、氮等元素。炸药在化学上是不稳定体系，但具有暂时的相对稳定性，仅当受到外界一定作用影响下，其相对稳定性才被破坏。

炸药由于具有能量十分集中、使用简便、用途的多样性而被广泛应用。工业上使用的炸药一般都为固体。按照炸药成分组合形式不同可分为单质炸药和混合炸药。单质炸药中，按照起爆难易、威力大小可分为起爆药、单质猛性炸药和单质弱性炸药三种。

（一）起爆药

在炸药中，受外界微小能量激发就能发生爆炸，并迅速形成爆轰的一类敏感炸药。由于对外界微小的热、机械、电、光等激发能量有较大的敏感度，并能输出足够能量引起工业炸药爆轰，所以称之为起爆药。起爆药的爆炸特性曲线如图8－2线1所示，与其他炸药相比，其爆速增长快，在极短时间内即能达到最大稳定爆速(爆轰)，但最大稳定爆速相对较低。起爆药通常分为单体、混合和复合盐三类。常用的起爆药应具有良好的安定性和在生产、运输和使用中的安全性，主要用于各类起爆器材的装药。

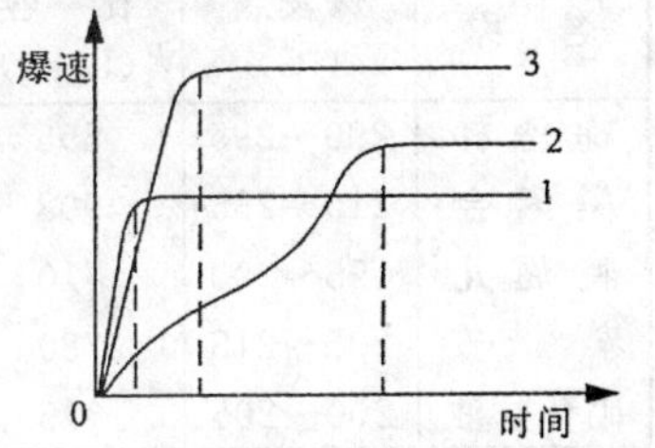

图8－2　炸药的爆速增长期比较图

1—起爆药；2—工业混合炸药；

3—单质猛性炸药

长期以来，起爆器材中使用的起爆药主要是单体起爆药，按历史延用的顺序有雷汞、叠氮化铅、三硝基间苯二酚铅和二硝基重氮酚等。上述4种起爆药的主要爆炸性能如表8－1所示。

表8－1　起爆药的主要爆炸性能

爆炸性能	雷汞	叠氮铅	三硝基间苯二酚铅	二硝基重氮酚
爆发点(°C)	170～180	330～340	275	170～175
爆炸气体量(m^3/kg)	300	308	448	553
爆热(kcal/kg)	410	380	440	955
爆温(°C)	4 350	5 300	3 030	4 650
爆速(m/s)	5 400	5 300	4 800	5 400
爆力(mL)	110	115	—	230
水中爆炸性	含水30%时拒爆	水中能爆炸	水中能爆炸	水中能爆炸

综上所述，雷汞的火焰、机械感度与起爆力尚好，但因过于敏感而安全性稍差，原料也稀贵，20世纪90年代以后已不使用。叠氮铅耐热、耐压性均较好，起爆力也大，但对火焰感度稍差，生产过程复杂。三硝基间苯二酚铅对火焰很敏感，常作为火焰敏感剂，但容易因积累静电而造成爆炸事故，因此，用量少。二硝基重氮酚由于原料来源广泛，生产工艺简便，起爆性能优良，操作相对安全，成本较低，因此，目前国产工业雷管中，几乎都用二硝基重氮酚做起爆药。

由两种或两种以上单体起爆药，通过共沉淀或络合的方法制成的复盐起爆药，既具有单体起爆药的特点，又有综合的效果。例如由叠氮铅与三硝基间苯二酚铅共同沉淀制成的起爆药，既有起爆能力大的特性，又有良好的火焰感度。因此，复合盐起爆药为发展新的起爆药提供了广阔前景。

（二）单质猛性炸药

单质猛性炸药是指在一定量外界激发冲量作用下，能够迅速发展成自持爆轰，并以极高功率对周围介质直接做功的单质物质。单质猛性炸药的特点是敏感度比起爆药低，而瞬时功率强、爆炸威力大，如图 8-2 曲线 3 所示，常用于军事工业中弹药的爆炸装药和工业炸药中的敏感剂、增威剂和起爆器材的加强和传爆装药。常用的单质猛性炸药有梯恩梯、黑索金、特屈儿、泰安、硝化甘油等。

单质猛性炸药通常是以含硝基（$-NO_3$）、硝酸酯基（$-ONO_2$）爆炸基团的有机化合物，常用的几种单质猛性炸药中的主要爆炸性能列于表 8-2 中。

表 8-2　单质猛炸药的爆炸性能

名　称	爆发点（°C）	比　容（L/kg）	爆　热（kcal/kg）	爆　温（°C）	爆　速（m/s）	爆　力（mL）	猛　度（mm）	密　度（g/cm^3）
梯恩梯	290～295	695	1 010	3 050	6 700	300	19	1.6
黑索金	215～235	908	1 500	3 700	8 400	520	29	1.7
特屈儿	195～200	710	1 090	3 370	7 250	380	22	1.65
泰　安	205～215	780	1 400	4 000	8 000	580	23～25	1.7
硝化甘油	200～205	715	1 480	4 600	7 500	600	23	1.6

梯恩梯（三硝基甲苯 $C_6H_2(NO_2)_3CH_3$，代号 T. N. T）是用途最为广泛的炸药之一，它具有良好的热安定性，较好的装药工艺性，常温下机械感度较低，运输、使用安全性好，不吸水、威力大、价格适中，在恒量炸药爆炸性能时常作为对比的基准，在工业炸药中作为硝胺类炸药的主要敏感剂，在军用弹药中作主爆炸药。

黑索金[环三次甲基三硝胺 C3H6N3(NO2)3 ，代号 RDX]，黑索金具有威力大，热安定性好，机械感度比梯恩梯高，吸湿性小，用途很广，主要用以制作导爆索和雷管付起爆药。硝化甘油[硝化丙三醇 $C_3H_5(ONO_2)_3$，代号 NG]是一种密度大、威力高的猛炸药，主要用于配制胶质硝化甘油类炸药。但是，由于硝化甘油对于冲击、摩擦及火花敏感度相当高，又存在高冰点（在 13.2°C 时就冻结），摩擦敏感性更高极易爆炸，很不安全。目前，世界各国都已很少使用。

（三）单质弱性炸药——硝酸铵

单质弱型炸药是指爆炸威力低、敏感性低而相当安全的一类炸药，其最典型的代表为硝酸铵。硝酸铵 NH_4NO_3（代号 AN）以煤、空气和水作为原料制取。原料来源丰富，成本低廉，工业上应用的混合炸药绝大部分以它作为主要成分。

硝酸铵为白色结晶体，呈细粉状或多孔粒状，堆积密度约 $0.7g/m^3$；硝酸铵具有很强的吸湿性，易溶于水，吸湿后结块，爆炸性能变坏，甚至拒爆。

硝酸铵是正氧平衡炸药，其氧平衡率为＋20％，爆炸时生成大量有毒气体氧化氮。硝酸铵对火焰、加热、冲击、摩擦及爆炸能等的敏感度都很低，一般工业雷管不能直接起爆，需经中继药包起爆。硝酸铵爆炸能力较低，其猛度为 1.5～2.0mm，爆力 180～220mL，但爆生气体体积较大。

为克服硝酸铵受潮结块而使爆炸威力降低，在生产、保存、使用中要严格防潮。20 世纪中叶，美国 M. A. Cook 教授为了解决硝酸铵受潮变质问题发明了防水性能极强的含水硝酸铵类炸药，这种炸药是将硝酸铵溶于水成为饱和溶液后便不再吸收水分，起到“以水抗水”的作用，再加入足够的敏化剂使其具有雷管感度而成为工业炸药，如乳化炸药、水胶炸药等。

（四）工业炸药

工业炸药是指用于矿业、水利、交通、建材，以及建筑拆除和国防工程等部门的民用炸药。炸药的类型和品种繁多，由于技术和经济上的原因，并不是所有炸药都适用于工程爆破的需要，而符合工业上使用的炸药通常应具备一定的性能与要求。

1. 对工业炸药的要求

(1) 爆炸性能良好，有足够的威力，以达到破碎岩石的目的。

(2) 有一定的起爆敏感度，既能用普通工业雷管起爆，又能保证制造、运输、储存、使用时的安全和性能稳定。

(3) 接近于零氧平衡，爆炸后生成的有毒气体量少。

(4) 品种较多，以便能适应各种不同的使用条件，如露天或地下、不同岩性、干燥或含水环境等。

(5) 原料来源广，制造工艺简单，成本低廉。

由于单一的猛性炸药或单一的弱性炸药都不能满足上述要求，我国目前使用的工业炸药，一般均为混合炸药其爆速增长性能如图 8-2 曲线 2 所示。在 20 世纪 50 年代以来，基本上使用以硝酸铵为主要成分的硝胺类炸药(占整个工业炸药的 98%以上)，个别条件下也应用以硝化甘油为主要成分的硝化甘油类炸药。

2. 工业炸药分类(硝胺类炸药)

(1) 按成分分类：① 以硝酸铵为基质，以梯恩梯为敏化增威剂的铵梯类中、高威力混合炸药；② 以硝酸铵为基质，以柴油为高能材料的中等威力铵油炸药；③ 以硝酸铵和水为基质，以若干敏化增威剂为附加材料的中、高威力防水硝胺类炸药。

(2) 按使用条件分类：① 第一类，煤矿用安全炸药，不会引起瓦斯和煤矿粉尘爆炸，炸药爆炸产物的有毒气体不超过安全规程所允许的量，适用于露天和地下一切工程，但威力相对较低；② 第二类，允许在地下和露天工程中使用，但不允许在有瓦斯或粉尘爆炸危险的地点使用的炸药；③ 第三类，只允许在露天工程中使用的炸药。

混合炸药现有品种、爆炸威力和使用中所占比例列于表 8-3。

从表 8-3 可以看出，美国等先进国家使用的工业炸药中，铵油类已占总量的 86%，而中国仍习惯以使用铵梯类为主。美国之所以主要使用铵油类炸药，是由于铵油类炸药的爆炸威力足够、安全性好，而且价格仅为铵梯类炸药的 40%～50%。因此，为降低工程爆破成本，中国急需开发铵油类炸药的应用范围。

二、起爆方法与起爆器材

炸药起爆的方法根据使用的器材不同，可分为下列三大类：

1. 非电起爆法

(1) 导火索起爆法；

(2) 导爆索起爆法；

(3) 导爆管起爆法(秒差、毫秒差)；

(4) 气相雷管起爆法。

表 8-3 工业炸药现状

项目＼类别		硝铵类炸药															硝化甘油类炸药				其他
品种		铵梯类						铵油类			防水硝铵类						高爆速		低爆速		黑火药特种光爆炸药等
		露天铵梯(一号)	地下铵梯(二号)	煤矿铵梯	高威力铵梯			粉状铵油	多孔粒状铵油	重铵油	保护层防水			含水炸药			普通型	耐冻型	普通型(光爆)	耐冻型(光爆)	
					铵梯黑	铵梯铝	铵梯黑铝				铵松蜡	铵沥蜡		乳化炸药	水胶炸药	浆状炸药					
												岩石	煤矿								
爆炸威力	猛度(mm)	8	12	10	16	16.5	18	18滑山		12~15	13~15	9		16~19	12~20	20	16	16	15	15	
	爆力(mL)	250	320	250	495	340	500	250			320~360	240			330	350	380	380	360	360	
比例(%)	中国20万T	67.3			1			15.5			1.5			11.7	1.7		1				0.3
	美国200万T			1.2				86						9.2			3.6				

注:1. 爆炸威力项中所使用的炸药类型为:粉状铵油(1号)、重铵油(YZA-B)、铵沥蜡(岩石)、浆状炸药(有雷者感度J-1)、水胶炸药(3号)、乳化炸药(EL系21)、高爆速硝化甘油(62%)、低爆速硝化甘油(40%),其他未注明的均为该类的2号炸药;

2. 比例项为中国与美国1990年统计资料

2. 电力起爆法

(1) 普通电雷管起爆法(秒差、毫秒差);

(2) 电磁雷管起爆法。

3. 波起爆法

(1) 水下声波雷管起爆法;

(2) 水下电磁波雷管起爆法。

根据国内应用现状,本节主要介绍导火索起爆法、导爆索起爆法、导爆管起爆法和普通电雷管起爆法等4种方法和器材,波起爆法只做简要介绍。

(一) 导火索起爆法

导火索起爆法是利用被点燃的导火索火焰,首先引起火雷管爆炸,然后再由雷管的爆炸波引起炸药爆炸。导火索起爆法所用的起爆器材是火雷管、导火索与点火器材。

1. 导火索

导火索由索壳和药芯构成。索壳一般是由棉线、纸条、沥青绕成或用塑料管,按燃速不同分为普通导火索和缓燃导火索。

按WJ641-83部颁标准的规定,普通导火索外径5.2~5.8mm,药芯直径不小于2.2mm,燃速100~125s/m,喷火长度不小于50mm,燃烧时不得有断火、透火、外壳燃烧、快燃及爆声,耐水时间不低于4h(塑料导火索不低于5h),在正常存贮条件下,有效期为2年。缓燃导火索燃烧速度180~215s/m,其包装特点是外层线中有一根绿色线。

2. 火雷管

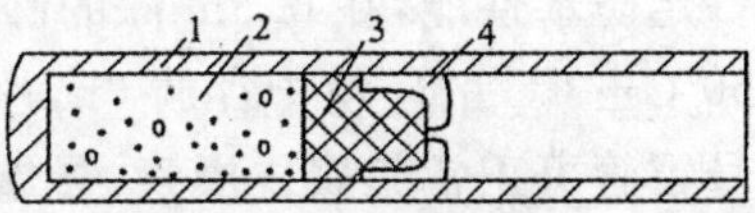

图 8-3　火雷管的结构
1—雷管壳；2—猛炸药；
3—起爆药；4—加强帽

火雷管结构如图 8-3，管壳材料有铜、铁、铝、纸、塑料等，按起爆能力分成 10 个等级，工业常用的是 8 号和 6 号两种。

按部颁标准 WJ1042-78 的规定，火雷管管壳规格见表 8-4，装药量标准见表 8-5。在正常条件下贮存期为 2 年，8 号雷管对 5mm 厚铅板穿孔直径不应小于雷管外径。火雷管振动试验（参见 WJ231-77）不许出现爆炸、撒药和加强帽松动。

表 8-4　火雷管的管壳规格

品种		内径(mm)	长度(mm)
6 号	金属地亩	6.18～6.22	36±0.5
8 号	金属壳	6.18～6.22	40±0.5
	纸　壳	6.18～6.30	45±0.5
	塑料壳	6.18～6.30	49±0.5

表 8-5　火雷管的装药量规格

品种	起爆药(g)			猛炸药(g)			
	二硝基重氮酚	雷汞	斯蒂芬酸铅＋氮化铅	黑索金	特屈儿	黑索金＋梯恩梯	特屈儿＋梯恩梯
6 号	0.3±0.02	0.4±0.02	0.1±0.02 0.21±0.02	0.42±0.02	0.42±0.02	0.5±0.02	
8 号	(0.3～0) ±0.02	0.4±0.02	0.1±0.02 0.21±0.02	(0.7～0.72) ±0.02	(0.7～0.72) ±0.02	(0.7～0.72) ±0.02	(0.7～0.72) ±0.02

注：起爆药和猛炸药均为其中之一

3. 其他

点火材料有点火绳、点火棒和点火筒等。

目前，导火索起爆法主要用于浅孔爆破和裸露爆破法，在有沼气和矿尘爆炸危险的矿井禁止使用。硐室爆破、深孔爆破、水下爆破、拆除爆破均禁止使用导火索起爆法。导火索起爆法由于存在较多的不安全性，将逐渐被淘汰。

（二）导爆索起爆法

导爆索起爆法是利用绑在导爆索一端的雷管爆炸起爆导爆索，然后由导爆索的爆轰引起炸药或其他起爆器材爆炸的方法。

1. 起爆器材

（1）导爆索。按照导爆索能量的大小可分为普通导爆索、低能导爆索和高能导爆索，按照使用的特种条件尚可分为安全导爆索、油井导爆索和特制切割用导爆索。

① 普通导爆索。结构与导火索相似，按部颁标准 WJ759-73 的规定，外径 5.8～6.2mm，外表为线绕或塑料管加工成红色或红白、红绿白线间绕，药芯为白色的黑索金，装药量 12～14g/m，爆速不低于 6 000m/s。塑料表面导爆索有较好的抗水和防油能力。线绕导爆索也有

一定防水性能，在0.5m深的静水中浸泡24h，感度和爆炸性能仍能符合检验标准的要求，在50°C±3°C的环境中存放6h，性能不改变。2m长的导爆索能完全起爆200g梯恩梯药块，用8号雷管可正常起爆导爆索，导爆索受490N拉力后，应保持爆轰性能。贮存有效期2年。

② 安全导爆索。专供有瓦斯和矿尘爆炸危险的井下爆破作业使用的产品，其结构和爆炸性能与普通导爆索相似，所不同的是在药芯中加入适量消焰剂(食盐含量为2g/m)。

③ 油井导爆索。专供引爆油井射孔弹，起爆能量较大，并能耐高温高压。

④ 低能导爆索。每米装药量较低(分6g/m、4g/m、1.5g/m等)，只能起传递爆轰信息，不能直接起爆炸药。

⑤ 高能导爆索。装药量大于30g/m，可作为物探震源、石材切割和在光面爆破中代替炸药。

⑥ 特制切割用导爆索。用于金属切割、楼板炸裂等。

(2) 继爆管。是一种专门与导爆索配合具有毫秒延期作用的起爆器材。继爆管有单向继爆管和双向继爆管两种，其结构如图8-4所示。

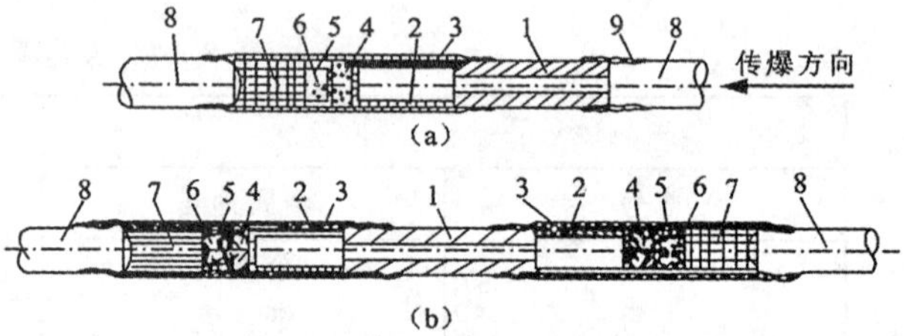

图8-4 继爆管结构示意图

(a) 单向继爆管；(b) 双向继爆管

1—消爆管；2—大内管；3—外套管；4—延期药；5—加强帽；6—正起爆药DDNP；7—副起爆药RDX；8—导爆索；9—连接管

2. 导爆索起爆网路

导爆索开口式起爆网路如图8-5所示，网路中使用继爆管作延时装置。

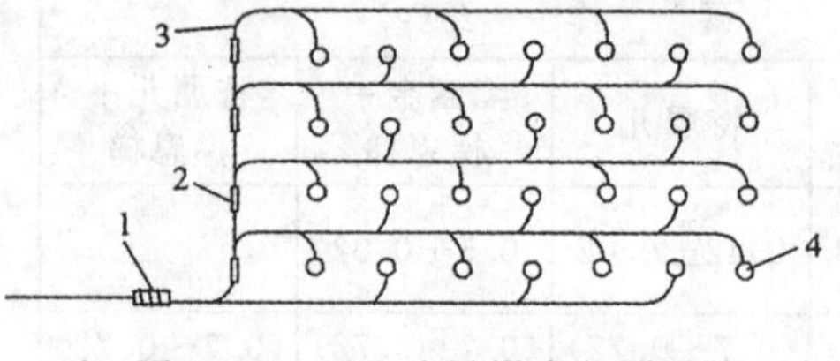

图8-5 开口式导爆索起爆网络

1—起爆雷管；2—继爆管；3—导爆管；4—炮孔

3. 适用范围和特点

导爆索起爆法适用于深孔爆破、硐室爆破及光面、预裂爆破。在有瓦斯或矿尘爆炸危险的矿井中，不能用一般导爆索起爆，必须用安全导爆索。油井射孔弹起爆，必须用油井导爆索。

导爆索起爆法的优点是可以保证成组炮孔或药室比较严格地同时起爆，操作工艺简单而且不受杂散电流、静电、射频电等外来电的影响。其缺点是成本较高，噪声较大，而且在起爆前不能用仪表检查网路质量。

(三) 导爆管起爆法

导爆管雷管起爆法是20世纪70年代由瑞典诺贝尔公司发明的一种新型非电力起爆方法。

1. 起爆器材

(1) 导爆管。导爆管是一种内壁涂有混合炸药粉末的塑料软管(图8-6)，管壁材料为高压聚乙烯，外径(2.95±0.15)mm，内径(1.4±0.1)mm，有一定抗拉强度，在50～70N拉力作用下不会变细。每米涂炸药量为14～16mg，混合炸药中含91%的奥克托金或黑索金，9%的铝粉。

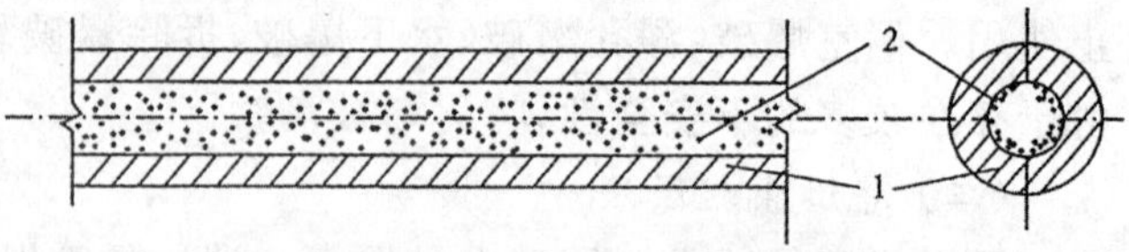

图8-6 塑料导爆管结构

1—高压聚乙烯塑料管；2—炸药粉末

火焰和机械冲击均不能激发导爆管，工业雷管、导爆索、电火花枪、火帽、引火头等一切能产生冲击波的起爆器材都可以激发导爆管，一只8号工业电雷管可激发50根以下的导爆管。

导爆管爆轰机理是一种均匀分布的高威力微细粉状炸药，在约束性管道效应与冲击波双重作用下的高速稳定性粉尘爆轰。国产导爆管一般爆速为1 750±50m/s。导爆管可以作为非危险品运输。

(2) 非电导爆管雷管。非电导爆管雷管可以分为非电毫秒导爆管雷管和非电秒差导爆管雷管。非电毫秒导爆管雷管如图 8-7 所示。

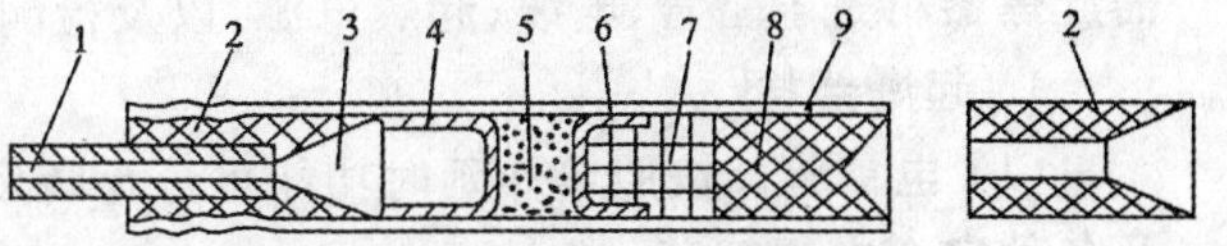

图 8-7 非电毫秒雷管结构示意图

1—塑料导爆管；2—塑料连接套；3—消爆空腔；4—空信帽；5—延期药；6—加强帽；7—正起爆药 DDNP；8—副起爆药 RDX；9—金属管壳

(3) 导爆管连接元件。

① 连接雷管。连接雷管的导爆管绑在起爆雷管上，由药包引出的非电雷管的导爆管绑在连接雷管上，实现远距离传爆或多雷管传爆。连接雷管用毫秒非电雷管时，可以实现毫秒延期起爆。

② 连接块。连接块的构造见图 8-8，不同的连接块，一次可传爆 8～20 根被爆导爆管。如果连接块中的传爆雷管用毫秒延期雷管，也可以实现毫秒延期爆破。国外用连接块较多。

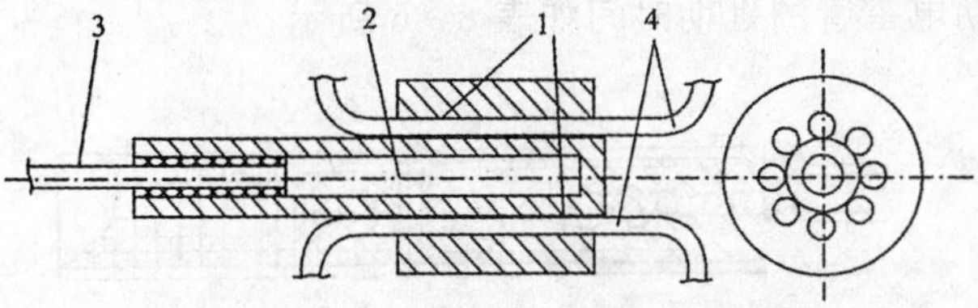

图 8-8 连接块及导爆管连通装配图

1—塑料连接块主体；2—传爆雷管；3—主爆导爆管；4—插被爆导爆管外套

④ 连通管。连通管形式很多，有三通、四通、五通，用聚氯乙烯压铸成，使用方便，在拆除爆破中应用较为广泛。

2. 起爆网路

导爆管起爆网路类型较多，如导爆索起爆非电导爆管网路、传爆雷管簇联网路、连通管网路等。图 8-9 为多分式接力起爆网路，可用于硐室爆破、深孔爆破等。

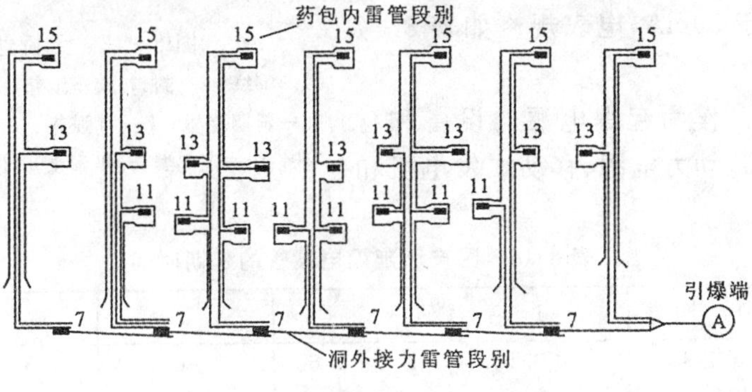

图 8-9 多分式接力起爆网路

3. 适用条件与优缺点

近年来非电导爆管雷管起爆系统得到广泛应用，除了在有瓦斯和矿尘爆炸危险的环境中不能采用外，几乎各种条件下均可应用。

其优点是操作简单安全，不受外电影响(雷电除外)、成本低，可以实现等间隔微差起爆，并且起爆段数和炮孔数不受雷管段数限制。其缺点是起爆前无法用仪表检查，爆区太长或延期段数太多时，采用孔外延迟网路容易被空气冲击波或地震、飞石破坏网路；在高寒地区塑料管硬化会恶化导爆管的传爆性能。

(四) 电雷管起爆法

电雷管起爆法是利用电能首先引起电雷管爆炸，然后再引起炸药爆炸的方法，该起爆法所需起爆器材是电雷管、电缆、起爆电源，以及检测仪表。

1. 起爆器材

（1）电雷管。按照爆炸延时功能可分为瞬发电雷管、秒延期电雷管和毫秒延期电雷管；以及各种安全电雷管等。

① 瞬发电雷管（即发电雷管）。它是一种通电后即刻爆炸的电雷管（常用 8 号瞬发电雷管），其结构除点火装置外，与 8 号火雷管相同。电雷管点火装置由脚线、桥丝和引火药组成；脚线有铜线和铁线两种，桥丝有康铜丝和镍络丝两种；电雷管引火药由氯酸钾加硫氰酸铅组成。

② 其他电雷管。秒延期电雷管、毫秒延期电雷管、抗杂散电流安全电雷管，其结构如图 8-10、图 8-11 和图 8-12 所示，国产秒延期电雷管的延期时间如表 8-6 所示。

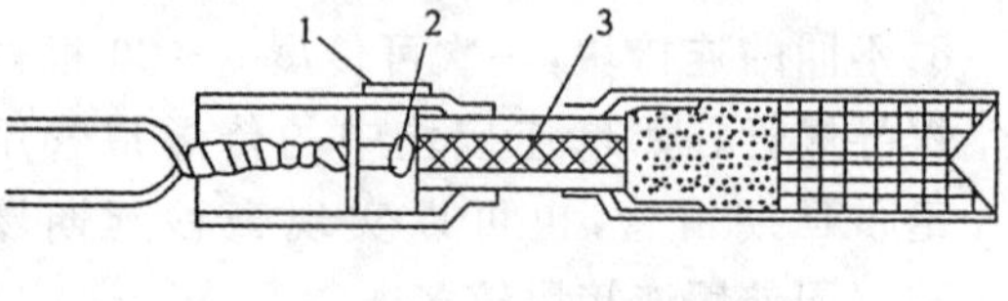

图 8-10　秒延期电雷管

1—蜡纸；2—排气孔；3—精制导火索段

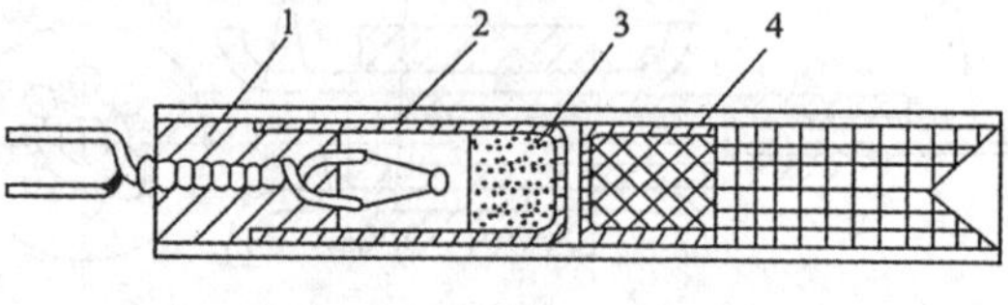

图 8-11　毫秒延期电雷管

1—塑料塞；2—延期内管；3—延期药；4—加强帽

（2）量侧仪表和电源

① 量侧仪表。电雷管起爆法所用的量侧仪表有爆破电桥与爆破欧姆表两类，主要用于电爆网路检测。两类仪表的共同特点是：检测时输出电流均小于 30mA，电表规格如表 8-7 所示。

② 起爆电源。作为起爆电源的设备和材料有电容式放炮器、动力电源、移动式发电机和电池等。

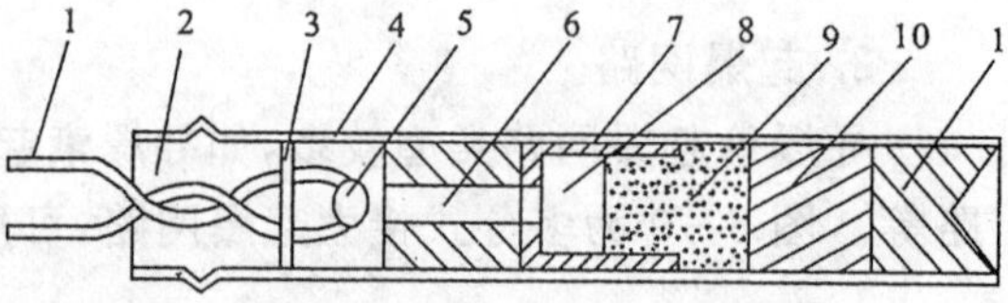

图 8-12　无桥丝抗杂雷管

1—脚线；2—封口；3—纸垫；4—管壳；5—引火头；6—延期装置；7—加强帽；8—点火药；9—正起爆药；10—副起爆药（黑索金）；11—钝化黑索金

表 8-6　国产秒延期电雷管的延期时间

段别		1	2	3	4	5
延期时间(s)	规格 1	<0.1	1.5±0.6	3+0.7	4.5+0.8	6+0.9
	规格 2	<0.1	2±0.4	4±0.6	6±0.8	8±0.9
	规格 3	<0.1	1.0+0.5	2.0+0.6	3.1+0.7	4.3+0.8
	规格 4	<0.1	0.5±0.2	1.0+0.2	1.5±0.2	2.0+0.2

段别		6	7	8	9	10
延期时间(s)	规格 1					
	规格 2	10±1.0	12±1.1			
	规格 3	5.6+0.9	7.0+1.0			
	规格 4	2.5±0.2	3.0±0.2	3.5±0.2	4.0±0.2	4.5±0.2

2. 电爆网路

电雷管起爆法使用的起爆网路可分为串联、并联、串并联、并串联等四种基本网路，如图 8-13、图 8-14、图 8-15、图 8-16 所示。采用动力电源、移动式发电机电源时，上述四种网路都可使用；使用电容式起爆器时，由于输出电流小，一般只用串联网路；使用电池电源时，应根据输出电流大小和需要确定起爆网路形式。

3. 电爆网路的特点和适用条件

电爆网路可以用仪表检查网路施工质量，从而保证了网路的正确性和可靠性，并且方便远距离操作，可以控制起爆时间和各段延期时间。我国用电力起爆网路曾一次起爆 2 万发电雷管，三次万吨级大爆破，也全部采用的是电爆网路。电起爆法广泛应用于各种爆破。对有瓦斯和矿尘爆炸的矿井使用电爆时，要使用专用的防爆起爆器或防爆开关。

表 8－7　国产线路电桥和欧姆表规格

型　号	名　称	量　程 (Ω)	工作电流 (mA)	误操作最大电流 (mA)	生　产　厂	备　注
205 型	线路电桥	0.2～50 20～5 000	<20	<30	上海电工仪表厂、 天水长城电工仪器厂	
205－1 型	线路电桥	0.5～3～9 0～3 000			上海电工仪器厂	
ZC23 型	欧姆表	0～3～9	<30	<50	上海遵义电表厂	
SCZO－2 型	电爆元件 测试仪	0～1.1 0～11 0～60	<10	<50	上海电工仪器厂	
B－1 型	爆破电表	0～5 0～100 100～200	<20		湖南湘西无线电厂	测量电阻 及杂散电流 两用表

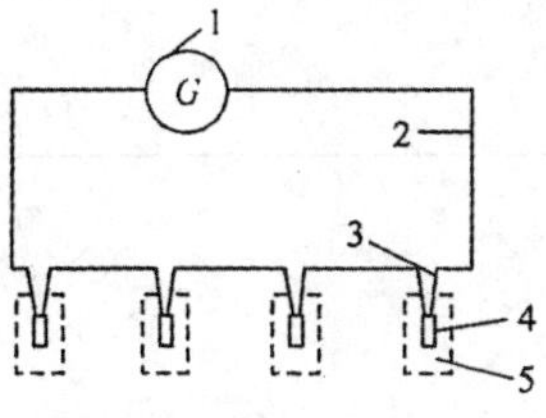

图 8－13　串联网路

1—电源；2—主线；3—脚线；4—电雷管；5—药室

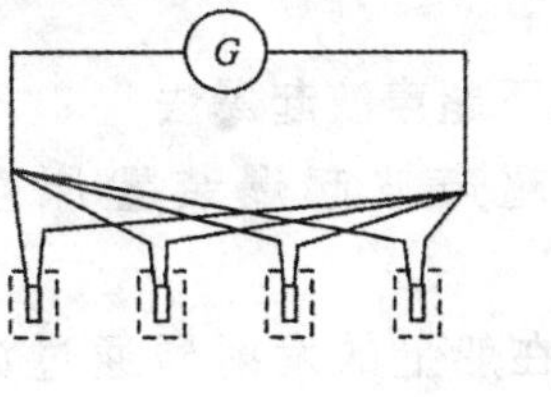

图 8－14　并联网路

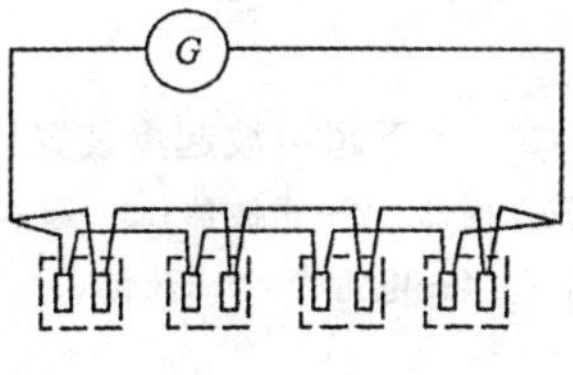

图 8－15　串并联网路

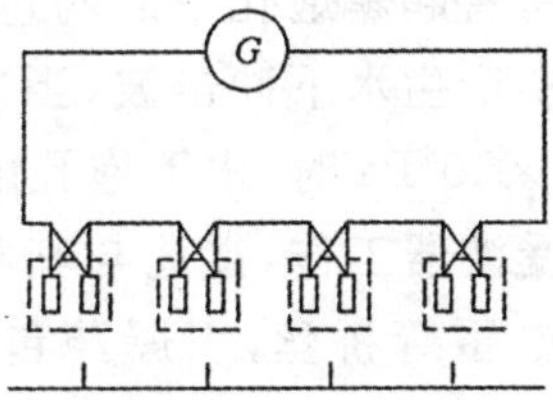

图 8－16　并串联网路

电爆网路的唯一缺点是对杂散电、静电、射频电，尤其是雷电均潜伏存在着早爆危险，应按规程对环境进行调查、检测，雷雨天气时停止作业。

（五）其他起爆法

1. 电磁波起爆法

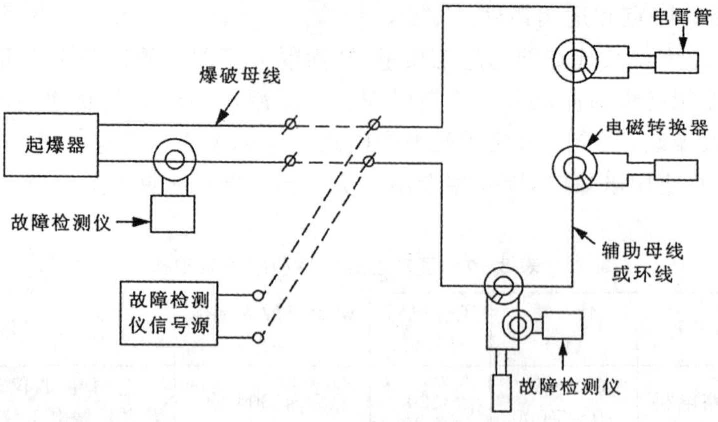

图 8－17　高能电磁感应起爆系统图

高能电磁感应起爆系统的原理如图 8－17 所示。起爆器（一般电容式起爆器均可）在合闸后向母线（相当于一次线圈）输出高频脉冲电流，电流通过电磁转换器的磁芯，使电雷管的环形脚线中产生感应电压而起爆雷管。这种系统由于带磁环的电雷管只接受起爆器输出的高频脉冲信号，对工频电和其他频率的交流电不发生反应，大大提高了该系统抗外来电的安全性。

高能电磁感应起爆系统可以在水中和外电干扰较重的场合使用，是一种很有前途的起爆系统。我国北京矿冶研究总院研制成功的 QB－I 型高能电磁感应起爆系统与国外同类产品相比，起爆能力提高了 3 倍，而且还配备了 H－Z1 型无触点检测仪，大大提高了该系统的可靠性。

2. 水下超声波起爆法

水下超声波起爆装置原理见图 8－18。

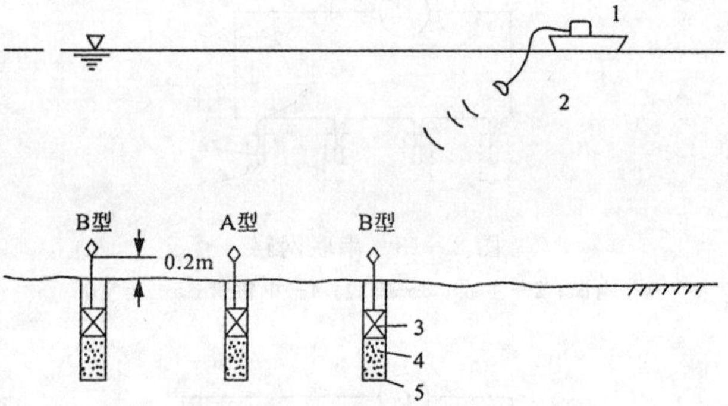

图 8－18　水下超声波起爆装置原理图

1—声波发射器；2—送波器；3—起爆装置；4—电雷管；5—药包

安装在船上的发射器通过深入水中的送波器向水中发射超声波，水下炮孔的 A 型起爆元件接到超声波信号后，接通内藏电池与电雷管的桥丝，与 A 型起爆元件相连的电雷管起爆炮孔中的药包，药包起爆后在水中产生水下冲击波，当冲击波压力超过 10×10^6Pa 时，水下炮孔的 B 型起爆装置的受波器工作，接通与其相连的内藏电源和电雷管桥丝，引爆药包，又带动相邻的 B 型元件相连的药包起爆，于是整个水下炮孔全被引爆。

这套系统可引爆水下 100m 深的炮眼，遥控距离达 1～2km，抗干扰能力强，能避免误爆，且发射装置体积小，便于携带，因而现代水下爆破倾向于超声波起爆。其缺点是发射器和接收装置构造复杂，成本较高。

第三节　爆破原理与爆破方法

一、爆破作用原理

理论研究和实践证明，利用炸药爆炸破碎和抛掷介质时，能量利用率很低，一般仅占总能量的5%～25%。大部分能量损失，并且还可能造成有害的破坏作用，如岩块飞散、空气冲击波、地震波和噪声等。因此，提高炸药能量利用率、爆破安全和爆破效果是工程爆破一项最基本的任务。为此，必须研究炸药爆炸能量是通过何种形式作用于岩石，岩石又是怎样被爆炸破碎，以及其破碎的基本规律。从而在爆破工作中，利用这些规律，合理确定爆破方案与各项参数，使之达到充分利用炸药能量，改善爆破安全和爆破效果。

炸药在岩体内爆炸时对岩石的破坏作用有多种解释，如爆轰气体压力作用破坏论、冲击波破坏论、冲击波与爆轰气体压力共同作用理论。目前普遍认为，第三种共同作用论对于炸药在岩体内爆炸所引起的对岩石破坏作用，其理论解释比较完善。

炸药在岩石中的爆破破坏是一个复杂的应力应变过程。岩石在炸药爆炸产生的冲击波和高温高压爆轰气体膨胀压力共同作用下引起的破坏，两者之间既密切相关又互有影响。岩体内的应力状态既随爆源距离的远近而有不同，又随时间而变化；既有压缩与拉伸应力引起的破坏，又有剪切应力引起的破坏；岩石被破坏过程既从药室向自由面发展，也有从自由面向药室方向发展。炸药爆炸冲击波与爆轰气体产物在岩石破碎中所起作用的主次，则随岩石、炸药性质不同而有差异。

下面就爆炸作用原理中有关药包爆破的内部作用，药包爆破外部作用、爆破漏斗和装药量等问题阐述如下。

（一）药包爆破内部作用

将一定数量的炸药装在药室中，当药室在岩体内的埋置深度很大，炸药被雷管起爆后，其爆破作用达不到自由表面时，称为爆破的内部作用，爆破作用范围称爆破作用圈（如图8-19所示）。

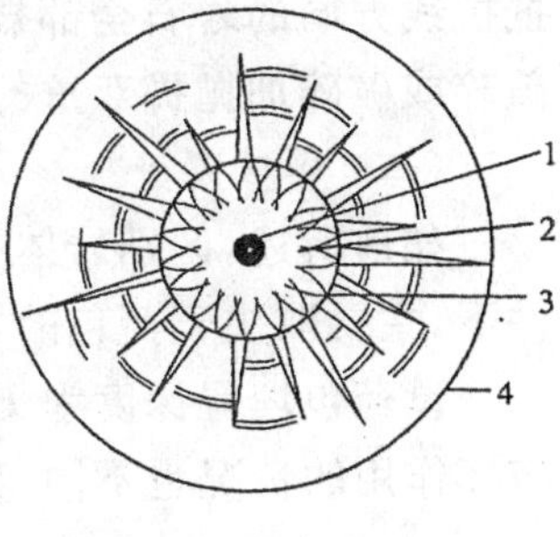

图8-19　爆破的内部作用

1—药包；2—压碎区；3—破坏区；4—震动区

在爆破作用圈内，由药室周围向外形成破坏程度不同的球面状作用圈，由内向外分别叫做压碎区、破坏区和震动区。

在靠近药室的区域，受到强大的爆轰压力直接作用，岩石结构被压得粉碎，其外边界叫压碎圈。

压碎圈以外，岩石受压缩波和拉伸波的综合作用，岩石原始结构被破坏，岩石被炸碎并可看到许多径向和环向裂隙，这一区域的边界叫破坏圈。爆破主要是利用破坏区破碎岩体。当药包被埋置在距岩体表面较近的位置时，便达到按需要的体积破碎或抛掷岩石的目的。

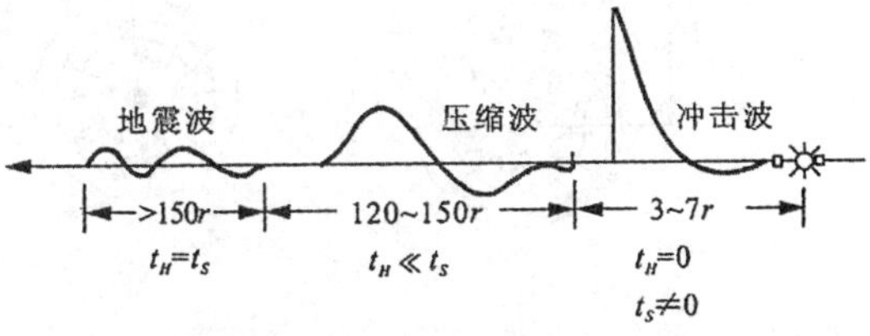

图8-20　爆炸应力波及其作用范围

r为药包半径；t_H为介质状态变化的时间；t_s为介质状态恢复到静止状态的时间

在破坏圈以外，由于爆破能量已减弱，不足以引起岩石的破坏，在岩体中只能产生弹性波的传播，引起岩石质点振动，这一影响范围的边界叫振动圈。震动效应随距离增加而减弱，最后消失。爆炸应力波作用范围如图8-20所示，在冲击波破坏区，岩体被粉碎和破碎；在压缩波作用区，岩体形成裂纹，但未被破碎；在地震波作用区，岩体只发生振动，未被破坏。

在爆炸作用圈范围内，随着装药量的增加，各个作用圈都相应地增加。当药室内药量不变时，随着药包埋置深度的减少，地面影响增加（产生爆破的外部作用如岩块抛掷现象），各个作用圈都相应减少。工程爆破就是利用爆破作用圈的原理进行设计与施工。

（二）药包爆破外部作用

药包在岩体中埋置深度较浅，或虽埋置较深但药包量较大，其爆破破坏作用能够达到自由面时，称爆破外部作用。

药包的爆破破坏作用能够达到自由表面，其破坏机理可解释为：由于爆炸的入射波和入射波传播至自由表面引起的反射拉伸波的叠加作用，构成自由面附近岩石复杂应力状态所致，如图 8-21 所示。当药包爆轰产生的冲击波到达药包附近的岩体时，冲击波变成对岩体作用的应力波。岩石在压缩应力波与高压气体爆炸产物联合作用下产生径向裂隙，并在压缩应力波过后的膨胀波作用下产生向心环向裂隙，这两组裂隙的合成破坏使岩石破碎。当压缩应力波由药包附近向外发展到达自由表面时，压缩应力波反射形成反射拉伸波，在自由表面产生由外向岩体内部发展的中心在外的反射拉伸波环状裂隙。径向裂隙、向内环状裂隙和向外环状裂隙等构成了药包爆破的外部破坏作用。当这种破坏作用使药包至自由面的最小抵抗线方向的岩石全部被破坏时，就形成爆破漏斗，并依据药包爆炸产物的推力大小形成岩石破碎或破碎加抛掷双重的作用。

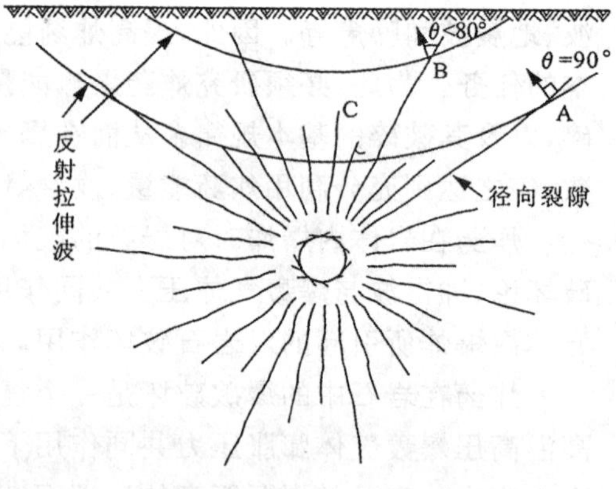

图 8-21　反射拉伸波对径向裂隙延伸的作用

（三）爆破漏斗

如前所述，区别岩体中集中药包爆破的内部作用和外部作用，在岩石性质与药量相同的条件下，主要取决于药包的埋置深度。

设药包埋置深度为 H，药包爆破产生的破坏区半径为 R。根据 H 大小的不同，药包爆破破坏作用的情况也不同，如图 8-22 所示。

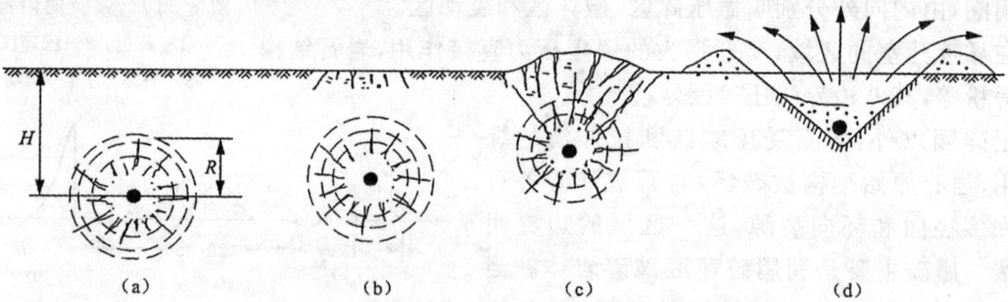

图 8-22　药包埋置深度变化时的爆破作用

当 $H>R$ 时，由于爆炸应力波能量的衰减，反射拉伸波在自由面不能引起破坏或造成的破坏不显著[图 8-22(a)、(b)]，只是药包周围产生压碎（或压缩）和破坏，这种爆破作用称为压碎（压缩）爆破。

随着 H 的减小，则到达自由面的压缩应力波的强度增大，在自由面处反射拉伸应力波造成的破坏程度也增大。

当 $H=R$ 时，到达自由面的压缩波强度大，则反射拉伸波将造成较显著的破坏。此时，药包爆破的内部作用与外部作用相结合的结果，里外破坏裂隙相互贯穿而形成一个连续的破坏区。由于岩石的碎胀和残留爆轰气体压力的膨胀作用，可将破碎的岩石鼓开凸出自由面。这种爆破作用叫做松动爆破[图 8-22(c)]。

当 $H \ll R$ 时，岩石不仅遭到破碎，而且药包爆轰的过剩能量（通过高温高压的爆轰气体产物的膨胀）可将破碎的岩块向外抛出，这种爆破作用叫做抛掷爆破[图 8-22(d)]。

上述的各种爆破作用现象，当药包埋置深度不变，而改变药包重量时，也同样会出现。

无论是松动爆破，或是抛掷爆破，均可见到破碎的岩石与原岩之间存在着一个明显的界线，由此界线所圈定的破碎爆坑称为爆破漏斗。由松动爆破形成的漏斗叫做松动漏斗，而抛掷爆破形成的漏斗则称为抛掷漏斗。

集中药包爆破形成的爆破漏斗形状，一般为倒锥形，其构成要素如下（见图 8-23）：

最小抵抗线 W——即药包中心至自由面的最短距离；

爆破漏斗半径 r——即爆破漏斗底圆半径；

爆破作用半径 R——即药包中心至漏斗底圆圆周上任意点的距离；

爆破漏斗可见深度 h——即爆破漏斗中岩堆面至自由面的最短距离；

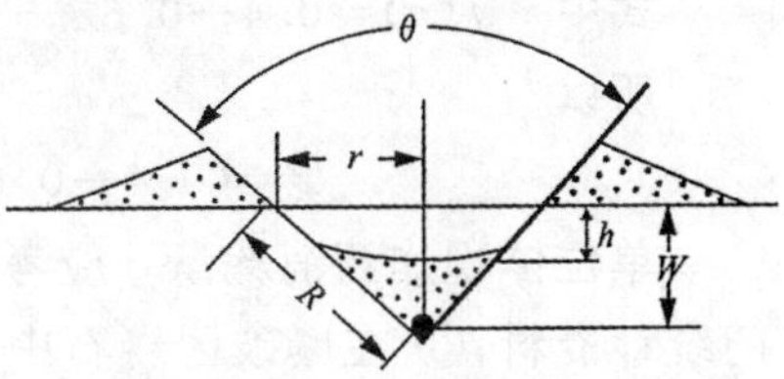

图 8-23 爆破漏斗组成

爆破漏斗张开角 θ——即爆破漏斗的顶角。

此外，在工程爆破中经常使用一个重要的综合参数是爆破作用指数 n，即爆破漏斗半径与最小抵抗线的比值（$n=r/W$）。根据 n 值的大小，可以判断出爆破漏斗形状和大小，爆破性质及岩块抛掷程度。

在岩石性质和最小抵抗线不变时，爆破漏斗半径随药包重量的改变而变化。药包总量减小，r 值亦减小；药包重量增加，r 值亦增加。这说明爆破漏斗形状是随药包重量变化的，也即 n 值不同爆破漏斗形状也不同，它有以下几种情况（图 8-24）：

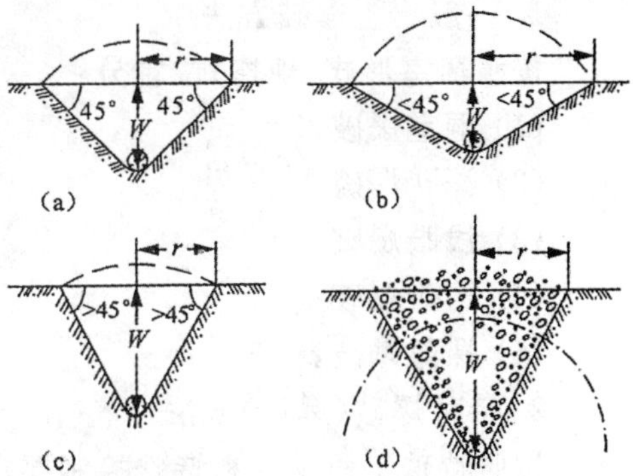

图 8-24 各种爆破漏斗

(a) 标准抛掷爆破漏斗；(b) 加强抛掷爆破漏斗；(c) 减弱抛掷爆破漏斗；(d) 松动爆破漏斗

$n=1$ 时（$W=r, \theta=90°$）为标准抛掷爆破，所形成的漏斗叫做标准抛掷漏斗，其相应的药包重量称为标准抛掷药包；

$n>1$ 时（$r>W, \theta>90°$）为加强抛掷爆破，所形成的漏斗叫做加强抛掷漏斗，其相应的药包重量称为加强抛掷药包；

$0.75<n<1$ 时（$0.75W<r<W, \theta<90°$）为减弱抛掷爆破，所形成的漏斗叫做减弱抛掷漏斗，其相应的药包重量称为减弱抛掷药包；

$n \leqslant 0.75$ 时为松动爆破，不形成可见的爆破漏斗，无岩块抛掷的现象发生。

（四）装药量

装药量是工程爆破中一项非常重要的指标，装药量计算是否正确，一方面关系到爆破效果的优劣和成本的高低，同时，对爆破安全亦有重要影响。目前，主要是根据生产实践中积累的经验公式来确定装药量：

$$Q=qV \tag{8-1}$$

式中：q 为所爆岩石单位体积炸药消耗量(kg/m^3)；V 为预定爆下岩石体积(m^3)。

因为倒圆锥体爆破漏斗体积为

$$V=1/3 \cdot \pi r^2 h$$

对于标准抛掷漏斗：

$$r=h=W$$

所以，$V=3.14/3 \cdot W^2 \cdot W=W^3$

则　$Q=qW^3$　(kg)

当爆破漏斗为非标准型时，爆破作用指数 n 随之变化。当最小抵抗线与岩石性质不变时，随爆破作用指数 n 值的增大，装药量 Q 亦增大；反之，随 n 值减小，Q 值亦随之减小。即装药量 Q 可视为爆破作用指数 n 值的函数。装药量的通式可写成：

$$Q=f(n) \cdot q \cdot W^3 \quad (kg) \tag{8-2}$$

式中　$f(n)=0.4+0.6n^3$

所以

$$Q=(0.4+0.6n^3)q \cdot W^3 \quad (kg) \tag{8-3}$$

单位体积炸药消耗量 q 应考虑多方面因素后确定：① 查表，根据国家有关定额确定；② 部门统计资料；③ 在爆破区岩石中作标准爆破漏斗试验确定。通常，参照上述来源的资料，经过综合分析后确定一个合理值。

二、爆破方法

利用炸药能量进行爆破(或爆炸)的方法甚多，通常可分为两大类：① 一般岩土工程爆破方法；② 特种爆破(爆炸)方法。

1. 一般岩土爆破方法

按照药室形式、规格、位置分：

(1) 硐室爆破；

(2) 深孔爆破；

(3) 浅眼爆破；

(4) 药壶爆破；

(5) 裸露爆破。

2. 特种爆破(爆炸)方法

按照特殊工程条件和特殊控制要求分：

(1) 拆除爆破：① 楼房、厂房拆除；② 烟囱、水塔拆除；③ 桥梁拆除；④ 构筑物拆除。

(2) 水下爆破：裸露、钻孔、硐室、软基处理、岩塞等爆破。

(3) 定向爆破：如定向爆破筑坝。

(4) 光面、预裂爆破：地下建筑、边坡、隧道等。

(5) 野外特种爆破：深耕、松土、伐树、成井、冻土、破冰、钻孔雷爆等爆破。

(6) 工业特种爆破：高温炉的爆破、废钢铁破碎。

(7) 金属爆炸加工：成形、切割、压痕、硬化、焊接等爆炸。

(8) 人体结石破碎。

下面以硐室大爆破与拆除爆破为代表对爆破方法进行概要介绍。

（一）硐室大爆破

硐室大爆破是将大量炸药装入硐室或巷道内进行爆破的方法，如图8-1所示。由于一次爆破的装药量和爆落方量较大，故常称为“大爆破”。我国是进行硐室爆破最多的国家之一，一次爆破使用万吨级炸药的爆破有3次，千吨有几十次，百吨级以上的有几百次，最大一次爆破方量达1 000多万方。大量的爆破实践，积累了丰富的硐室大爆破经验，爆破技术有了长足的进步，大爆破已广泛应用于矿山、交通、场地平整、移山填海、水利水电等领域。

1. 特点与应用范围

硐室大爆破特点：

优点是：① 在短期内可以完成大量土石方的破碎和抛掷工程，有利于加快工程施工速度；② 与其他爆破方法相比，凿岩工程量较少，使用的设备、工具、动力简单轻便，节省大量劳力；③ 可以使用廉价炸药，爆方成本大量降低；④ 地形、气候对施工影响较小。

缺点是：① 工作条件艰苦，劳动强度大；② 岩石破碎不均匀，大块率较高，二次破碎量大；③ 一次爆破量大，安全问题比较突出，需要十分慎重；④ 设计与施工组织工作比较复杂，需要有经验丰富的技术力量才能保证工程质量，保证施工与社会的安全。

硐室大爆破应用范围：① 在山区，山势较陡，土石方工程量大，大中型机械设备上山困难的地点；② 在峡谷、河床两侧有较陡山地可取大量土石方时，可采用硐室定向爆破筑坝；③ 工程建设初期，当地形有利，又有足够土石方时，宜采用硐室爆破剥离土岩平整场地，以缩短工期；④ 山区修建交通道时，可用硐室爆破修筑路堑平整场地。

2. 硐室大爆破分类

（1）按地域：分为地表硐室爆破、地下硐室爆破和水下硐室爆破。

（2）按用途：分为矿山硐室爆破、定向硐室爆破筑坝、采石硐室爆破、移山填海硐室爆破、路堑硐室爆破等。

（3）按药室：按药室形状分为集中药包硐室爆破、条形药包硐室爆破、平面药包硐室爆破、分集药包硐室爆破和混合药包硐室爆破等；按药室数量可以分为单个药室硐室爆破和成群药室硐室爆破，成群药室硐室爆破中，可以是单排或多排多层布置。

（4）按破碎与堆积形态：分为抛掷、加强松动、松动、崩塌等硐室爆破。

（5）按总药量：分为A级（＞1 000t）、B级（500～1 000t）、C级（50～500t）、D级（＜50t）；

3. 硐室大爆破技术设计与施工设计简介

为确保硐室大爆破的质量和安全，B级以上的硐室爆破，必须经过可行性研究、技术设计和施工图设计三个阶段，并将设计文件、安全性评估文件和资质证明等报批文件一并送公安、劳动部门组织专家会审与审批。经批准和对设计修改后才能进行施工设计与施工。下面就硐室爆破中有关质量和安全的几个关键问题作一概要介绍。

（1）设计基础资料：设计基础资料包括工程任务书与各种审批文件、地形地质资料和测量资料、周围环境调查资料以及爆破器材和环境安全的试验资料等。其中，地质地形与环境的调查与可靠的测量资料是爆破设计的关键基础资料。

（2）硐室爆破技术设计：硐室爆破技术设计主要包括爆破方案选择与药包布置、爆破参数选择与装药量计算、爆破漏斗与破裂范围计算、爆堆计算，其中，爆破方案选择与药包布置是决定全局的最关键问题。

爆破方案的选择：① 爆破范围确定。影响因素有两个方面，当地形条件好，有效抛掷方量大的地区，在任务允许和经济合理时，应扩大爆区范围，但是，考虑到爆破对周围建筑物、构筑物、滑坡体和边坡稳定的影响，限制了爆破范围。② 爆破作用指数。根据工程任务及地形和地质条件可以选择松动爆破、加强松动爆破、抛掷爆破，以及松动与抛掷组合爆破。③ 起爆方式。根据爆破地区杂散电流的危害程度和材料供应情况选择电力起爆、非电导爆索导爆管起爆或组合起爆。

药包布置：爆破方案确定以后，药包类型、药包大小、药包位置选择的优劣，对于爆破效果、爆破安全和经济成本有着极为重要的影响。布置的原则是在确保爆后山体形状和方量符合工程要求基础上，尽量减少硐室和巷道的掘进数量，充分利用炸药能量，尽量减轻和不损害底板和周围岩体。具体方法是：可以布置条形药包或可以布置双向作用药包的地方不布置集中药包和单向作用药包。为保证底板平整、周边不留硬坎和破坏边坡，边缘地点布置的药包宜减少最小抵抗线；在边坡上布置的药包留有适当的保护层。为避免出现过多的大块，药包爆破的最小抵抗线与高度应控制在一定的比例（$W/H=0.6\sim0.8$）。药包布置方式如图 8-25 所示。由中国地质大学承担设计与技术施工的湖北省陡岭子水坝小寨山 32 万 m^3 堆石坝级配料石采石大爆破，采用精细的多层多排（五层三排）条形药包硐室大爆破，取代普遍使用的深孔采石爆破，取得完全成功、使工期缩短一半、成本降低 1/3、料石级配和安全符合工程要求的效果。该项硐室大爆破的药包布置纵剖面如图 8-26 所示。

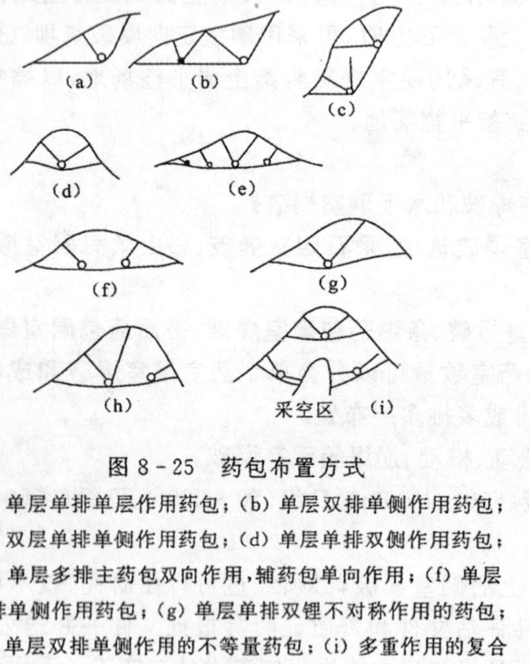

图 8-25　药包布置方式

(a) 单层单排单层作用药包；(b) 单层双排单侧作用药包；(c) 双层单排单侧作用药包；(d) 单层单排双侧作用药包；(e) 单层多排主药包双向作用，辅药包单向作用；(f) 单层双排单侧作用药包；(g) 单层单排双锂不对称作用的药包；(h) 单层双排单侧作用的不等量药包；(i) 多重作用的复合药包

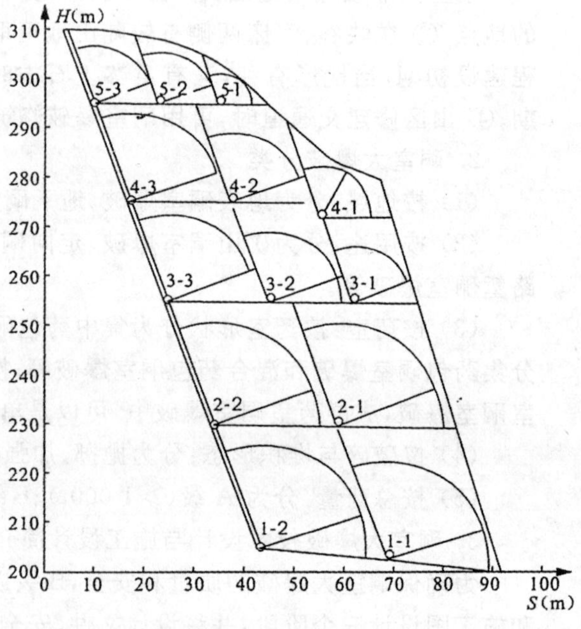

图 8-26　小寨山 30 万 m^3 大爆破各层药室纵剖面

（3）硐室爆破施工设计与施工组织设计：施工设计与施工组织设计是实施技术设计所界定内容的一种方法设计和管理工作。施工设计主要包括进入药室通道的导硐和药室结构设计、装药堵塞设计、大爆破起爆系统设计和安全距离计算等。施工组织设计即整个硐室大爆破施工的组织管理，包括指挥部设置、施工计划制定与实施、导硐药室开挖、验收与修改施工设计、装药、堵塞、铺设起爆网路、大爆破警戒、人员装备撤离、起爆站观察站建立、实施大爆破起爆、爆后安全检查与善后处理，以及技术总结等。

① 药室和巷道。药室规格通常按炸药量和炸药密度来计算，公式如下：

$$V_Q = \sum_{i=1}^{n} \frac{Q_i}{\Delta_i} K_v \qquad (8-4)$$

式中：V_Q 为药室的体积(m^3)；Q_i 为所装炸药的重量(t)；Δ_i 为所装炸药的密度(t/m^3)；K_v 为药室的扩大系数，见表 8－8 所示。

表 8－8　药室的扩大系数 K_v

药室支护情况	装药方式	K_v
不支护	成包装药、拆包填缝隙	1.1～1.2
不支护	成包装药	1.2～1.3
不支护	成包小药装	1.4
棚子间隔支护	成包装药，拆包填缝隙	1.3
底板填高，棚子间隔支护	成包装药	1.4

通往药室的导硐通常有平硐和小井。药室的结构形状通常有正方形、长方形、十字形、四字形、丁字形等，如图 8－27。药室形状应根据药室容积和围岩稳定性等因素确定。

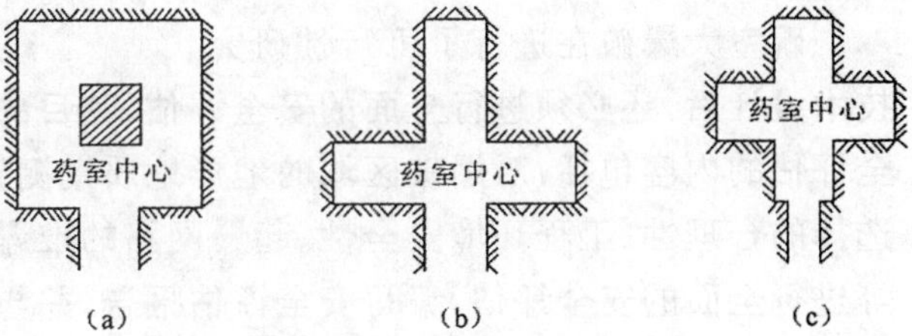

图 8－27　常用异形药室

(a) 正方形；(b) T 形；(c) 十字形

② 装药和药包结构：硐室爆破常用袋装炸药，在装药中要保证炸药量和装药中心与设计相符。为了保证整个硐室的炸药完全传爆，堆放炸药应平整且袋与袋之间要紧靠。在同时使用 2 号岩石炸药和铵油炸药时，2 号岩石炸药应装在起爆体周围，外层用铵油炸药。装药顺序为：先将铵油炸药沿整个底板逐层堆高，当装到该硐室一半时，开始装 2 号岩石炸药，将 2 号岩石炸药连续装完，并预留起爆体位置，如药室中设计有副起爆体，可将副起爆体放在设计位置，并将该副起爆体的导爆索引向主起爆体，以便在装主爆体时将导爆索的头放在起爆箱内。接着将其余的铵油炸药全部装入。用条形包装药时，要求炸药在药室内均匀分布，按每米长度装药量装药，在所设计的起爆体位置周围装入 2 号岩石炸药，在 2 号岩石炸药之间装铵油炸药。

硐室爆破起爆体一般装在预先做好的木箱内，其结构如图 8－28 所示。起爆体内由 10～20kg 优质炸药、2～4 发电雷管(或导爆管雷管)和导爆索等起爆材料组成。起爆药箱的形状一般为长方形，其边长约 30～40cm，要求有一定强度，箱盖为活页式活动盖板，前后两侧箱板上部各钻出 3 个小孔，以供导线和导爆索穿过。

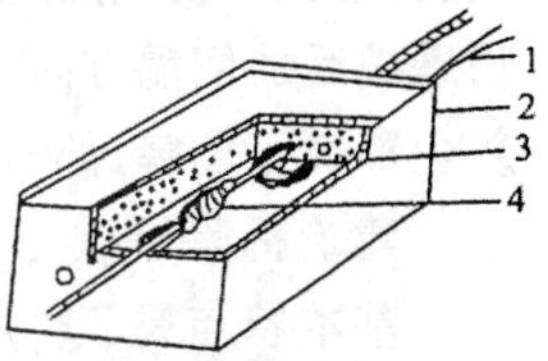

8－28　起爆体结构示意图

1—雷管；2—木箱；3—炸药；4—导爆索结

③ 填塞：硐室爆破的填塞长度主要决定于炸药性质、药室与巷道位置相互关系、药包最小抵抗线等因素。实践证明，药室的填塞长度一般为巷道断面长边的 3 倍，堵塞从药室边部开始，在联结药室的横巷中进行。当横巷长度小于设计堵塞长度时，其堵塞应由横向外延至平巷中。当遇有直接在平巷一侧布置药室的特殊情况时，此种药室的填塞长度应由药室中线向两个方向各填塞巷道断面长边的 4 倍。

硐室爆破的堵塞高度要接触到顶板装药，堵塞时要防止堵塞物混入炸药中，堵塞要密实，在整个堵塞长度上不得留有空隙，并要保护爆破网路免受损坏。

④ 起爆网路：硐室爆破装药量较大，为确保安全、准确、可靠起爆，起爆网路的可靠性极为重要。硐室爆破多用复式起爆。C级以下硐室爆破以及雷雨较多地区采用2～3套安全可靠和施工简便的导爆索导爆管起爆网路。一般情况下，通常也采用一套电力起爆网路和一套导爆索导爆管起爆网路，或两套电力起爆网路。

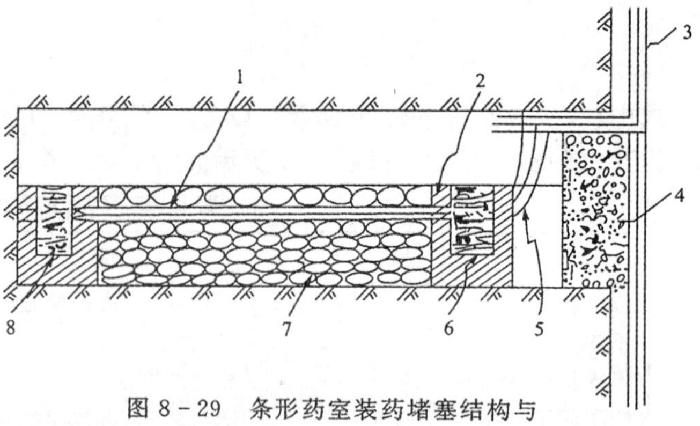

图 8-29　条形药室装药堵塞结构与起爆网格示意图（上视）

1—药室内导爆索；2—硝铵炸药；3—主导爆索；4—堵塞碎石；5—导爆管雷管；6—正起爆体；7—铵油炸药；8—副起爆体

条形硐室火爆破的装药、堵塞结构与起爆网路示意图如图 8-29 所示。

4. 硐室爆破安全评估

硐室大爆破在进行了可行性研究、技术设计后，还必须进行全面的安全评估，其目的是为确保大爆破的安全可靠和顺利实施。安全评估的内容包括：对爆破区域的地形地质勘测资料的完整性和可靠性、设计方法和设计参数选择的合理性、工程环境安全性、起爆网路的准爆性、可能发生的事故及预防对策和抢救措施等进行全面的安全评估，编写安全评估报告，并与可行性研究报告、技术设计等一起向公安、劳动部门送审。

硐室大爆破导致的地震、冲击波、飞石、有害气体等有害效应的安全距离计算在本章第4节中进行阐述。

（二）拆除爆破

在城市和厂矿企业改建和扩建中，有许多旧的和破损的建筑物或构筑物需要拆除。这些要拆除的建筑物和构筑物常位于人口密集、设施众多的闹市区、交通要道地区、居民区和厂矿企业的建筑群区。在这些地区拆除建筑物和构筑物，首先要考虑的是安全可靠，其次是要求工程进度快和成本较低。使用爆破拆除建筑物和构筑物时，尤其是高层建筑，比用人工或机械方法拆除优越得多。但是，实施爆破拆除建筑是一项十分复杂和要求严格的工程，在这些人口密集、建筑林立、交通繁忙的地点进行建筑物、构筑物拆除爆破时，一系列问题需要认真处理，如建筑物、构筑物爆破后的倒塌方向、倒塌和破坏范围、废渣堆积，以及产生的地震波、空气冲击波、飞石、噪声、灰尘毒气等危害，都需要严格加以控制，下面以建筑物拆除为基础简要阐述拆除爆破。

建筑拆除爆破与其他爆破技术相比较具有一些特点和要求：

基本特点是：① 爆区周围环境复杂，在进行设计与施工中，必须把安全防护放在首位，以确保人员、设备、建筑物和构筑物的安全；② 爆破对象和材质多种多样，包括建筑的类型不同、材质不同、结构不同，必须根据具体条件采取不同的爆破技术和爆破参数；③ 对起爆技术的准确性和总体爆破技术要求非常严格。

具体要求是：① 控制爆破体的破碎程度。要求被抛体达到碎而不抛，就地坍塌或就近坍塌。② 严格控制爆破破坏范围。严格按设计要求爆下应爆部分，完整无损地保护应保留部分。③ 严格控制爆破体的倒塌方向和废渣堆积范围。④ 在环境调查、认真设计和加强安全防护措施基础上，严格控制爆破产生的有害效应。

概括起来，建筑拆除爆破必须根据拆除工程的要求、周围的环境和拆除对象的具体条件，通过精心设计、精心施工和精心防护等技术措施，严格控制炸药爆炸时能量的释放过程和介质的破碎和建筑的坍塌过程，既要达到预期的爆破效果，又要将破坏范围、倒塌方向和爆破有害效应严格控制在安全允许的范围以内。

1. 建筑爆破拆除原理和拆除方案

(1) 拆除原理。建筑爆破拆除的基本原理是利用炸药爆炸释放的能量，破坏楼房关键的受力构件的强度，使它失去承载能力，然后在自重作用下失去整体稳定性而倒塌，在倒塌与地面碰撞过程中，使建筑结构进一步解体和破碎。

从合理与有效使用能量、减少拆除爆破有害效应出发，拆除爆破原理可归纳为以下几点：

① 失稳原理：在认真分析和研究建筑物的受力状态、载荷分布和实际承载能力基础上，运用控制爆破将承重结构的关键部位爆破松动，使之失去承载能力，同时破坏结构的刚度，迫使建筑物整体失去稳定性，在其自重作用下原地坍塌或定向倾倒。

② 等能缓冲原理：根据拆除建筑的不同对象、条件和拆除的要求，优选爆破参数和炸药单耗，采用适宜的缓冲装填结构、起爆方式及炸药品种，以期使每个炮孔所产生的爆炸能量与破碎该孔周围介质所需的最低能量相等，而无剩余能量，控制有害效应的产生。

③ 微分原理：将爆破某一建筑物所需的总装药量进行分散化与微量化处理后，分散在多个炮孔之中，通过分批微差多段起爆，既达到爆破质量的要求，又显著地降低爆破地震波等危害作用。

(2) 建筑拆除爆破方案。使用控制爆破拆除建筑时，建筑倒塌方式有多种方案，每种方案都有其适用条件，在确定倒塌方案前，必须对建筑周围环境条件和其本身结构特点做了详细调查与研究后才能确定。建筑倒塌方案可以分为以下 4 种：

定向倒塌：该方案的核心是让建筑物绕定轴转一个角度后失稳、倾倒，在转动过程中可以利用时间差使构件在空间尽量扭曲、折断、拉开、压碎；着地时获得 10m/s 左右的瞬间速度，靠撞击获得进一步破碎。定向倒塌的环境条件是预定倒塌方向要有一段空地，其长度需大于 2/3 楼高。实现定向倒塌的办法有二：一是在沿倾倒方向的承重墙、柱上布置不同炸高；二是安排恰当的起爆顺序。如图 8－30 所示，$h_1>h_2>h_3>h_4$，起爆顺序为 1、2、3、4。

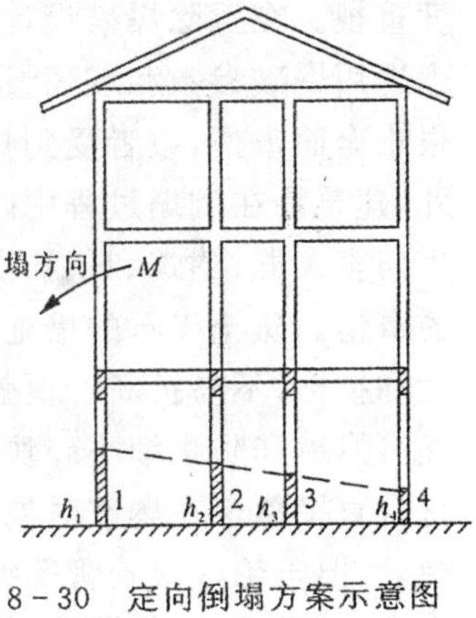

图 8－30　定向倒塌方案示意图

h_1～h_4 为炸高；1～4 为起爆顺序

折叠爆破：定向倒塌场地条件不够(空地长小于 2/3 楼高)时，可以考虑折叠爆破(图 8－31)。折叠爆破方案的实质是把楼房分成若干段，然后从上而下分段顺序起爆，即上一段向下折叠到一定角度再起爆下一段，以减少塌落长度。

内向倒塌：当场地外部无倒塌空间时，可设计内部倒塌方案，亦可以充分利用重力势能破坏力。其设计思想是：利用时间延迟和炸高的不同，使建筑物中间部位先炸塌，周围部分向已炸塌的中间部分合拢，在合拢过程中扭曲、碰撞实现进一步接替(图 8－32)。内向倒塌爆堆较高。

原地坍塌：将最下层所有承重墙、柱炸毁相同高度，将上层梁、柱、板连接点炸开，建筑物就可以实现原地坍塌(图 8－33)。为减少二次破碎，可以考虑把上层较大构件(靠重力摔不断的)钻孔截断。

2. 安全防护

建筑拆除爆破一般都是在闹市区、居民密集区、交通要道等地区进行的。因此，除了要确

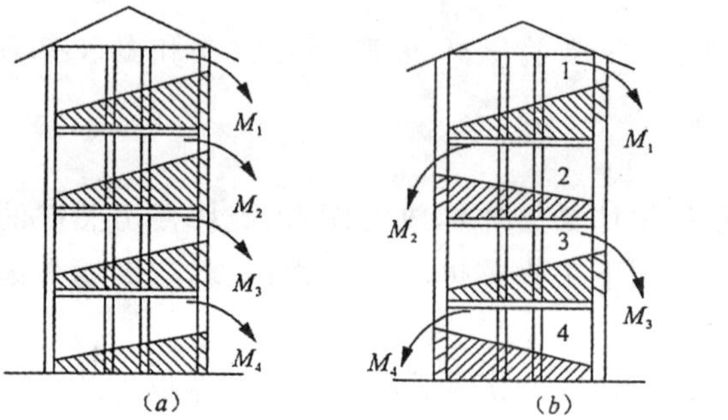

图 8-31　折叠倒塌方案示意图

(a) 单向连续折叠倒塌；(b) 双向交替折叠倒塌

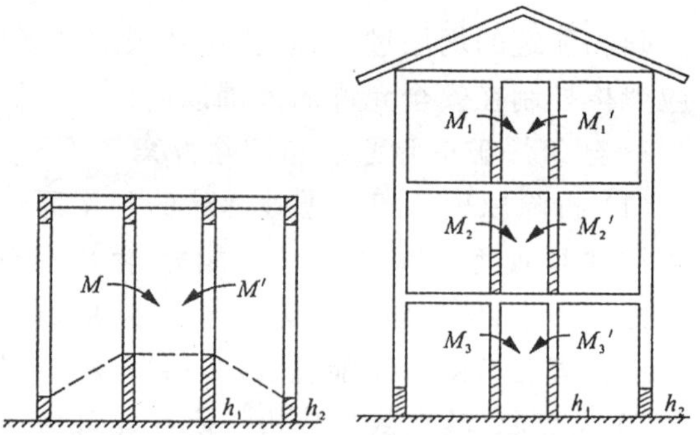

图 8-32　向中间倒塌方案

h_1、h_2 为炸药

保准确可靠起爆外，还必须确保周围建筑物、构筑物、仪器设备和人员的安全，做到万无一失。其中，特别是拆除爆破引起的爆破有害效应和杂电引起的电爆系统早爆应给予足够的关注，并采取严格的安全防护措施。爆破安全防护工作除了有关章节已有系统介绍外，这里仅就拆除爆破中与安全密切相关的飞石防护和爆破震动等的特点做一介绍。

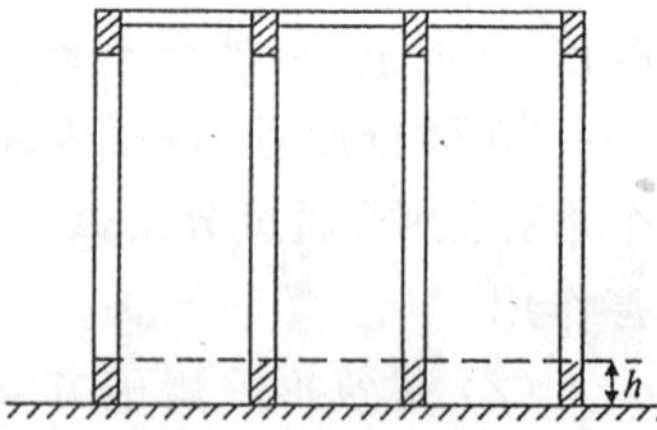

图 8-33　原地倒塌方案

(1) 飞石防护。在人口密集、建筑林立和交通要道等地区进行建筑拆除爆破时，个别飞石引起的危害必须严加防护和高度重视。在拆除爆破设计时，虽然已经考虑了对飞石的控制，如正确选择炮眼位置和方向、合理选用爆破参数和装药量、加强炮眼堵塞和采用微差起爆技术等。但是由于对爆破对象内部很难全面掌握，或者受到技术水平和客观条件的限制，以及施工失误，爆破时难免产生飞石；此外，建筑物在倒塌过程中碎块着地反弹，也会产生飞石。在拆除爆破中产生的飞石是最容易发生伤害人群、建筑和仪器设备等的不安全事故。因此，可以说防护飞石是拆除爆破中头等重要的事情。防止飞石的措施主要是覆盖和遮挡。用以覆盖和遮挡的材料应具有较高的强度、弹性和韧性，不易折断。覆盖物还应有一定的厚度、重量、质地致密、便于固定，使之不易被爆炸气浪掀掉和防止细小碎块穿出。根据施工经验，有以下三种防护飞石的措施：① 覆盖防护。它是直接覆盖在爆破对象上的防护，也是拆除爆破中的主要防护方法。用作防护的材料有草袋、废旧车轮带或胶管等编制的的胶带帘、荆笆、铁丝网、尼龙网及帆布等。覆盖防护是直接防止爆破碎块飞出的屏障，它能抑制碎块的飞出或碎块飞出速度。防护的重点应是可能产生飞石的薄弱面和朝向居民区、闹市区和交通要道的方向。② 近体防护。这是在拆除建筑附近设置的防护。它能遮挡从覆盖防护层中飞出的个别飞石和从地面上弹起的碎块。近体防护一般采用挂防护物的围挡和排架。防护物可用荆笆、铁丝网、尼龙网、草帘和帆布等，并用围挡和排架作骨架。近体防护的尺寸主要根据可能出现的飞石高度和宽度来决定。③ 保护性防护。在爆破危险区内有不能搬走和迁出的重要设施和设备，可在其上面遮挡和覆盖防护物。

(2) 爆破震动。建筑拆除爆破时产生的爆破震动，由于经过设计已经控制了每段爆炸能量，加上爆破震动要经爆体基础传出，实际震动很小，对人员和一般建筑不会产生危害，但应注意对建筑内精密仪器造成的损害。在高层建筑物爆破后塌落时，冲击地面所产生的震动，其强度有时比爆破震动高，尤其是震动速度峰值较高而震动频率较低，接近于建筑物的自然频率，有可能引起共振，因此，其破坏性不能忽视。表 8-9 中所列震动观察数据，说明上述特点。

表 8-9　秦皇岛拆除爆破的震动观察数据

爆破中心至测点距离(m)	主振相频率(Hz)		振动速度峰值(cm/s)	
	爆破振动	塌落振动	爆破振动	塌落振动
24	31.25	8.1	0.057	0.333
58		6.6		0.222
68		10		0.108
90	16.7	8.3	0.068	0.158
120	18.8	8.3	0.036	0.124
172	16.7		0.038	
202	16.7		0.016	

3. 建筑拆除爆破实例简介

下面简要介绍上海长征医院16层病房大楼因外迁需要爆破拆除。它位于上海南京西路闹市区，是1987年建设的钢筋混凝土框架剪力墙结构的高层建筑。大楼总高67.3m，东西长38.48m，总建筑面积13 200m²，总重18 000t。大楼周围环境极为复杂。

该大楼主体部分爆破顺序由下而上、由右向左，如图8-34所示的1、2、3、4顺序，拆除爆破破坏范围如该图三角区(切口部分)所示。整个大楼钻孔1 464个，雷管2 072个，总装药量73.44kg。

1999年2月28日清晨7时，起爆后整幢16层大楼向南倾倒，爆堆正确堆积在预计的堆碴范围内，对周围人员和建筑没有造成任何损失，地震速度控制在3cm/s以内。这是一项高层建筑拆除中，使用空中解体、立体延期、分片塌落的成功实例。

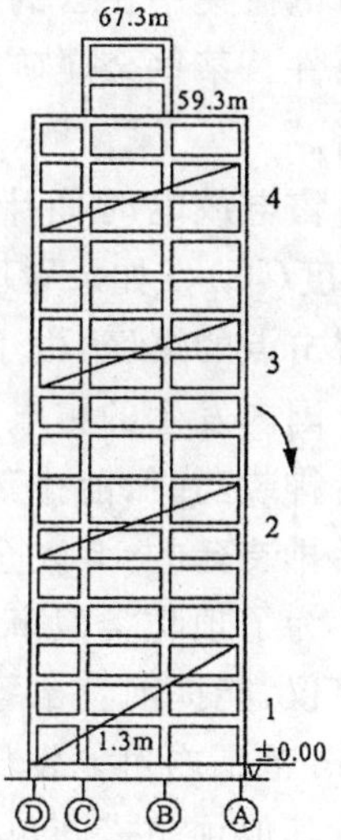

图8-34　上海长征医院16层病房大楼爆破拆除

第四节　爆破事故及其控制

一、爆破失控爆炸事故及其防治

工程爆破失控爆炸事故是指在爆破作业期间发生的意外爆炸所造成的事故，如早爆、迟爆、拒爆及拒爆处理时发生的爆炸事故，以及自爆等。这一类事故具有突发性和近身性，通常导致爆破作业人员自身伤亡，有时也会殃及无辜。据深圳市统计，从1985年8月—1995年10月期间发生的37起爆破事故中，作业中发生的意外失控爆炸事故14起，占事故总数37.8%。

下面就爆炸中三类失控爆炸事故的事例、事故产生原因和预防对策进行介绍，在这几类事故中，早爆是最主要爆炸事故，因此，本节重点阐述早爆事故。

(一) 早爆事故

早爆是工程爆破起爆实施前发生的意外爆炸，早爆事故频率在各种意外爆炸中占首位，按其产生的原因可分为环境干扰和人为过失两个方面。环境干扰是指雷电、机械化电气化生产中的各种杂电、爆破器材与环境不相容等引起的早爆。人为过失是指爆破人员在作业中失误造成的早爆事故，如储存炸药受热爆炸、导火索火雷管提前爆炸、电起爆操作失误早爆等。

1. 环境引起早爆事故

下面就环境干扰引起的早爆事故原因与预防进行阐述：

(1) 雷电。雷电是日常生活中最常见的一种电爆现象。带有巨量电荷的雷雨云是由若干单体云组成(如图 8－35 所示)。当单体云之间或单体云与地面之间的距离很近，而电荷积累达到一定强度时，就会发生强烈放电现象，形成闪电。

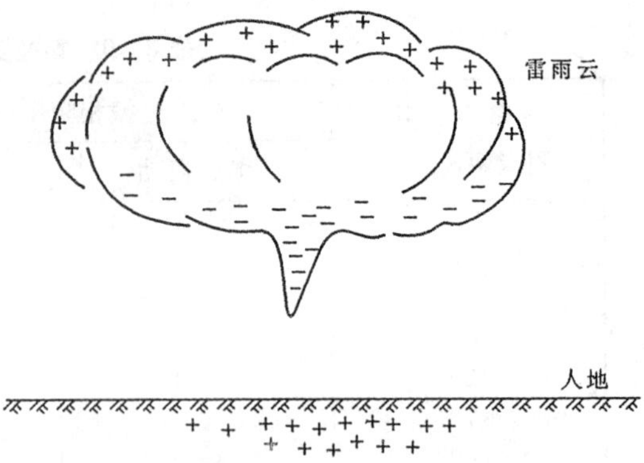

图 8－35 雷雨云中的电荷分布图

当地面导电性好，单体雷雨云移近时，会有大量电荷集中在云的下方，为云地间放电提供有利条件。某些金属矿和油田，由于导电性好易遭雷击。

雷电放电时间十分短促，能量集中，电流可高达几万安培到几十万安培，温度高达 2 万度(℃)。如果爆区被雷直接击中，不管是电的或非电雷管和炸药，都能引起早爆。即使远离雷击点的爆区，由于闪电能产生强大的电流，也有可能对爆区的起爆系统带来被引爆的危险。国内发生的雷电早爆事故记录已超过 20 次，如 1992 年在深圳盐田港硐室大爆破，当人员在后排装药时，前排药包因起爆电线暴露于硐口，遭雷击引起起爆雷管和几十吨炸药爆炸，正在后排装药的 15 人全部死亡。

为了预防类似事故发生，武汉安全环保研究院发明的按场强和闪电频率变化预报雷电的预警仪，能提前发出警报，它以 3kV 场强发出预警，以 6kV 场强结合闪电频率判断，并警报在 16km 范围内可能发出的雷电，以便及时撤离危险区，实际使用效果良好。

其他预防措施包括：收看天气预报；雷雨季节在露天爆破宜用非电起爆系统，不用电力起爆系统；在爆区内设立避雷针系统。雷电来临之前，宜将一切通往爆区的导体暂时切断，防止雷电电流流入爆区。装药联线时出现雷电，应立即停止作业，将全体人员撤离到安全地点。

(2) 杂散电流。凡流散在地中的电流统称为杂散电流。杂散电流是存在于爆破电器设施电路以外的电能，是对电爆网路的外来电干扰。其来源有一般电气设备漏电和牵引电网漏电、大地自然电流、电化学电流等。

在地下工程采用架线式电机车运输的地方，都使用铁轨作回路，如果铁轨与大地之间绝缘不好，就有一部分电流流入大地中而形成杂散电流，这是形成杂散电流的主要原因，此种漏电威胁最大，多次引起早爆事故。例如：1959 年 10 月，河北铜矿在掘进平巷时，联结电雷管的主线，一根掉在铁轨上，另一根与巷道岩壁接触，结果使 19 个炮眼中的 7 个炮眼发生早爆，死伤各 1 人。1972 年云南东川落雪矿，在竖井掘进时，由于电雷管早爆，炸死 1 人。在国外也曾多次发生这类爆炸事故。因此，在进行电气爆破之前，要对爆区附近的杂散电流进行检测，检测方法如图8－36所示，若测出的杂散电流值超过爆破安全规程中所允许的最高安全电流值时，则不允许放炮，必须查明原因，采取相应措施，使杂散电流降低到安全允许值以下。国产电雷管迄今测到过的最小起

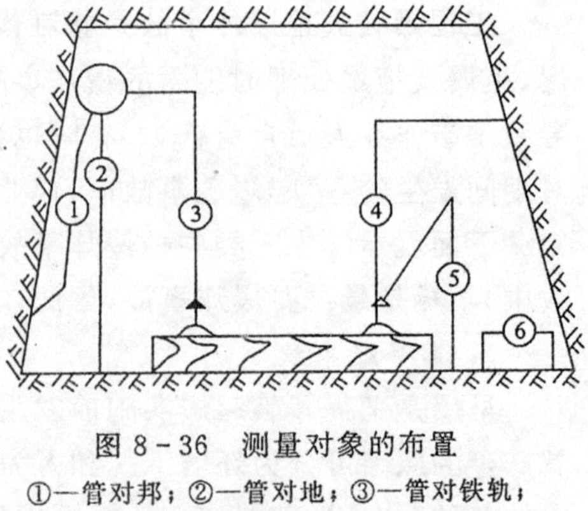

图 8－36 测量对象的布置

①—管对邦；②—管对地；③—管对铁轨；④—铁轨对邦；⑤—铁轨对地；⑥—地对地

爆电流为0.18A。爆破安全规程规定当杂散电流大于0.03A(30mA)时,禁止使用电爆破,这一规定中安全系数为6。

牵引电网漏电产生直流杂散电流,在矿区内形成杂散电流场,其强度随着与牵引变电站距离的增大而减弱,变电站附近可达几A,采掘工作面一般为几十毫安。为降低牵引电网杂散电流,应改善电网联接,如减少铁轨回馈线联接电阻等。此外,电气设备绝缘破损或接地不当,易形成交流杂散电流。金属物体与盐溶液接触则产生电化学电流,爆破时,由于硝铵炸药溶于工作面的积水中,在铁轨上测到过68mA杂散电流。

预防杂散电流早爆事故措施包括:爆破施工前监测杂散电流,大于30mA时不用电爆破;清除游离导体;检查并保证爆破主线、区域线、端线、开关、插座等绝缘良好;铺设的爆破线路应离开金属管网和铁轨;采用能够预防杂散电流的电爆网路和抗杂散电流的电雷管;采用非电起爆系统等。

(3)感应电流。交变电磁场在其附近的导体内可以产生感应电流,但感应电压的导体必须是完全闭合的电路。在高压输电线周围存在电爆网路时,可以产生感生电流。图8-37是表示环形电爆网路线圈在高压输电线周围不同位置时,对感应电流大小的影响。当高压电流流过输电线时,围绕输电线会产生许多呈同心圆分布的磁力线。当电爆网路与高压输电线位于同一平面内时[如图8-37(a)],感应电流最大;当电爆网路倾斜于输电线时[图8-37(b)],感应电流较小;当环形线圈垂直于输电线时[图8-37(c)],感应电流最小。

为了预防感应电流引起电雷管早爆,当电压达到20 000V时,禁止在高压输电线周围100m以内进行电气爆破。随着输电线电压的增高和爆破网路的增长,安全距离还应加长。此外,当铺设电爆网路时,两根主线应尽量靠拢(间距不大于150mm),其方向尽可能垂直于输电线,以使电爆网路中的感应电流降低到最低限度。

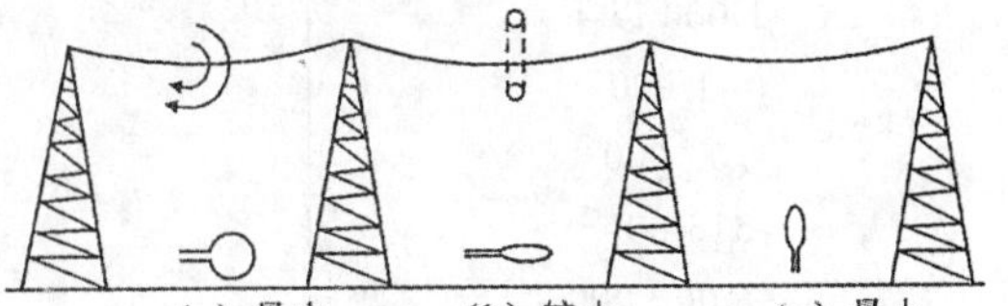

图8-37 环形线圈的不同位置对感应电流的影响

(4)静电。当两个物体互相摩擦和接触过程中,接触面上的电子会从一个物体转移到另一个物体上,得到电子的物体带负电,失去电子的物体带正电。当这种静电荷积累到一定程度时,就可能产生静电放电,当放电的电流强度达到一定值时,就可能引起电雷管早爆。

对于工程爆破来说,有两种条件产生的静电对爆破作业的潜在危险性较大:① 深孔爆破中压气装药系统产生的静电。在使用压缩空气向炮孔装填粉状炸药过程中,其静电可在装药器、操作者、炮孔内和雷管脚线上积累,电压可达30～60kV,电雷管最小静电点燃能量为4～10mJ,而装药器静电放电能量远大于电雷管点燃能量,甚至能点燃非电雷管。据日本矿业劳动灾害防止协会统计,日本在1967年3月至1972年1月共发生7起压气装药引起的静电早爆事故。预防装药器静电危害,可以采用半导电输药管,或将装药器良好接地,控制装药速度等。② 人体所穿各层衣服的相互摩擦是产生静电的另一个重要原因(特别是两种质料不同的衣服相互摩擦更容易产生静电)。日本人测出穿晴纶裤的女工,行走时静电电压达4万V,人体带电能量可达0.1mJ,衣服间摩擦产生的静电能量可达1.3mJ,这对电雷管引爆危险性较大。美国研究资料表明,井下穿塑料雨衣的矿工行走时所产生的静电电压足以引爆普通电雷管。为预防人体着装引起的静电危害,爆破人员不宜穿化纤、毛与化纤混纺的衣服,特别是不要将毛衣和化纤衣重叠穿着。

(5)射频电。由于无线电工业的日益发展,空中布满各种频率电磁波,在无线电广播电台、雷达、电视发射台等强大的射频电场内，如果存在无屏蔽的电雷管和电爆网路，不管其是开路或短路，是否连接到电路中，都会感应和吸收电能；当其中的电雷管超过安全上允许值时，就可能出现早爆。1982 年 4 月在武汉雷达学院附近进行拆除爆破时，加工好的起爆药包在室内由于射频电发生早爆。

美国炸药制造商协会提出有关射频电发射机发出的频率与功率对电力起爆爆区的影响指南中，提出频率在 25～30MHz 的射频能对电爆破网路的威胁最大(发射功率相同时)。由于频率较低，因而在电雷管中感应电能损耗很少。此外，当爆破网路属环形结构时，环形面积越大，吸收射频电流也越大。

射频电预防措施：① 确定合理的安全距离。当爆区附近有无线电发射机或发射台时，必须调查发射机类型、功率和离爆区位置。如果在表 8-10、表 8-11 所规定的最小安全距离以内时，则应放弃电气爆破而改为非电起爆系统。② 运输电雷管的车中配有无线电发射机时，必须把电雷管放入密闭金属箱内，取出和放入电雷管时，必须关闭发射机。③ 在雷达区附近不允许进行电力起爆。④ 电爆网路的主线应采用双绞线或相互平行又尽量靠拢的单股线，导线铺设在地面上。

表 8-10　高频发射机安全距离

有效发射功率(W)	最小安全距离(m)	
	波道 2～6 与调频台	波道 7～13
1 000 以下	305	228
1 000	547	396
100 000①	973	701
316 000②	1 310	914
1 000 000	1 763	1 220
10 000 000	3 100	2 255

注：① 波道 2～6 与调频台目前具有的最大功率为 100 000W；② 波道 7～13 目前具有的最大功率为 316 000W

表 8-11　超高频发射机安全距离

有效发射功率(W)	最小安全距离(m)
10 000 以下	183
1 000 000	610
5 000 000*	915
100 000 000	1 830

注：* 波道 14～83，目前具有的最大功率为 5 000kW

(6) 爆破器材与环境不相容发生的早爆(自爆)。不相容有化学不相容性和物理不相容性。化学不相容性的实例是在高硫矿井使用硝铵炸药发生的早爆(自爆)事故：当矿石含硫超过 30%，矿粉含硫酸铁和硫酸亚铁的铁离子之和超过 0.3%，作业面潮湿有水条件下，硝铵炸药与矿石接触将加速反应导致早爆。在高温矿区爆破时，可能出现物理不相容，由于雷管自爆温度在 100～110℃，2 号岩石炸药的爆燃温度为 125～130℃，铵油炸药爆燃温度为 140～150℃，为防止自爆引起的早爆，必须采取相应的预防措施。

(7) 人为失误早爆事故。① 明火引起炸药早爆。如硐室暂存炸药受烤引起燃烧爆炸，四川某铅锌矿在一次多层硐室大爆破施工中，一个底层已装药硐室(30 多吨硝铵炸药)，因室内照明灯离炸药过近，加热引起炸药阴燃冒烟，值班人员因见势心慌失职逃跑，导致炸药由阴燃至燃烧爆炸，造成顶层硐室装药工人和矿区路人 57 人死亡。② 导火索起爆系统早爆事故。在使用导火索起爆系统中的小型爆破中，导火索操作失误及导火索质量低劣引起的早爆事故较多，如所谓的快捻子、过短捻子形成的早爆。有两种情况：一种情况，无知民工为省棉线，在使用导火索前抽去紧捆导火索的外层棉线，导致药芯松弛点火后燃速加快引起早爆；另一种情况，导火索过短，一次点燃导火索量过多，导致工人不及撤离至安全地点而发生事故。③ 电力起爆作业中，误操作引起早爆。1959 年北京地质学院物探系在野外进行地震勘探爆破作业时，正当一个五年级学生在井口连接起爆网路时，另一个一年级女生由于不懂爆破业务，错误地在地震车内作起爆线路导通试验，导致井口早爆学生死亡。

（二）拒爆事故与治理

在爆破工作中，由于各种原因造成起爆药包瞎火和炸药部分或全部未爆的现象叫做拒爆。爆破中发生拒爆不仅影响爆破效果，而且处理拒爆有着很大的危险性，如果未能及时发现或处理不当，将会造成事故。因此，必须掌握产生拒爆的原因及规律，以便采取有效的预防措施和安全的处理方法。

1. 拒爆原因分析

爆破作业发生拒爆的主要原因有以下 3 点：爆破器材质量低下；起爆网路设计有误；爆破作业操作失误。

（1）爆破器材质量差。硝铵类粉状炸药受潮结块或在水孔中溶解变质，导致感度下降，失去雷管感度或不能正常传爆，或因炸药密度过大，失去爆轰性质；铵油炸药搅拌不均匀，炮孔中某段因铵油炸药中无柴油而发生拒爆；导爆索、导火索、导爆管制造质量低下，因断药导致拒爆；雷管储存期过长变质，雷管内点火药或正起爆药失敏导致拒爆。

（2）设计失误是电爆网路部分拒爆的重要原因。如设计电流不够、起爆器容量不够、各分支网路电流分配不平衡等。

（3）操作失误是导致爆破作业中发生拒爆的主要原因，因此，必须按照爆破规程严格执行。电爆网路中，同次爆破中因不同厂家、不同批号电雷管混联、电阻差过大、线路接地漏电、接触电阻过大、短路导致部分拒爆。在导爆索网路操作中，因漏接、搭接不良、锐角传爆、雷管反接、棉线导爆索油浸渗入药芯等导致的网路中整体拒爆或部分拒爆。导火索起爆网路作业中，因导火索受潮不能点燃、漏点火、起爆管连接处加工不良、雷管受潮、爆破时后爆孔被带炮等。非电导爆管网路作业中，因连接器连接质量所致的连接过松、器内杂物、漏接、导爆管受潮、雷管起爆成组导爆管时碎片切断导爆管等导致部分网路拒爆。此外，在装药、堵塞时，由于操作失误导致起爆网路拆断、损坏而拒爆。

2. 拒爆处理

发现拒爆药包应及时处理。处理方法要确保安全，力求简单有效。对于不能及时处理的拒爆药包，应在附近设置明显标志，并采取相应安全措施。处理拒爆药包时，禁止无关人员进入危险区，处理后应认真检查和清理残余未爆爆破材料，确认安全后，方可撤去警戒标志继续施工。

当拒爆是因电爆网路连接不良所引起，可以重新连接，经检测后重新起爆。对于一般拒爆药包，允许使用木制或竹制工具将堵塞物轻轻掏出至一定距离，另装起爆药包重新起爆。如将起爆药包底部做成聚能穴形式，可以提高药包殉爆距离。在一般炮孔中，其穿透炮泥长度可达 600mm，在浅眼炮孔中处理拒爆药包效果良好。此外，在矿山常采用高压水解法清理堵塞炮泥和溶解硝铵炸药。工作时压气和水在管内混合后以高速吹洗炮眼，将炮泥搅成悬浊液排出孔外，此法效率较高，炮泥长度 600～800mm，约 5min 即可洗净，操作简单，使用安全。

（三）迟爆

迟爆是实施工程爆破后发生的意外爆炸，迟爆现象主要发生在用导火索火雷管起爆的装药中，初看似拒爆，但几十分钟至几十小时后会突然爆炸，如果爆炸时与人相遇，就导致人身事故。迟爆原因是导火索药芯局部过细或不连续，当这些导火索受潮后，硝酸钾潮解液浸入断、细药处的棉纱中，形成每小时毫米级或厘米级的缓燃线。这类事故在 20 世纪 50～60 年代时有发生，近年来已基本杜绝。

二、爆破有害效应及其控制

在工程爆破中，药包爆炸后在距爆源一定范围内，必然产生地震波、飞石、空气冲击波和毒气的危害，它们对周围的人员、建筑物、设备等都将产生各种破坏作用和影响。对于这类有害效应的危害，在正常条件下，可以通过设计计算，确定爆炸危险范围，并采取相应防护措施，使危害减小到允许和预计的范围内。但是，事实上往往由于人为失误，未知和突发自然因素等原因，使爆炸失控形成灾害。据深圳市公安局从 1985 年 8 月至 1995 年 10 月期间发生的 37 起工程爆破事故中，属于爆破有害效应的爆炸失控事故有 23 起，占总爆破事故的 62.2%。因此，在工程爆破中，认真分析各种有害效应事故产生的原因，采取有效预防对策避免其发展演变成灾害就显得十分重要。控制方法有以下两个方面：

（一）爆破安全范围

1. 地震波安全距离

爆破产生的地震波，主要对建筑物、构筑物有破坏作用，它常是决定工程爆破规模、方式的重要因素。它对人体影响小可以忽略不计。根据我国《爆破安全规程》规定，爆破对建筑物、构筑物振动的安全判定依据是保护对象所在地质点的峰值振动速度和对应频率。其安全允许标准如表 8-12 所示。

表 8-12 爆破震动安全允许标准

序号	地面建筑物和隧道的分类		不同频率的爆破振动速度(cm/s)		
			<10Hz	(10～50)Hz	(50～100)Hz
1	土窑洞、土坯房、毛石房屋		1.0	1.0～1.3	1.3～1.5
2	一般砖房、非抗震的大型砌块建筑物		2.0	2.0～2.5	2.5～3.0
3	钢筋混凝土框架房屋		3.0	3.0～4.0	4.0～5.0
4	一般古建筑与古迹		0.2	0.2～0.6	0.6
5	水工隧道	围岩不稳定，有良好支护	7	7～10	10～15
		围岩中等稳定，有良好支护	10	10～15	15～20
		围岩稳定，无支护	15	15～20	20～30
6	交通隧道	围岩不稳定，有良好支护	10	10～15	15～20
		围岩中等稳定，有良好支护	15	15～20	20～25
		围岩稳定，无支护	20	20～25	25～30

续表 8-12

序号	地面建筑物和隧道的分类		不同频率的爆破振动速度(cm/s)		
			<10Hz	(10～50)Hz	(50～100)Hz
7	矿山巷道	围岩不稳定,有良好支护	10	10～20	20～30
		围岩中等稳定,有良好支护	20	20～30	30～40
		围岩稳定,无支护	30	30～40	40～50
8	水电站及发电厂中心控制室设备		0.5	0.5	0.5～0.6
9	新浇大体积混凝土	龄期　初龄 3d	2.0	2.0～2.5	2.5～3.0
		龄期　3～7d	3.0	3.0～5.0	5.0～7.0
		龄期　7～28d	7.0	7.0～9.0	9.0～12

注:1. 表列频率系指最大振幅所对应波的频率。

2. 频率范围的确定应以现场实测为依据,也可参考下列数据:硐室爆破<15Hz;深孔爆破为(10～60)Hz;浅孔爆破(40～100)Hz。个别情况可能超过上述频率范围。

3. 序号 8 的振动速度与频率关系变化不显著。

4. 非挡水新浇大体积混凝土的爆破振动速度可按相应频段的振动速度上限控制。

爆破地震安全距离按下式计算:

$$R=(K_0K/v)^{1/a}\cdot Q \qquad (8-5)$$

式中:R 为爆破地震安全允许距离(m);Q 为炸药量(kg),齐发爆破为总药量,分段延时爆破为最大一段药量;v 为保护对象所在地质点振动安全允许速度(cm/s),此值按表 8-12 或按工程要求确定;K、a 为与爆破点至计算保护对象间的地形、地质条件有关的系数和衰减指数,可按表 8-13 选取,或通过现场试验确定;K_0 为延时间隔影响系数,秒延时爆破时,$K_0=1.0$,毫秒延时爆破时,$K_0=1.4\sim1.6$。

表 8-13　爆区不同岩性的 K、a 值

岩　　性	K	a
坚硬岩石	50～150	1.3～1.5
中硬岩石	150～250	1.5～1.8
软 岩 石	250～350	1.8～2.0

对被保护的建筑物或构筑物,距爆炸点的实际距离应大于爆破地震允许安全距离。当实际距离小于地震允许安全距离时,应从减少一次爆破最大药量入手,直至符合条件为止。

2. 个别飞散物安全允许距离

个别飞散物包括岩土块、金属、设备等。爆破时,个别飞散物对人员的安全距离不得小于表 8-14 的规定,对设备或建筑物的安全允许距离,由设计另行决定。

表 8-14 爆破时个别飞石对人员的安全允许距离

爆破类型和方法	个别飞石的最小安全允许距离(m)
一、露天土岩爆破[①] 1.破碎大块岩矿 裸露药包爆破法 浅孔爆破法	 400 300
2.浅孔爆破	200(复杂地质条件下或未形成台阶工作面时不小于300)
3.浅孔药壶爆破	300
4.蛇穴爆破	300
5.深孔爆破	按设计不少于200
6.深孔药壶爆破	按设计,但不小于300
7.浅孔孔底扩壶	50
8.深孔孔底扩壶	50
9.硐室爆破	按设计,但不小于300
二、爆破树墩	200
三、森林救火时,堆筑土壤防护带	50
四、爆破拆除沼泽地的路堤	100
五、水下爆破 1.水面无冰时的裸露药包或浅孔、深孔爆破,水深小于1.5m 水深大于6m 水深1.5~6m	 与地面爆破相同 不考虑飞石对地面以上人员的影响 由设计确定
2.水面覆冰	200
3.水底硐室爆破	由设计确定
六、破冰工程	
1.爆破薄冰凌	50
2.爆破覆冰	100
3.爆破阻塞的流冰	200
4.爆破厚度大于2cm的冰层或爆破阻塞流冰一次用药量超过300kg	300
七、爆破金属物	
1.在露天爆破场	1 500
2.在装甲爆破坑中	150
3.在厂区内的空场中	由设计确定
4.爆破热凝结物	按设计,但不小于30
5.爆破成型与加工	由设计确定
八、拆除爆破、城市浅孔爆破及复杂环境深孔爆破	由设计确定
九、地震勘探爆破	
1.浅井或地表爆破	按设计,但不小于100
2.在深孔中爆破	按设计,但不小于30
十、用爆破器扩大钻井[②]	按设计,但不小于50

注:① 沿山坡爆破时,下坡方向的飞石安全允许距离应增大50%。

② 当爆破器置于钻井内深度大于50m时,安全允许距离可缩小至20m

3. 爆破冲击波安全距离

在露天使用裸露爆破破碎岩块时，一次爆破药量不超过20kg，可以按式(8－6)确定空气冲击波对在掩体内避炮作业人员的安全允许距离，即

$$R_K=25\sqrt[3]{Q} \tag{8-6}$$

式中：R_K 为空气冲击波对掩体内人员的最小安全允许距离(m)；Q 为一次爆破的炸药量(kg)，秒延时爆破取最大段药量计算，毫秒延时爆破按一次爆破总药量计算。

在地表爆破时，当爆破作用指数 $n<3$ 的爆破作业，对人员和其他保护对象的保护应首先考虑个别飞散物和地震安全距离。地下或水下爆破的安全距离可参照《爆破安全规程》。

4. 外部干扰点源与电爆爆区安全距离

当爆区使用电力起爆时，电雷管爆区与高压线间的安全允许距离，与广播电台或电视台发射机的安全允许距离，可参照表 8－15、表 8－16、表 8－17 和表 8－18 的规定确定。

表 8－15 电雷管距高压线的安全允许距离

电压(kV)		3～6	10	20～50	50	110	220	400
安全允许距离(m)	普通电雷管	20	50	100	100			
	抗杂电雷管					10	10	16

表 8－16 爆区与中长波电台(AM)的安全允许距离

发射功率(W)	5～25	25～50	50～100	100～250	250～500	500～1 000
安全允许距离(m)	30	45	67	100	136	198
发射功率(W)	1 000～2 500	2 500～5 000	5 000～10 000	10 000～25 000	25 000～50 000	50 000～100 000
安全允许距离(m)	305	455	670	1 060	1 520	2 130

表 8－17 爆区与移动式调频(FM)发射机的安全允许距离

发射功率(W)	1～10	10～30	30～60	60～250	250～600
安全允许距离(m)	1.5	3.0	4.5	9.0	13.0

表 8－18 爆区与甚高频(VHF)、超高频(UHF)电视发射机的安全允许距离

发射功率(W)	1～10	$10\sim10^2$	$10^2\sim10^3$	$10^3\sim10^4$	$10^4\sim10^5$	$10^5\sim10^6$	$10^6\sim5\times10^6$
VHF 安全允许距离(m)	1.5	6.0	18.0	60.0	182.0	609.0	
UHF 安全允许距离(m)	0.8	2.4	7.6	24.4	76.2	244.0	609.0

注：调频发射机(FM)安全距离与 VHF 相同

手机或其他移动式通讯设备进入爆区应事先关闭。

(二) 爆破环境有害影响的控制

爆破对环境的有害影响包括有害气体、粉尘、噪声以及对水中养殖业与水中生物危害等。

1. 有害气体

爆破对环境的影响中，有毒气体包含两种含义：① 爆破引起人群炮烟中毒与瓦斯爆炸；② 矿井有害气体对爆破作业人员的毒害。

(1) 爆破炮烟中毒。在地下井巷硐室爆破中，常因人员在爆破后过早进入爆区，吸入过量炮烟中毒死亡，例如，1975 年江西某矿井下爆破共用 300kg 炸药，爆破后 13min，工人进入工作面观看爆破效果，3 人中毒死亡。为预防炮烟中毒，《爆破安全规程》规定，地下爆破作业点的炮烟浓度，不得超过表 8－19 标准。小型井巷爆破，爆破后经过 30min 强制机械通风后，才能进入工作面。对于大中型硐室爆破，在爆破后应按规定对炮烟取样分析合格后才能进入。为了防止炮烟中毒，地下爆破工程应使用合格炸药和避免炸药发生半爆与爆燃。

表 8－19　地下爆破作业点有毒气体允许浓度

有毒气体名称		CO	N_nO_m	SO_2	H_2S	NH_3
允许浓度	按体积(%)	0.002 40	0.000 25	0.000 50	0.000 66	0.004 00
	按重量($g\cdot m^{-3}$)	30	5	15	10	30

(2) 预防爆破引起瓦斯爆炸。在有瓦斯喷出的煤矿或地下井巷、隧道爆破作业中，必须采用严格的措施预防爆破引起瓦斯爆炸。因此，在这些地区爆破作业期间，必须采取：① 良好通风，防止瓦斯积累；② 封闭采空间，防止氧气进入和瓦斯溢出；③ 按规定进行爆破作业的布孔、装药、填塞和起爆，以防爆破引爆瓦斯；④ 采用防爆型电气设备，严格控制杂散电流。

(3) 严防有毒气体毒害爆破作业人员。在报废盲井、盲井、地下水道、贮油容器爆破作业时，人员进入前应先对空气取样检验，避免有害气体中毒。

2. 粉尘

爆破作业中，粉尘涉及以下两个方面：

(1) 爆破引起粉尘爆炸。在有煤尘、硫尘、硫化物粉尘的矿井中进行爆破作业，应遵守有关粉尘防爆规定进行爆破工作。在面粉厂、亚麻厂等有粉尘爆破危险的地点进行爆破时，离爆区 10m 范围内的空气和表面应作浇水降尘处理，防止爆炸冲击波或飞散物撞击导致粉尘爆炸。

(2) 爆破粉尘污染。城镇拆除爆破时，为减少粉尘对环境的污染，应采用必要措施降低粉尘浓度。如起爆前后组织消防车喷水降尘；建筑物内部洒水与设置塑料盛水袋；清理积尘构件与积尘等。

3. 噪声控制

在城镇爆破作业中，噪声应控制在 120dB 以下，因此，在城镇拆除及岩土爆破时，可以采取以下措施减轻噪声污染：不用导爆索起爆网络，在地表空间不得有裸露导爆索爆炸；不用裸露爆破；严格控制一次爆破药量；保证堵塞质量；加强覆盖。

除上述对环境的有害影响外，当在水域边区进行爆破作业时，还应注意对养殖业、水中生物的保护，以及爆破涌浪对岸边建筑物、设施以及水上船舶的影响程度和影响范围等。

三、爆破事故预防对策

国内 20 世纪 80 年代以来近百次爆破事故与深圳市 30 多次爆破事故的统计分析表明：人为因素是事故发生的最主要原因，占事故总数 90%以上；非人为因素只占事故总数的 10%以下。人为因素主要是指设计错误、施工管理水平不高、人员违章作业、审批程序纰漏等原因。非人为因素主要指自然界雷电引起的早爆和爆破器材质量低下导致的作业中早爆、迟爆、拒爆等。下面就爆破事故的人为因素及预防对策予以分述。

（一）爆破事故人为因素

1. 爆破设计问题

爆破设计中存在的问题包括技术设计与施工设计中的缺陷与错误，以及无设计施工等。在技术设计方面，首要问题是设计前原始材料收集不全，可靠性差，例如工程地质资料不全、岩体中实际存在的地质弱面没有反应，地形图比例过小测量不准，在药包布置后爆破时，导致实际最小抵抗线改变方向，岩块从侧向薄弱带过多过远飞出，酿成飞石安全事故。同样由于环境地形调查不够，造成技术设计错误，不适当地增大了爆破规模或最大一次装药量，导致爆破地震过大破坏建筑物。硐室爆破中，堵塞导硐布置失误，导致爆破时发生冲炮。对于临海硐室爆破中，由于技术设计错误，装药量过大，导致大量土石方抛入海中激起巨大涌浪，使危险区内船间互撞或船撞码头，以及沿海养殖业和水生动植物大量损伤，从而造成重大经济损失。

在施工设计方面出现的错误所造成的损失是局部的，比如硐室爆破擅自增加或减少药量、堵塞不严，导致由松动爆破变为加强抛掷爆破或减少药量后爆破区不能完全破碎而导致沿导硐冲炮。在拆除爆破中，少量关键炮眼装药过少，爆破后因局部梁柱未被破坏，导致整座建筑歪斜质量事故。

此外，在一些中小型爆破中，为减少设计和审查费用，常出现无设计施工，不按程序审批进行违章爆破作业，常导致飞石伤人与破坏设施等事故。

2. 爆破技术人员技能低下

在现场的部分爆破技术人员，由于受自身经历和能力所限，缺乏应有的爆破技术和爆破安全知识，不能及时排除某些安全隐患或险情，以致酿成爆破安全事故，如一些爆破施工企业招聘未经培训和国家考核的人员去实施爆破作业，而导致各种伤亡事故。

（二）爆破事故预防对策

上述统计分析表明，事故发生的最主要原因是人为因素，那些非人为因素事故，若作进一步推理分析，也是可以避免的，因此，应该说爆破事故是可以预防的。一般来说，爆破事故预防对策应从精心设计、精心施工和加强安全管理等方面入手。

1. 精心设计严格审批

(1) 精心设计。在爆破工程设计之前必须做到掌握爆破对象的全貌，做到心里有数，包括查阅地质地形和测量资料、建筑物设计与竣工资料，深入现场勘查及进行核实、修正和补充，如对拆除爆破工程必须搞清拆除物材质、结构特点，认真研究荷载分布和受力情况以及周围环境等。设计开始，必须根据爆破体要求与被保护体的情况，确定切实可行的爆破方案。在方案详细设计过程中，必须对爆破方案实施过程中可能出现的各种意外事故(包括施工作业事故与爆破有害效应等方面)做出估计，如硐室大爆破可能出现的地震效应、飞石、滑坡、交通阻塞等进行安全预评价。

(2) 严格审批。认真执行工程爆破的审批制度。对爆破设计文件、安全评估文件的严格审核把关，是避免因设计错误造成工程事故的关键程序。经专家组审核技术把关后，再经上一级管理部门批准，承担领导责任。在我国《爆破安全规程》中，就各类工程爆破的报批材料、审批程序和审批权限等内容制定了全国统一规程。

2. 精心施工

工程爆破是一项精细和危险的工程，必须按照技术设计与施工设计进行精心施工，来不得半点马虎。精心施工应包括：

(1) 设计人员与施工技术人员必须参加施工，并针对施工中出现的问题及时调整和修改设计，制定岗位职责、关键技术操作细则与安全制度，组成严格管理体制，持证上岗。

(2) 按爆破施工设计对施工完成的药室，就其数量、规格、方位、坡度、最小抵抗线和地质地形条件等进行认真核实，对爆破器材、起爆网络进行必要测试和检验，对装药、堵塞、起爆网络连结进行认真监督、核查，并作好安全防护、警戒工作，爆破后做好安全检查和事后处理工作，包括施工事故中的拒爆、半爆药包处理、大中型爆破和拆除爆破中的有害效应处理和赔偿，以及建筑拆除爆破中的未完成拆除部分的处理等。

3. 加强安全管理

(1) 对爆破企业实施科学化、规范化管理，按企业的实际施工能力评定资质等级，划定施工范围，颁发资质证书。

(2) 对爆破设计、管理、施工各类人员实施培训考核，分等级持证上岗，确保爆破施工质量和施工安全。

(3) 每一个单独爆破工程项目，都应有一个健全、严格的指挥管理组织，确定责任法人。

(4) 建立各种质量保证体系等。

第九章 火灾与爆炸灾害危险评价

第一节 概 述

火灾与爆炸灾害的危险评价，亦称安全评价或风险评价，是对生产系统存在的危险性进行定性和定量分析，得出系统内发生危险的可能性及对其后果严重程度的评价。通过评价寻求获得最低事故率、最少损失和最优的安全投资效益。因此，危险评价是系统安全方案优选和安全决策的基础。

进行危险评价是预防工伤事故和减少财产损失的必要手段。20 世纪以来，已经研究出复杂危险评价理论、评价方法和应用技术，从初期的定性评价发展到半定量评价和定量评价；从对工业生产过程的危险评价发展到对新建、改建、扩建的建设项目或工程进行危险预评价。本章主要阐述火灾与爆炸危险评价的基本思路，以及重大危险源的辨识评价技术。

一、危险评价目的

本章有关火灾、爆炸危险评价要达到的目的是为以下五个方面打下基础：

(1) 系统地从计划、设计、制造、运行等过程中，找出潜在的可能导致火灾与爆炸灾害发生的危险因素，并从安全技术和安全管理方面提出相应的安全措施。

(2) 对潜在的火灾与爆炸事故进行定性、定量分析和预测，建立系统安全的最优方案。

(3) 评价设备、设施或系统的设计是否是收益与危险达到最合理的平衡。当存在的火灾和爆炸灾害危险过高时，必须更改设计；当达不到规定的可接受危险水平而又无法改进设计时，则只好放弃这种设计方案。

(4) 在设备、设施或系统使用之前，对潜在的火灾和爆炸灾害危险进行评价，以便考核已判定的危险事件是否能消除或控制在规定的可接受水平。

(5) 评价设备、设施或系统在生产过程中，防止火灾和爆炸灾害的安全技术和措施是否符合有关标准、规范，以实现安全技术和安全管理的标准化与科学化。

二、危险评价内容与程序

(一) 危险评价内容

工矿企业在计划、设计、建设、生产等各个阶段，对整个系统存在的危险要充分地进行定性、定量分析，包括化学物质、工艺过程与生产装置的危险，从人、机、环境等三个方面作出评价，再针对存在的问题，根据当前科学技术水平和经济条件，提出有效的安全措施，以消除危险或将危险降低到最低限度。

对工矿企业的火灾与爆炸灾害危险进行评价时，应该充分注意到它的系统性和全面性，也就是说，必须对生产系统的各个环节，如生产、远输、贮存等过程进行评价，对这些环节中所包含的危险物质、动力、设备、工艺等进行评价；评价中既要考虑通常条件下工业生产的危险，又要考虑在自然灾害发生情况下的危险，既要考虑对工厂企业的严重威胁，更应考虑危险对社会的破坏后果。

（二）危险评价程序

对火灾与爆炸灾害危险进行评价时，必须按照科学的方法和程序进行，危险评价的一般程序如图 9－1 所示，可以分为以下 4 个阶段：

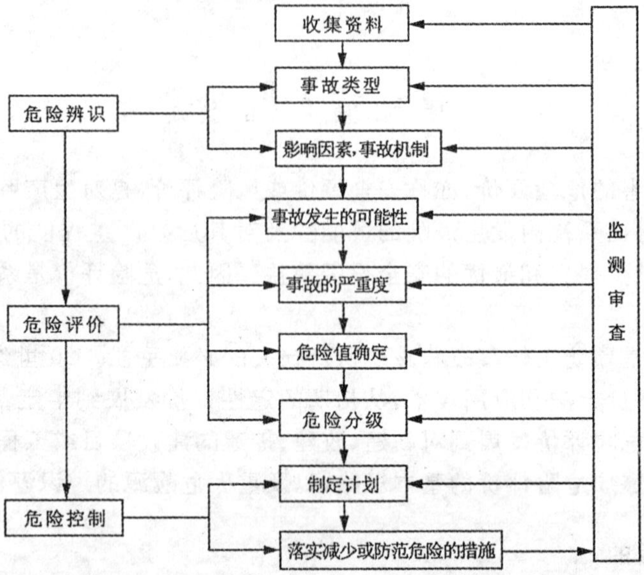

图 9－1　危险评价程序

（1）资料收集。明确评价的对象和范围，收集国内外相关法规和标准，了解同类设备、设施或工艺的生产和事故情况，评价对象的地理、气象条件及社会环境状况等。

（2）危险危害因素辨识与分析。根据所评价的设备、设施或场所的地理、气象条件、工程建设方案、工艺流程、装置布置、主要设备和仪表、原材料、中间体、产品的理化性质等辨识和分析可能发生的事故类型、事故发生的原因和机制。

（3）评价过程。在上述危险分析的基础上，划分评价单元，根据评价目的和评价对象的复杂程度选择具体的一种或多种评价方法。对事故发生的可能性和严重程度进行定性或定量评价，在此基础上进行危险分级，以确定管理的重点。

（4）提出降低或控制危险的安全对策措施。根据评价和分级结果，高于标准值的危险必须采取工程技术或组织管理措施，降低或控制危险。低于标准值的危险属于可接受或允许的危险，应建立监测措施，防止生产条件变更导致危险值增加，对不可排除的危险要采取防范措施。

三、危险评价原则与标准

（一）危险评价原则

危险评价应该遵循目的性、科学性、系统性、综合性和适用性原则。

1. 目的性

危险评价的根本目的是为了提高系统的安全质量，逐步实现系统的本质安全化。因此，每进行一次危险性评价，必须对系统的安全性做一次有效的改进和调控。

2. 科学性

科学的任务是揭示事物发展的客观规律，探求客观真理。评价的目的是为了决策，评价质量直接影响决策的正确性，因此，系统安全分析和评价的方法，必须反映客观实际，必须采取实事求是的态度，依据可靠数据资料，不掺杂主观臆断和个人感情，取得符合客观实际的评价结论。应该承认，许多危险是能够凭经验或知识辨识出来，但也确有一些潜在很深的危险不易于发现，这里有受现有技术水平的制约，也有受人们认识观的影响。因此，危险评价时，必须找出充分的理论和实践依据，以保障评价的科学性和做到评价结论尽量符合实际，最大限度排除评价人主观因素影响和干扰。

3. 系统性

危险性存在于生产活动的各个方面，因此只有对系统进行详细解剖，研究系统与子系统间的相关和约束关系，才能最大限度地辨识被评价对象的所有危险，才能评价它们对系统影响的重要程度。

4. 综合性

危险评价与系统安全分析的对象千差万别，涉及人、机、环境各个方面。不同因素对安全性影响的程度不同，因此，评价方法既要充分反映评价对象各方面最重要功能，又要防止过分强调某个因素而导致系统失去平衡。所以，不同的评价对象，评价方法应有所区别，例如，对待新设计的项目和现有的生产项目就应有区别，前者主要属于静态的分析评价，后者则应考虑动态的情况；又如对于危险过程的控制和伤亡数字的目标控制，在方法上也有所不同。所以，危险评价时，应综合考虑各种情况，对于同类系统应采用通用一致的评价标准，并使评价指标能够全面、系统描述评价对象，评价指标的权重也能客观、准确。

5. 适用性

系统分析和评价方法要适合企业的具体情况，即具有可操作性。方法要简单、结论要明确、效果要显著，这样才能为人们接受。一些设定的不确定因素过多，计算复杂，貌似艰深而难于理解应用的方法是不足取的。

评价的结果还应具有纵向和横向比较的功能，以便在考核和评比中使用，也应能用在制定安全对策和安全措施方面。

（二）危险评价标准

1. 安全标准

系统安全性指标的目标值是危险评价的标准，为此，一些先进国家都制定了可接受的危险标准值，或人们所希望的安全期望值，即目标值。危险评价的目标，应力求使系统安全达到“最优”。危险评价过程中，首先评价系统当前的安全水平，然后按照希望的安全目标值，合理地对系统进行调整和改造，经过不断反复，达到危险标准值提出的安全目标值的安全水平。

2. 系统危险性等级

对危险性等级的划分，主要采用相对等级和概率方法。一般可按如下方式划分危险性等级：

（1）根据同类系统或类似系统以往的事故经验教训，制定分级等级。

（2）利用安全系数或安全阀值来评价危险性。

（3）评价者根据过去的经验，指定一系列数值为尺度评价危险性。

（4）依据损失率概念。损失率等于损失严重度乘以损失频率。损失严重度是发生一次事故所造成的损失数值。损失频率是在一定时间或周期内，事故出现的可能性，即事故出现的频率。

3. 系统安全性指标的选取原则

危险性的大小主要与事故后果、事故发生的可能性（概率）和安全投资水平有关。可根据如下五个方面来选取安全性的评定指标：

(1) 一旦酿成事故,可能造成的最多伤亡人数。

(2) 一旦酿成事故,可能造成的最大财产损失数。

(3) 事故发生的可能性(概率)。

(4) 人员暴露于危险环境的频率。

(5) 根据安全投资水平评价安全性。

四、危险评价类型

火灾与爆炸危险评价类型较多,可以按照评价应用范围的特点分类、按照化学物质危险专用评价分类,以及按照评价结果量的性质分类等。

(一) 按应用范围特点分类

1. 现状评价

通过评价掌握系统危险源及其危险程度,以寻求对策降低危险程度。这种评价是以过去的状态、资料的统计、综合分析为基础进行的评价。

2. 预评价

预评价是在规划和设计阶段进行的评价。用以预测事故的危险程度和研究、控制排除事故的可能性,以求在设计中予以消除,待系统建成后,可以按预定目标控制事故,降低事故频率,确保生产安全。

3. 系统安全评价

对现有的物质、工艺过程、设施、环境、人员素质、管理水平等方面,从历史、现状、将来等方面进行系统的安全评价,并提出安全技术措施,促进安全生产。

4. 局部安全评价

对生产中特定设备、特定环境以及特殊要求作出安全评价。

(二) 按化学物质危险评价分类

发生火灾与爆炸危险的根本原因还在于物质本身,只有当物质具有潜在的燃烧和爆炸危险,或在某种条件下与其他物质反应转化为具有燃烧爆炸危险性的物质时,才有可能发生火灾或爆炸灾害,所以,充分掌握物质本身的燃烧、爆炸危险性对防止火灾或爆炸灾害的发生具有重要意义。

化学物质的火灾爆炸危险评价按评价顺序可分为预评价、试验评价和综合评价三种类型,但是,由于受人力、物力、时间的限制,不可能对每种物质都逐一进行试验评价。化学物质的最初评价是预评价,通过预评价可以掌握物质潜在的火灾和爆炸危险性,并可为试验评价的方案优化提供依据。预评价的方法包括文献调查、化学结构分析和计算机预评价等。试验评价包括感度试验和威力试验两部分,由感度试验可了解物质在某种条件下引燃和引发爆炸的难易程度(敏感性和安定性)。通过威力试验可以估算爆炸时对生产系统和环境的破坏能力。综合评价是前期评价的综合分析求解结论的评价。在综合评价中采用危险性就高不就低的原则,在各种试验评价中,若其中之一危险性大,则不论其他试验结果如何,都认为该物质危险性是大的。

(三) 按评价结果分类

对于火灾与爆炸灾害等危险事件常用发生频率和后果严重度来表示危险性大小。按照评价结果量的性质,可将危险评价分为定性评价和定量评价两种。

1. 定性评价

定性评价是根据经验对生产工艺、设备、环境、人员配置和管理等方面的安全状况进行定性的判断。评价结果由危险结果给出，可以为{是、非}、{合格、不合格}等形式，安全检查表是一种常用的定性的评价方法。

定性评价方法的主要优点是简单、直观、容易掌握，并且可以清楚地表达出设备、设施或系统的当前状态。其缺点是评价结果不能量化，评价结果取决于评价人员的经验。对同一评价对象，不同的评价人员可能得到不同的评价结果。该方法的另一个缺点是需要确定大量的评价依据，因为必须根据已经设定的评价依据，评价人员才能对设备、设施或系统的当前状态给出定性评价结果。

在进行定性危险评价时，常用严重性等级表示危险的严重程度。将事故后果的严重程度相对地、定性地分为若干级，称为危险事件的严重性等级。通常严重性等级分为四级，如表9－1所示。

表9－1　危险事件的严重性等级

严重性等级	等级说明	事故后果说明
Ⅰ	灾难的	人员死亡或系统报废
Ⅱ	严重的	人员严重受伤、严重职业病或系统严重报损坏
Ⅲ	轻度的	人员轻度受伤、轻度职业病或系统轻度损坏
Ⅳ	轻微的	人员伤害程度和系统损坏程度轻于Ⅲ级

事故发生的可能性可根据危险事件出现的频繁程度，相对地分为若干级，称为危险事件的可能性等级。通常危险事件的可能性等级分为五级，如表9－2所示。

表9－2　危险事件的可能性等级

可能性等级	说　明	单个项目具体发生情况	总体发生情况
A	频　繁	频繁发生	连续发生
B	很可能	在寿命期内会出现若干次	频繁发生
C	有　时	在寿命期内有时可能发生	发生若干次
D	极　少	在寿命期内不易发生，但有可能发生	不易发生，但有理由可预期发生
E	不可能	极不易发生，以至于可以认为不会发生	不易发生

2. 定量评价

定量评价是用设备、设施或系统的事故发生概率和事故严重程度进行评价的方法。即：危险＝损害量×发生概率

（四）按指标量化的体系分类

按照火灾与爆炸危险评价指标量化的体系，评价方法可分为风险率评价法和相对评价法两大类。

1. 风险率评价法

此法是以事故发生概率为依据的评价法，如事故树定量分析、事件树定量分析等。这些方法在求出事故发生概率基础上，进一步计算风险率，按风险率大小确定其危险程度。

2. 相对评价法

评价中的各种对比系数是以相对值为基础，而不是绝对值。相对评价法包括各种危险指数评价法，如美国道化学公司火灾、爆炸指数评价法、英国帝国化学公司蒙德法、日本劳动省化工危险性评价的6阶段法等。

火灾、爆炸危险指数评价方法是由美国道(DOW)化学公司于 1964 年首创的系统分析方法,经多次修改完善与 1994 年提出了第七版。该评价方法在国际上已得到广泛应用,被公认为最主要的危险指数评价方法。火灾、爆炸指数是对生产过程所含物料及工艺装置的实际潜在火灾、爆炸和反应性危险进行按步推算的客观评价。由于管理因素涉及不多,该方法主要用于对生产过程中固有危险程度的评价。该方法在国际上推广后各国竞相研究。英国帝国化学公司(ICI)蒙德法是在道化学公司的危险指数评价方法基础上,根据化学工业的特点,扩充了毒性指标,并对所采取的安全措施引进了补偿系数的概念。日本劳动省又在该法基础上发展了一种化工行业使用的新危险指数计算方法,该法对物质系数和修正系数的计算,以及分级等做了较大改动和简化。

(五) *危险评价方法选用*

火灾与爆炸灾害危险评价方法很多,如安全检查表、危险指数法、预先危险性分析、故障树分析、事件树分析、概率危险评价等。

每个危险评价方法都有各自的优缺点,对具体的评价对象,必须选用合适的方法才能取得良好的评价效果,在选用评价方法之前,应考虑下述几个因素。

(1) 评价的目的。选用评价方法之前,首先必须考虑评价结果是否能达到评价的目的和动机。

(2) 需要的评价结果表现形式。如危险性一览表,潜在事故情景一览表,危险控制措施一览表,危险分级,定量危险分析数值等。

(3) 进行评价时可用的信息资料。生产活动的技术水平,各种资料的数量和质量,评价对象的复杂程度和规模大小,生产方式,操作方式,固有危险的性质,可能发生的事故类型等。

(4) 评价对象已经显示的危险。事故历史情况,设备新旧情况,运行情况,使用年限,易损件的更换情况、管理的现状等。

(5) 可投人评价的技术人员及其素质,评价费用,完成期限,评价专家和管理人员的知识结构及水平等。

在选择评价方法时,除考虑上述的因素外,还要对评价方法可提供的评价结果及其适应范围作进一步分析。实践表明,不同的评价方法适应于对生产过程的不同阶段进行危险评价,表 9-3 和表 9-4 分别给出了几种常用评价方法可以提供的评价结果及其适应的生产过程(生产阶段)。

表 9-3 典型评价方法提供的评价结果

评价方法	事故情况	事故频率	事故后果	危险分级	备注
安全检查表	不能	不能	不能	不能	
危险指数法	提供	不能	提供	事故后果分级	
预先危险性分析	不能	不能	提供	提供	
危险可操作性研究	提供	提供	提供	事故后果分级	可详细辨识事故原因和后果,可提供简单的危险分级信息
故障类型及影响分析	提供	提供	提供	事故后果分级	
故障树分析	提供	提供	不能	在结构重要度基础上提供事故频率分级	定量 FTA 可用于估算顶事件发生频率
事件树分析	提供	提供	提供	提供	定量 ETA 可用于估算事故发生频率
人的可靠性分析	提供	提供	不能	事故频率分级	定量 HRA 可用于估算人的失误率
概率危险评价	提供	提供	提供	提供	

注:提供是指评价结果可以提供此项内容,不能是指评价结果不能提供此项内容

表 9-4 典型评价方法适应的生产过程

评价方法 \ 生产阶段	研究开发	设计	试生产	工程实施	建造启动	正常运转	扩建	事故调查	拆除退役
安全检查表	×	×	●	●	●	●	●	×	●
危险指数法	●	●	×	×	×	●	●	×	×
预先危险性分析	●	●	●	●	×	●	●	●	×
危险可操作性研究	×	×	●	●	×	●	●	●	×
故障类型及影响分析	×	×	●	●	×	●	●	●	×
事件树分析	×	×	●	●	×	●	●	●	×
故障树分析	×	×	●	●	×	●	●	●	×
人的可靠性分析	×	×	●	●	●	●	●	●	×
概率危险评价	×	●	●	●	●	●	●	●	×

注:"×"表示很少使用或不适用,"●"表示通常使用

第二节 重大危险源简介

火灾、爆炸重大危险源的辨识、评价和控制,是安全生产、安全监察和管理的主要内容之一,也是危险评价的基本内容。本节着重就火灾、爆炸重大危险源评价技术中固有危险性评价的事故易发性评价、事故严重度评价、危险性分级等方法做一介绍。

一、重大危险源定义

在国民经济各个部门中,客观存在的危险物质聚集超过临界量,或能量超过临界值的设备、设施或场所,定义为重大危险源。

危险物质超过其临界量包括以下两种情况:

(1) 单元内任一种危险物品的数量达到或超过临界量;

(2) 单元内的多种危险物质数量满足下面的公式

$$\sum_{i=1}^{n} q_i/Q_i \geqslant 1 \tag{9-1}$$

式中:q_i 为单元中第 i 种危险物品的实际贮存量;Q_i 为标准中规定的第 i 种危险物品的临界量;n 为单元中危险物品的种类数。

工业生产中,重大事故一般可分为三类:第一类是可燃性气体(包括可燃液体蒸气和可燃粉尘)泄漏,与空气混合形成可燃性混合物,遇火源引起火灾或爆炸;第二类是高压能量设施或爆炸性物品发生爆炸或火灾;第三类是大量有毒物质的突然泄漏,在大范围内造成人员中毒伤亡和环境污染。这三类事故都会造成人员大量伤亡,财产的巨大损失和环境遭受破坏。危险的根源是存储、运输、加工、生产、使用和处理过程中存在相当数量的易燃、易爆、有毒物质。本节仅讨论与火灾、爆炸相关重大危险源的评价。

二、重大危险源辨识与申报范围

(一) 重大危险源辨识方法

危险是指材料、物品、系统、工艺过程、设施或工厂对人、财产或环境具有产生伤害的潜能。

危险辨识就是找出可能引发事故导致不良后果的材料、系统、生产过程的特征。因此，危险辨识的任务可以归为两点：其一是认识可能引发事故的材料、系统、生产过程的特征；第二是辨识可能发生事故的后果。

事故后果可分为对人的伤害、财产损失及对环境的破坏，在此基础上尚需进一步细分成各种具体的伤害或破坏类型。

常用的危险辨识方法包括对生产材料性质、生产条件、生产工艺、组织管理等的分析，以及制定相互作用矩阵和应用危险评价方法等。

对于重大危险源的辨识方法除了上述方法以外，20 世纪 70 年代以来，随着工业生产中火灾、爆炸、毒物泄漏等重大恶性事故不断发生，预防工业灾害已引起国际社会的广泛重视。这些涉及各种化学品的重大恶性事故，虽然其起因与危害不尽相同，但都有一些共同特征，即都是不受控制的偶然事件，并能造成大量人员伤亡、大量财产损失和环境损害。

防止重大生产事故的首要任务是辨别和确认高危险性的设施，即危险源。英国是最早系统研究重大危险源控制的国家，在重大危险源辨识、评价方面取得极富成效的工作，并促使欧共体在 1982 年颁布了《工业活动中重大事故危险法令》(EEC Directive 82/501)。该法令列出 180 种物质及其临界量标准。当某一设施或相互关联的一群设施中聚集了超过临界量的上述物质，则这一设施(或一群设施)定义为一个重大危险源。

表 9-5 列出欧共体《工业活动中重大事故危险法令》的 19 类重点控制的危害物质中有关火灾、爆炸危害的 7 种物质。表 9-6 列出国际经济合作与发展组织(OECD)提出的“Council Act(88)84”中，列出 19 种重点控制的危害物质中有关火灾与爆炸危害物质的 5 类物质及其临界量。

表 9-5 欧共体用于重大危险源辨识的重点控制危害物质

序号	类别	物质名称	临界量(t)	物质名称	临界量(t)
1	一般性易燃物质	易燃气体	200	极易燃液体	50 000
2	特殊易燃物质	氢气	50	环氧乙烷	50
3	特殊爆炸性物质	硝铵	2 500	硝化甘油	10
		梯恩梯	10		

表 9-6 OECD 用于重大危险源辨识的重点控制危害物质

类别	物质名称	临界量(t)	物质名称	临界量(t)
易燃、易爆或易氧化物质	易燃气体	200	极易燃液体	50 000
	环氧乙烷	50	氯酸钠	250
	硝酸铵	2 500		

美国劳工部职业安全卫生管理局(OSHA)颁布了《高危险化学物质生产过程安全管理》标准，提出了 137 种易燃、易爆、强反应性及有毒化学物质及其临界量。

国际劳工组织认为，各国应根据具体的工业生产情况制定适合本国国情的重大危险源辨识标准。标准的定义应能反应出当地急需解决的问题，以及一个国家的工业模式。

(二) 中国重大危险源申报范围

根据国际劳工组织对重大危险源的说明，参照国外同类标准，并结合我国工业生产的特点和火灾、爆炸、毒物泄漏重大事故的发生规律，提出了火灾、爆炸、毒物泄漏重大危险源的申报范围，我国重大危险源申报范围共分为五大类，即极毒物质、一般物质、易燃物质、爆炸性物质和高反应性物质。表9－7为与火灾、爆炸有关的我国后三类重大危险源申报范围。

表9－7 中国火灾、爆炸重大危险源申报范围

序号	类别	物质名称	临界量(t)	序号	类别	物质名称	临界量(t)
1	易燃物质和设施	易燃液体(闪点低于61°C、高于23°C的液体，高温高压条件下可能造成重大事故的物质)	200	3	高反应性物质	硝酸铵	50
		极易燃液体(闪点低于23°C，沸点高于35°C的物质)	100			2,2－叔丁基过氧丁烷(浓度≥70%)	10
		易燃气体(常压下处于气态，沸点低于20°C，与空气混合时易燃的物质)	50			1,1－叔丁基过氧环已烷(浓度≥80%)	10
		具有50bar* 以上压力，且容积超过20m³的高压能量设施				叔丁基过氧乙酸酯(浓度≥70%)	10
2	爆炸性物质	收敛酸铅	5			叔丁基过氧异丁酸酯(浓度≥80%)	10
		雷汞	5			叔丁基过氧马来盐酸酯(浓度≥80%)	10
		硝化甘油	10			叔丁基过氧特戊酸酯(浓度≥77%)	10
		苦味酸	20			二苯基过氧二碳酸酯(浓度≥90%)	10
		收敛酸	10			二乙基过氧化碳酸酯(浓度≥30%)	10
		硝酸纤维素	30			二氢过氧丙烷(浓度≥30%)	10
		1,3,5三氨基2,4,6三硝基苯	10			过氧化二异丁酰(浓度≥50%)	10
		三硝基苯氨	10			环氧乙烷	10
		2,4,6三硝基苯甲醚	10			硝酸乙酯	10
		三硝基苯甲酸	10			氢	10
		三硝基甲酚	10			液氧	20
		梯恩梯	30			过氧化甲基乙基酮(浓度≥60%)	10
		黑索金	20			过氧化甲基异丁基酮(浓度≥60%)	10
		泰安	20			环氧丙烯	10
3	高反应性物质	乙炔	10			氯酸钠	50

* $1 bar = 10^5 Pa$

三、评价单元、模型结构与数学模型

(一) 评价单元划分

重大危险源评价是以危险单元作为评价对象。一般把设施的一个具有一定功能的独立部分称为单元，并以此来划分危险单元，如原料供应区、生产反应区、产品贮存区、运输装卸区、废液处理区等。

(二) 评价模型的层次结构

前已阐述,危险性定义为事故频率与事故后果严重程度的乘积。单元危险性评价一方面取决于事故的易发性,同时还取决于事故后果的严重性。重大危险源的评价分为固有危险性评价与现实危险性评价。固有危险性主要反映了物质的固有特性、危险物质生产过程的特点和危险单元内、外部环境状况。固有危险性评价分为事故易发性评价和事故严重度评价。事故易发性取决于危险物质事故易发性与工艺过程危险性的耦合,而事故严重度则取决于事故的破坏程度和事故现场的环境条件。现实危险性一方面取决于生产单元的固有危险性,同时还考虑到各种危险性的抵消因子,即人在控制事故发生和控制事故后果扩大上的主观能动作用,如人为管理因素和防灾措施的综合效果。重大危险评价模型的层次结构如图 9-2 所示。

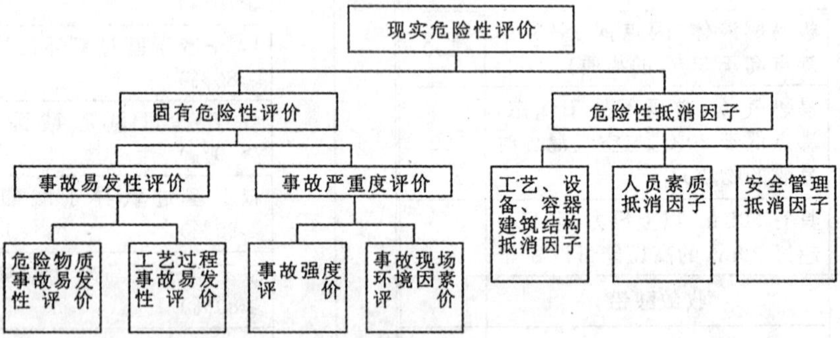

图 9-2 重大危险源评价指标体系框图

(三) 评价数学模型

评价数学模型如下:

$$A=\left[\sum_{i=1}^{n}\sum_{j=1}^{m}(B_1)_iW_{ij}(B_2)_j\right]B_3\cdot\left[1-(B_4+B_5+B_6)\right] \tag{9-2}$$

式中:$(B_1)_i$ 为第 i 种物质危险性的评价值;$(B_2)_j$ 为第 j 种工艺危险性的评价值;W_{ij} 为第 j 种工艺与第 i 种物质危险性的相关系数;B_3 为事故严重度评价值;B_4 为工艺、设备、容器、建筑结构抵消因子;B_5 为人员素质抵消因子;B_6 为安全管理抵消因子。

根据本课程的性质,注重关键技术因素的阐述,因此,本节重点讨论固有危险性评价内容;在固有危险性评价的事故易发性评价中,侧重讨论危险物质事故易发性评价;在事故严重度评价中,则侧重讨论事故的伤害模型;其他内容仅做简要介绍。

第三节 重大危险源事故易发性评价方法

一、危险物质事故易发性评价方法

在对燃烧、爆炸危险物质的事故易发性进行评价前,首先应对这些危险物质进行分类,在物质分类中,为避免重复与交叉,应遵守以下一些原则:① 物质归类时只考虑物质对事故易发性的影响,不考虑物质对事故严重度的影响;② 物质分类主要根据化学危险物品特性中的主要危险性与便于管理原则加以确定;③ 同一物质具有多种危险性时,归入主要危险特性一类。

我国根据燃烧、爆炸危险物质的事故易发性将其分为七类,并对每类物质按照其总体危险感度给出权重分 a_i 值,其分类与权重分值如图 9-3 所示。

每种燃烧、爆炸危险物质其事故易发性的评分值 B_i 由下式决定：

$$B_i = a_i \cdot G_i \qquad (9-3)$$

式中：a_i 为每类物质按总体危险感度的权重分（按图 9-3 选取）；G_i 为每种物质按与反应感度相关的理化参数值定出的状态分。

权重分与状态分的乘积即为某种燃烧、爆炸危险物质的事故易发性评分值。

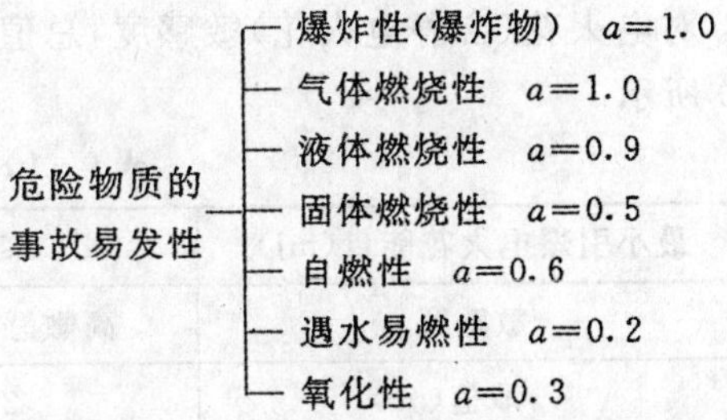

图 9-3　危险物质事故易发性分类分级图

下面就 7 类燃烧、爆炸危险物质的分级判据予以阐述。

（一）第 1 类：爆炸性（爆炸物）

爆炸物一般指受到摩擦、撞击、振动、高热或冲击波等因素的激发，能产生激烈的化学反应，在极短时间内放出大量的能量和气体，同时伴有光、声等效应的物质和物品。如炸药及其制品、烟火药剂及其制品等，其事故易发性主要取决于所需最小起爆能，起爆能越小，敏感度越高，爆炸危险性越大。在分类时按其敏感度及其制品的燃烧、爆炸特性分成 5 级，如表 9-8 所示。

表 9-8　按敏感性及其制品的燃烧爆炸特性的爆炸物分级

级　别	物质性质及其说明
1.1 级	有整体爆炸危险的物质，一般指在瞬间影响到全部装入量的爆炸，如炸药生产单元、炸药贮存库房等
1.2 级	有迸射，但无整体爆炸危险的物质和物品，如弹药生产单元
1.3 级	有燃烧危险并兼有局部爆炸或局部迸射危险之一，或兼而有之，有燃烧转爆轰危险的物质和物品。一般指火药生产单元、烟火药剂生产单元、烟花、爆竹生产单元等
1.4 级	有剧烈燃烧危险的物质和物品，如湿硝化棉等
1.5 级	非常不敏感但有整体爆炸危险的物质，如硝酸铵等

对于有整体爆炸危险（即 1.1 级和 1.5 级）及有燃烧危险并兼有局部爆炸危险（即 1.3 级）的物质的分级主要依据物质对热、机械、电、冲击波的敏感度，其分级判据由下式计算确定：

$$G = K_{th} + K_e + K_m + K_d \qquad (9-4)$$

式中：K_{th}、K_e、K_m、K_d 分别为爆炸物对热、机械、电及冲击波的敏感程度。

G 总值为 100 分。根据 G 的大小，可以对爆炸物的敏感程度进行分类，当 $G<40$ 时为低敏感爆炸物，$G \geqslant 40$ 而 $G<70$ 时为中敏感爆炸物，在 $G \geqslant 70$ 时为高敏感爆炸物。

式（9-4）中各参数的选择如下：

1. 对热（温度）的敏感度 K_{th}

对热（温度）的敏感度总值为 30 分，按表 9-9 给出的爆发点进行选择。

表 9-9　热的敏感度分级判据

爆发点(°C)	≤200	200～300	>300
敏感度	热敏感爆炸物	中敏感爆炸物	低敏感爆炸物
K_{th} 取值(分)	30	20	10

2. 对电火花(含静电火花)敏感度 K_e

对电火花(含静电火花)敏感度,总值为25分,按最小引爆电火花能量的大小取值,如表9-10所示。

表9-10　电火花敏感分级判据

最小引爆电火花能量(mJ)	≤2	2～15	>15
敏感度	高敏感爆炸物	中敏感爆炸物	低敏感爆炸物
K_e 取值(分)	25	15	5

3. 对机械能作用(包括撞击、摩擦)的敏感度 K_m

对机械能作用(包括撞击、摩擦)的敏感度总值为30分,分级判据如表9-11所示。

表9-11　机械敏感度 K_m 分级判据

危险等级	撞击感度		摩擦感度	K_m 取值(分)
	H_{50}(cm)	爆炸百分数(%)	爆炸百分数(%)	
1级	>50	<5	<5	5
2级	30～50	5～25	5～20	10
3级	20～30	25～45	20～40	15
4级	10～20	45～70	40～60	20
5级	5～10	70～90	60～80	25
6级	≤5	≥90	≥80	30

注:1. 爆炸百分数指在100次实验中爆炸的次数。

2. H_{50}指10kg锤自50cm高处落下使爆炸物爆炸。

3. 撞击感度爆炸百分数指10kg锤自50cm高处落下引爆爆炸物频率。

4. 当撞击感度和摩擦感度值不在同一等级时,按能量最小准则取值

4. 对冲击波的敏感度 K_d

对冲击波的敏感度总值为15分,其分级判据用隔板厚度 δ_{50} 或临界压强值表示,分级判据见表9-12。

表9-12　冲击波感度分级判据

危险等级	分　级　判　据		K_d 取值(分)
	δ_{50}^{*}(mm)	P_C^{**}(GPa)	
Ⅰ	>25	≤1.5	15
Ⅱ	20～25	1.5～10	10
Ⅲ	≤20	>10	5

注:* δ_{50}是以塑料粘结黑索金为主发装药,药柱直径20mm,长度为40mm,装药密度为$1.727\pm0.002g/cm^3$,以LY12铝为隔板测定的临界隔板值。

** P_c 是以直径40mm、高100mm的梯恩梯与黑索金按1∶1的比例作为发装药,以5～30mm铜板作隔板所测得的冲击波起爆临界压强值

（二）第 2 类：气体可燃性

可燃性气体按其危险性质可分为爆炸性气体（如 H_2、C_2H_2、液化石油气等）和助燃性气体（如 O_2、压缩空气等）两类。

爆炸性气体的分级判据见图 9－4 所示。爆炸性气体总分值为 90 分，其中，最大安全缝隙为 10 分，爆炸极限 20 分，最小点燃电流 20 分，最小点燃能量 20 分和引燃温度为 20 分。

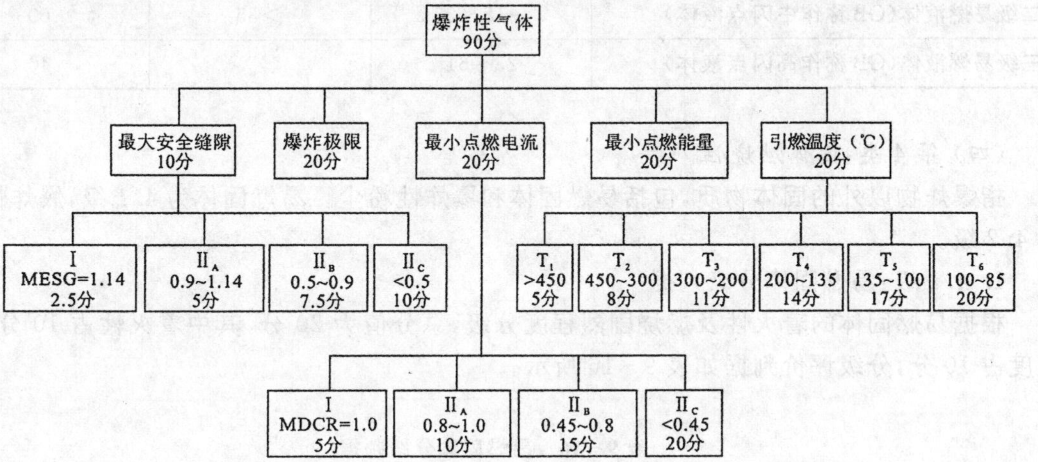

图 9－4　爆炸性气体的分级判据

爆炸极限的分级可根据危险度 H 进行：

$$H=\frac{L_2-L_1}{L_1} \tag{9-5}$$

式中：L_2 为表示爆炸浓度上限；L_1 为表示爆炸浓度下限。

MICR 是按 IEC79－3 方法测得的最小点燃电流与甲烷测得的最小点燃电流的比值，分级判据见表 9－13，最小点燃能量的分级判据见表 9－14。

表 9－13　爆炸极限分级判据

危险等级	1 级	2 级	3 级	4 级	5 级	6 级
分级判据（H 值）	$\geqslant 20$	$15\leqslant H<20$	$10\leqslant H<15$	$5\leqslant H<10$	$1\leqslant H<5$	<1
评　　分	20	17	14	11	8	5

表 9－14　最小点燃能量 E_{min} 的分级判据

危险等级	1 级	2 级	3 级	4 级	5 级	6 级
分级判据 E_{min}（mJ）	＜0.1	0.1～0.3	0.3～0.5	0.5～0.7	0.7～0.9	≥0.9
评分（分）	20	17	14	11	8	5

（三）第 3 类：液体燃烧体

指易燃液体、液体混合物及含有固体物质的液体，其闭环试验闪点≤61°C，按表 9－15 给出的闪点、沸点进行分级。

表 9-15　易燃液体、液体混合物及含有固体物质的液体的评价

类　　别	分　　级　　判　　据		评分(分)
	闪点(°C)	沸点(°C)	
一级易燃液体(国际称作低闪点液体)	≤-18	≤35°C	80
二级易燃液体(GB 称作中闪点液体)	-18～23	>35	60
三级易燃液体(GB 称作高闪点液体)	23～61		40

(四) 第 4 类:固体燃烧性

指爆炸物以外的固体物质,包括易燃固体和爆炸性粉尘。易燃固体为 4.1 级,爆炸性粉尘为 4.2 级。

1. 4.1 级:易燃固体分级判据

根据易燃固体的着火性及燃烧剧烈程度分级,总分值为 20 分,其中着火性占 10 分,燃烧速度占 10 分,分级评价判据如表 9-16 所示。

表 9-16　易燃固体分级判据

项　　目	类　　别	判　　据	评　　分(分)
着火性	一级易燃固体	在 3s 内着火的物质	10
	二级易燃固体	3～10s 内着火的物质	5
	难燃固体	>10s 着火的物质	3
燃烧速度	一级燃固体	燃速>10mm/s	10
	二级易燃固体	10mm/s≥燃速>3mm/s	5
	难燃固体	燃速≤3mm/s	3

2. 4.2 级:爆炸性粉尘

爆炸性粉尘在生产过程中经常形成并造成事故,所以在评价中必须加以考虑。粉尘可归纳为一般工业粉尘(需外界供氧)及自供氧粉尘(火炸药粉尘等),一般工业粉尘其分级判据见图 9-5。一般工业粉尘评价总分值为 60 分,其中比电阻 10 分,爆炸浓度下限 20 分,粉尘最小点火能量 15 分,粉尘云着火温度或粉尘层着火温度占 15 分。在实际评价时,粉尘云着火温度和粉尘层着火温度只能取其一。

(五) 第 5 类:自燃性物质

指不需要外界火源的作用,本身与空气氧化或受外界温、湿度影响,发热、蓄热达到自燃点而引起自燃的物质,按其自然性可分为:一级自燃性物质和二级自燃性物质。自燃性物质的评分为 60 分,评价判据如表 9-17 所示。

(六) 第 6 类:遇水燃烧性物质

该类物质遇水反应放热,释放可燃性气体,不经点火自燃或可燃性气体经点火燃烧爆炸,如 K、Na、Li 等碱金属、氢化物、有机金属化合物等。

在实际应用时,把产生的气体可以自燃发火或产生的气体靠近小火焰可以发火或 1kg 试

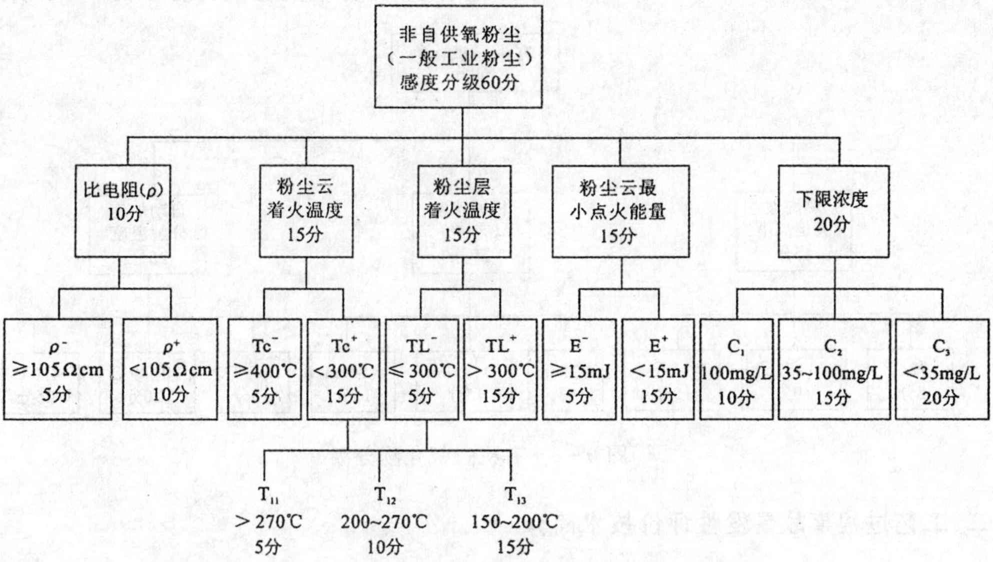

图 9-5　非供氧爆炸性粉尘分级框图及分级判据

样产生可燃性气体最大量为 0.12m^3/h 以上的均为遇水燃烧物质。

表 9-17　自燃性物质的评价依据及得分

评　价　判　据		评　分(分)
自燃形式	自燃点	
在常温下自燃的物质	一级自燃性物质,自燃点在 200°C 以下	60
在空气中缓慢氧化蓄热	二级自燃性物质,自燃点<120°C,危险性大	40
	二级自燃性物质,120°C≤自燃点≤280°C,危险性中	30
	二级自燃性物质,自燃点>280°C,危险性小	20

遇水燃烧物质分为两类:① 一级遇水燃烧物,反应剧烈,产生易燃、易爆气体及大量热,引起自燃或爆炸的物质;② 二级遇水燃烧物,反应缓慢,产生可燃气体遇火而燃烧或爆炸的物质。

在评价时,遇水燃烧物质的总分值为 60 分,若为一级遇水燃烧物评分为 60 分,若为二级遇水燃烧物评分为 40 分。

(七) 第 7 类:氧化性物质

氧化物可分为无机氧化物(又称氧化剂)和有机过氧化物。氧化性物质总分值 60 分,若为无机氧化物评分为 40 分,若为有机过氧化物评分 60 分。

1. 无机氧化物

无机氧化物指处于高氧化态,具有强氧化性,易分解并放出氧和热量的物质。该类物质在混合过程是危险的,经摩擦、撞击迅速分解,有燃烧、爆炸危险。按氧化性强度分为:一级无机氧化物和二级无机氧化物。含有过氧基或高价态的氯、氮、锰等元素,易获得电子,释放大量氧和热的物质定义为一级无机氧化物,评分为 40 分,如硝酸盐、过硫酸钠、重铬酸钠等,稍稳定、氧化性能稍弱的物质定义为二级无机氧化物,评分为 20 分。

2. 有机过氧化物

有机过氧化物极易分解，对热、震动、摩擦极为敏感，分级判据及评分如图 9－6 所示。

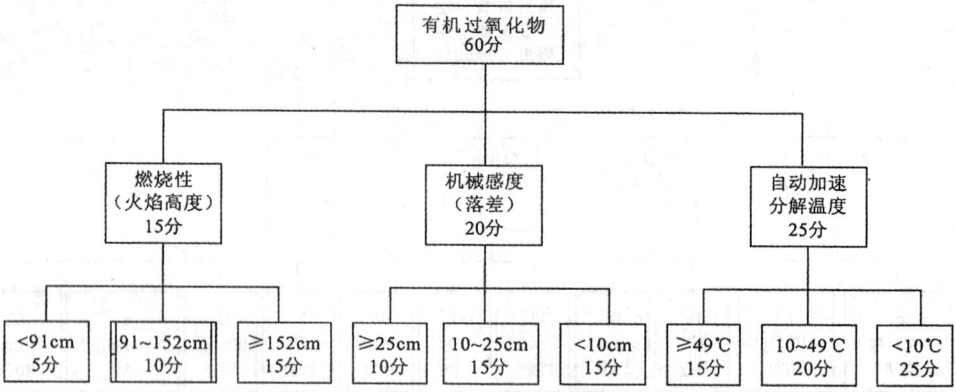

图 9－6　有机过氧化物分级

二、工艺过程事故易发性评价技术简介

与火灾爆炸相关的工艺过程事故易发性与过程中的反应形式、物料处理过程、操作方式、工作环境和工艺过程等有关。确定 20 项因素为工艺过程事故易发性的评价因素，这 20 项因素是：放热反应、吸热反应、物料处理、物料贮存、操作方式、粉尘生成、低温条件、高温条件、负压条件、特殊的操作条件、腐蚀、泄露、设备因素、密闭单元、工艺布置、明火、摩擦与冲击、高温体、电器火花、静电。下面从 20 项评价因素中选出 5 项，说明工艺过程事故易发性的评分方法。

（一）物料处理系数 B_{2-1}

封闭体系内进行的工艺操作，如蒸馏、气化等，B_{2-1}取 10。

离心机、间歇式反应器、混合器或过滤器等，采用人工加料或出料，由于空气导入会增大燃烧或发生反应的危险，B_{2-1}取 20。

出现故障时可能引起高温或反应失控（如干燥等）、引起火灾爆炸，B_{2-1}取 30。

混合危险：指工艺中两种或两种以上物质混合或相互接触时能引起火灾、爆炸或急剧反应的危险，B_{2-1}取 30。

原材料质量：当固体物料中含有铁钉、砂石等杂质或物料纯度不合格时，能引起火灾、爆炸或急剧反应，在这种情况下，B_{2-1}取 30。

（二）物料贮存系数 B_{2-2}

储存物品的火灾危险性分类分项存放不符合防火规范要求，B_{2-2}取 20～40。

库房耐火等级、层数、占地面积或防火间距不合防火规范，B_{2-2}取 20～40。

贮罐、堆场的布置（包括：单罐最大贮量、一组最大贮量等）不符合防火规范，B_{2-2}取 20～40。

贮罐、堆场防火间距不符合防火规范，B_{2-2}取 20～40。

露天、半露天堆场的布置不符合防火规范，B_{2-2}取 20～40。

露天、半露天堆场防火间距不符合防火规范，B_{2-2}取 20～40。

仓库、储灌区、堆场的布置及与铁路、道路的防火间距不符合规范，B_{2-2}取 20～40。

易燃、可燃液体装卸不符合规范，B_{2-2}取 20～40。

工房内料堆放不符合要求，B_{2-2}取 20～40。

（三）粉尘系数 B_{2-3}

发生故障时（操作失误或装置破裂），装置内外可能形成爆炸性粉尘或烟雾，如高压水压油、熔融硫磺等，在这种情况下，粉尘系数 B_{2-3} 取 100。

（四）高温系数 B_{2-4}

主要考虑高温对物质危险性的影响，对易燃液体影响最大，对可燃气体或蒸气也有很大影响：

操作温度≈熔点，B_{2-4} 取 15；

操作温度＞熔点，B_{2-4} 取 20；

操作温度＞闪点，B_{2-4} 取 25；

操作温度＞沸点，B_{2-4} 取 30；

操作温度＞燃点，B_{2-4} 取 75。

（五）高压系数 B_{2-5}

操作压力越高，危险性越大。高压系数与操作压力的关系如表 9-18 所示。

表 9-18 高压系数 B_{2-5} 与操作压力 P 的关系

P(MPa)	0.1～0.8	0.8～1.6	1.6～4.0	4.0～10	10～70	＞70
B_{2-5}	30	45	75	90	130	150

按上述原则确定系数后，再做如下修正：

粘性物质，$B_{2-5}\times 0.7$；

压缩气体，$B_{2-5}\times 1.2$；

液化易燃气体，$B_{2-5}\times 1.3$。

三、工艺—物质危险性相关系数 W_{ij} 的确定

同一种工艺条件对于不同类的危险物质所体现的危险程度是各不相同的，因此必须确定相关系数，W_{ij} 分为五级，如表 9-19 所示。

表 9-19 工艺—物质危险性相关系数的分级

级别	相关性	工艺—物质危险性相关系数 W_{ij}
A 级	关系密切	0.9
B 级	关系大	0.7
C 级	关系一般	0.5
D 级	关系小	0.2
E 级	没有关系	0

第四节 重大危险源事故严重度评价方法

一、概述

事故严重度用事故后果的经济损失表示。事故后果系指事故中人员伤亡以及房屋、设备、

物资等的财产损失。人员伤亡分为人员死亡数、重伤数、轻伤数。财产损失应分为若干个破坏等级，在不同等级破坏区破坏程度是不同的，总损失为全部破坏区损失的总和。在危险性评估中为了简化方法，用统一的财产损失区来描述，假定财产损失区内财产全部破坏，在损失区外全不受损，即认为财产损失区内未受损部分的财产同损失区外受损失的财产相互抵消。死亡、重伤、轻伤、财产损失各自都用一当量圆半径描述。

（一）危险物与伤害模型对应关系

不同的危险物具有不同的事故形态，同一种危险物可以具有多种事故形态，可以建立多种伤害模型。例如液化石油气罐，如果由于火焰烘烤而破裂，往往形成沸腾液体扩展蒸气爆炸；如果罐破裂后遇上延迟点火，则可能发生蒸气云爆炸。在事故过程中，一种事故形态还可能向另一种形态转化，例如燃烧可引起爆炸，爆炸也可引起燃烧。

为了便于判别事故严重度，应建立如下原则：

(1) 最大危险原则。如果一种危险物具有多种事故形态，且其事故后果相差悬殊，则应按后果最严重事故形态进行评价。

(2) 概率求和原则。如果一种危险物具有多种事故形态，但其事故后果相差不太悬殊，则按统计的平均原理估计事故后果 S，即

$$S=\sum_{I=1}^{n}P_I S_I \tag{9-6}$$

式中：P_I 为事故形态 I 发生的概率；S_I 为事故形态 I 的严重度；N 为事故形态的个数。

危险物分类中，1.1～1.5、7.1、7.2 类物质的主要危险是爆炸。2.1 类为爆炸性气体，如果液态储存，且瞬态泄漏后立即遇到火源，则发生沸腾液体扩散为蒸气爆炸；如果瞬态泄漏后遇到延迟点火，或气态储存时泄漏到空气中，遇到火源，则可能发生蒸气云爆炸；如果遇不到火源，则将无害地消失。该类物质发生事故时，事故严重度 S 按下式计算：

$$S=AS_1+(1-A)S_2 \tag{9-7}$$

式中：S_1、S_2 为蒸气云、沸腾液体扩展蒸气爆炸伤害模型计算的事故后果；A、$1-A$ 为蒸气云、沸腾液体扩展蒸气爆炸发生的概率，$A=0.9$。

等效伤害：

破坏半径 R 用下式计算：

$$R=(S/3.14\rho)^{1/2} \tag{9-8}$$

式中：ρ 为人员或财产密度。

3.1、3.2、3.3 类为可燃液体，主要危险是池火灾。其他类型的危险物质均为固态，采用固体火灾模型预测事故严重度。若池火灾或固体火灾发生在室内，燃烧产生的有毒有害气体是人员伤亡的主要原因，因此按室内火灾伤害模型计算事故严重度。

如上所述，火灾的种类不同、发生火灾的环境不同，应采用不同模型进行评价，评价模型如表 9-20 所示。对于 3.1、3.2、3.3 的池火灾和 4.1、4.2、5.1、5.2、6.1、6.2 的固体和粉尘火灾，当发生在室内时，应采用室内火灾的伤害模型进行评价。

（二）单元内多种危险物并存处理方法

如果一个危险单元有多种危险，但非爆炸性物质，则分别计算每种物质发生事故时的总损失，然后取最大者作为该单元的总损失 S，即

$$S=\max_{1\leqslant I\leqslant N}(S_I) \tag{9-9}$$

式中：S_I 为第 I 种物质发生事故的严重度；N 为危险物质的种数。

表 9-20 危险物类型与伤害模型的对应关系

危险物分级号别	对应模型
1.1～1.5、7.1、7.2	凝聚相含能材料爆炸伤害模型
2.1	(1)气态储存为蒸气云爆炸伤害模型；(2)液态储存按 $S=AS_1+(1-A)S_2$ 计算事故后果
3.1、3.2、3.3	池火灾伤害模型
4.1、4.2、5.1、5.2、6.1、6.2	固体和粉尘火灾伤害模型

如果一个危险单元内有多种爆炸性物质，则按下式计算总的爆炸能量 E，然后按照总的爆炸能量计算总损失。

$$E=\sum_{I=1}^{K}Q_{B,I}W_I \qquad (9-10)$$

式中：$Q_{B,I}$ 为第 I 种爆炸物的爆热(J/kg)；W_I 为第 I 种爆炸物的质量(kg)；K 为单元内爆炸物的种数。

若为地面爆炸，则以式(9-10)计算出爆炸能量的 1.8 倍作为总的爆炸能量。

一个危险单元发生事故可能波及其他单元，例如殉爆，这会导致事故规模扩大。本方法对危险单元间的相互作用不予考虑，简单而有效的处理是将可能互相影响的若干单元视作一个单元。

二、伤害模型

对多种常见的火灾爆炸事故进行全面研究结果表明，可以建立若干种伤害模型，如火灾伤害模型、室内火灾伤害模型、池火灾伤害模型、固体火灾伤害模型、凝聚相含能材料爆炸伤害模型、蒸气云爆炸伤害模型、沸腾液体扩展为蒸气爆炸伤害模型。本节只介绍以下四种伤害模型。

(一) 火灾伤害模型

在火灾情况下，热辐射通常是其主要危害。无论是池火灾，还是固体火灾，或者是沸腾液体扩展蒸气爆炸，为了估计其严重度，必须知道热辐射的伤害——破坏准则。

在热辐射的作用下，目标可能遭受伤害或破坏。这里的目标既可指人，又可指加工设备、设施、燃料、厂房、建筑物等，这里只讨论较为重要和典型的热辐射对人员和木材的影响。

1. 热辐射对人员的影响

热辐射对人员的影响不但与热辐射强度、持续时间有关，还与人的年龄、性别、皮肤暴露程度、身体健康状况等有关。对于正常的成年人，用如下模型来预测热辐射的影响。

皮肤裸露时的死亡几率

$$P_r=-36.38+2.56\cdot\ln(tq^{4/3}) \qquad (9-11a)$$

有衣服保护(20%皮肤裸露)时，二度烧伤几率

$$P_r=-43.14+3.0188\cdot\ln(tq^{4/3}) \qquad (9-11b)$$

有衣服保护(20%皮肤裸露)时，一度烧伤几率

$$P_r=-39.83+3.0188\cdot\ln(tq^{4/3}) \qquad (9-11c)$$

式中：q 为人体接收到的热通量(W/m²)；t 为人体暴露于热辐射的时间(s)；P_r 为人员伤害

几率。

烧伤程度用下面的方法来确定：如果皮肤外表皮下深处的温度高出人体体温 9°C，则 $h<0.12$mm 时为一度烧伤；当 $0.12\text{mm}\leqslant h<2\text{mm}$ 时为二度烧伤；$h\geqslant 2$mm 时为三度烧伤。

在式(9-11)中，一个重要的参数是人体接受到的热通量 q。有了伤害百分数 D，就可以预测相应的伤害分区。

2. 热辐射对建筑物等的影响

热辐射对建筑物的破坏程度直接取决于热辐射强度及作用时间长短。多数研究集中于引燃木材所需要的热通量，可用下式来估计引燃木材所需要的热通量 q，即

$$q=6\ 730t^{-4/5}+25\ 400 \tag{9-12}$$

式中：t 为热辐射作用时间(s)。

对于沸腾液体扩展为蒸气爆炸来说，即为火球持续时间，对于其他火灾，建议取火灾最大持续时间

$$t=W/M_c \tag{9-13}$$

式中：W 为可燃物质量(kg)；M_c 为单位时间烧掉的可燃物质量(kg/s)。

当用式(9-13)计算得到引燃所需的热通量 q 后，就可以与其他公式联立求解与此相应的破坏距离，即引燃半径。

(二) 室内火灾伤害模型

由于出口通道狭窄，烟雾使能见度降低，以及火灾产生的有害气体使人遭受窒息等原因，使建筑物内的人员不能及时逃离火灾现场，是造成室内火灾人员伤亡的主要原因。日本建筑学会建议用以下方法来估计室内火灾的死亡人数是比较可靠的，该方法的计算过程如下。

1. 死亡人数的估计

当室内火灾发生时，室内人员通过走道、楼梯、安全出口进行疏散。疏散时间通过下式来计算：

$$t_p=\rho A_f/(b_p B_p) \tag{9-14}$$

式中：t_p 为疏散时间(s)；ρ 为室内人员密度(人/m²)；A_f 为房间面积(m²)；b_p 为疏散通道通过系数，可取 1.3～1.5 人/m·s；B_p 为疏散通道最窄处宽度(m)。

死亡人数 D_p(人)可按下式估计：

$$D_p=b_p B_p(t_p-t_s) \tag{9-15}$$

式中：t_s 为允许的走道疏散时间(s)，见表 9-21。

表 9-21 房屋面积与允许走道疏散时间的关系

房屋面积 A_f(m²)	允许走道疏散时间 t_s(s)
<200	30
200～500	45
500～1 000	60
1 000～1 500	90
1 500～3 000	150

当 $t_p\leqslant t_s$ 时是安全的，无人员伤亡；当 $t_p>t_s$ 时则不安全，有人员伤亡。

2. 财产损失的估计

假定室内火灾发生后，室内财产全部被烧毁，则可按下式估计室内火灾的财产损失 C(万元)

$$C=A_f P \tag{9-16}$$

式中：P 为室内平均财产密度(万元/m^2)。

(三) 凝聚相含能材料爆炸伤害模型

凝聚相含能材料爆炸能产生多种破坏效应，如热辐射、一次破片作用、有毒气体产物的致命效应等，但最危险、破坏能力最强、破坏区域最大的是冲击波的破坏效应，包括冲击波传播到很远距离后引起的二次破片(如振碎的玻璃)的破坏效应。影响冲击波破坏效应的因素有：① 冲击波的性质，如超压、持续时间、冲量等；② 目标的性质，以人为例，包括年龄、性别、体重、身体素质等；③ 冲击波与目标的相互作用方式。

1. 爆炸的伤害分区

爆炸的伤害区域即为人员的伤害区域。为了估计爆炸所造成的人员伤亡情况，一种简单但较为合理的预测程序是将危险源周围划分为死亡区、重伤区、轻伤区和安全区。根据人员因爆炸而伤亡概率的不同，将爆炸危险源周围由里向外依次划分。

(1) 死亡区。该区内的人员如缺少防护，则被认为将无例外地要蒙受严重伤害或死亡，其内径为零，外径记为 $R_{0.5}$，表示外圆周处人员因冲击波作用导致肺出血而死亡的概率为 0.5，它与爆炸量间的关系由下式确定：

$$R_{0.5}=13.6(W_{TNT}/1\,000)^{0.37} \tag{9-17}$$

这个公式实际上就是超压-冲量准则。式中 W_{TNT} 为爆源的 TNT 当量(kg)，按下式计算：

$$W_{TNT}=E/Q_{TNT} \tag{9-18}$$

式中：E 为爆源总能量(kJ)；Q_{TNT} 为 TNT 爆热，可取为 4 520kJ/kg。

如果认为该圆周内没有死亡的人数正好等于圆周外死亡人数，则可以说死亡区的人员将全部死亡，而死亡区外的人员将无一死亡。这一假设能够极大地简化危险源评估的计算而不会带来显著的误差，因为在破坏效应随距离急剧衰减的情况下，该假设是近似成立的。需要说明的另一个假设是，在考虑这些区域时，已假设冲击波在这些区域传播时，没受到任何障碍。在一般情况下，不考虑障碍物时得到的伤害分区，将给出最保守的结果。

(2) 重伤区。该区内的人员如缺少防护，则绝大多数将遭受严重伤害，极少数人可能死亡或受轻伤。其内径就是死亡半径 $R_{0.5}$，外径记为 $R_{d_{0.5}}$，代表该处人员因冲击波作用耳膜破裂的概率为 0.5，它要求的冲击波峰值超压为 44 000Pa，这里应用了超压准则。冲击波超压 ΔP_s 可按下式计算

$$\Delta P_s=1+0.156\,7Z^{-3}, \quad \Delta P_s>5$$

$$\Delta P_s=0.137Z^{-3}+0.119Z^{-2}+0.269Z^{-2}-0.091, \quad 1<\Delta P_s<10 \tag{9-19}$$

式中：$Z=R\cdot(P_0/E)^{1/3}$；R 为目标到爆源的水平距离(m)；P_0 为环境压力(Pa)，一个大气压(atm)近似等于 101 300Pa。

(3) 轻伤区。该区内的人员如缺少防护，则绝大多数人员将遭受轻微伤害，少数人将受重伤或平安无事，死亡的可能性极小。该区内径为重伤区的外径 $R_{d_{0.5}}$，外径为 $R_{d_{0.01}}$，表示外边界处耳膜因冲击波作用破裂的概率为 0.01，它要求的冲击波峰值超压为 17 000Pa。应用超压准则，计算公式采用式(9-19)

(4) 安全区。该区内人员即使无防护，绝大多数人也不会受伤，死亡的概率则几乎为零。该区内径为轻伤区的外径 $R_{d_{0.01}}$，外径为无穷大。

2. 建筑物的破坏分区

爆炸能不同程度地破坏周围的建筑物和构筑物，造成直接经济损失。根据爆炸破坏模型，可估计建筑物的不同破坏程度，据此可将危险源周围划分为几个不同的区域。

国内的划分标准见表 9－22。

表 9－22　国内建筑物破坏等级划分方法

破坏等级	常量 C_i(bar² · ms)	破　坏　状　况
1	近似为零	玻璃偶尔开裂或震落
2	0.082	玻璃部分或全部破坏
3	0.739	玻璃破坏，门窗部分破坏，砖墙出现小裂缝(5mm 以内)和稍有倾斜，瓦屋面局部掀起
4	2.684	门窗大部分破坏，墙有 5～50mm 裂缝和倾斜，钢筋混凝土屋顶裂缝，瓦屋而掀起，大部分破坏
5	3.610	门窗摧毁，墙有 50mm 以上裂缝，倾斜很大，甚至部分倒塌，钢筋混凝土屋顶严重开裂，瓦屋面塌下
6	4.536	砖墙倒塌，钢筋混凝土屋顶塌下

各区外径由下式确定：

$$(\Delta P_s-0.086)(I_s-2.243)=C_i \tag{9-20}$$

式中：ΔP_s 为冲击波超压(bar，1bar＝10^5Pa，下同)；I_s 为冲量(bar · ms)；C_i 为常量(bar² · ms)，见表 9－22；

(四) 蒸气云爆炸伤害模型

蒸气云爆炸(Vapour Cloud Explosion，简称 VCE)是一类经常发生、且后果十分严重的爆炸事故。采用 TNT 当量法估计蒸气云爆炸的严重度。

长期以来，军事上一直对高能炸药的破坏可能性很感兴趣，积累很多 TNT 量与破坏之间关系的试验数据。因此，使用 TNT 当量来描述事故爆炸的威力就比较方便。如果某次事故造成的破坏状况与 $x$kg TNT 爆炸造成的破坏状况相当，则称此次爆炸的威力为 $x$kg TNT 当量。

用 TNT 当量法来预测蒸气云爆炸严重度的原理是这样的：假定一定百分比的蒸气云参与了爆炸，对形成冲击波有实际贡献，并以 TNT 当量来表示蒸气云爆炸的威力。用下式来估计蒸气云爆炸的 TNT 当量 W_{TNT}

$$W_{TNT}=AW_fQ_f/Q_{TNT} \tag{9-21}$$

式中：W_{TNT}为蒸气云的 TNT 当量(kg)；A 为蒸气云的 TNT 当量系数，取值范围 0.02%～14.9%，这个范围的中值是 3%～4%，取 4%；W_f 为蒸气云中燃烧的总质量(kg)；Q_f 为燃烧的燃烧热(MJ/kg)；Q_{TNT}为 TNT 的爆热，4.12～4.69MJ/kg。

已知蒸气云的 TNT 当量，可用前面介绍的方法来估计其严重度。

三、事故严重度计算

(一) 基本假设

在估计事故严重度时，采用了以下假设：

(1) 事故的伤害或破坏效用是各向同性的，伤害和破坏区域是以单元中心为圆心、以伤害或破坏半径为半径的圆形区域。在伤害和破坏区域内无障碍物。

(2) 死亡区内的人员死亡概率为50%，死亡区的半径为死亡半径；重伤区内的人员耳膜50%破裂(爆炸模型)或人员50%二度烧伤(火灾模型)，重伤区的半径为重伤半径；轻伤区内的人员耳膜1%破裂(爆炸模型)或人员50%一度烧伤(非爆炸模型)，轻伤区半径为轻伤半径。

(3) 财产损失半径指建筑60%受到破坏时的半径(爆炸模型)或引燃木材半径(火灾模型)。

(4) 在伤害(死亡、重伤和轻伤)区内人员全部被伤害，在伤害区外人员均不被伤害。

(5) 在爆炸破坏区内财产全部被损失，在爆炸破坏区外财产毫无损失，在火灾破坏区内一半财产被损失，在火灾破坏区外财产无损失。

(6) 事故发生使正常生产、生活和经营受到影响，由此而引起的间接损失不予考虑。

(7) 除综合模型外，不考虑各种事故预防措施对事故严重度的影响。

(二) 死亡人数的计算

假定死亡半径为$R_{0.5}$(m)，则死亡人数N_1(人)可按下式估算：

$$N_1=3.14\rho_1(R_{0.5}^2-R_0^2) \tag{9-22}$$

式中：R_0为无人区半径(m)，对其他模型，取零；ρ_1为死亡区平均人员密度(人/m²)；$R_{0.5}$为死亡半径(m)。

(三) 重伤人数的计算

重伤人数N_2(人)可按下式估计：

$$N_2=4.13\rho_2(R_{d_{0.5}}^2-R_{0.5}^2) \tag{9-23}$$

式中：ρ_2为重伤区平均人员密度(人/m²)；$R_{d_{0.5}}$为重伤半径(m)。

(四) 轻伤人数的计算

轻伤人数N_3(人)可按下式估计：

$$N_3=3.14\rho_3(R_{d0.01}^2-R_{d0.5}^2) \tag{9-24}$$

式中：ρ_3为轻伤区平均人员密度(人/m²)；$R_{d_{0.01}}$为轻伤半径(m)。

(五) 财产损失的计算

假定财产损失半径为R_4(m)，则事故直接财产损失C(万元)可按下式估算：

$$C=3614R_4^2\rho_4 \tag{9-25}$$

式中：ρ_4为破坏区平均财产密度(万元/m²)。

(六) 损失工作日数的计算

由于人员伤亡而损失的工作日数N(天)为

$$N=6\,000N_1+3\,000N_2+105N_3 \tag{9-26}$$

式中：6 000、3 000、105分别为死亡、重伤和轻伤一人折合成的损失工作日数。

(七) 事故总后果的计算

如果把人员伤亡换算成财产损失，则可用总财产损失S(万元)这个统一的量来表示事故的严重程度。确定严重度S的公式为

$$S=C+Nb/6\,000 \tag{9-27}$$

式中：b为死亡一人损失的价值，建议取为20万元。

C由式(9-25)给出，N/6 000表示与由式(9-26)得到的总损失工作日数N相当的死亡人数。

第五节　危险性抵消因子与危险性分级

一、火灾、爆炸危险性抵消因子

尽管单元的固有危险性是由物质危险性和工艺危险性所决定的，但是工艺、设备、容器、建筑结构上各种用于防范和减轻事故后果的设施、危险岗位上操作人员良好的素质、严格的安全管理制度等能够大大抵消单元内的固有危险性。

工艺、设备、容器和建筑结构抵消因子由20个指标组成评价指标集；安全管理状况由10类指标组成评价指标集；危险岗位操作人员素质由4项指标组成指标集。

由于国际上惯用单元固有危险性作为危险性分级依据，有关火灾、爆炸危险性抵消因子的相关内容从略。

二、危险性分级与危险控制程度分级

单元危险性分级应以单元固有危险性大小作为分级的依据（这也是国际惯用的做法）。分级目的主要是为了便于政府对危险源进行分级控制。决定固有危险性大小的因素基本上是由单元的生产属性决定的，从而是不易改变的，因此用固有危险性作为分级依据能使受控目标集保持稳定。分级标准划定严格说不是一项技术方法，而是一项政策性行为，分级标准严和宽将直接影响各级政府行政部门直接控制危险源的数量配比。按照我国的实际情况，建议把全国易燃、易爆重大危险源划分为四级：一级重大危险源应有国家级安全管理部门直接控制；二级重大危险源由省和直辖市政府安全管理机构控制；三级由县、市政府安全管理机构控制；四级由企业重点管理控制。分级标准划定原则应使各级政府直接控制的危险源总量自下而上呈递减趋势。推荐用 $A=\lg(B_1)$ 作为危险源分级标准，式中 A 是以十万元为基准单元的单元固有危险性的评分值，其定义见表9－23。

表9－23　危险源分级标准（一）

重大危险源级别	一　级	二　级	三　级	四　级
A（十万元）	≥3.5	2.5～3.5	1.5～2.5	<1.5

单元综合抵消因子的值 B_2 愈小，说明单元现实危险性与单元固有危险性比值愈小，即单元内危险性的受控程度愈高，因此可以用单元综合抵消因子值的大小说明该单元安全管理与控制的绩效。一般说来，单元的危险性级别愈高，要求的受控级别也应愈高，建议用表9－24给出的标准作为单元危险性控制程度的分级依据。

表9－24　危险源分级标准（二）

单元危险控制程度级别	A　级	B　级	C　级	D　级
B_2	≤0.001	0.001～0.01	0.01～0.1	>0.1

各级重大危险源应该达到的受控标准是：一级危险源在A级以上；二级危险源在B级以上；三级和四级危险源在C级以上。

附录一　中华人民共和国消防法

（1998 年 4 月 29 日第九届全国人民代表大会常务委员会第二次会议通过）

目　录

第一章　总　则

第一条　为了预防火灾和减少灾危害，保护公民人身、公共财产和公民财产的安全，维护公共安全，保障社会主义现代代建设的顺利进行，制定本法。

第二条　消防工作贯彻预防为主、防消结合的方针，支持专门机关与群众相结合的原则，实行防火安全责任制。

第三条　消防工作由国务院领导，由地方各级人民政府负责。各级人民政府应当将消防工作纳入国民经济和社会发展计划，保障消防工作与经济建设和社会发展相适应。

第四条　国务院公安部门对全国的消防工作实施监督管理，县级以上地方各级人民政府公安机关对本行政区域内的消防工作实施监督管理，并由本级人民政府公安机关消防机构负责实施。军事设施、矿井地下部分、核电厂的消防工作，由其主管单位监督管理。

森林、草原的消防工作，法律、行政法规另有规定的，从其规定。

第五条　任何单位、个人都有维护消防安全、保护消防设施、预防火灾、报告火警的义务。任何单位、成年公民都有参加有组织的灭火工作的义务。

第六条　各级人民政府应当经常进行消防宣传教育，提高公民的消防意识。

教育、劳动等行政主管部门应当将消防知识纳入教学、培训内容。

新闻、出版、广播、电影、电视等有关主管部门，有进行消防安全宣传教育的义务。

第七条　对在消防工作中有突出贡献或者成绩显著的单位和个人，应当予以奖励。

第二章　火灾预防

第八条　城市人民政府应当包括消防安全布局、消防站、消防从水、消防通信、消防车通道、消防装备等内容的消防规划纳入城市总体规划，并负责组织有关主管部门实施。公共消防设施、消防装备不足或者不适应实际需要的。应当增建、改建、配置或者进行技术改造。

对消防工作，应当加强科学研究，推广、使用先进消防技术、消防装备。

第九条 生产、储存和装卸易燃易爆危险物品的工厂、仓库和专用车站、码头，必须设置在城市的边缘或者相对独立的安全地带。易燃易爆气体和液体的充装站、供应站、调压站，应当设置在合理的位置，符合防火防爆要求。

原有的生产、储存和装卸易燃易爆危险物品的工厂、仓库和专用车站、码头、易燃易爆气体和液体的充装站、供应站、调压站，不符合前款规定的，有关单位应当采取措施，限期加以解决。

第十条 按照国家工程建筑消防技术标准需要进行消防设计的建筑工程，设计单位应当按照国家工程建筑消防技术标准进行设计，建设单位应当将建筑工程的消防设计图纸及有关资料报送公安消防机构审核；未经审核或者经审核不合格的，建设行政主管部门不得发给施工许可证，建设单位不得施工。

经公安消防机构审核的建筑工程消防设计需要变更的，应当报经原审核的公安消防机构核准；未经核准的，任何单位、个人不得变更。

按照国家工程建筑消防技术标准进行消防设计的建筑工程竣工时，必须经公安消防机构进行消防验收；未经验收或者经验收不合格的，不得投入使用。

第十一条 建筑构件和建筑材料的防火性能必须符合国家标准或者行业标准。

公共场所室内装修、装饰根据国家工程建筑消防技术标准的规定，应当使用不燃、难燃材料的，必须选用依照产品质量法的规定确定的检验机构检验合格的材料。

第十二条 歌舞厅、影剧院、宾馆、饭店、商场、集贸市场等公众聚集的场所，在使用或者开业前，应当向当地公安消防机构申报，经消防安全检查合格后，方可使用或者开业。

第十三条 举办大型集会、焰火晚会、灯会等群众性活动，具有火灾危险的，主办单位应当制定灭火和应急疏散预案，落实消防安全措施，并向公安消防机构申报，经公安消防机构对活动现场进行消防安全检查合格后，方可举办。

第十四条 机关、团体、企业、事业单位应当履行下列消防安全职责：

(一)制定消防安全制度、消防安全操作规程；

(二)实行防火安全责任制，确定本单位和所属各部门、岗位的消防安全责任人；

(三)针对本单位的特点对职工进行消防宣传教育；

(四)组织防火检查，及时消防火灾隐患；

(五)按照国家有关规定配置消防设施和器材、设置消防安全标志，并定期组织检验、维修，确保消防设施和器材完好、有效；

(六)保障疏散通道、安全出口畅通，并设置符合国家规定的消防安全疏散标志。

居民住宅区的管理单位，应当依照前款有关规定，履行消防安全职责，做好住宅区的消防安全工作。

第十五条 在设有车间或者仓库的建筑物内，不得设置员工集体宿舍。

在设有车间或者仓库的建筑物内，已经设置员工集体宿舍的，应当限期加以解决。对于暂时确有困难的，应当采取必要的消防安全措施，经公安消防机构批准后，可以继续使用。

第十六条 县级以上地方各级人民政府公安机关消防机构应当将发生火灾可能性较大以及一旦发生火灾可能造成人身重大伤亡或者财产重大损失的单位，确定为本行政区域内的消防安全重点单位，报本级人民政府备案。

消防安全重点单位除应当履行本法第十四条规定的职责外，还应当履行下列消防安全职责：

（一）建立防火档案，确定消防安全重点部位，设置防火标志，实行严格管理；

（二）实行每日防火巡查，并建立巡查记录；

（三）对职工进行消防安全培训；

（四）制定灭火和应急疏散预案，定期组织消防演练。

第十七条 生产、储存、运输、销售或者使用、销毁易燃易爆危险物品的单位、个人，必须执行国家有关消防安全的规定。

生产易燃易爆危险物品的单位，对产品应当附有燃点、闪点、爆炸极限等数据的说明书，并且注明防火防爆注意事项。对独立包装的易燃易爆危险物品应当贴附危险品标签。

进入生产、储存易燃易爆危险物品的场所，必须拟行国家有关消防安全的规定。禁止携带火种进入生产、储存易燃易爆危险物品的场所。禁止非法携带易燃易爆危险物品进入公共场所或者乘坐公共交通工具。

储存可燃物资仓库的管理，必须执行国家有关消防安全的规定。

第十八条 禁止在具有火灾、爆炸危险的场所使用明火；因特殊情况需要使用明火作业的，应当按照规定事先办理审批手续。作业人员应当遵守消防安全规定，并采取相应的消防安全措施。

进行电焊、气焊等具有火灾危险的作业的人员和自动消防系统的操作人员，必须持证上岗，并严格遵守消防安全操作规程。

第十九条 消防产品的质量必须符合国家标准或者行业标准。禁止生产、销售或者使用未经依照产品质量法的规定确定的检验机构检验合格的消防产品。

禁止使用不符合国家标准或者行业标准配件或者灭火剂维修消防设施和器材。

公安消防机构及其工作人员不得利用职务为用户指定消防产品的销售单位和品牌。

第二十条 电器产品、燃气用具的质量必须符合国家标准或者行业标准。电器产品、燃气用具的安装、使用和线路、管路的设计、敷设，必须符合国家有关消防安全技术规定。

第二十一条 任何单位、个人不得损坏或者擅自挪用、拆除、停用消防设施、器材，不得埋压、圈占消火栓，不得占用防火间距，不得堵塞消防通道。

公用和城建等单位在修建路以及停电、停水、截断通信线路时有可能影响消防队灭火救援的，必须事先通知当地公安消防机构。

第二十二条 在农业收获季节、森林和草原防火期间、重大节假日期间以及火灾多发季节，地方各级人民政府应当组织开展有针对性的消防宣传教育，采取防火措施，进行消防安全检查。

第二十三条 村民委员会、居民委员会应当开展群众性的消防工作，组织制定防火安全公约，进行消防安全检查。乡镇人民政府、城市街道办事处应当予以指导和监督。

第二十四条 公安消防机构应当对机关、团体、企业、事业单位遵守消防法律、法规的情况依法进行监督检查。对消防安全重点单位应当定期监督检查。

公安消防机构的工作人员在进行监督检查时，应当出示证件。

公安消防机构进行消防审核、验收等监督检查不得收取费用。

第二十五条 公安消防机构发现火灾隐患，应当及时通知有关单位或者个人采取措施限期消除隐患。

第三章　消防组织

第二十六条　各级人民政府应当根据经济和社会发展的需要，建立多种形式的消防组织，加强消防组织建设，增强扑救火灾的能力。

第二十七条　城市人民政府应当按照国家规定的消防站建设公安消防队、专职消防队，承担火灾救工作。

镇人民政府可以根据当地经济发展和消防工作的需要，建立专职消防队、义务消防队，承担火灾扑救工作。

公安消防队除保证安全成本法规定的火灾扑救工作外，还应当参加其他灾害或者事故的抢险救工作。

第二十八条　下列单位应当建立专职消防队，承担本单位的火灾扑救工作：

（一）核电厂、大型发电厂、民用机场、大型港口；

（二）生产、储存易燃易爆危险物品的大型企业；

（三）储备可燃重要物资的大型仓库、基地；

（四）第一项、第二项、第三项规定以外的火灾危险性较大、距离当地公安消防队较远的其他大型企业；

（五）距离当地公安消防队较远的、列为国家重点文物保护单位的古建筑群的管理单位。

第二十九条　专职消防队的建立，应当符合国家有关规定，并报省级人民政府公安机关消防机构验收。

第三十条　机关、团体、企业、事业单位以及乡、村可以根据需要，建立由职工或者村民组成的义务消防队。

第三十一条　公安消防机构应当对专职消防队、义务消防队进行业指导，并有权指挥调动专职消防队参加火灾扑救工作。

第四章　灭火救援

第三十二条　任何人发现火灾时，都应当立即报警。任何单位、个人都应当无偿为报警提供便利，不得阻拦报警。严禁谎报火警。

公共场所发生灭火时，该公共扬所的现场工作人员有组织、引导在场群众疏散的义务。

发生火灾的单位必须产即组织力量扑救火灾。邻近单位应当给予支援。

消防队接到火警后，必须立即赶赴火场，救助遇险人员，排除险情，扑灭火灾。

第三十三条　公安消防机构有统一组织和指挥火灾的现场扑救时，火场总指挥员有权根据扑救火灾的需要，决定下列事项：

（一）使用各种水源；

（二）截断电力、可燃气体和液体的输送，限制用火用电；

（三）划定警戒区，实行局部交通管制；

（四）利用临近建筑物和有关设施；

（五）为防止火灾蔓延，拆除或者破损毗邻火场的建筑物、构筑物；

（六）调动供水、供电、医疗救护、交通运输等有关单位协助灭火救助。

扑救特大火灾时，有关地方人民政府应当组织有关人员、调集所需物资支援灭火。

第三十四条 公安消防队参加火灾以外的其他灾害或者事故的抢险救援工作，在有关地方人民政府的统一指挥下实施。

第三十五条 消防车、消防艇前往执行火灾扑救任务或者执行救了灾害、事故的抢险救援任务时，不受行驶速度、行驶路线、行驶方向和指挥信号的限制，其他车辆、船舶以及行人必须让行，不得穿插、超越。交通管理指挥人员应当保证消防车、消防艇迅速通行。

第三十六条 消防车、消防艇以及消防器材、装备和设施，不得用于与消防和抢险救援工作无关的事项。

第三十七条 公安消防队扑救火灾，不得向发生火灾单位、个人收取任何费用。

对参加扑救外单位火灾的专职消防队、义务消防队所损耗的燃料、灭火剂和器材、装备等，依照规定予以补偿。

第三十八条 对因参加扑救火灾受伤、致残或者死亡的人员，按照国家有关规定给予医疗、抚血。

第三十九条 火灾扑灭后，公安消防机构有权根据需要封闭火灾现场，负责调查、认定火灾原因，核定火灾损失，查明火灾事故责任。

对于特大火灾事故，国务院或者省级人民政府认为必要时，可以组织调查。

火灾扑灭后，起火单位应当按照公安消防机构的要求保护现场，接受事故调查，如实提供火灾事实的情况。

第五章　法律责任

第四十条 违反本法规定，有下列行为之一的，责令限期改正；逾期不改正的，责令停止施工、停止使用或者停产停业，可能并处罚款。

（一）建筑工程的消防设计未经公安消防机构审核或者审核不合格，擅自施工的；

（二）依法应当进行消防设计的建筑工程竣工时未经消防验收或者经验收不合格，擅自使用的；

（三）公众聚集的场所未经消防安全检查或者经检查不合格，擅自使用或者开业的。

单位有前款行为的，依照前款的规定处罚，并对其直接负责的主管人员和其他直接责任人员处警告或者罚款。

第四十一条 违反本法的规定，擅自举办大型集会、焰火晚会、灯会等群众性活动，具有火灾危险的，公安消防机构应当责令当场改正；当场不能改正的，应当责令停止举办，可以并处罚款。

单位有前款行为的，依照前款的规定处罚，并对其直接负责的主管人员和其他直接责任人员处警告或者罚款。

第四十二条 违反本法的规定，擅自降低消防技术标准施工、使用防火性能不符合国家标准或者行业标准的建筑构件和建筑材料或者不合格的装修、装饰材料施工的，责令限期改正；逾期不改正的，责令停止施工，可以并处罚款。

单位有前款行为的，依照前款的规定处罚，并对其直接负责的主管人员和其他直接责任人员处警告或者罚款。

第四十三条 机关、团体、企业、事业单位违反本法的规定，未履行消防安全职责的，责令限期改正；逾期不改正的，对其直接负责的主管人员和其他直接责任人员依法给予行政处分或者处警告。

营业性场所有下列行为之一的，责令限期改正；逾期不改正的，责令停产停业，可以并处罚款，并对其直接负责的主管人员和其他直接责任人员处罚款：

（一）对火灾隐患不及时消除的；

（二）不按照国家有关规定，配置消防设施和器材的；

（三）不能保障疏散通道、安全出口畅通的。

在设有车间或者仓库的建筑物内设置员工集体宿舍的，依照第二款的规定处罚。

第四十四条 违反本法的规定，生产、销售未经依照产品质量法制规定确定的检验机构检验合格的消防产品的，责令停止违法行为，没收产品和违法所得，依照产品质量法规定从重处罚。

维修、检测消防设施、器材的单位，违反消防安全技术规定，进行维修、检测的，责令限期改正，可以并处罚款，并对其直接负责的主管人员和其他直接责任人员处警告或者罚款。

第四十五条 电器产品、燃气用具按装或者线路、管路的敷设不符合消防安全技术规定的，责令限期改正；逾期不改正的，责令停止使用。

第四十六条 违反本法的规定，生产、储存、运输、销售或者使用、销毁易燃易爆危险物品的，责令停止违法行为，可以处警告、罚款或者十五日以下拘留。

单位有前款行为的，责令停止违法行为，可以处警告或者罚款，并对其直接负责的主管人员和其他直接责任人员依照前款的规定处罚。

第四十七条 违反本法的规定，有下列行为之一的，处警告、罚款或者十日以下拘留：

（一）违反消防安全规定进入生产、储存易燃易爆危险物品场所的；

（二）违法使用明火作业或者有具有火灾、爆炸危险的场所违反禁令，吸烟、使用明火的；

（三）阻拦报火警或者谎报火警的；

（四）故意阻碍消防车、消防艇赶赴火灾现场或者扰乱火灾现场秩序的；

（五）拒不执行火场指挥员指挥，影响灭火救灾的；

（六）过失引起火灾，尚未造成严重损失的。

第四十八条 违反本法的规定，有下列行为之一的，处警告或者罚款：

（一）指使或者强令他人违反消防安全规定，冒险作业，尚未造成严重后果的；

（二）埋压、圈占消火栓或者占用防火间距、堵塞消防通道的，或者损坏和擅自挪用、拆除、停用消防设施、器材的；

（三）有重大火灾隐患，经公安消防机构通知逾期不改正的。

单位有前款行为的，依照前款的规定处罚，并对其直接负责的主管人员和其他直接责任人员处警或者罚款。

有第一款第二项所列行为的，还应当责令其限期恢复原状或者赔偿损失；对逾期不恢复原状的，应当强制拆除或者消除，所需费用由违法行为人承担。

第四十九条 公共场所发生火灾时，该公共场所的现场工作人员不履行组织、引导在场群众疏散的义务，造成人身伤亡，尚不构成犯罪的，处十五日以下拘留。

第五十条 火灾扑灭后，为隐瞒、掩饰起火原因，推卸责任，故意破坏现场或者伪造现场，尚不构成犯罪的，处警告、罚款或者十五日以下拘留。

单位有前款行为的，处警告或者罚款，并对其直接负责的主管人员和其他直接责任人员依照前款的规定处罚。

第五十一条 对违反本法规定行为的处罚，由公安消防机构裁决。对给予拘留的处罚，由公安机关依照治管理处罚条例的规定裁决。

责令停产停业，对经济和社会生活影响较大的，由公安消防机构报请当地人民政府依法决定，由公安消防机构执行。

第五十二条 公安消防机构的工作人员的消防工作中滥用职权、玩忽职守、徇私舞弊，有下列行为之一，给国家和人民利益造成损失，尚不构成犯罪的，依法给予行政处分：

（一）对不符合国家建筑工程消防技术标准的消防设计、建筑工程通过审核、验收的；

（二）对应当依法审核、验收的消防设计、建筑工程，故意拖延，不予审核、验收的；

（三）发现火灾隐患不及时通知有关单位或者个人改正的；

（四）利用职务为用户指定消防产品的销售单位、品牌或者指定建筑消防施施工单位的；

（五）其他滥用职权、玩忽职守、徇私舞弊的行为。

第五十三条 有违反本法行为，构成犯罪的，依法追究刑事责任。

第六章　附　则

第五十四条 本法自1998年9月1日起施行。1984年5月11日第六届全国人民代表大会常务委员会第五次会议批准、1984年5月13日国务院公布的《中华人民和国消防条例》同时废止。

附录二　生产与储存物品火灾危险性的分类

1. 生产的危险性分类

生产类别	火灾危险性特征
甲	使用或产生下例物质的生产： 1. 闪点<28°C 的液体； 2. 爆炸下限<10%的气体； 3. 常温下能自行分解或在空气中氧化即能导致自燃或爆炸的物质； 4. 常温下受到水或空气中水蒸气的作用，能产生可燃气体并引起燃烧或爆炸的物质； 5. 遇酸、受热、撞击、摩擦、催化以及遇有机物或硫磺等易燃的无机物，极易引起燃烧或爆炸的强氧化剂； 6. 受撞击、摩擦或与氧化剂、有机物接触时能引起燃烧或爆炸的物质； 7. 在密闭容器内操作温度等于或超过物质本身燃点的生产。
乙	使用或产生下列物质的生产： 1. 闪点≥28°C 至<60°C 的液体； 2. 爆炸下限≤10%的气体； 3. 不属于甲类的氧化剂； 4. 不属于甲类的化学易燃危险固体； 5. 助燃气体； 6. 能与空气形成爆炸性混合物的浮游状态的粉尘、纤维以及闪点<60°C 的液态雾滴。
丙	使用或产生下列物质的生产： 1. 闪点≥60°C 的液体； 2. 可燃固体。
丁	具有下列情况的生产： 1. 对非燃烧物质进行加工，并在高热或溶化状态下常产生辐射热、火花或火焰的生产； 2. 利用气体、液体、固体作为燃料或将气体、液体进行燃烧作其他用的各种生产； 3. 常温下使用或加工难燃烧物质的生产。
戊	常温下使用或加工非燃烧物质的生产。

2. 生产的火灾危险性分类举例

生产类别	举　　例
甲	1. 闪点<28℃的油品和有机溶剂的提炼，回收或洗涤工段及其泵房，橡胶制品的涂胶和胶浆部位，二硫化碳的粗馏、精馏工段及其应用部位，青霉素提炼部位，原料药厂的非纳西汀车间的烃化，回收及电感精馏部位，皂素车间的抽提，结晶及过部位，冰片精制部位，农药厂乐果厂房，敌敌畏的合成厂房，磺化法糖精厂房，氯乙醇厂房，环氧乙烷、环氧丙烷的工段，苯酚厂房的磺化，蒸馏部位，焦化厂吡啶工段，胶片厂基厂房，汽油加铅室，甲醇、乙醇、丙酮、丁酮、异丙醇，醋酸乙酯、苯等的合成或精制厂房，集成电路工厂的化学清洗间(使用闪点<28℃的液体)，植物油加工厂的浸出厂房； 2. 乙炔站，氢气站，石油气体分馏(或分离)厂房，氯乙烯厂房，乙烯聚合厂房，天然气，石油伴生气、矿井气、水煤气或焦炉煤气的净化(如脱硫)厂房，压缩机室及鼓风机室，液化石油气灌瓶间，丁二烯及其聚合厂房，醋酸乙烯厂房，电解水或电解食盐厂房，环已酮厂房，乙基苯和苯乙烯厂房化肥厂的氢氮气压缩厂房，半导体材料厂使用氢气的拉晶间，硅烷热分解室； 3. 硝化棉厂房及其应用部位，赛璐珞厂房，黄磷制备厂房及其应用部位，三乙基铝厂房，染化厂某些能自动分解的重氮化合物生产，甲胺厂房，丙烯腈厂房； 4. 金属钠钾加工厂房及其应用部位，聚乙烯厂房的一氯二乙基铝部位，三氯化磷厂房，多晶硅车间三氯氢硅部位，五氯化磷厂房； 5. 氯酸钠、氯酸钾厂房及其应用部位，过氧化氢厂房，过氧化钠、过氧化钾厂房，次氯酸钙厂房； 6. 赤磷制备厂房及其应用部位，五硫化二磷厂房及其应用部位； 7. 洗涤剂厂房石蜡裂解部位，冰醋酸裂解厂房
乙	1. 闪点≤28℃至<60℃的油品和有机溶剂的提炼、回收、洗涤部位及其泵房，松节油或松香蒸馏厂房及其应用部位，醋酸酐精馏厂房，己内酰胺厂房，甲酚厂房，氯丙醇厂房，樟脑油提取部位，环氧丙烷厂房，松针油精制部位，煤油灌桶间； 2. 一氧化碳压缩机室及净化部位，发生炉煤气或鼓风炉煤气净化部位，氨压缩机房； 3. 发烟硫酸或发烟硝酸浓缩部位，高锰酸钾厂房，重铬酸钠(红钡钠)厂房； 4. 樟脑或松香提炼厂房，硫磺回收厂房，焦化厂精萘厂房； 5. 氧气站，空分厂房； 6. 铝粉或镁粉厂房，金属制品抛光部位，煤粉厂房，面粉厂房的碾磨部位，活性炭制造及再生厂房，谷物筒仓工作塔，亚麻厂的除尘器和过滤器室
丙	1. 闪点≥60℃的油品和有机液体的提炼、回收工段及其抽送泵房，香料厂的松油醇部位和乙酸松油酯部位，苯甲酸厂房，苯乙酮厂房，焦化厂焦油厂房，甘油、桐油的制备厂房，油浸变压器，机器油或变压油罐桶间，柴油灌桶间，润滑油再生部位，配电室(每台装油量>60kg 的设备)，沥青加工厂房，植物油加工厂的精炼部位； 2. 煤、焦炭、油母页岩的筛分，转运工段和栈桥或储仓，木工厂房，竹、藤加工厂房，橡胶制品的压延，成型和硫化厂房，针织品厂房，纺织，印染，化纤生产的干燥部位，服装加工厂房，棉花加工和打包厂房，造纸厂备料、干燥厂房，印染厂成品厂房，麻纺厂粗加工厂房，谷物加工厂房，卷烟厂的切丝、卷制、包装厂房，印刷厂的印刷厂房，毛涤厂选毛厂房，电视机、收音机装配厂房，显像管厂装配工段烧枪间，磁带装配厂房，集成电路工厂的氧化扩散间、光刻间，泡沫塑料厂的发泡、成型、印片压花部位，饲料加工厂房
丁	1. 金属冶炼、锻造、铆焊、热轧、铸造、热处理厂房； 2. 锅炉房，玻璃原料熔化厂房，灯丝烧拉部位，保温瓶胆厂房，陶瓷制品的烘干、烧成厂房，蒸气机车库，石灰焙烧厂房，电石炉部位，耐火材料烧成部位，转炉厂房，硫酸车间焙烧部位，电极锻烧工段配电室(每台装油量≤60kg 的设备)； 3. 铝塑材料的加工厂房，酚醛泡沫的加工厂房，印染厂的漂洗部位，化纤厂后加工润湿部位
戊	制压车间，石棉加工车间，卷扬机室，非燃液体的泵房和阀门室，非燃液体的净化处理工段，金属(镁合金除外)冷加工车间，电动车库，钙镁磷肥车间(焙烧炉除外)，造纸厂或化学纤维厂的浆粕蒸煮工段，仪表、器械或车辆装配车间，氟里昂厂房，水泥厂的轮窑厂房，加气混凝土厂的材料准备、构件制作厂房

3. 储存物品的火灾危险性分类

储存类别	火灾危险性特性
甲	1. 闪点＜28°C 的液体； 2. 爆炸下限＜10%的气体，以及受到水和空气中水蒸气的作用，能产生爆炸下限＜10%的可燃气体的固体物质； 3. 常温下能自行分解或在空气中氧化即能导致迅速自燃或爆炸的物质； 4. 常温下受到水或空气中水蒸气的作用能产生可燃气体并引起燃烧或爆炸的物质； 5. 当遇酸、受热、撞击、摩擦、催化及遇有机物或硫磺等极易分解引起燃烧爆炸的强氧化剂； 6. 受撞击、摩擦或与氧化剂、有机物接触时能引起燃烧或爆炸的物质
乙	1. 闪点≥28°C 至＜60°C 的液体； 2. 爆炸下限≥10%的气体； 3. 不属于甲类的氧化剂； 4. 不属于甲类的化学易燃危险固体； 5. 助燃气体； 6. 常温下与空气接触能缓慢氧化，积热不散引起自燃的危险物品
丙	1. 闪点≥60°C 的可燃液体； 2. 可燃固体
丁	难燃烧物品
戊	非燃烧物品

注：难燃物品、非燃物品的可燃包装重量超过物品本身重量 1/4 时，其火灾危险性应为丙类

4. 储存物品的火灾危险分析分类举例

储存物品类别	举例
甲	1. 乙烷、戊烷、石脑油、环戊烷、二硫化炭、苯、甲苯、甲醇、乙醇、乙醚、蚁酸甲酯、磷酸甲酯、醋酸甲酯、汽油、丙酮、丙烯、乙醛、60°以上白酒； 2. 乙炔、氢、甲烷、乙烯、丙烯、丁二烯、环氧乙烷、水煤气、硫化氢、氯化烯、液化石油气、电石、碳化铝； 3. 硝化棉、硝化纤维胶和腈、喷漆棉、火胶棉、赛璐珞棉、黄磷； 4. 金属钾、钠、锂、钙、氢化钾、四氢化锂铝、氢化钠； 5. 氯酸钾、氯酸钠、过氧化钾、过氧化钠、硝酸钠； 6. 赤磷、五硫化磷、三硫化磷
乙	1. 煤油、松节油、丁烯醇、异戊醇、丁醚、醋酸丁酯、硝酸戊酯、乙酰丙酮、环乙胺、溶剂油、冰醋酸、蚁酸； 2. 氨气、液氯； 3. 硝酸铜、铬酸、亚硝酸钾、重铬酸钠、铬酸钾、硝酸、硝酸汞、硝酸钴、发烟硫酸、漂白粉； 4. 硫磺、镁粉、铝粉、赛璐璐板(片)、樟脑、萘、生松香、硝化纤维漆片、硝化纤维色片； 5. 氧气、氟气； 6. 漆布及其制品、油布及其制品、油纸及其制品、油绸及其制品
丙	1. 动物油、植物油、沥青、蜡、润滑油、机油、重油、闪点≥60°C 的柴油、糠醛、大于 50°小于 60°C 的白酒； 2. 化学、人造纤维及其织物，纸张，棉、毛、丝、麻及其织物，谷物，面粉，天然橡胶及其制品，竹、木及其制品，中药材，电视机；收录机等电子产品，计算机房已录数据的磁盘，冷库中的鱼、肉间
丁	自熄性塑料及其制品，酚醛泡沫塑料及其制品，水泥刨花板
戊	钢材、铝材、玻璃及其制品，搪瓷制品，陶瓷制品，不燃气体，玻璃棉，岩棉，陶瓷棉，硅酸铝纤维、矿棉，石膏及其无纸制品，水泥，石，膨胀珍珠岩

主要参考文献

北川澈三著，黄九华等译．爆炸事故的分析．北京：化学工业出版社，1984

白松林等主编．火场逃生术．北京：警官教育出版社，1996

陈莹编著．工业防火与防爆．北京：中国劳动出版社，1994

程世玉等编．防火防爆．北京：电子工业出版社，1988

杜文锋主编．消防燃烧学．北京：中国人民公安大学出版社，1997

弗·巴尔特克纳西特著，何宏达译．爆炸过程和防护措施．北京：化学工业防火出版社，1985

冯叔瑜等编著．城市控制爆破．北京：中国铁道出版社，2000

范维澄等编著．火灾学简明教程．合肥：中国科学技术大学出版社，1995

范维澄主编．“火灾科学”杂志．合肥：中国科学技术大学出版社，2002～2003

《国家安全生产、劳动保护法教育丛书》编委会．防火防爆与化学危险品安全管理法规读本．北京：中国劳动社会保障出版社，2001

龚延风、陈卫主编．建筑消防技术．北京：科学出版社，2002

高永庭编著．防火防爆工学．北京：国防工业出版社，1989

胡海清主编．森林防火．北京：经济科学出版社，1999

霍然等编著．建筑火灾安全工程导论．合肥：中国科学技术大学出版社，1999

霍永基主编．工程爆破文集(五)．武汉：中国地质大学出版社，1993

蒋产胤等编著．新型气体灭火系统设计手册．北京：中国环境科学出版社，1999

蒋建主编．工业防爆实用技术手册．沈阳：辽宁科学技术出版社，1996

蒋永琨等编著．国内外火灾与爆炸事故 1 000 例．成都：四川科学技术出版社，1986

刘殿中主编．工程爆破实用手册．北京：冶金工业出版社，1999

李树主编．灭火应用战术．北京：警官教育出版社，1998

龙维祺主编．工程爆破(下)．北京：冶金工业出版社，1992

前泽正礼著，魏殿柱等译．安全工程学．北京：化学工业出版社，1989

沈耀宗主编．消防技术装备．北京：警官教育出版社，1998

王丰等编著．油库消防管理与技术．北京：中国石化出版社，2000

王广亮等编．企业防爆安全．成都：四川科学技术出版社，1997

W.E.贝克等著，张国顺等译．爆炸危险性及其评估(上、下)．北京：群众出版社，1988

魏伴云等，管内可燃气体由燃烧向爆轰强制专业化的实验研究．武汉．中国地质大学出版社．1993

吴龙标等编著．火灾探测与控制工程．合肥：中国科学技术大学出版社，1999

伍作鹏编著．消防燃烧学．北京：中国建筑工业出版社，1994

吴宗之等编著．工业危险辨识与评价．北京 ：气象出版社，2000

吴宗之等编著．重大危险源辨识与控制．北京：冶金工业出版社，2001

徐德蜀主编．“中国安全科学”学报．北京：中国劳动保护学会出版部，2001～2003

相振声等主编．工程爆破文集(六)．深圳：海天出版社，1997

杨立中编著．工业热安全工程．合肥：中国科学技术大学出版社，2001

杨泗霖编著．防火与防爆．北京：首都经济贸易出版社，2000

钟东望等编著．爆炸安全技术．武汉：武汉工业大学出版社，1992

赵衡阳编著．气体和粉尘爆炸原理．北京：北京理工大学出版社，1996

郑瑞文编著．生产工艺防火．北京：化学工业出版社，1998

张树平等编著．现代高层建筑防火设计与施工．北京：中国建筑工业出版社，1998

张天锡等编．勘探掘进学．北京：地质出版社，1981

张孝思编著.高层建筑防火安全设计.成都:四川科学技术出版社,1989
赵振超主编."工业安全与环保"杂志.武汉:武汉安全环保研究院,2003
赵云胜主编."安全与环境工程"杂志.武汉:中国地质大学"安全与环境工程"编辑部,2001～2003
W. Banyun. The exparimental study on Gas Datonating system by New - Type of Gas source U. S. A PRoceedings of The Twenty - Fifty Annud conference on Explosives and Blasting Tecuaigue. 1999.